Hanus / Stempel

Das große Solar- und Windenergie-Werkbuch

Bo Hanus / Ulrich E. Stempel

Das große
Solar- und
Windenergie
Werkbuch

Teil 1
Wie nutze ich Solarenergie in Haus und Garten

Teil 2
Wie Sie Solarstrom für Camping, Caravan und Boot nutzen

Teil 3
Das kleine Solar-Werkbuch

Teil 4
Wie nutze ich Windenergie in Haus und Garten

FRANZIS

Bibliografische Information Der Deutschen Bibliothek

Die Deutsche Bibliothek verzeichnet diese Publikation in der Deutschen Nationalbibliografie; detaillierte Daten sind im Internet über **http://dnb.ddb.de** abrufbar

© **2011 Franzis Verlag GmbH, 85586 Poing**

Satz: Fotosatz Pfeifer, 82166 Gräfelfing
art & design: www.ideehoch2.de
Druck: Bercker, 47623 Kevelaer
Printed in Germany

ISBN 978-3-645-**65070-0**

Teil 1

Bo Hanus

Wie nutze ich
Solarenergie
in Haus und Garten

FRANZIS

Vorwort zu Teil 1

Auf dem Gebiet der Solartechnik-Nutzung gibt es gegenwärtig viele Anwendungsmöglichkeiten. Die fotovoltaische Umwandlung der Sonnenenergie in elektrischen Strom ist eine der elegantesten und sinnvollsten Nutzungsformen, die sich besonders gut auch in Haus und Garten einsetzen lassen. Ihnen widmet sich der 1. Teil des Buches

Schritt für Schritt werden hier alle interessanten Themengebiete einfach und klar erklärt. Ohne unnötige Theorie, mit sehr vielen praktischen Beispielen und Bauanleitungen, mit denen Sie ohne technische Vorkenntnisse problemlos zurechtkommen.

Ob Sie nun ein begeisterter Bastler oder vorrangig ein wissbegieriger Leser sind, dieses Buch zeigt Ihnen praxisnah, was sich mit der Fotovoltaik alles machen lässt

An dieser Stelle möchte ich mich bei meiner Frau Hannelore Hanus-Walther für ihre literarische und edukative Zusammenarbeit an diesem Buch bedanken.

Ihr Bo Hanus

Inhalt

1

Solarenergie und Fotovoltaik

Bild: 1.1. Ausführungsbeispiel eines Siemens-Solarzellenmoduls, das sowohl für netzgekoppelte als auch für netzunabhängige Fotovoltaik-Anlagen geeignet ist.

1

Bild: 1.2 Kleinere Solarzellenfläche auf dem Dach eines Einfamilienhauses

Wenn man über die Solartechnik spricht, meint man damit die technische Nutzung der Sonnenenergie. Diese teilt sich in zwei ganz unterschiedliche Anwendungsarten: in die Fotovoltaik und in die Solarthermik.

Bei der Fotovoltaik wird die Sonnenenergie oder ein anderes Licht in elektrischen Strom umgewandelt. Bei der Solarthermik wird die Sonnenwärme als solche benutzt. Jede Fotovoltaik-Anlage ist eigentlich ein kleines Elektrizitätswerk, das auf eine sehr umweltfreundliche Art aus Licht elektrische Energie macht. Es handelt sich dabei um eine Umwandlung, bei der weder

Schmutz noch Lärm, Gestank oder andere unerwünschte Nachteile in Kauf genommen werden müssen. Sehr sympathisch ist dabei die Tatsache, dass man keine zusätzlichen Anstrengungen unternehmen muss, um eine solche Anlage in Gang zu halten. Sie benötigt keine Energiezufuhr, keine Art irgendeiner anderen Zusammenarbeit, und verhält sich nach außen hin eigentlich wie ein „Perpetuum mobile".

Man kann sich als Beispiel einen modernen Solar-Taschenrechner ansehen: ihm genügt eine kleine Solarzellenfläche, die nur gelegentlich vom Tages- oder Kunst-

Bild: 1.3 Größere Solarzellenfläche auf dem Dach eines Einfamilienhauses

licht beleuchtet werden muss, um die innere Elektronik mit ausreichend Energie versorgen zu können. Es sind keine Batterien mehr nötig und er läuft ununterbrochen nur mit dem Licht, das ansonsten absorbiert würde.

Mit einer großen Solarzellenfläche auf dem Hausdach ist es ähnlich: das Sonnenlicht, oder auch nur das diffuse Licht (bei leicht bewölktem Himmel), erzeugt in den Solarzellen elektrische Energie. Die Solarzellenfläche wird sozusagen zu einer großen Batterie. Sie liefert allerdings nur dann Strom, wenn sie ausreichend beleuchtet wird.

Der Energiegewinn ist dabei direkt von der Bestrahlungsintensität abhängig: viel Bestrahlung ergibt viel Strom, wenig Bestrahlung wenig Strom (wobei Bestrahlung von diffusem Licht auch zählt).

Soweit man die fotovoltaische Energie in der gleichen Zeit nutzen kann, zu der sie

geliefert wird, ist die Sache einfach. Man schließt an das Solarzellenmodul beispielsweise eine Solarpumpe an und sie kann arbeiten. Hierbei stimmt das Sonnenangebot mit der Nachfrage ziemlich gut überein. Wenn dagegen der Solarstrom im Haushalt eingesetzt werden soll, lässt sich der Verbrauch mit dem Angebot nicht immer ausreichend koordinieren.

Aus diesem Grund werden die hausinternen Fotovoltaik-Anlagen als sogenannte netzgekoppelte Anlagen konzipiert:

Eine netzgekoppelte Fotovoltaik-Anlage besteht im Prinzip nur aus zwei Funktionsteilen (Bild 1.4): aus den Solarmodulen am Dach und aus einem Wechselrichter. Zwischen die Solarmodule und den Wechselrichter wird zwar oft ein kleiner Verteilerkasten angeschlossen, aber der gehört eher zu der Verkabelung und fungiert als Gehäuse für Klemmen der Durchverbindungen.

1

Der ebenfalls benötigte „Einspeisezähler" kann wahlweise vom Netzbetreiber gemietet oder gekauft werden. Er registriert den Solarstrom, der ins öffentliche Netz eingekauft (durchverkauft) wird.

Bemerkung: Früher wurden *netzgekoppelte* Fotovoltaik-Anlagen überwiegend so konzipiert, dass der Solarstrom hauptsächlich für den Eigenbedarf verbraucht wurde. Der Wechselrichter speiste nur Überschüs-

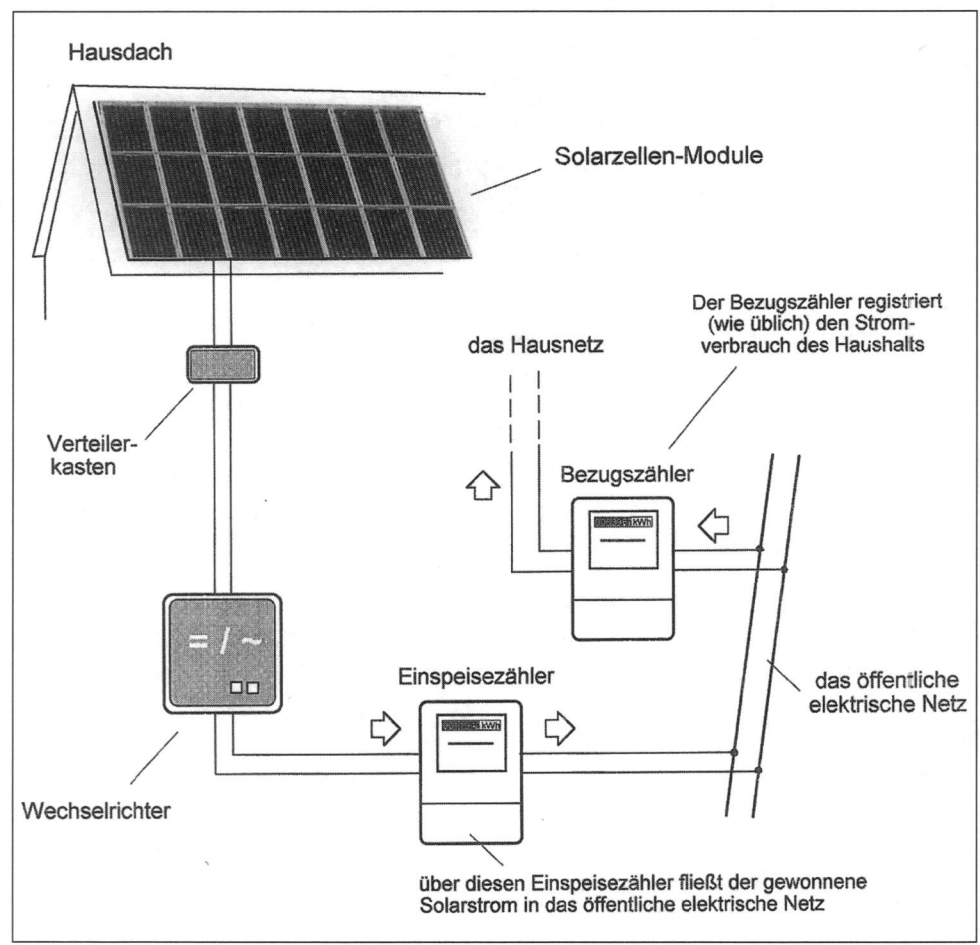

Hausdach

Solarzellen-Module

Der Bezugszähler registriert (wie üblich) den Stromverbrauch des Haushalts

das Hausnetz

Verteiler-kasten

Bezugszähler

Einspeisezähler

das öffentliche elektrische Netz

Wechselrichter

über diesen Einspeisezähler fließt der gewonnene Solarstrom in das öffentliche elektrische Netz

Bild: 1.4   Netzgekoppelte Fotovoltaik-Anlage eines Wohnhauses: das Haus ist ganz normal an das öffentliche Netz angeschlossen und bezieht seinen elektrischen Strom ausschließlich vom öffentlichen Netz. Der Solarstrom wird bei („moderner ausgelegten") netzgekoppelten Fotovoltaik-Anlagen voll in das öffentliche Netz eingespeist (= durchverkauft)

se ins öffentliche Netz ein. Gegenwärtig sind netzgekoppelte Fotovoltaik-Anlagen so ausgelegt, dass der erzeugte Solarstrom nicht mehr für den Eigenbedarf „angezapft", sondern nur in das öffentliche Netz eingespeist wird.

Dies mag vielleicht etwas „zweckentfremdet" erscheinen, ist jedoch für den Betreiber einer Fotovoltaik-Anlage kommerziell vorteilhafter: Er verkauft dieselbe „Ware Strom" an den Netzbetreiber für einen erheblich höheren Preis, als er selber für denselben Strom beim Einkauf zahlen muss (und Strom ist Strom, egal, wo und wie er erzeugt wird).

Dennoch sollte als Motiv für die Errichtung einer netzgekoppelten Fotovoltaikanlage nicht unbedingt die Hoffnung auf eine umwerfend hohe Rendite in Erwartung gestellt werden. Vielmehr gehört schon etwas Glück dazu, dass sich die Errichtungskosten einer *netzgekoppelten* Fotovoltaik-Anlage überhaupt zufriedenstellend zurückverdienen. Auf diese Tatsache sollte fairnesshalber ein gewissenhafter (und kompetenter) Autor klar und deutlich hinweisen. Es gibt allerdings bei jedem von uns eine rein emotionale Schwelle, bei der die kommerziellen Überlegungen aufhören und der Idealismus, Forschungstrieb oder einfach der Spaß an der Sache vorherrschen.

Soviel nur als erste Vorinformation. Im Kapitel 6, „Netzgekoppelte Solaranlagen" folgen ausführliche Erklärungen.

Es leuchtet ein, dass es zwischen einem Solar-Taschenrechner und einem netzge-

koppelten Solarhaus eine enorme Menge an Anwendungsmöglichkeiten gibt. Sie beginnen mit verschiedensten kleineren Solar-Uhren, Radios, Lampen und Gartenfontänen und ziehen sich hin über Elektro-Fahrzeuge oder Solar-Ferienhäuser bis zu größeren, gewerblich genutzten Solarprojekten.

Ein Solarhaus muss nicht netzgekoppelt sein. Der Solarstrom kann ganz unabhängig von dem Netzstrom im Haus oder im Garten genutzt werden.

In einem solchen Fall spricht man von einer netzunabhängigen Inselanlage. Soweit es sich dabei um ein Haus, Ferienhaus, Schrebergartenhaus oder eine Hütte handelt, die an das öffentliche Netz nicht angeschlossen sind, wird die Solarenergie vor allem in den Monaten November bis Januar nur sehr unzureichend den energetischen Bedarf decken können. Falls das Objekt über das ganze Jahr hinweg genutzt werden soll, müssen andere Energiequellen – wie Windgeneratoren und Ölaggregate – einspringen.

Bei der thermischen Nutzung der Solarenergie wird in den meisten Fällen eine Flüssigkeit oder ein Gas in Dachkollektoren mit der Sonnenwärme aufgeheizt, und entweder als warmes Wasser direkt benutzt oder nur als Wärmeträger zum Aufwärmen von Wasser im Warmwasserspeicher eingesetzt (Bild 1.5).

Das System benötigt eine zusätzliche Heizspirale im Warmwasserbehälter, und ist üblicherweise vom Warmwasserkreislauf völlig isoliert. An sich spricht zwar nichts da-

1

gegen, dass das Brauchwasser direkt in den Dachkollektor hineingepumpt wird, aber erfahrungsgemäß bevorzugt man zu diesem Zweck einen frostsicheren Wärmeträger, der über das ganze Jahr hinweg in der Anlage bleiben kann.

Solarthermische Systeme haben den Vorteil, dass sie unter optimalen Bedingungen einen viel höheren Wirkungsgrad als fotovoltaische Systeme aufweisen. Dagegen haben sie den Nachteil, dass sie echte Sonnenwärme benötigen, und dass die In-

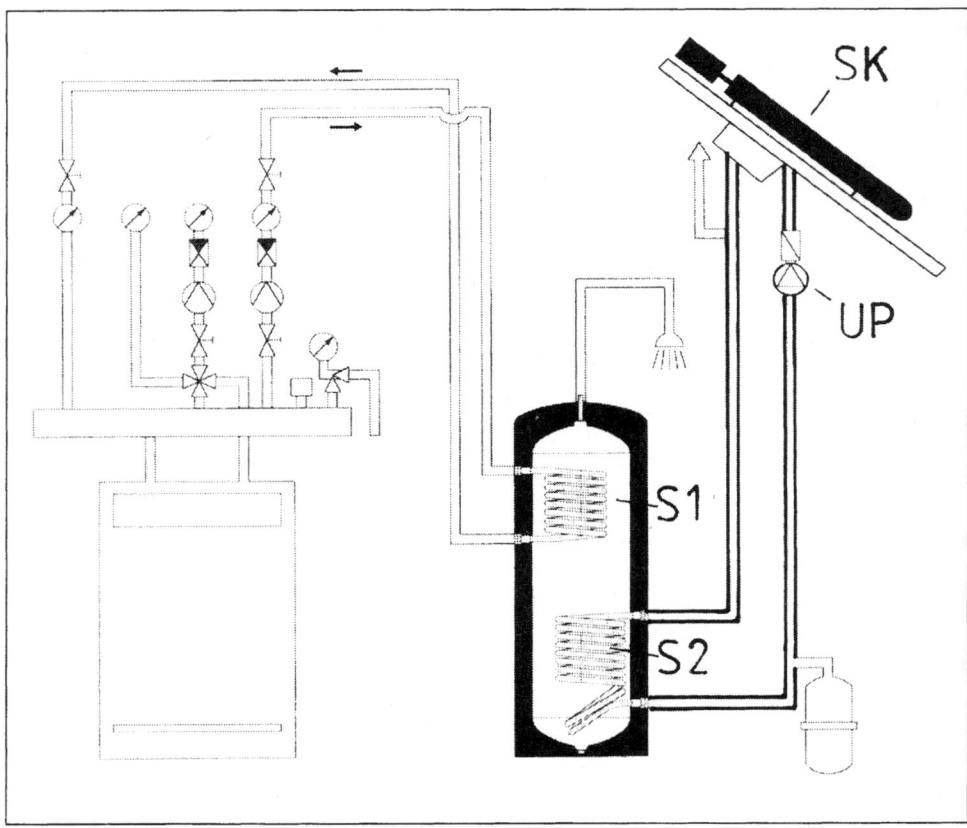

Bild: 1.5 Die im Solarkollektor SK aufgewärmte Flüssigkeit wird auch hier von einer kleinen Solar-Umlaufpumpe UP der Heizspirale S2 des Warmwasserspeichers zugeführt. Es handelt sich dabei um dieselbe Wirkungsweise wie bei der Heizspirale S1, durch die normalerweise das heiße Wasser des bestehenden Öl- oder Gasheizkessels fließt (was als eine konventionelle Standardlösung bei allen Zentralheizungsanlagen üblich ist). Somit muss in den bestehenden Warmwasserspeicher nur die zusätzliche Heizspirale S2 eingebaut werden. Ansonsten bildet die solarthermische Anlage eine selbstständige Einheit, die sich automatisch abschaltet, wenn die Flüssigkeit im Dachkollektor zu kalt ist (die Umlaufpumpe wird von einem Thermostaten gesteuert).

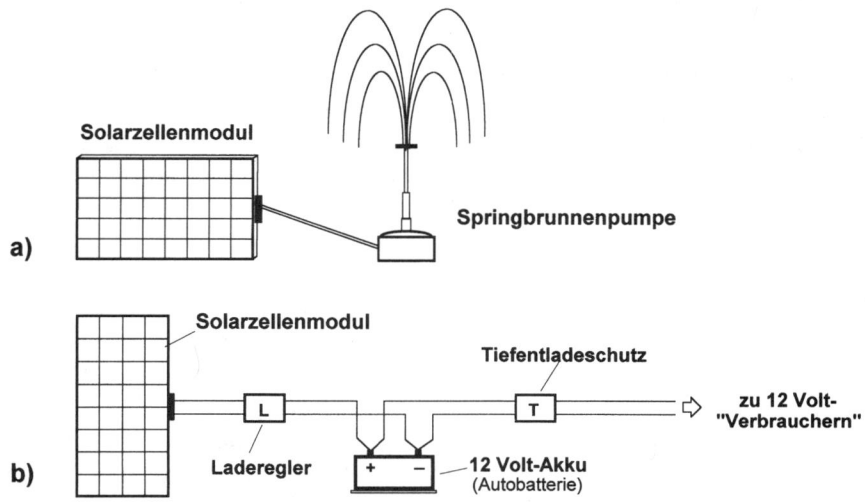

a) Solarzellenmodul · Springbrunnenpumpe

b) Solarzellenmodul · Laderegler · Tiefentladeschutz · 12 Volt-Akku (Autobatterie) · zu 12 Volt- "Verbrauchern"

Bild: 1.6 Kleinere solarelektrische Stromversorgungen werden nicht als „netzgekoppelt" konzipiert, sondern arbeiten völlig netzunabhängig: a) Beispiel eines solarelektrischen Direktantriebes, der allerdings nur dann funktioniert, wenn das Solarzellenmodul von der Sonne bestrahlt ist; b) wird ein Akku als Energie-Zwischenspeicher verwendet, funktioniert die ganze Stromversorgung unabhängig von der jeweiligen Sonnenbestrahlung des Solarzellenmoduls, das – zusammen mit einem zusätzlichen Laderegler – nur die Funktion eines Ladegerätes hat (das Solarmodul muss jedoch angemessen leistungsfähig sein, um den Akku ausreichend nachladen zu können).

stallation (durch die Wasserleitungen) umständlicher ist, als im Falle der Fotovoltaik. Beide Systeme werden oft miteinander kombiniert. Auf dem Hausdach werden dann Solarmodule, wie auch thermische Kollektoren angebracht.

Bei der Fotovoltaik wird nicht die Sonnenwärme, sondern das Sonnenlicht (bzw. auch ein anderes Licht) fotoelektrisch in elektrischen Strom umgewandelt. Dies geschieht mit Hilfe der Solarzellen.

Das sind – wie die Abbildung 1.7 zeigt – sehr dünne kleine Siliziumscheiben, die eine bewundernswerte Fähigkeit haben: sie können Licht in elektrische Energie um-

wandeln. Ganz einfach nur so, ohne jegliches Zutun. Man muss sie dabei auf keine Weise mit zusätzlicher Energie unterstützen.

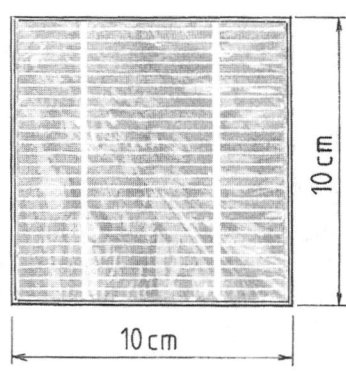

10 cm

10 cm

Bild: 1.7 Eine Solarzelle

1

Im Grunde genommen verhalten sich Solarzellen ähnlich, wie eine Batterie. Mit dem Unterschied, dass sie nicht eine feste Spannung liefern, sondern nur eine – von der augenblicklichen Lichtintensität abhängige – größere oder kleinere Spannung anbieten. Ganz umsonst und über Jahrzehnte hinweg. Eine tolle Sache, soweit man es auf die richtige Art und Weise gut zu nützen versteht.

Im Zusammenhang mit der Solartechnik wird noch viel über den Wirkungsgrad polemisiert. Zu oft wird dabei außer Acht gelassen, dass auf sehr vielen Einsatzgebieten der Wirkungsgrad keine so wichtige Rolle spielt. Schon bei den verhältnismäßig bekanntesten kleineren Solarprodukten – wie bei Solararmbanduhren oder Solartaschenrechnern hat der Solarzellenwirkungsgrad für den Anwender kaum eine Bedeutung. Auch bei vielen einfachen Anlagen, bei welchen es hauptsächlich darauf ankommt, dass überhaupt irgendeine Stromquelle zur Verfügung steht (weil es keinen Netzanschluss in der Nähe gibt), ist der eigentliche Wirkungsgrad ziemlich sekundär.

Solarzellen erzeugen elektrischen Strom auch bei leicht bewölktem Himmel in den Wintermonaten. Sie geben sich notfalls auch mit Kunstlicht zufrieden, was u.a. bei Solartaschenrechnern genutzt wird. Abgesehen davon, lassen sich die Solarzellen bzw. die aus Solarzellen zusammengestellten Module in beliebiger Größe und Form fertigen und praktisch überall anbringen. In Hinsicht auf das enorm breite Anwendungsgebiet ist die Fotovoltaik ein deutlicher Favorit unter allen anderen Systemen der Solartechnik. Der Wirkungsgrad der Solarzellen hat inzwischen ein respektables Niveau erreicht, und die Preise der Solarzellen bzw. der Solarmodule spielen bei kleineren Flächen auch keine so große Rolle mehr.

Die Herstellungstechnologie der Solarzellen ist zwar trotz vieler Rationalisierungen immer noch etwas aufwendig und die Kosten sind dementsprechend hoch. Man sollte sich aber von sinkenden Herstellungskosten der eigentlichen Solarzellen in der Zukunft nicht allzuviel versprechen. Die meisten der handelsüblichen Solarzellen werden gegenwärtig ohnehin in Billiglohnländern gefertigt. Eine preiswertere Herstellungstechnologie muss dabei nicht unbedingt auch eine spürbare Preissenkung zur Folge haben (steigende Löhne in diesen Ländern können den Effekt kompensieren). Zudem sollten die zusätzlichen Installationskosten bedacht werden. Die bleiben von evtl. Preissenkungen der Solarzellen unberührt.

Bei größeren Solarzellenflächen für Wohnhäuser macht sich der Solarzellenpreis logischerweise ganz anders bemerkbar, als bei einem Kleingerät, bei dem der Preis der Solarzelle kaum ins Gewicht fällt. Hier stellt bereits die Einsparung der ursprünglichen Batterien ganz eindeutig einen markanten Vorteil dar.

Aus den in unserem Inhaltsverzeichnis aufgeführten Bauanleitungen geht hervor, dass sich die Solartechnik besonders im Selbstbau sehr vielseitig und damit preiswert anwenden lässt. Jedes Thema wird hier gezielt mit inspirierenden Anregungen durchflochten, die auch einem technisch begabten Leser als Sprungbrett zu eigenen Kreationen nützlich sein können.

1.1 Solarzellen statt Batterie ?

Jede der gängigen Batterien hat zwei Pole. Einen PLUS-POL und einen MINUSPOL. Wenn man an diese zwei Pole ein passendes Glühlämpchen anschließt, leuchtet es (Bild 1.8).

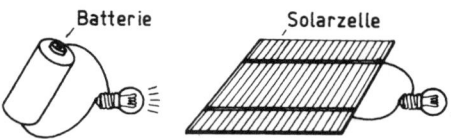

Bild: 1.8 Eine einfache Taschenlampen-batterie kann durch eine Solarzelle ersetzt werden

Ähnlich wie die Batterie, funktioniert auch eine Solarzelle. Sie hat zwar eine wesentlich andere Form, aber ebenfalls zwei Pole – einen PLUS-POL und einen MINUS-POL. Auch hier kann man ein passendes Glühlämpchen einfach anschließen und es leuchtet. Vorausgesetzt, die Solarzelle ist in dem Moment von der Sonne ausreichend bestrahlt, und dem Lämpchen reicht die niedrige Solarspannung aus.

Den MINUS-POL bildet hier die ganze obere Fläche (Sonnenseite) oder genauer gesagt das silbrige Metallgitter, das wie ein Raster die gesamte Oberfläche bedeckt. Der PLUS-POL wird durch ein ähnliches Gitter gebildet, das an der ganzen Fläche der unteren Seite (Schattenseite) der Solarzelle angebracht ist.

Technisch gesehen, ist eine derartige Solarzelle ein aktiver Halbleiter, der – wie bereits erwähnt – Sonnenlicht in elektrische Energie umwandelt.

Wenn wir nun eine solche Solarzelle im Schnitt vergrößert zeichnen (Bild 1.9), können wir sehen, dass die ohnehin schon sehr dünne Zelle aus einer Negativschicht und einer Positivschicht besteht. Ähnlich wie eine Halbleiterdiode.

Die Zelle ist nur ca. 0,4 mm dünn. Es gibt zwar auch Solarzellen, die sehr viel dünner sind, aber damit müssen wir uns an dieser

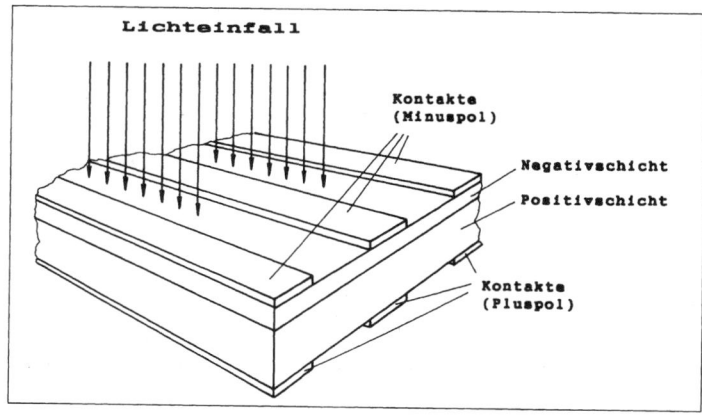

Bild: 1.9 Eine Solarzelle im Schnitt

1

Stelle nicht befassen. Viel aufschlussreicher dürfte hier eher der Hinweis darauf sein, dass die größten kristallinen Solarzellen momentan Maße von 150 x 150 mm haben. Einige Markenprodukte sind sogar nur maximal 100 x 100 mm groß. Wenn man also eine große Solarzellenfläche benötigt, muss man sie aus diesen kleinen Scheibchen zusammenlöten. Ist dagegen eine kleinere Solarfläche erwünscht, wird die große Zelle, wie ein Kuchen, in beliebig viele kleine Stückchen zerschnitten (darauf kommen wir später noch zurück).

Nachdem die „kristallinen Solarzellen" bereits angesprochen wurden, schließen wir gleich mit einigen einfachen Vorinformationen darauf an.

Es hätte wenig Sinn, über diverse Solarzellen zu berichten, die es nicht mehr gibt, noch nicht gibt, möglicherweise nie geben wird, oder die einfach für unsere Anwendungszwecke nicht in Frage kommen.

Als erprobte und bewährte Fertigbausteine stehen uns eigentlich nur zwei Solarzellentypen zur Verfügung: kristalline und amorphe Siliziumzellen.

Die amorphen Zellen sind für den Selbstbau von langlebigeren Außenanlagen oder Vorrichtungen nicht empfehlenswert. Sie haben einen viel zu kleinen Wirkungsgrad (manche nur etwa ein Drittel von dem der kristallinen Solarzellen), und gelten als relativ kurzlebig. Auch die „modernsten" amorphen (Dünnschicht-) „Markenmodule" weisen oft bereits nach einigen Monaten einen Leistungsrückgang von bis zu 30% auf, der sich von Jahr zu Jahr noch geringfügig fortsetzt. Somit kann man diese Solarzellentype bevorzugt nur für Experimente oder für die Stromversorgung von kleineren Geräten verwenden (u.a. als ausgebaute Solarzellen aus defekten Taschenrechnern u.ä.).

Kristalline Silizium-Solarzellen sind überwiegend in zwei Ausführungen erhältlich: als monokristalline und polykristalline Zellen. Monokristalline Zellen werden in ähnlichem Verfahren hergestellt, wie Dioden, Transistoren und integrierte Schaltungen (Chips). Das Silizium muss hier zwar nicht die extrem hohe Reinheitsstufe erreichen, die besonders für die Funktion der integrierten Schaltungen vorausgesetzt wird. Die Herstellungstechnologie ist aber dennoch ziemlich aufwendig und teuer.

Etwas preiswerter sind die polykristallinen Silizium-Solarzellen (auch als multikristalline Zellen bezeichnet), bei denen das Fertigungsverfahren vereinfacht wurde. Die Wirkungsgradeinbuße ist dabei nur geringfügig.

In letzter Zeit ging es mit dem Wirkungsgrad der Solarzellen erfreulicherweise bergauf, und somit sieht es heute bei guten Marken-Solarzellen mit dem Wirkungsgrad laut Herstellerangaben folgendermaßen aus:

Monokristalline Solarzellen:
Wirkungsgrad 14% bis 17%
Polykristalline Solarzellen:
Wirkungsgrad 11% bis 15%

Was beinhalten nun diese Angaben konkret? Wenn auf einen m2 Solarzellenfläche die Sonne im Sommer intensiv scheint, erhält diese Fläche eine Energie von 1000 Watt. Sie liefert aber „nur" die aufgeführten 11% bis 17% dieser empfangenen Leistung als elektrische Energie ab. Die Verluste bei der Umwandlung der Lichtenergie in elektrischen Strom sind hier also auf den ersten Blick ziemlich hoch.

Ein Branchenkenner darf dennoch das Wort „nur" reinen Gewissens in Anführungszeichen setzen. Ihm ist bekannt, dass man sich bei einer vergleichbaren Energieumwandlung in der Gegenrichtung schon mehr als ein halbes Jahrhundert lang mit viel weniger zufrieden gibt: bei der „bewährten" Standard-Glühbirne, die immer noch gute Dienste in unseren Lampen leistet, liegt der Wirkungsgrad nur bei kläglichen 3% bis 5%. Das bedeutet, dass hier bestenfalls 5% der elektrischen Energie in Licht umgewandelt werden. Der Rest wird als Wärme „verpulvert". Bei diesem Vergleich schneiden die kristallinen Solarzellen eigentlich ausgezeichnet ab.

Auf den ersten Blick würde man dazu neigen, den monokristallinen Solarzellen vor den polykristallinen Zellen den Vorrang zu geben. Der Wirkungsgrad ist hier eindrucksvoller. Leider sind auch die Preise etwas höher, und so halten sich beim Kaufentschluss die Prioritäten ziemlich die Waage.

Momentan hat sich das Preis/Leistungs-Verhältnis etwas mehr zugunsten der polykristallinen Solarzellen entwickelt. Ein niedrigerer Wirkungsgrad bedeutet hier ja nichts anderes, als dass man für dieselbe elektrische Leistung eine etwas größere Fläche benötigt. Das lässt sich in den meisten Fällen problemlos verkraften. Ausnahmen können nur kleinere Solarprodukte bilden, bei denen für die Solarzellen zu wenig Oberfläche zur Verfügung steht. Ansonsten ist der "Preis pro Watt" meist wichtiger als der "Preis pro Quadratdezimeter". Zudem ist bei Fertigmodulen – durch den Rahmen und durch die Zellenabstände – die Brutto-Fläche ohnehin viel größer, als die Netto-Zellenfläche. Einen großen Vorteil hat natürlich derjenige, der an der Solaranlage viel selber machen kann.

Ohne diesen Vorteil wird auch in den nächsten Jahrzehnten der ganze Spaß kaum wesentlich kostengünstiger werden. Eine Ausnahme bilden dabei nur kleinere Solarprodukte, die sich in riesigen Serien und in Billiglohnländern herstellen lassen.

1.2 Wie groß muss eine Solarzelle sein?

Wir haben schon vorher die Solarzelle mit einer Batterie verglichen und dabei kann es bleiben. Ähnlich wie bei den Batterien, gibt es auch bei den Solarzellen unterschiedliche Größen bzw. Formen. Es bleibt zwar immer bei der dünnen Siliziumscheibe, aber diese lässt sich in beliebig kleine Stücke teilen (das kann sich aber nur der Hersteller oder ein sehr geduldiger Bastler erlauben, denn Silizium ist sehr hart). Wie bereits erwähnt wurde, hat fast jede gängige Solarzelle eine Maximumgröße zwischen etwa 100 x 100 mm und 150 x 150 mm (herstellerabhängig).

1

Lieferbar sind die meisten Solarzellen entweder in voller Größe, oder in allen nur denkbaren Abmessungen und Formen, in die sich die ursprüngliche große Zelle zerschneiden lässt. Verständlicherweise bemüht man sich hier um eine möglichst volle Materialverwertung und schneidet die Zelle bevorzugt in Portionen, bei denen es keinen Abfall gibt. Am besten sehen wir uns die folgenden Tabellen (Bild 1.10 und 1.11) an, in welcher in deren ersten Spalten die Abmessungen der lieferbaren Solarzellengrößen aufgeführt sind.

Wenn man sich Solarzellenmodule selbst erstellen möchte, steht eine reiche Auswahl an verschiedenen Zellengrößen zur Verfügung. Die kleinen Zellen eignen sich besonders gut für den Modellbau oder für die Spannungsversorgung von kleineren elektronischen Geräten (drahtlose Türklingel-Elektronik am Gartentor, Einbruchsschutz, technische Steuerungen usw.). In den zwei folgenden Tabellen gibt es ziemlich viele technische Daten, auf die wir nach und nach eingehen werden.

Abmes-sungen mm	Leerlauf Spannung V	Kurzschluss-strom A	Max. Leistung W	Spannung bei max.Leistung V	Strom bei max.Leistung A	Wirkungs-grad %
100 x 100	0,575	3,05	1,30	0,46	2,82	13,0
80 x 100	0,575	2,45	1,02	0,46	2,22	12,8
50 x 100	0,575	1,50	0,616	0,46	1,34	12,3
33,3 x 100	0,575	0,975	0,40	0,46	0,869	12,0
50 x 50	0,575	0,735	0,30	0,46	0,652	12,0
33,3 x 50	0,575	0,485	0,20	0,46	0,435	12,0
25 x 50	0,570	0,360	0,148	0,45	0,328	11,8
25 x 25	0,570	0,175	0,072	0,45	0,160	11,5
12,5 x 25	0,570	0,084	0,034	0,45	0,078	11,0
10 x 20	0,570	0,053	0,022	0,45	0,049	11,0
8,8 x 9,6	0,560	0,021	0,008	0,45	0,019	10,0
6,5 x 9,6	0,560	0,015	0,006	0,45	0,014	10,0

Bild: 1.10 Technische Daten der polykristallinen Solarzellen (Kyocera)

Abmes-sungen mm	Leerlauf Spannung V	Kurzschluss-strom A	Max. Leistung W	Spannung bei max.Leistung V	Strom bei max.Leistung A	Wirkungs-grad %
103 x 103	0,590	3,30	1,48	0,47	3,1	14,7
51,5 x 103	0,590	1,65	0,74	0,47	1,55	14,4
51,5 x 51,5	0,590	0,82	0,37	0,47	0,77	14,1
25,7 x 51,5	0,585	0,41	0,18	0,465	0,38	13,9

Bild: 1.11 Technische Daten der monokristallinen Solarzellen (Siemens)

Auffallend ist, dass bei den größeren Solarzellen die Spannung (bei max. Belastung) nur bei 0,46 Volt bzw. 0,47 Volt liegt. Mit abnehmender Zellengröße sinkt – technologisch bedingt – die Zellenspannung noch geringfügig (siehe die 5. Spalte in beiden Tabellen).

Diese Spannungsgrößenordnung ist für alle kristallinen Solarzellen (markenunabhängig) charakteristisch und hängt – bis auf die Ausnahme bei den kleinsten Zellen – nicht von der Solarzellengröße (Fläche) ab.

Nur der Strom, den die Zelle bei guter Beleuchtung maximal liefern kann, ist von der Flächengröße proportional abhängig. Somit ist die Flächengröße auch für die Leistung bestimmend.

Die Leistung in Watt (W), die Spannung in Volt (V) und der Strom in Ampere (A) sind die drei wichtigsten Parameter einer Solarzelle bzw. eines beliebig großen Solarzellen-Moduls. Da sich die elektrischen Werte der Solarzelle mit der Beleuchtungsintensität ändern, werden ihre technischen Daten nur als Maximumwerte angegeben: als Leistung bei max. Leistung (auch Nennleistung genannt), als Spannung bei max. Leistung (auch Nennspannung genannt) und als Strom bei max. Leistung (auch Nennstrom genannt). Dabei handelt es sich um Werte, die bei optimaler Sonneneinstrahlung von 1000 W / m^2 erreichbar sind (schöner Sommertag, Mittagszeit).

Wenn zwei von diesen drei Parametern bekannt sind, können wir daraus den dritten nach folgenden Formeln jederzeit ausrechnen:

Leistung (W) = Spannung (V) x Strom (A)

Strom (A) = Leistung (W) : Spannung (V)

Spannung (V) = Leistung (W) : Strom (A)

Diese sehr wichtigen Formeln gelten nicht nur für die Solarzellen, sondern für alle Berechnungen in der Elektrotechnik. Bei den meisten Solarzellen werden in den technischen Daten verschiedener Kataloge diese drei Parameter aufgeführt. Bei anderem elektrotechnischen Zubehör der Solartechnik kommen wir jedoch ohne Gebrauch dieser Formeln nicht aus. Nun zurück zu unseren Solarzellen.

Ähnlich wie bei den Batterien, können wir beliebig viele einzelne Solarzellen hintereinander schalten, um eine höhere Spannung – als die Summe aller Einzelspannungen – zu erhalten:

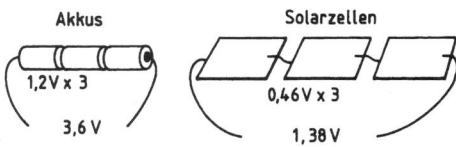

Bild: 1.12 a) Wenn mehrere Batterieglieder in Reihe (hintereinander) geschaltet werden, entspricht die Ausgangsspannung der Summe einzelner Spannungen; b) dasselbe gilt auch für Solarzellen.

In der Zeichnung sind der Einfachheit halber nur drei Solarzellen in Serie geschaltet. Die so erreichte Spannung von 1,38 Volt würde uns in der Praxis nur ausnahmsweise genügen. Es gibt zwar einige Solar-

1

Spielzeuge oder Spielzeug-Kleinmotoren, denen schon die Spannung einer einzigen Solarzelle von 0,46 Volt ausreicht, sowie auch einige Mini-Glühlampen, die nur eine sehr niedrige Spannung benötigen. Die meisten anderen Solarverbraucher (Lampen, Pumpen, Motoren usw.) erfordern etwas höhere Spannungen.

Abhängig davon, ob so eine Fotovoltaik-Spannungsquelle universaler verwendet werden soll, oder ob sie nur eine einzige Funktion erfüllen muss, kann man ihre Spannung (und Leistung) entweder etwas großzügiger dimensionieren, oder im Gegenteil zweckgebunden sparsam dosieren. Handelt es sich z.B. um eine Fotovoltaik-Anlage für ein Gartenhaus auf dem Freizeitgrundstück, ist es sehr vernünftig, wenn man hier eine 12-Volt-Spannungsversorgung plant. Die 12-Volt-Spannung wird ja bekanntlich auch in den meisten Autos eingesetzt. Es gibt daher auf dem Markt sehr viele nützliche und preiswerte Elektrogeräte und Leuchtkörper, die für diese Spannung vorgesehen sind.

Wenn man dagegen die Solarspannung z. B. nur für eine einzige Springbrunnenpumpe benötigt, die 4 Volt braucht, genügt unter Umständen ein Solarzellenmodul, das nur die 4 Volt liefert. Seine Ausgangsleistung muss jedoch den Ansprüchen einer solchen Pumpe gerecht werden.

1.3 Sonnenlichtintensität und Solarleistung

Wir haben bisher die Solarzelle mit einer Batterie verglichen, und dabei kann man es noch immer belassen. Auf einen großen Unterschied muss hier allerdings hingewiesen werden: eine Solarzelle hat im Vergleich zu der Batterie keine konstante Spannung. Da sie ja nur ein Energiewandler ist, kann sie logischerweis nur dann wandeln, wenn es etwas zu wandeln gibt. Sie kann keine Energie zwischenspeichern oder keine Energievorräte anlegen. Die gelieferte Fotovoltaikenergie ist immer nur so groß, wie die augenblickliche Sonnen- oder Lichteinstrahlung.

Solarzellen liefern auch bei bescheidenen Lichtverhältnissen elektrische Energie, aber die Spannung und die Leistung – also auch der Strom – sinken mit der abnehmenden Beleuchtung – bis auf Null. Die Spannung pro Solarzelle kann sich also zwischen den 0,46 Volt und Null bewegen, und auch die Leistung pro Zelle bewegt sich zwischen dem angegebenen Maximum (das von der Größe der Zelle abhängt) und Null.

Die wirklichen Möglichkeiten der Solarzellen-Ausbeutung sind dennoch viel besser, als man denken würde. Die Leistung einer Solarzelle ist zwar von der Intensität der Sonnenstrahlen sehr abhängig, aber – was wenig bekannt ist – sie liefert tagsüber eine gewisse Leistung auch dann noch, wenn der Himmel ziemlich bewölkt ist.

Die wichtigste Frage ist nun, wieviel Energie pro Tag, pro Monat oder pro Jahr das Solarmodul als Energiewandler pro Stück oder pro Quadratmeter Solarfläche bringen kann. Es wird uns kaum jemand ausrechnen können, wieviele Sonnenstrahlen wir in diesem oder im nächsten Jahr gerade in unserer Gegend erwarten können, also gibt es nur den Ausweg in die an sich unzuverlässige Statistik. Sie hilft uns dennoch zumindest informativ.

Ziemlich beruhigend ist die Tatsache, dass uns die Sonne an warmen sonnigen Tagen etwa 750 bis 1000 Watt pro Quadratmeter an Energie spendet. Davon liefern uns die Solarzellen bis zu 17% von dieser Energie brav ab. Der Wirkungsgrad ist dabei etwas niedriger bei sehr kleinen Zellen, und etwas höher bei größeren Solarflächen (größeren Modulen).

Das gegenwärtig am meisten angewendete polykristalline Solarzellenmodul mit einer Fläche von 1 m² liefert uns also bei optimalen Bedingungen bis zu 150 W an elektrischer Leistung. Das ist eine Energie von bis zu 150 Wh (Wattstunden), und bei etwas Glück mehr als eine Kilowattstunde (kWh) pro Tag. Dabei wird die Tatsache berücksichtigt, dass der Energiegewinn am frühen Morgen und in den Abendstunden wesentlich geringer ist als während der Mittagszeit, bzw. während der etwa fünf bis zehn heißesten Stunden des Tages.

Bei leicht bedecktem Himmel kann sich die gelieferte Energie bis um die Hälfte verringern. Das Solarmodul liefert dann nur noch ca. 75 W. Wenn der Himmel stark bewölkt ist, sinkt die Energieausbeute noch tiefer, und wir erhalten von dem Modul möglicherweise nicht einmal 50 Watt. In den Wintermonaten sind alle Werte oft nur halb so hoch wie in den Sommermonaten. Im Frühjahr und im Herbst liegen dann die Werte entsprechend zwischen den beiden Extremen.

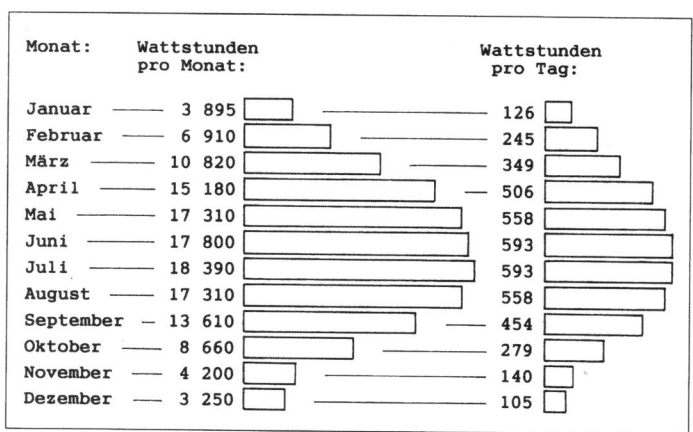

Monat:	Wattstunden pro Monat:	Wattstunden pro Tag:
Januar	3 895	126
Februar	6 910	245
März	10 820	349
April	15 180	506
Mai	17 310	558
Juni	17 800	593
Juli	18 390	593
August	17 310	558
September	13 610	454
Oktober	8 660	279
November	4 200	140
Dezember	3 250	105

Bild: 1.13 So viele Kilowattstunden täglich und monatlich kann ein Quadratmeter Solarzellenfläche ungefähr durchschnittlich liefern.

1

An dieser Stelle könnte sich so mancher Leser mit Recht fragen, wozu denn überhaupt alle diese Angaben gut sein können, wenn ja ohnehin alles nur von einem unberechenbaren System von Zufällen und Launen der Natur abhängt.

Darauf kann man nur antworten: trotz allen Schwankungen vollzieht sich jedes Jahr erneut der Wandel der Jahreszeiten in einem zuverlässigen Rhythmus. Wie unberechenbar also das System auch ist, es funktioniert! Demzufolge wird auch unsere Solaranlage funktionieren!

Erfahrungen aus den vergangenen Jahren ermöglichen es uns, eine informative Übersicht zu erstellen, die uns zeigt, wie groß der monatliche und der tägliche Energieertrag einer Solarzellenfläche von einem Quadratmeter im Durchschnitt sein dürfte (Bild 1.13).

Das Verhältnis zwischen dem diffusen Licht und der direkten Sonneneinstrahlung steht in unserem Land in etwa 1:1 zueinander. Auch bei einer direkten Sonneneinstrahlung gibt es zusätzlich immer noch das diffuse Licht – als seitliche Reflexionen der direkten Strahlung.

Nun sehen wir uns noch im Bild 1.14 informativ an, wie groß der Unterschied in der Energieausbeute zwischen sonnigen und trüben Tagen sein kann.

Alle Angaben beziehen sich zeitlich auf die geografische Mitte Deutschlands. Die angegebenen Werte der Sonnenintensität unterliegen normalerweise von Jahr zu Jahr größeren Schwankungen und demzufolge hat auch die Ausgangsleistung der Solarzellen nur einen sehr informativen Charakter.

Dennoch gehen aus den vorhergehenden Balkendiagrammen einige Eigenarten der Fotovoltaik hervor. Man kann sich ein informatives Bild darüber machen, wieviel

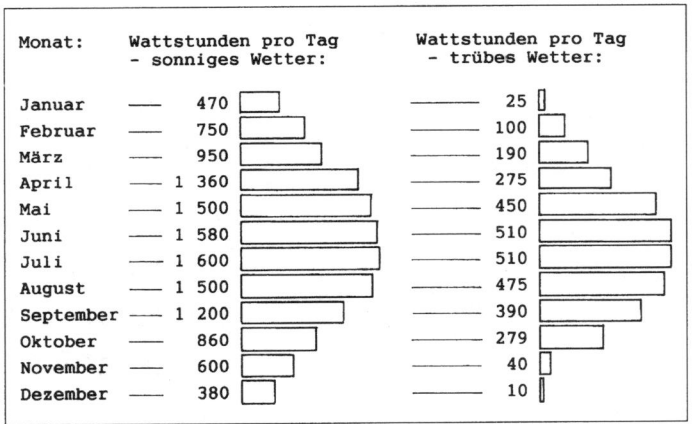

Bild: 1.14 Gegenüberstellung des täglichen Energieertrags an sonnigen und an trüben Tagen in der Mitte einzelner Monate (pro m² Solarfläche).

Energie die Solarzellen während der Wintermonate und bei bewölktem Himmel noch ungefähr liefern können. Allerdings ist es eine reine Glückssache, ob man in den nächsten Jahren Mitte Januar einen so schönen Sonnentag erlebt, wie es in unserem Beispiel vorgekommen ist.

Eines ist sicher: die Energiegewinnung in den Wintermonaten ist wesentlich niedriger als in den Sommermonaten. Aus Erfahrung wissen wir, dass auch die durchschnittliche Anzahl der Sonnentage im Winter viel geringer ist, als im Sommer. So werden in den Wintermonaten die Ausgangsleistungen der Solarzellen etwas näher an den Minimumwerten (bewölkt) des Balkendiagrammes liegen. In den Sommermonaten darf man wiederum damit rechnen, dass bei etwas Glück eher die höheren Leistungswerte erreicht werden.

In Hinsicht darauf, dass bei den meisten Solarzellen eine Ausgangsleistung von 110 oder sogar 150 Watt pro Quadratmeter nur als Spitzenleistung betrachtet werden sollte (strahlende Sonne, Sommer-Mittagszeit), wird die Energiegewinnung an sonnigen Tagen unter diesen Spitzenwerten liegen.

Andererseits geht die im Balkendiagramm angegebene untere Leistungsgrenze („trübes Wetter") von einer ziemlich starken Bewölkung aus, die wiederum seltener vorkommt. Damit bewegt sich auch bei trübem Himmel die Kurve der Ausgangsleistung meistens oberhalb der Minimumwerte.

Durch die kurzen Wintertage schrumpft die Sonnenscheindauer sichtbar zu einer sehr bescheidenen Energiespende, die zudem

noch ziemlich variieren kann (siehe auch Tabelle 11.7 auf S. 85). Es gibt manchmal sehr trübe Wintertage, an denen die Sonne gar nicht zum Vorschein kommt, aber es gibt auch Wintertage mit strahlendem Sonnenschein. Dazu kommen die geografischen Unterschiede zwischen dem Wetter im Norden und im Süden der Bundesrepublik.

So beträgt laut Statistik die jährliche Sonnenscheindauer in Norddeutschland 1450 Stunden und in Süddeutschland 1950 Stunden. Demzufolge dürften die Werte aus den Diagrammen für den Süden Deutschlands um einige Prozent günstiger und für den Norden wiederum etwas ungünstiger ausfallen (wobei diffuses Sonnenlicht und einige weitere Faktoren einkalkuliert sind).

In den letzten Jahren gab es allerdings enorme Schwankungen in der Sonnenscheindauer und in der Sonnenintensität (Ozonloch), wodurch eine genauere Ausarbeitung von zuverlässigen Werten eher etwas für einen Wahrsager, als für einen Meteorologen wäre. Belassen wir es also dabei, dass es sich hier nur um Angaben handelt, die in Hinsicht auf alle unberechenbaren Faktoren dennoch als Wegweiser relativ brauchbar sind.

1.4 Einfache Experimente mit Solarzellen

Wer die Fotovoltaik vorerst nur ein wenig kennenlernen möchte, der kann entweder mit einem bescheidenen und preiswerten

1

Fertigbausatz beginnen, oder gleich eine bzw. einige Solarzellen kaufen und mit diesen etwas herumexperimentieren. Man kann sich dabei eine konkretere Vorstellung darüber machen, wie die Solarzelle auf intensiven Sonnenschein oder auf einen bewölkten Himmel reagiert, wie spät am Morgen die Solarzelle das zur Verfügung stehende Licht wahrnimmt usw.

Soweit hier allerdings nur mit einem Spielzeug-Set experimentiert wird, sind auch die Ergebnisse nur informativ. Dennoch ist ein derartiger erster Kontakt mit der Materie schon deshalb nützlich, weil das Ganze dadurch etwas greifbarer wird.

Messen oder nicht messen ...

Wer sich vorerst nur einen kleinen Solar-Springbrunnen oder eine andere einfache Solaranlage zulegen möchte, der muss sich mit den Details theoretisch nicht so sehr befassen. Hier reicht oft ein kompakter Fertigbausatz aus, und man kann auf jegliche Messungen verzichten.

Anderseits kann bereits ein kleiner preiswerter Multimeter die ersten Experimente sehr vereinfachen, und zudem interessanter gestalten.

Wer sich dafür begeistert, aber bisher über keine Erfahrung verfügt, dem könnten einige nähere Auskünfte willkommen sein. Fangen wir erst einmal mit dem Multimeter an. Ähnlich wie bei einer Armbanduhr kann bei diesen Messgeräten der Messwert entweder mit Hilfe von einem Zeiger (analog) oder von einem LCD-Display mit Zif-

fern (digital) angezeigt werden. Analog-Messgeräte (Multimeter) sind oft wesentlich preiswerter als die digitalen. Das Ablesen der Werte ist bei den analogen Messgeräten für einen Einsteiger zwar etwas gewöhnungsbedürftig, aber weiterhin gibt es bei diesem Verwendungszweck keinen technischen Grund, das eine Gerät dem anderen vorzuziehen.

Ein Multimeter hat verschiedene Messbereiche, worunter auch mehrere Messbereiche für die Gleichspannung. Er hat auch Messbereiche für die Wechselspannung, für den Gleich- und Wechselstrom, für Widerstände usw., aber die interessieren uns momentan noch nicht. Wir wollen ja erst die Spannung an einer einzigen Zelle messen. Die Solarzelle erzeugt eine Gleichspannung, die als sogenannte Leerlaufspannung bei ca. 0,58 Volt liegt. Das ist nun wieder etwas Neues, aber nichts Kompliziertes. Eine Leerlaufspannung bedeutet eine Spannung an unbelasteter (leerlaufender) Zelle und hat vom technischen Standpunkt her für uns keine zu große Bedeutung. Sobald wir die Zelle mit einem Verbraucher (Widerstand) belasten, sinkt die Leerlaufspannung in die Nähe der „Spannung bei max. Belastung", die auch als „Nennspannung" bezeichnet wird (Bild 1.15).

Mit anderen Worten: nur eine unbelastete Zelle weist die Leerlaufspannung auf. Wenn diese Zelle voll belastet wird, sinkt ihre Spannung auf die Nennspannung von ca. 0,46 Volt. Die Spannung einer nur „halb belasteten Zelle" liegt zwar bei etwa 0,5 Volt, aber bei der Planung einer Photovoltaikanlage rechnen wir normalerweise nur mit den 0,46 Volt. Es ist ja nicht erstrebenswert, dass wir nur mit halber Belastung der Solarmodule rechnen.

Soweit man nur experimentell ausprobieren will, inwieweit sich die Spannung einer Solarzelle ändert, wenn man sie von der Sonne wegdreht, können wir an die unbelastete Solarzelle einfach den Multimeter anschließen und mit diesen zwei Ge-genständen unter freiem Himmel etwas experimentieren.

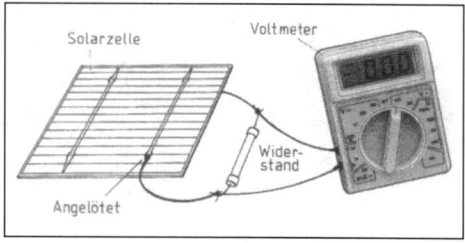

Bild: 1.15 der Anschluss eines Multimeters an die Solarzelle. Um das Messgerät anschließen zu können, müssen Sie erst auf die silbernen Leiterbahnen der Zelle jeweils oben und unten ein dünnes Drähtchen anlöten. Es ist egal, wo die Lötstellen angebracht werden, aber eine breitere Leiterbahn verdient aus mechanischen Gründen Vorrang. Beim Löten sollte darauf geachtet werden, dass die Lötstelle nicht unnötig stark erhitzt wird (die kupferne Leiterbahn könnte sich ansonsten von dem Silizium lösen). Der Widerstand ersetzt an der Solarzelle den Verbraucher. Bei Solarzellen, die größer als ca. 50x100 mm sind, darf der Widerstandswert bei etwa 2,2 bis 5,6 Ohm/0,25 Watt liegen. Bei kleineren Zellen sind entsprechend größere Widerstandswerte – z. B. 4,7 bis 12 Ohm empfehlenswert (andernfalls könnten die Zellen beim Messen zu heiß werden, da sie ja nicht wärmeleitend eingebettet sind).

Bevor man mit einem Multimeter zu messen anfängt, sollte man den richtigen Messbereich auswählen (einschalten). Der Messbereich soll logischerweise immer etwas höher sein, als die höchsten gemessenen Werte. Das wäre bei der Solarzelle die Leerspannung von 0,58 Volt. Theoretisch würde hier also ein Messbereich von 1 Volt ausreichen. Wenn es ihn auf dem Multimeter nicht gibt, genügt auch ein etwas höherer Messbereich von z. B. 1,5 V oder sogar 2,5 V.

Falls wir bevorzugt nur die echte Nennspannung an der Solarzelle messen möchten (wofür dann ein Messbereich von 0,5 V am Multimeter ausreichen würde), muss parallel an die Zelle ein Widerstand als Verbraucher angeschlossen werden. So können wir praktisch austesten, welche Spannung eine belastete Solarzelle unter verschiedenen Umständen liefert: auf dem Balkon, vor dem Hauseingang, in der hinteren Gartenecke usw, auch in Hinsicht auf die Sonnenintensität und auf den Neigungswinkel. Die Spannung der Solarzelle hängt ja auch davon ab, unter welchem Neigungswinkel sie von der Sonne bestrahlt wird. Je genauer sie gegen die Sonne gerichtet ist, desto höher ist ihre fotovoltaische Leistung. Ein Buchtipp zu diesem Thema: „Spaß und Spiel mit der Solartechnik" (Bo Hanus/ Franzis Verlag)

1.5 Was ist ein Solarzellenmodul?

Ein Solarzellenmodul, oft nur als „Solarmodul" bezeichnet, ist nichts anderes, als

1

mehrere aneinander angeschlossene Solarzellen, die man zwischen zwei Glasscheiben, Plexiglasscheiben oder zwei Kunststofffolien eingießt oder auf eine andere Weise einbettet. So entstehen feste oder auch „flexible" Solarmodule, die beliebige Abmessungen, Leistungen, Spannungen oder andere Eigenschaften (Meerwasser-Resistenz) aufweisen. Einige Ausführungsbeispiele handelsüblicher Solarmodule gehen aus den Abbildungen 1.16 bis 1.18 hervor.

Die kleinsten Solarmodule können kleiner als eine Briefmarke sein, die größten Module haben eine Fläche von ca. 1 m². Benötigt man größere Solarflächen – was bei fotovoltaischen Dachanlagen oder Fassadenanlagen üblich ist – werden sie aus großen Einzelmodulen zusammengestellt.

Die technischen Parameter der Solarmodule unterliegen keiner Norm oder vorgegebener Abstufung. Daher ist nur der Anwendungszweck für die Wahl des

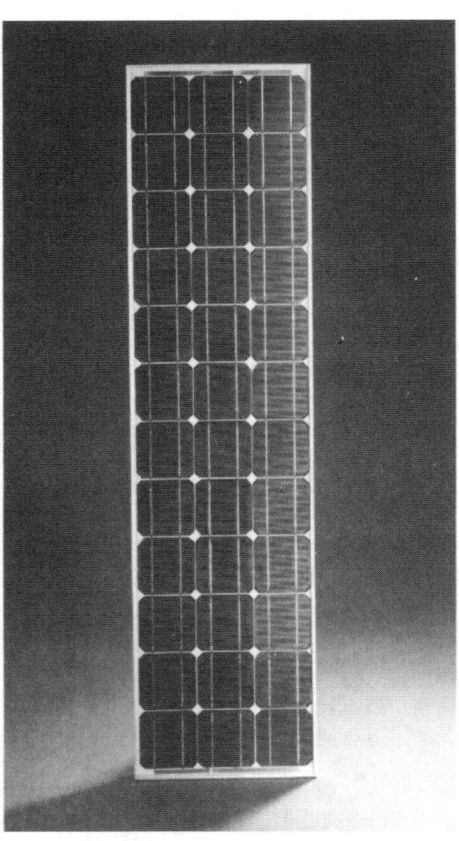

Bild: 1.16 Monokristallines Solarmodul M55 (Siemens): Nennleistung 53 W / Nennspannung 17,5 V / Nennstrom 3,1 A / Maße 1293 x 285 x 36 mm.

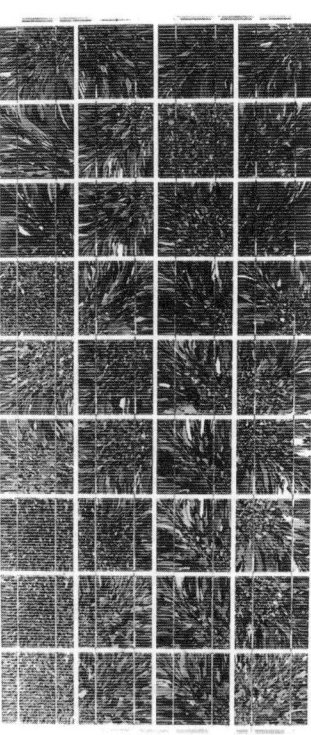

Bild: 1.17 Polykristallines Solarmodul PWX 500 (Kyocera): Nennleistung 50 W / Nennspannung 17 V / Nennstrom 2,94 A / Maße 1042 x 462 x 39 mm (Wirkungsgrad über 14%).

optimalen Moduls (oder einer Kombination von optimalen Modulen) bei der Anschaffung bestimmend. Handelsübliche Solarmodule fangen gegenwärtig – wie bereits erwähnt – bei Briefmarkengröße an. Somit gibt es auch im Leistungsbereich von nur einigen Watt eine große Auswahl – was für experimentelle Zwecke oder für die Spannungsversorgung von kleineren elektronischen Geräten von Vorteil ist.

1.6 Welches Solarzellenmodul ist das richtige?

Alle handelsüblichen Solarzellenmodule sind normalerweise strapazierfähig, wetterunempfindlich und relativ hagelfest. Mo-

Bild: 1.18 Flexible Solarmodule können auf leicht gewölbte Flächen angeleimt werden (AEG).

dule, bei denen die „Sonnenseite" der Solarzellen mit thermisch gehärtetem Glas geschützt ist, weisen jedoch in der Regel eine etwa doppelt so lange Lebensdauer auf, wie Module mit einer Kunststoffscheibe bzw. wie Folienmodule (besonders in Hinsicht auf Bekratzen und Ermatten). Einige Hersteller, die beide Modulenarten fertigen, geben bei verglasten Modulen eine Lebensdauer von 20 Jahren, bei Kunststoffmodulen von nur 10 Jahren an.

Verglaste Module sind allerdings schwerer als Kunststoffmodule und eignen sich daher nicht unbedingt für portable Anwendungen. Ansonsten dürften bei der Wahl eines Moduls vor allem die elektrischen Parameter eine wichtige Rolle spielen.

An erster Stelle steht die Frage der optimalen **Solarspannung**. In manchen Fällen kann man sich dabei einfach nach dem eigentlichen Spannungsbedarf des vorgesehenen Verbrauchers richten. Das kann z. B. der Wechselrichter einer netzgekoppelten Anlage, oder auch nur ein kleiner Pumpenmotor sein. Soweit es sich um eine netzunabhängige Solarstrom-Versorgung für universale Zwecke handeln sollte – wie z. B. für ein Schrebergarten-Häuschen, Sommerhaus, Caravan usw. – ist eine Solar-Arbeitsspannung von 12 Volt vorläufig am günstigsten.

Als Alternative kommen noch 24 Volt in Frage. Diese Empfehlung hat einen rein praktischen Grund: für die 12 V-Spannung gibt es – wie bereits erwähnt wurde – sehr viele preiswerte Verbraucher, weil diese Spannung ebenfalls im Auto verwendet wird. Das bezieht sich teilweise auch noch

1

auf die 24 V-Spannung, obwohl hier die Auswahl von Gleichspannungsgeräten etwas bescheidener ausfällt.

Wer zudem unbedingt an der Solaranlage auch noch einige normale Wechselspannungs-Netzgeräte betreiben möchte, der kann sich einen kleineren Wechselrichter zulegen. Ein solches Gerät wandelt die 12 Volt- oder 24-Volt-Gleichspannung in eine 230 V-Wechselspannung um (oder in eine andere gewünschte Wechselspannung, wie z. B. 48 V oder 110 V). Die folgende Abbildung 1.19 zeigt eine informative Schaltung einer einfachen, selbstständig arbeitenden Solaranlage, an der auch ein Wechselrichter angeschlossen ist.

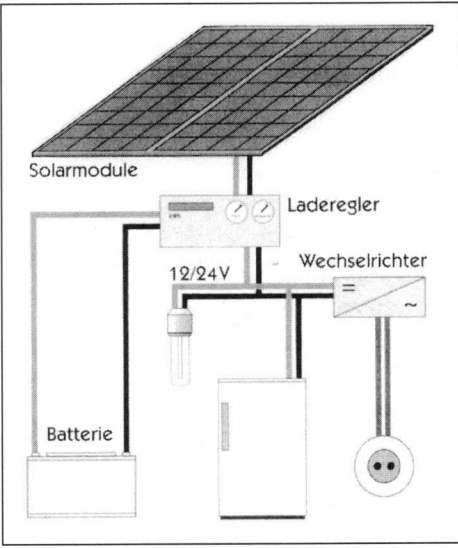

Bild: 1.19 Das Solarmodul arbeitet hier eigentlich nur als Ladegerät für die Batterie, an der alle Verbraucher in Wirklichkeit angeschlossen sind – allerdings über Sicherungen, die wiederum sozusagen in Untermiete im Gehäuse des Ladereglers untergebracht sind.

Die **Nennleistung** des Solarmoduls ist natürlich ein ebenfalls wichtiger Parameter. Von ihr hängt ja ab, ob das Modul auch die vorgesehene Aufgabe erfüllen kann. Soweit nicht ein einziges Modul über die benötigte Spannung oder Leistung verfügt, können beliebig viele Module zusammengeschlossen werden. Ähnlich wie beim Aneinanderreihen von Batterien, muss auch hier auf die Polarität geachtet werden. Bei einer Reihenschaltung (Bild 1.20) schließt jeweils der Pluspol des vorhergehenden Moduls auf den Minuspol des folgenden Moduls an. Bei einer Parallelschaltung (Bild 1.21) sind jeweils alle Pluspole und alle Minuspole miteinander verbunden. Genauso wie sich die Spannungen von Solarzellen addieren, die in Reihe (in Serie) zu einer Kette zusammengeschlossen werden, addieren sich logischerweise auch die Spannungen ganzer Module. Dabei gilt auch hier, dass der Nennstrom einer solchen Kette nur so groß sein kann, wie das

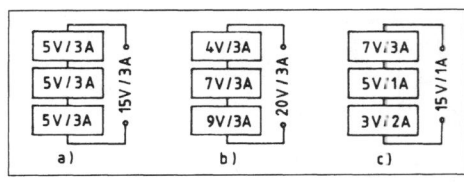

Bild: 1.20 Solarmodule in Reihe (Serie) geschaltet: a) Module mit identischen Parametern in Reihe geschaltet; b) Module mit unterschiedlicher Nennspannung, aber mit gleichem Nennstrom in Reihe geschaltet; c) Module mit unterschiedlichem Nennstrom dürfen zwar ohne weiteres in Reihe geschaltet werden, aber der Ausgangs-Nennstrom richtet sich nach dem schwächsten Modul (nur für experimentelle Zwecke geeignet, denn sonst wird Solarzellenfläche verschenkt).

schwächste Modul (= das Modul mit dem niedrigsten Nennstrom). Aus dem Grund sollten nur Module mit gleichen Stromwerten in Reihe geschaltet werden. Die einzelnen Modul-Nennspannungen haben dabei keinen Einfluss auf den Nennstrom.

Durch paralleles Verschalten mehrerer Module addieren sich ihre Nennströme – und damit ihre Nennleistungen. Hier ist sehr wichtig, dass die Spannungen aller Module oder Ketten identisch sind. Die Nennströme einzelner Module (oder Modulketten) dürfen dabei unterschiedlich sein.

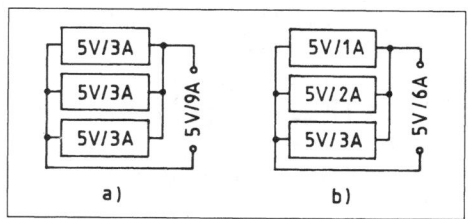

Bild: 1.21 Solarmodule parallel geschaltet: a) Module mit identischen Parametern; b) Module mit unterschiedlichen Nennströmen (Nennleistungen) und gleichen Spannungen.

2 Welche Akkumulatoren eignen sich für die Solartechnik?

Bei Solaranlagen, die nicht netzgekoppelt sind, hat der Akkumulator eine ähnliche Funktion, wie im Auto. Er speichert die Energie, sozusagen unter dem Motto: „spare in der Zeit, so hast du in der Not". Verbraucher, bei denen es ausreicht, wenn sie nur bei sonnigem Wetter funktionieren – wie Fontainenpumpen, Kühlanlagen u. ä. – benötigen keinen Zwischenspeicher. Für alle andere Verbraucher ist ein Zwischenspeicher unentbehrlich.

Als Zwischenspeicher eignen sich für die Solartechnik alle nur denkbaren Akkumulatoren (kurz Akkus genannt) und wieder aufladbaren Batterien. In der Fachterminologie wird für dieselben Produkte sowohl die Bezeichnung „Batterie", wie auch „Akkumulator" oder „Akku" verwendet.

Es gibt eine enorme Menge von Akkumulatoren, die nach allen nur denkbaren Merkmalen katalogisiert werden könnten. Der normale Anwender ist jedoch nur daran interessiert, was für ihn konkret in Frage kommt, bzw. was gängig ist:

❑ für kleinere Leistungen sind die altbewährten NiCd-Akkus geeignet, die

z.B.auch in Akku-Werkzeugen eingesetzt werden, oder die neuen umweltfreundlicheren NiMH- (Nickel-Metallhydrid) und NiH- (Nickel-Hydrid) Akkus, die frei von Giftstoffen sind und einige weitere Vorteile haben, auf die wir noch zurückkommen. Die meisten dieser Akkus haben eine Spannung von 1,2 Volt pro Glied und eine Kapazität von max. 4,5 Ah.

Bild: 2.1 Eine Solarbatterie unterscheidet sich äußerlich nicht von einer gängigen Autobatterie.

❑ Für größere Leistungen eignen sich bevorzugt echte Solar-Akkus, oder auch ganz normale Autobatterien, Rollstuhlbatterien und andere ähnliche Energiespeicher, die überwiegend als Bleiakkumulatoren konzipiert sind.

Diese Akkus haben in der Regel eine Spannung von 2 Volt pro Glied und sind als kompakte 6 Volt- oder 12-Volt-Einheiten bis zu einer Kapazität von einigen hundert Ah erhältlich.

2.1 Wie rechnet man die benötigte Akku-Kapazität aus?

Die Sache mit der Kapazität in Ah (Amperestunden) ist erklärungsbedürftig, aber leicht zu begreifen. Es handelt sich hier nur um den energetischen Inhalt eines Behälters, in dem der Vorrat – im Gegensatz zu einem Weinfass (Bild 2.2)– nicht in Litern, sondern in Amperestunden angegeben ist.

Nehmen wir als Beispiel den Akku eines kleinen Akkuschraubers, der eine Kapazität von 1,2 Ah hat. Er kann einen Motor, der einen Stromverbrauch von 1 A hat, theoretisch 1,2 Stunden lang mit Energie versorgen. Danach ist er leer. Falls der Motor einen doppelt so hohen Stromverbrauch (von 2 A) hat, reicht die Akku-Kapazität nur für 0,6 Stunden aus. Wie schon die eigentliche Bezeichnung „Ah" andeutet, handelt es sich hier immer um „Ampere mal Stunden".

Ein anderes Beispiel: die Autobatterie hat eine Kapazität von 60 Ah. Sie kann uns demnach entweder

60 Stunden lang 1 A
oder 30 Stunden lang 2 A
oder 10 Stunden lang 6 A liefern usw.

In der Praxis werden wir bei der Planung von dem Energiebedarf des Verbrauchers bzw. mehrerer Verbraucher ausgehen. Das ist nicht schwierig. Wir müssen uns nur

Bild: 2.2 Mit der Kapazität einer Batterie ist es ähnlich, wie mit der Kapazität eines Weinfasses: die Größe bestimmt den maximalen Inhalt und weiterhin kommt es nur darauf an, wie weit und wie oft jeweils der Hahn aufgedreht wird

2

aufschreiben, welcher Stromverbrauch pro Verbraucher benötigt wird und wieviele Stunden pro Tag der Verbraucher mit der Energie versorgt werden soll. Der Problemschwerpunkt liegt hier eher bei guter Einschätzung, als bei gutem Rechnen. An konkreten Beispielen wird es in diesem Buch nicht fehlen.

2.2 Solar-Akkumulatoren richtig laden

Die Lebensdauer eines Akkus hängt u.a. vom richtigen Laden ab. Beim Laden der Akkus von Solarzellen liegt das Hauptproblem darin, dass die Solarzellen weder eine konstante Spannung, noch einen konstanten Strom liefern.

Aus diesem Grund wird zwischen das Solarmodul und den Akku ein Laderegler (Bild 2.3) geschaltet, der dafür sorgt, dass der Akku möglichst optimal geladen wird.

Im Handel gibt es eine enorme Auswahl an Ladereglern in Preisklassen von ca. 20 bis zu einigen hundert Euro. Man könnte ein dickes Buch darüber schreiben, was so ein Laderegler alles machen kann oder machen sollte, und wie gut es einem Akku tut, wenn er mit einem "superintelligenten" Laderegler geladen wird.

Ein erfahrener Praktiker weiß allerdings, dass sich hier Dichtung und Wahrheit mischen, und dass der wirkliche Lebensdauerunterschied zwischen ganz ausgetüftelt geladenen Akkus und zwischen einfach geladenen Akkus nur schwer nachvollziehbar ist. Schon deshalb, weil noch zu viele andere Faktoren im Spiel sind: welchen Strapazen wurde der Akku während des Betriebes ausgesetzt, wie alt war er bereits zum Zeitpunkt des Kaufes,

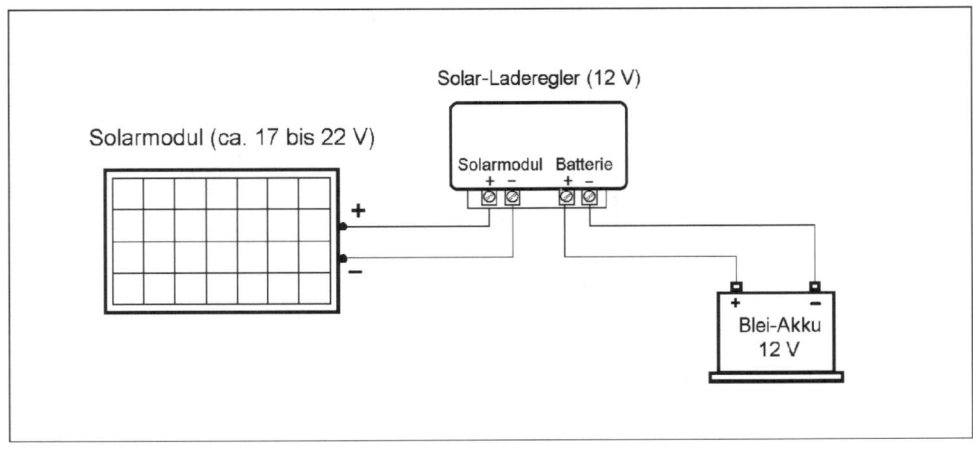

Bild: 2.3 Handelsübliche Solar-Laderegler sind als Fertiggeräte wahlweise für das Laden eines 12 Volt- oder eines 24 Volt-Bleiakkumulators ausgelegt.

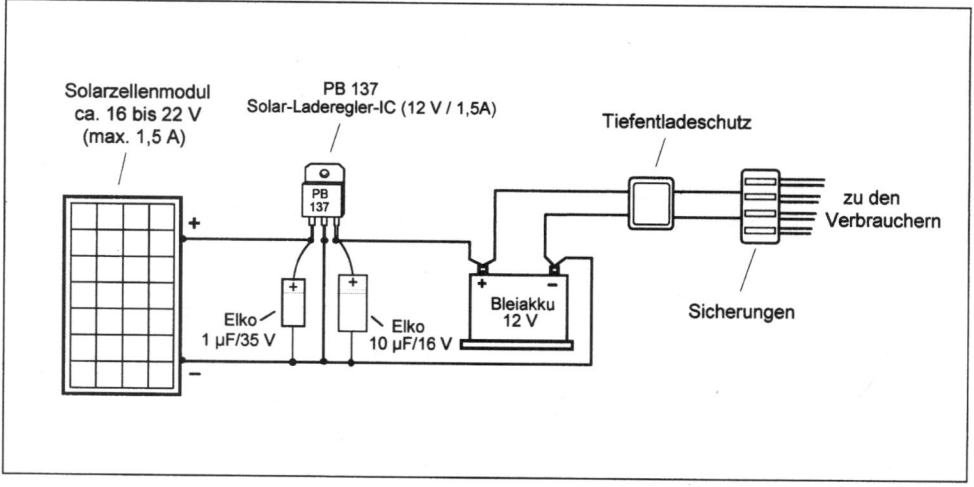

Bild: 2.4 Für das Laden kleinerer Bleiakkumulatoren bietet *Conrad Elektronik* ein spezielles Solar-Laderegler-IC *Type PB 137* (Bestell-Nr. 17 94 18) an, das für einen Ladestrom von bis zu 1,5 A und eine Solar-Eingangsspannung von bis zu 40 V= ausgelegt ist.

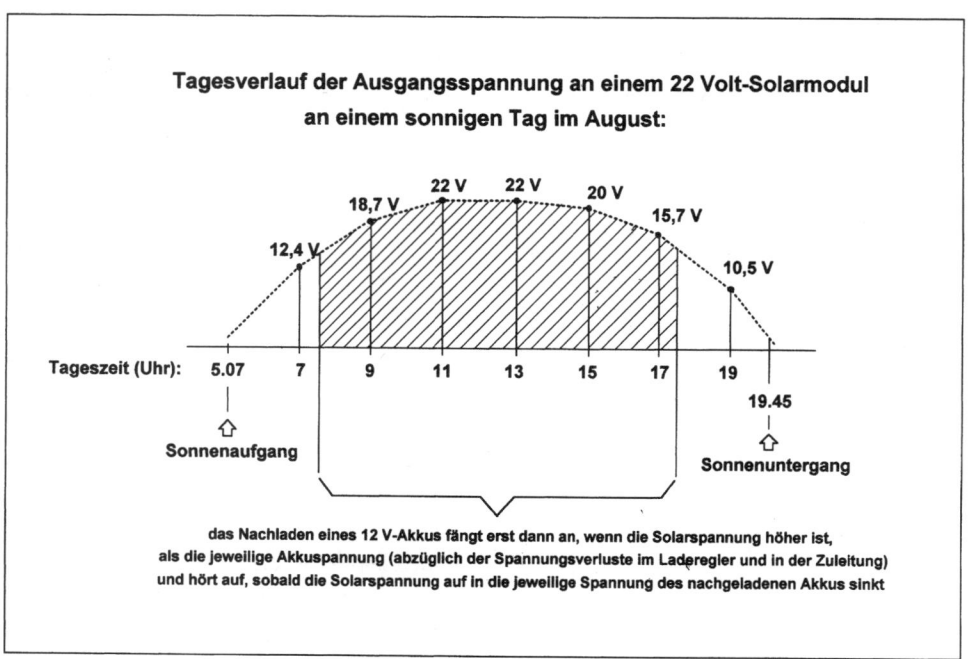

Bild: 2.5 Beispiel des Tagesverlaufs der Ausgangsspannung an einem Solarmodul, das als „Ladestrom-Energiequelle" für einen 12 Volt-Bleiakkumulator dient.

2

wie wurde er vorher gelagert, behandelt und gepflegt?

Soweit ein „intelligenter" Laderegler an einer konstanten Spannung angeschlossen ist, kann er sich an ein vorgegebenes Programm ziemlich perfekt halten. Ein Laderegler, der mit Energie aus Solarzellen versorgt wird, kann dagegen immer nur mit der Spannung und mit dem Strom arbeiten, die ihm gerade zur Verfügung stehen. Einen zu hohen Strom oder eine zu hohe Spannung kann er zwar nach unten reduzieren, aber in umgekehrter Richtung ist er meistens hilflos. Es gibt zwar Spezialgeräte, die eine unbrauchbar niedrige Solarspannung auf ein brauchbares Niveau erhöhen (auf Kosten eines niedrigeren Solarstromes), aber die sind für kleinere Anlagen zu teuer.

Nur während etwa 4 % bis 6 % der jährlichen Betriebsstunden bekommt eine Solaranlage derartig viel Sonnenenergie, dass sie ihre volle Leistung (ihre Maximumwerte) liefern kann. Selbst der allerbeste Laderegler kann logischerweise nur dann perfekt arbeiten, wenn ihm auch die vorgesehene Ladespannung und der vorgesehene Ladestrom zur Verfügung stehen. Soweit diese Bedingungen nicht optimal erfüllt sind, funktioniert auch der beste Laderegler nicht viel anders, als ein einfaches preiswertes Gerät, bzw. eine Laderegelung mit dem IC „PB 137" (nach Abb. 2.3).

2.3 Kleine NiCd-, NiMH und NiH-Akkus als Energiespeicher

Die meisten herkömmlichen Ladegeräte von Gebrauchsgütern, wie Akkuwerkzeuge, Unterhaltungselektronik, Notebooks mit Randapparatur machen sich das Leben in Hinsicht auf eine ausgetüftelte Ladeelektronik nicht unnötig schwer. Sie laden

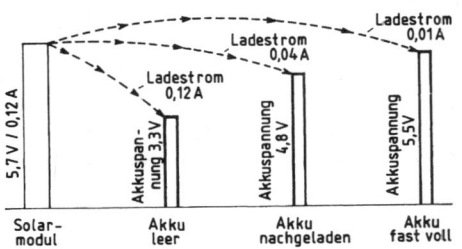

Bild: 2.6 Das automatische Absinken des Ladestromes während des Aufladens eines Akkus.

ganz einfach ihre Akkus mit einer Spannung nach, die etwa 22 % höher ist, als die jeweilige Akku-Nennspannung und mit einem Strom, der bei NiCd-Akkus 10% und bei NiMH (NiH)-Akkus bei 20% von der Akku-Kapazität in Ah liegt.

Ein Beispiel: der NiCd-Akku eines Akkuschraubers hat eine Spannung von 4,8 V und eine Kapazität von 1,2 Ah. Der Netz-Ladeadapter liefert ihm beim Laden eine Spannung von 5,8 V und einen Maximumstrom von 0,12 A. Das sind fest vorgegebene Werte, die dem Akku zwar sozusagen zur Verfügung stehen, aber die er beim Aufladen nur am Anfang nutzt. Sehen wir uns nun in Bild 2.3 an, wie sich diese Werte beim Laden verändern, denn das hilft uns bei der richtigen Dimensionierung einer Solaranlage viel mehr, als komplizierte theoretische Aufklärungen.

Zwischendurch ist noch eine wichtige Erklärung fällig: Der Einfachheit halber geht man immer davon aus, dass so ein wiederaufladbarer Akku eine konstante Spannung hat. Das stimmt eigentlich gar nicht. Wenn er voll aufgeladen ist, hat er eine um ca. 22% höhere Spannung, als seine „Arbeitsspannung" ist (typen- und altersabhängig). In unserem Beispiel ist es eine Spannung von ca. 5,8 V. Der Akkuschraubermotor kommt mit der höheren Spannung problemlos zurecht. Er dreht jedoch anderseits auch noch bei ca. 3 V. Somit hat dieser Akku zwar eine theoretische Nennspannung von 4,8 V, aber in Wirklichkeit bewegt sich seine Nutzspannung zwischen etwa 3 V und 5,8 V.

Hinweis

Jeder NiCd-, NiMH- oder NiH-Akku kann am einfachsten mit einer Spannung geladen werden, die maximal um 22% höher ist, als seine Nennspannung und mit einem Strom, der bei NiCd-Akkus bei 10% seiner Kapazität und bei NIMH (bzw. NiH)-Akkus bei maximal 20% der Kapazität liegt.

In der Solartechnik gibt es bei diesen kleineren Akkus zwei empfehlenswerte Möglichkeiten, wie sich das Laden bewältigen lässt:

❏ mit Hilfe eines kleinen elektronischen Ladereglers;

❏ durch eine Kombination von angepassten Maximum-Stromwerten des Solarmo-

duls und von einer zusätzlichen Spannungsregelung mit einer Zenerdiode.

Die erste Lösung ist die bequemste. Man kauft sich einfach einen kleinen Laderegler, setzt ihn zwischen das Solarzellenmodul und den Akku und damit hat es sich erledigt. Ein Elektroniker kann sich einen kleinen Laderegler auch im Selbstbau erstellen. Es gibt im Handel viele spezielle Laderegler-ICs, die nur wenige zusätzliche Bauteile benötigen.

Die zweite Möglichkeit setzt voraus, dass der maximale Strom (Nennstrom) des Solarmoduls nicht höher ist, als der max. Ladestrom des Akkus (10 % der Akkukapazität). Diese Bedingung lässt sich am einfachsten auf die Weise erfüllen, dass zu einem ausgewählten Solarmodul ein übereinstimmender Akku genommen wird (die zur Verfügung stehende Auswahl ist ja sehr groß).

Es macht dabei nichts aus, wenn die Kapazität des Akkus etwas mehr als das Zehnfache des Solar-Nennstromes beträgt. Besonders dann nicht, wenn der Akku deutlich überdimensioniert ist. Der Ladestrom muss ja nur die Stromabnahme decken. Die ist jedoch in einem solchen Fall von der Akkugröße unabhängig. Somit hat auch der Bedarf an Ladestrom mit der eigentlichen Größe des Akkus nichts zu tun.

Mit anderen Worten: wenn man rechnerisch ermittelt, dass eine Akku-Kapazität von 2 Ah (und damit ein Ladestrom von max. 0,2 A) für den vorgesehenen Zweck ausreicht, kann man dennoch einen 4 Ah Akku einsetzen. Soweit man sich bei der Planung nicht verrechnet hat, wird ja dieser Akku auch nicht mehr als der 2 Ah-Akku belastet, und muss demzufolge auch nicht mehr als der 2 Ah-Akku nachgeladen werden.

2

Der 4 Ah-Akku benötigt somit keinen Ladestrom von 0,4 A, sondern nur von 0,2 A. Man muss ja nur das nachfüllen, was entnommen wird (oder durch Selbstentladung verloren geht).

Mit der Ladespannung ist es etwas komplizierter. Der elektrische Strom verhält sich bekanntlich ähnlich wie das Wasser. Wenn man ein Gefäß mit Wasser nachfüllen will, muss das Wasser von oben nach unten fließen können. Will man einen Akku mit Strom nachfüllen (nachladen), muss sozusagen die Spannung ebenfalls „von oben nach unten" fließen. Soll der Strom aus einer beliebigen Quelle (Solarmodul oder Ladegerät) in den Akku fließen, muss diese Quelle eine höhere Spannung haben als der Akku. Ansonsten läuft nichts.

Beim Laden des Akkus von einem Solarmodul liegt das Problem darin, dass die Solarspannung zwischen Sonnenaufgang und Sonnenuntergang (zudem auch von Tag zu Tag) sehr variiert – was ja verständlich und naturbedingt ist – wie bereits in der Abb. 2.4 dargestellt wurde.

Eines geht hier deutlich hervor: je höher die Nennspannung des Solarmoduls ist, desto mehr Stunden pro Tag kann es den Akku nachladen. Die Solarspannung bleibt dadurch länger höher, als die des Akkus. Die Frage nach einer optimalen Modulspannung kann eigentlich nur situationsbezogen gut geklärt werden. Mitbestimmend ist dabei die Jahreszeitspanne, während der die Anlage betrieben werden

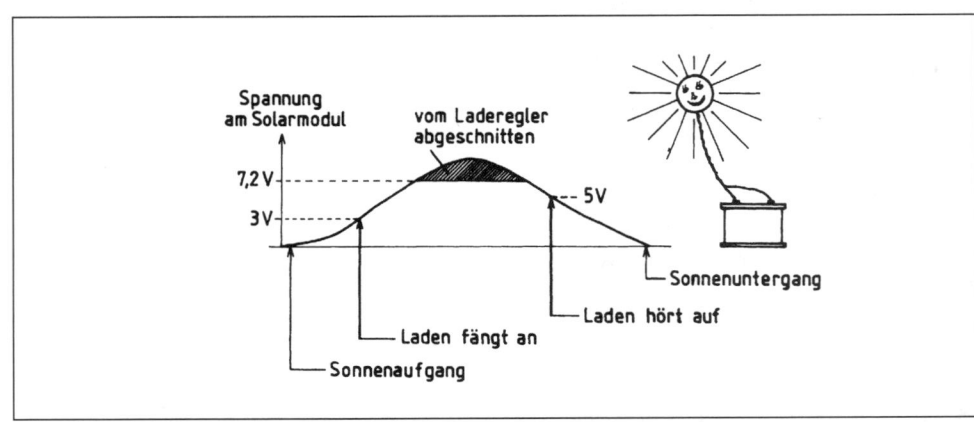

Bild: 2.7 Die Solarspannung ist als Ladespannung eines Akkus nur dann brauchbar, wenn sie höher ist, als die momentane Akkuspannung. In diesem hypothetischen Fall wird ein 6 V-NiCd-Akku geladen, dessen Spannung momentan nur 3 V beträgt. Das Laden fängt erst dann an, wenn die Solarspannung zumindest ein klein wenig höher ist, als die vorgegebenen 3 V. Da ein solcher 6 V-Akku mit einer Ladespannung von maximal 7,2 V geladen werden soll, lässt der Laderegler auch nur diese Spannung durch. Das Laden hört ganz automatisch in dem Augenblick auf, wenn die Solarspannung auf das Niveau sinkt, das der Akku inzwischen während des Ladens erreicht hat (das sind in diesem Beispiel 5 V). Das Laden setzt sich auf eine ähnliche Weise am nächsten Tag fort. Allerdings mit dem Unterschied, dass diesmal das Laden erst dann beginnt, nachdem die Solarspannung über die Schwelle von 5 V gestiegen ist – vorausgesetzt, dass der Akku in der Zwischenzeit nicht benutzt wurde.

soll. Es wird immer ein Kompromiss zwischen dem Kostenfaktor und den Grenzen der idealen Spannungsreserven bleiben.

Soweit als Energiespeicher nur kleinere Akkus (bis ca. 4 Ah) verwendet werden, bildet der eigentliche Kostenfaktor für zusätzliche Solarzellenfläche keine zu schwerwiegende Investition. Nur in Hinsicht auf eine einfachere Spannungsregelung dürfte unter Umständen mit der Solarspannung etwas vorsichtiger umgegangen werden. Eine zu hohe Solarspannung heizt einen einfachen Laderegler (Bild 2.8) während der Sommermonate zu sehr auf.

Nun zum nächsten Schritt: wir möchten für diese kleinen Akkus eine einfache La-

deregelung erstellen, die in etwa ähnlich arbeitet, wie die Laderegelungen bei den bereits erwähnten Gebrauchsgütern.

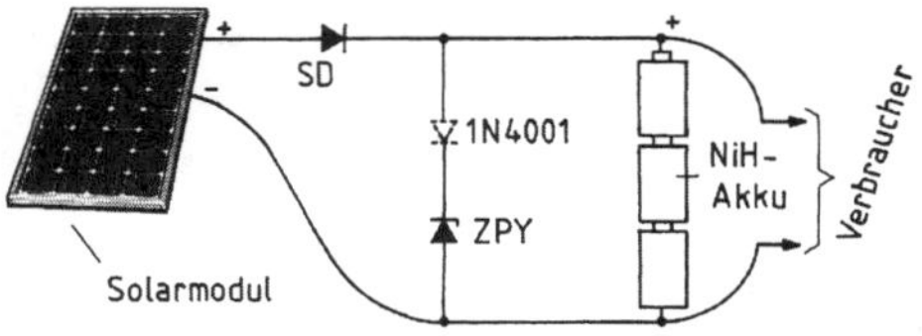

Wenn wir von den gängigen Akkuspannungen ausgehen und Standard-Zenerdioden für eine Ladespannung aussuchen wollen, welche ca. 22% höher ist als die Nennspannung des Akkus, kommen wir nicht überall optimal zurecht. Die Werte der Zenerdioden haben für unsere Zwecke eine zu grobe Spannungsabstufung. Deshalb behelfen wir uns in solchem Fall mit einer zusätzlichen Gleichrichterdiode, die in Reihe mit der Zenerdiode geschaltet wird, und ihre Regelspannung um ca. 0,6 Volt zusätzlich erhöht.

Bild: 2.8 Ein einfacher Ladespannungs-Regler für kleinere Akkus: die Zenerdiode ZPY lässt zum Akku nur eine typenbezogene Zenerspannung (nach Angaben in der folgenden Tabelle) durch. Wenn das Modul zu einem Zeitpunkt diese Spannung nicht liefern kann, wird eine niedrige Spannung ebenfalls durchgelassen – vorausgesetzt, sie ist höher, als die momentane Akkuspannung. Eine Schottky-Diode (SD) ist auch hier unentbehrlich, soweit sie nicht bereits im Solarmodul eingegossen wurde. Diode 1 N 4001 ist nur dann notwendig, wenn sich keine Zenerdiode findet, die den erwünschten Spannungswert hat. Diode 1 N 4001 erhöht die geregelte Spannung um ca. 0,6 V (siehe nächste Tabelle).

Hinweis

Alle aufgeführten Zenerdioden sind nur für eine Maximumleistung von 1 Watt konzipiert, und eignen sich deshalb nur für Laden mit schwächerem Strom.

In Bild 2.9 sind Zenerdioden-Typen aufgeführt, die zu den gängigen Akkuspannungen passen.

Beispiel: ein 3,6 V /2 AH-Akku im Modell sollte einen Ladestrom von maximal 0,2 A von den Solarzellen beziehen. Am Modell war nur Platz für ein Minimodul mit einem Nennstrom von 0,18 A. Wenn nun das Modul so dimensioniert ist, dass es bei vollem Sonnenschein eine max. Ladespannung von 4,6 Volt (aus einer Kette von zehn Solarzellen) an den Akku liefern kann, wird

2

Akkuspannung: Zenerdiode-Type + evtl. Zusatzdiode:				
1,2	V	—	ZPY 1 V + 1 N 4001	Bitte zu beachten: die Zenerdioden
2,4	V	—	ZPY 2,7 V + 1 N 4001	sind austauschbar mit den Typen „ZD",
3,6	V	—	ZPY 4,3 V	oder anderen 1-Watt-Zenerdioden.
4,8	V	—	ZPY 5,6 V	Anstatt der Diode 1 N 1001 kann die
6	V	—	ZPY 6,8 V + 1 N 4001	Type 1 N 1002 bis 1004 verwendet
7,2	V	—	ZPY 8,2 V + 1 N 4001	werden.
8,4	V	—	ZPY 10 V	
9	V	—	ZPY 11 V	
9,6	V	—	ZPY 11 V + 1 N 4001	

Bild: 2.9 Tabelle mit Zenerdioden: der tatsächliche Spannungsverlust an einer Zenerdiode weicht oft von dem theoretischen Nennwert etwas ab und auch die Sperrspannung der Siliziumdioden bewegt sich zwischen ca. 0,6 V und 1 V (ein Kontrollmessen ist daher immer angesagt und eine Vorselektion ist oft erforderlich). Eine Ladespannungs-Regelung in kleineren Stufen kann bei Bedarf mit passenden Schottky-Dioden (z.B. der Type SB 130) vorgenommen werden, bei denen die Sperrspannung nur ca. 0,28 bis 0,3 Volt beträgt.

von der Zenerdiode diese Spannung auf nur 4,3 Volt begrenzt. Der Spannungsunterschied von 0,3 Volt, multipliziert mit dem Strom von 0,18 A ergibt eine Leistung von nur 0,054 Watt. Diese Leistung muss die Zenerdiode als Wärme abgeben – was ja in dem Fall problemlos geht.

Ein anderes Beispiel: ein 9 V/ 2,2 Ah-Akku soll von einem 13 V/ 0,2 A Solarzellenmodul geladen werden. Hier käme die Zenerdiode ZPY 11 V als Spannungsregler zum Einsatz und sie müsste bei vollem Sonnenschein den Spannungsunterschied von 2 Volt in Wärme umwandeln (13 V – 11 V = 2 V). Daraus ergibt sich eine Leistung von 2 V x 0,2 A = 0,4 Watt.

Diese zwei Beispiele zeigen, wie einfach man alles ausrechnen kann. Das Ganze ließe sich viel komplizierter und exakter machen, aber das wäre völlig überflüssig. Die Sonnenintensität ist ohnehin nicht er-

rechenbar, und es muss demzufolge immer etwas Reserve einkalkuliert werden, die nicht auf Formeln, sondern auf dem Gefühl für die Sache basiert.

Es dürfte noch darauf hingewiesen werden, dass viele der NiCd- und NiMH-Akkus eine Selbstentladung von 15 bis 30% pro Monat haben (typen- und preisabhängig). Selbstentladung sollte hauptsächlich bei der Dimensionierung von Anlagen berücksichtigt werden, die auch im Dezember und Januar intakt bleiben müssen. Hier kann es in manchen Jahren vorkommen, dass zwei oder drei Wochen lang die Sonne kaum wahrnehmbar ist, und der Akku muss – ähnlich wie ein Igel – rechtzeitig genügend Energievorrat anlegen können.

Bisher haben wir den kleinen Akkus viel Aufmerksamkeit gewidmet, die bei einfachen Anwendungen der Solartechnik in Haus und Garten sehr oft eingesetzt werden. Das meiste von dem, was bisher erklärt wurde, trifft jedoch ebenfalls auf die großen Akkumulatoren zu.

2.4 Solar-Akkumulatoren oder Autobatterien?

Bei größeren handelsüblichen Akkumulatoren handelt es sich überwiegend um sogenannte Bleiakkumulatoren, die uns besonders in der Form von Autobatterien ziemlich geläufig sind. Es gibt Bleiakkumulatoren in sehr verschiedenen Bauweisen, mit unterschiedlichen Eigenschaften und in unterschiedlichen Preisklassen. Den normalen Anwender verunsichern in der Regel die vielen Hinweise darauf, dass sich für die Solartechnik "selbstverständlich" nur echte Solarakkumulatoren eignen.

Stimmt es ? Überhaupt nicht!

Wo liegt nun der wirkliche Unterschied zwischen einer „echten" Solarbatterie und einer einfachen Autobatterie?

Hinweis

Den Solarzellen, wie auch den angeschlossenen Verbrauchern ist es ganz egal, wie und wo die elektrische Energie gelagert wird. Es ist zwar erstrebenswert, dass so ein Akku möglichst perfekt und mit möglichst kleinen Verlusten arbeitet, aber diese Eigenschaft wird heutzutage auch bei den preiswertesten Autobatterien angestrebt – und nicht ohne Erfolg.

Eine Autobatterie muss u. a. problemlos den schweren Stromstoß verkraften können, der sich beim Motorstart jedesmal wiederholt. So wird bei der Entwicklung (und Weiterentwicklung) der Autobatterien auf diese Eigenschaft besonders großer Wert gelegt. Andere technische Parameter müssen sich dieser Anforderung evtl. etwas unterordnen. Bei einer Batterie für den Modellbau oder für kleinere Elektrofahrzeuge ist wiederum wichtig, dass man bei möglichst kleinem Gewicht eine möglichst große Leistung erhält usw. So wird jede Akku-Type gezielt etwas zweckorientiert entwickelt und konstruiert.

Bei Solarakkumulatoren handelt es sich um Speicher für eine relativ teuer gewonnene Energie, und man konzentriert sich deshalb bei der Entwicklung darauf, dass die Energieverluste beim Laden, Speichern und durch Selbstentladung sehr gering gehalten werden, und dass dabei die Lebensdauer des Akkus möglichst hoch wird.

Was die Lebensdauer betrifft, ist ein Solarakku der normalen Autobatterie überlegen. Der Preis, den man dafür vorläufig zahlen muss, ist jedoch viel mehr als doppelt so hoch, und damit verliert die Sache etwas an Charme. In dem Aufpreis sind allerdings noch einige weitere technisch berechtigte Vorteile inbegriffen.

Solar-Akkus sind etwas strapazierfähiger in Bezug auf die ständigen Ladungen und Entladungen, wurden auch hinsichtlich des sogenannten Tiefentlade-Verhaltens optimiert, sind wartungsfrei, oft frostsicherer als normale Bleiakkus und haben eine geringere Selbstentladung. Der Energieverlust durch „Selbstentladung" beträgt bei einer normalen Autobatterie ca. 4,8% bis 8%, bei einem Solarakku nur 2,5% bis 4% pro Monat.

Hinweis

Laut Angaben diverser Hersteller liegt die Selbstentladung guter Solarakkus unterhalb von 3% an Energieverlust pro Monat. Bei guten Autobatterien liegt sie bei etwa 4,5 bis 8% (bei 20°C). Nominal ist der Unterschied zwischen den zwei Batterietypen zwar groß, aber in der Praxis handelt es sich bei der Solarbatterie um einen Energieverlust von weniger als 0,1% pro Tag und bei der (gut erhaltenen) Autobatterie um etwa 0,15 bis 0,26% pro Tag.

Wenn man nun bedenkt, wie viele andere Faktoren bei der ganzen Anlage eine wesentlich größere Rolle spielen, verdient dieser Aspekt bei kleineren Solaranlagen nicht übertrieben viel Aufmerksamkeit. Schon durch eine leichte Vergrößerung der Solarfläche lässt sich der Qualitätsunterschied zwischen den beiden Batterietypen in dieser Hinsicht ausgleichen.

Etwas kritischer ist es mit dem Lebensdauerunterschied. Maßgeblich für die Lebensdauer eines jeden Akkus ist – bei guter Pflege – die Anzahl der Ladungen. Gute Solar-Akkus (und auch durchschnittliche NiCd-Akkus) verkraften etwa 1000 „größere" Ladungen. Autobatterien geben es nach etwa 500 „größeren" Ladungen auf. Was man nun unter dem Begriff „größere Ladungen" verstehen mag, variiert von Hersteller zu Hersteller und hängt in der Praxis erstens von der Lademethode (von dem Ladegerät oder Laderegler) und zweitens von dem Umfang des täglichen Nachladens ab.

Aus Erfahrung wissen wir, dass eine moderne Autobatterie im Auto normalerweise mindestens fünf Jahre auch dann durchhält, wenn das Fahrzeug zwei- bis fünfmal pro Tag gestartet und entsprechend oft pro Tag nachgeladen wird. Dieses Nachladen kann in manchen Fällen als „größeres" Laden, in anderen Fällen als „kleineres" Laden bezeichnet werden. Es kann viel Ähnlichkeit mit den Ladevorgängen in einer Solaranlage haben, und besteht sehr oft aus mehr als 1000 Ladevorgängen.

Diese Überlegung soll nur dazu dienen, dass man nicht unbedingt eine Autobatterie als Solarspeicher nur deshalb disqualifizieren sollte, weil sie im Vergleich mit den technischen Daten eines echten Solarakkus etwas bescheidener abschneidet. Viele der Strapazen, denen die Batterien ausgesetzt werden, können sehr unterschiedlicher Art sein, und lassen sich nicht immer in die sterilen technischen Daten einbeziehen. Dazu kommt, dass eine große Anzahl der eigenhändig erstellten Solaranlagen einen experimentellen Charakter hat, wobei eine kürzere Lebensdauer des Akkus unter Umständen annehmbar ist.

Rein theoretisch betrachtet, ist es wirklich empfehlenswert, dass man sich für eine stationäre Solaranlage auch echte Solarakkus eines namhaften Herstellers zulegt. Schon deshalb, weil ein guter Solarakku auch einen um bis ca. 9% höheren Wirkungsgrad als eine normale Autobatterie haben kann. Das dürfte sich besonders bei größeren Solaranlagen als sehr nützlich erweisen.

Andererseits kommen für bescheidenere Solaranlagen ohnehin nur kleinere Standard-Bleiakkumulatoren in Frage, die in Motorrädern, Rollstühlen oder im Modellbau verwendet werden. Nicht nur der Preis, sondern auch die Abmessungen bestimmen hier oft den Kaufentschluss.

2.5 Tiefentladeschutz

Den meisten Autofahrern ist es bekannt: wenn ein Bleiakkumulator ein einziges Mal zu tief entladen wird, ist er unbrauchbar. Er

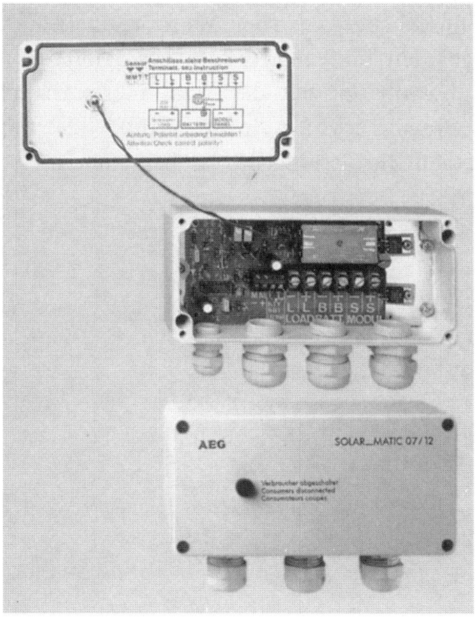

Bild: 2.10 AEG-Laderegler mit Tiefentladeschutz.

lässt sich zwar meistens wieder aufladen, aber leidet anschließend unter einer sehr großen Selbstentladung.

Etwas irritierend ist, dass wiederum für die Lebensdauer eines NiCd-Akkus als eine wichtige Bedingung gestellt wird, dass er möglichst gleich am Anfang seines Einsatzes und danach etwa alle 90 Tage immer relativ vollständig entladen wird, bevor man mit neuem Aufladen beginnt. Wenn die erwünschten Entladungen nicht periodisch vorgenommen werden, verliert der Akku durch sein mysteriöses Gedächtnis (den sog. Memory-Effekt) langsam aber sicher seine Kapazität. Er wird nach jedem folgenden Aufladen immer schneller leer, und ist letztendlich nicht mehr zu gebrauchen.

Soweit solche Akkus als kleine Energiespeicher in der Solaranlage eingesetzt werden, sollte man darauf achten, dass sie viermal im Jahr vorschriftsgemäß tief entladen werden. Soweit jemand diese Herstellerempfehlung für unzumutbar hält, sollte er sich lieber gleich die moderneren Ni- oder NiMh-Akkus zulegen. Sie stellen derartige Ansprüche auf regelmäßige Tiefentladung nicht mehr, aber es macht ihnen nichts aus, wenn es passiert. Somit eignen sie sich als kleinere Energiespeicher für Solaranlagen hervorragend, auch wenn sie etwas teurer als die altbekannten NiCd-Akkus sind, und teilweise noch eine zu hohe Selbstentladung aufweisen. Sie kommen jedoch, ähnlich wie die NiCd-Akkus, nur für kleinere Kapazitäten (etwa bis zu 4 Ah) in Frage.

Bei etwas größeren Solaranlagen werden in der Regel Bleiakkumulatoren als Energie-

2

speicher eingesetzt. Hier muss dann unbedingt darauf geachtet werden, dass bei fehlendem Nachschub der Solarenergie die Akkumulatoren unter keinen Umständen zu tief unter die zugelassene Schwelle entladen werden. Zu diesem Zweck wird ein elektronischer Tiefentladeschutz verwendet, den wir bereits in Bild 2.4 kennen lernten. Er sorgt dafür, dass alle Verbraucher vom Akku einfach abgeschaltet werden, sobald seine Spannung unter die Tiefentladeschwelle sinkt. Sie werden automatisch erst dann wieder eingeschaltet, wenn die Akkuspannung etwas gestiegen ist.

Dieser Tiefentladeschutz ist normalerweise in den meisten Ladereglern bereits integriert, jedoch auch separat erhältlich und die Abschalt-/Einschaltschwelle ist werkseitig eingestellt (achten Sie dennoch beim Kauf darauf, ob es bei dem vorgesehenen Laderegler auch wirklich der Fall ist – es steht in den Unterlagen). Ein praktisches Ausführungsbeispiel eines Ladereglers zeigt Bild 2.10.

Die Abschaltgrenze bei Tiefentladeschutz wird für 12-V-Akkus beispielsweise auf 11,1 V, für 24-V-Akkus auf 22,2 V eingestellt. Falls die Akkuspannung auf dieses Niveau sinkt, werden alle Verbraucher automatisch abgeschaltet. Sie werden wieder erst dann zugeschaltet, wenn der Akku auf etwa 12,4 V bzw. 24,8 V nachgeladen ist.

Der relativ große Spannungs-Zwischenraum ist deshalb notwendig, weil sich die Akkuspannung nach dem Abschalten der Verbraucher – auch ohne Nachladen – schnell wieder erholt. Bei einem zu kleinen Spannungsabstand würde der Tiefentladeschutz ständig hin und her schalten.

Besonders kritisch ist die Frage der Tiefentladeschwelle bei Akkumulatoren, die auch während der Frostperiode arbeiten müssen. Je niedriger die Temperatur ist, umso höher muss der Akku (ständig) aufgeladen bleiben. Andernfalls friert sein Elektrolyt ein und der Akku reißt entzwei. Ein warmer Aufstellplatz ist im Winter für einen Bleiakkumulator deshalb sehr wichtig.

Solarzellenmodule im Selbstbau

Solarzellenmodule im Selbstbau zu erstellen, ist eigentlich eine ganz einfache Sache. Man muss nur wissen, worauf es ankommt.

Begonnen wird mit der Überlegung, welche Nennspannung und welchen Nennstrom das Modul haben soll. Die erwünschte Nennspannung wird durch Zusammen-

stellen einer entsprechenden Anzahl von Solarzellen erreicht. Wir rechnen dabei normalerweise mit 0,46 V pro Zelle, und runden die Zahl der benötigten Solarzellen nach oben ab. Im Zusammenhang mit dem Strom bei max. Belastung können wir uns an einer der Tabellen auf Seite 18 orientieren.

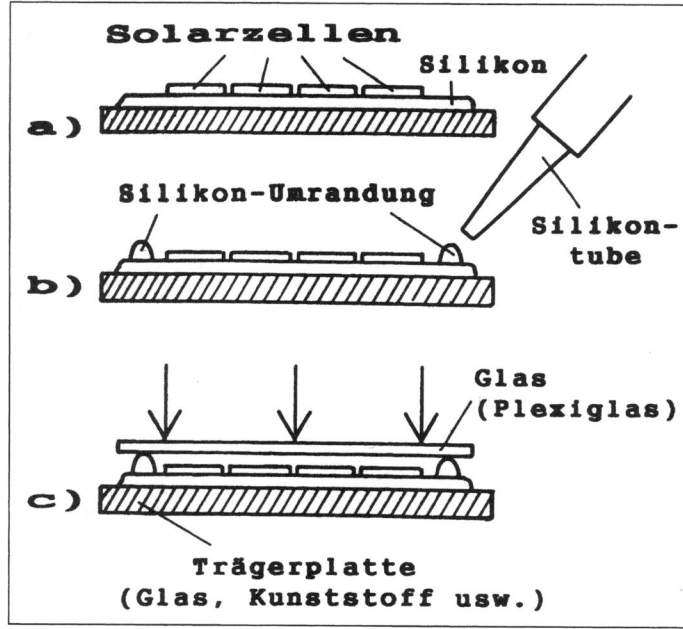

Bild: 3.1 Ein einfaches, selbstgemachtes Solarzellenmodul: a) erst werden die miteinander verlöteten Zellen in eine frisch aufgetragene (klebende) Silikonschicht eingebettet (eingedrückt); b) eine maßgerecht erhöhte Silikonumrandung aus der Tube wird angebracht; c) auf die Umrandung wird eine Plexiglas- oder Glasabdeckplatte angedrückt und beschwert. Die heraus gequollenen Silikonreste werden noch vor dem Eintrocknen geglättet.

3

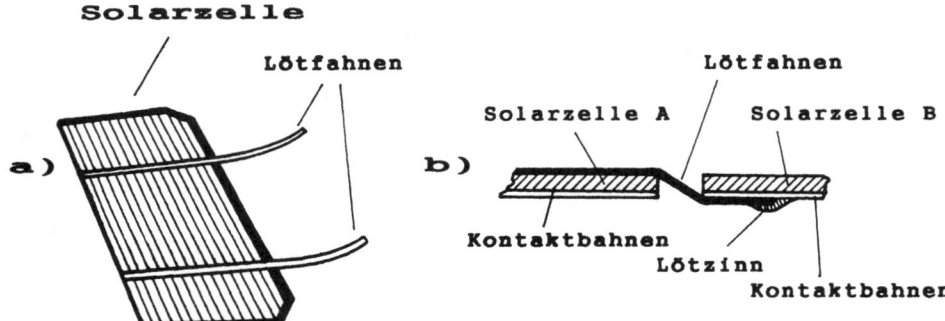

Bild: 3.2 Soweit die Solarzellen bereits vom Hersteller mit Lötfahnen an der Oberseite versehen sind, braucht man diese jeweils nur mit dem silbrigen Gitter der Unterseite der folgenden Zelle zu verlöten. Bei Zellen, die nicht mit Lötfahnen versehen sind, müssen eine oder zwei zusätzliche Durchverbindungslitzen angelötet werden. Diese Verbindungen sollen auch nach dem Einbetten der Zellen etwas „federnd" bleiben.

Der maximale Strom des Moduls entspricht immer dem maximalen Strom der schwächsten Zelle in der ganzen Reihe – ohne Rücksicht auf die Anzahl der Zellen pro Modul. In der Praxis kommt auch bei guten Solarzellen vor, dass einige von ihnen, in Hinsicht auf den Nennstrom, Abweichungen bis zu 10% aufweisen. Ein großzügigeres Dimensionieren kann also nicht schaden.

Das Aufbauprinzip eines Solarmoduls ist einfach: auf einen festen Untergrund wird eine klebende flexible Silikonmasse wie Butter auf ein Brot aufgestrichen. In diese Masse werden die miteinander verbundenen Solarzellen leicht eingedrückt. Danach kommt eine durchsichtige Glas- oder Plexiglasscheibe als Abdeckung oben darauf:

Als schützende Umrandung kann seitlich ebenfalls Silikonmasse benutzt werden (Fugensilikon aus dem Baumarkt). Vor dem Einbetten müssen die Solarzellen miteinander in Reihe (in Serie), nach Bild 3.2, verschaltet werden.

Die Kupferbahnen der Solarzellen reagieren auf Überhitzung ähnlich empfindlich wie die feinen Kupferbahnen einer Platine, und können sich bei Überhitzen lösen. Die Lötzeit sollte auf etwa ein bis zwei Sekunden pro Lötstelle beschränkt werden (beim Löten nicht gegen die Zelle andrücken, sonst bricht sie auseinander wie dünnes Eis auf einer Wasserpfütze).

Bei Modulen für Modellbau, Solar-Spielzeuge oder Anwendungen im Hausinneren können die Solarzellen eine etwas einfachere Schutzabdeckung bekommen, die nicht unbedingt kratzfest sein muss. Kunststofffolien, Plexiglas, dünnes Normalglas usw. reichen hier aus. Für strapazierfähigere Außenanwendungen ist ein thermisch gehärtetes, 4 mm dickes Spezialglas nötig.

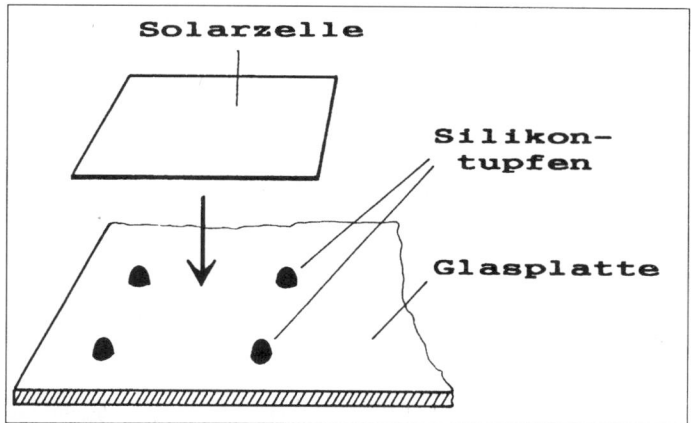

Solarzelle

Silikon-tupfen

Glasplatte

Bild: 3.3 Solarzellen-Modul Marke Eigenbau: die Solarzellen werden mit einigen Silikontupfen auf der Glasplatte so fixiert, dass zwischen der Glasplatte und der Zelle noch ein Zwischenraum für die Gussmasse bleibt. Abhängig von der Gussmassenkonsistenz muss dieser Zwischenraum etwa 1,5 bis 3 mm betragen (ausprobieren).

3

gegen Regenwasser (bzw. Kondenswasser) mit einem lichtdurchlässigen Material geschützt werden.

Als Masse für das eigentliche Einbetten eignet sich eigentlich jedes Material, das gut wärmeleitend ist und einigermaßen flexibel bleibt, um die Dehnung, die durch innere oder äußere Wärme entsteht, auffangen zu können. Es darf ja bei der Erwärmung der Solarzellen nicht zu mechanischen Spannungen im Modul kommen, bei denen die Zellen reißen oder platzen.

Soweit es sich nur um kleinere Solarmodule handelt, die z. B. auf ein Schiffsmodell angebracht werden sollen, reicht als Abdeckung ein 1 mm dünnes Plexiglas aus. Als Untergrund kann direkt die vorgesehene Fläche des Modells benutzt werden. Darauf wird ca. 2 mm dick die Silikon-Fugenmasse aufgetragen, die Zellen werden auf das Silikon aufgelegt und vorsichtig eingedrückt.

Gleich anschließend (bevor das Silikon eintrocknet) wird um die Zellenfläche eine Silikonumrandung aufgetragen, auf die eine Plexiglas-Abdeckung angedrückt wird oder auch angeschraubt werden kann. Bei der Erstellung eines Solarzellenmoduls sollten zwei wichtige Bedingungen beachtet werden: die Solarzellen müssen wärmeleitend eingebettet werden und die „Sonnenseite" des Moduls muss gegen Schmutz, mechanische Beschädigung und

Wenn die Solarzellen in eine Masse nur eingebettet, aber nicht vergossen werden, besteht bei Anwendungen im Außenbereich die Gefahr von Kondenswasserbildung zwischen den Solarzellen und dem Abdeckglas. Kondenswasser verhindert eine gute Bestrahlung der Zellenfläche. Aus diesem Grund ist es besser, wenn man die Solarzellen mit einer optisch reinen EVA-Vergussmasse zwischen zwei Scheiben kompakt eingießt.

Als Unterseite des Moduls eignen sich alle Materialien, die mechanisch fest genug sind: Glas, Plexiglas, Kunststoffe, usw. Für Module, die nicht wasserfest sein müssen, kommen auch Pertinax, MDF, Naturstein usw. in Frage. Ein wärmeleitendes Material

3

verdient hier Vorrang. Als Abdeckmaterial eignet sich am besten thermisch gehärtetes Glas. Falls ein Modulrahmen erwünscht ist, können vorgefertigte U-Profile aus Aluminium, Messing oder Kunststoff, entsprechend zugeschnitten und aufgeleimt werden.

Wenn an das Solarmodul ein Akku angeschlossen werden soll, muss – wie bereits angesprochen wurde – zwischen das Modul und den Akku unbedingt eine Schutzdiode (Schottkydiode) geschaltet werden. Sie verhindert, dass sich der Akku über die Solarzellen entlädt, wenn diese (z. B. nachts) keine Energie liefern. Die Schottkydiode ist eine Spezialdiode, die anstatt des üblichen PN-Übergangs einen Metall-Halbleiterübergang mit einer Schottky-Sperrschicht dazwischen hat. Einer ihrer Vorteile ist, dass sie im Vergleich zu den normalen Siliziumdioden einen viel niedrigeren Spannungsverlust aufweist.

Schottky-Dioden sind für unterschiedliche Strombelastungen dimensioniert. In unserem Fall muss diese Diode mindestens mit dem Kurzschlussstrom der Solarzellen belastbar sein. Für größere Zellen eignet sich z. B. eine Schottky-Diode 5 A/30 V. Für Zellen mit einer kleineren Fläche als 33,3 x 100 mm genügen kleinere Schottky-Dioden (1 A/30 V oder ähnlich).

Bei selbstgebauten Solarmodulen kann die Schottky-Diode im Modul gleich eingegossen werden. In diversen handelsüblichen Ladereglern sind jedoch diese Dioden bereits integriert und „doppelt gemoppelt" bedeutet hier keinen Vorteil, sondern nur einen unnötigen zusätzlichen Spannungsverlust (an der Diode). Ferner hat eine solche Schutzdiode beim Direktantrieb von Motoren keinen Sinn, und verursacht nur einen unerwünschten Spannungsverlust.

Somit bleibt es jedem selbst überlassen, ob er in das erstellte Solarmodul gleich eine Diode integrieren möchte oder nicht. Es hat jedenfalls keine Nachteile, wenn man diese Diode erst außen an das Modul anschließt.

Wir wissen inzwischen, dass der maximale Strom, den solche Module bieten können, nur dem max. Strom der verwendeten Einzelzellen entspricht. Da auch die größten Zellen momentan nur einen Strom von max. 2,8 bis ca. 5 A liefern können (herstellerabhängig), müssen im Falle von höherem Strombedarf entweder mehrere separate Module, oder mehrere Solarzellenketten im Modul, miteinander parallel verbunden werden. Technisch sind beide Lösungen gleichwertig. Für kleinere „Projekte" eignen sich hervorrragend auch diverse „Mini-Solarzellen", die aus ausgedienten Taschenrechnern oder anderen Solar-Kleingeräten ausgebaut werden können.

Bypassdioden in Solarmodulen

Wenn eine Solarzellenfläche unterschiedlich bestrahlt wird, wirken die weniger beleuchteten Zellen stromdrosselnd für den Rest der Solarzellenkette, und können durch sogenannte "Hot-Spot-Effekte" sogar zerstört werden. Eine einzige stark beschattete Solarzelle im Modul kann zu einer Kochplatte werden, und bringt die Vergussmasse zum Schmelzen. Dadurch kann sich die Vergussmasse verfärben und das Modul wird unbrauchbar.

Die Abhilfe ist theoretisch einfach: man lötet parallel zu jeder Solarzelle eine normale Gleichrichterdiode, die eine Umleitung für den Strom aller restlichen Zellen bildet (Bild 4.1). Somit verursacht die beschattete Zelle zwar ein geringfügiges Absinken der Nennspannung, aber sie beeinflusst kaum den Nennstrom des Moduls.

Bei manchen handelsüblichen Solarmodulen überbrückt jeweils eine Bypassdiode

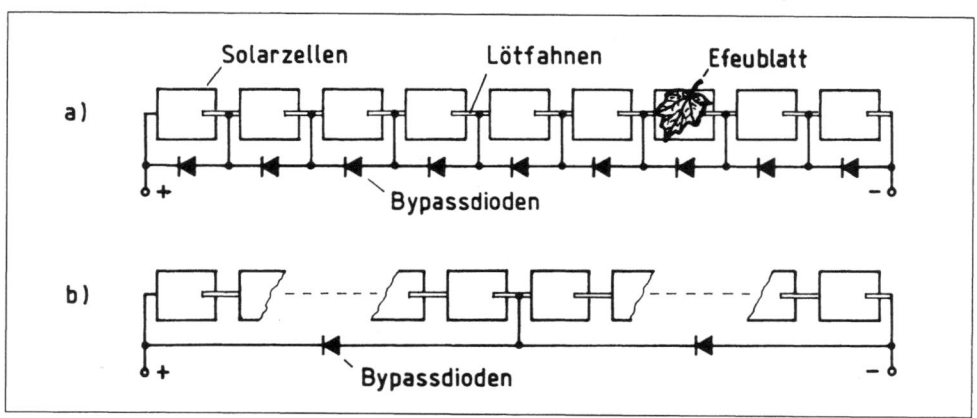

Bild: 4.1 Bypassdioden an Solarzellen: a) jede Zelle erhält eine eigene Bypassdiode; b) mehrere Zellen haben jeweils eine gemeinsame Bypassdiode.

4

acht oder noch mehr Zellen, bei anderen Modulen sind unter Umständen gar keine Bypassdioden vorhanden. Soweit die Solarmodule auf dem Hausdach montiert werden, ist die Gefahr von Beschattung (durch Laub) nicht so groß, wie bei einer Aufstellung der Module unten im Garten. Handelt es sich um selbstgebaute Module mit einem Nennstrom tief unterhalb von 1 A, reichen als Bypassdioden beliebige preiswerte 1 A-Silizium-Gleichrichterdioden (Typ 1 N 4001) aus. Ansonsten müssen Silizium-Leistungsdioden für Strombelastungen von
3 A (1 N 5400),
5 A (BY 550-50) oder
6 A (PB 600 A) verwendet werden.

Bei Solarzellenketten, die für höhere Spannungen ausgelegt sind, kann eine Bypassdiode auch mehr als 20 oder 30 Solarzellen überbrücken, wenn dafür spezielle Gründe sprechen (z. B. auch als zusätzliche Überbrückung von einzelnen selbstständigen Solarzellmodulen, die in Serie geschaltet werden, und in denen keine Bypassdioden eingebaut sind).

Wenn dagegen bei einem Garten- oder Caravan-Solarzellmodul nicht auszuschließen ist, dass einige seiner Zellen gelegentlich von einem Zweig, von Laub usw. beschattet werden können, sollte entweder jede der Zellen (nach Bild 4.1a) oder zumindest jeweils zwei bis drei Glieder der Zellenkette (nach Bild 4.1b) eine Bypassdiode erhalten.

Genau genommen hängt von der Modul-Nennspannung ab, wieviele Einzelzellen jeweils in der beschatteten Sektion sein dürften. Wenn es sich z. B. um ein etwas großzügiger dimensioniertes Modul mit einer Nennspannung von 18 V handelt, und wir benötigen zum Laden nur eine Spannung von 14 V, können wir bei sonnigem Sommerwetter sogar auf ganze 4 V ver-

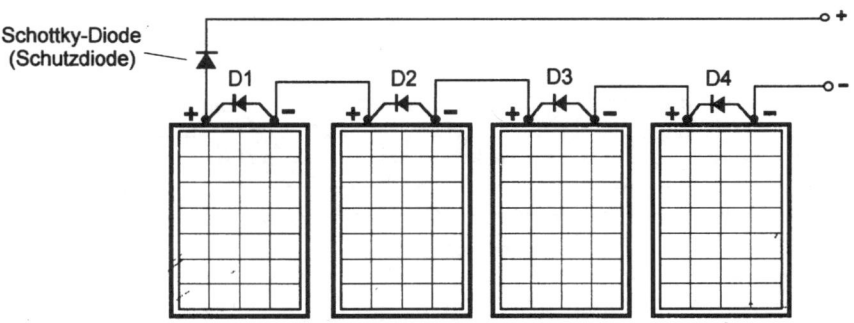

Schottky-Diode (Schutzdiode)

Schottky-Diode:
SB 130 (1 A/30 V), SB 550 (5 A/50 V), 50 SQ 100 (5 A/100 V), MBR 1645 (16 A/45 V), MBR 2545 CT (25 A/45 V) u.ä.
Bypassdioden D1 bis D4:
Siliziumdioden 1 N 5402 (3 A/200 V), Y 550-200 (5 A/200 V), P 600 D, R250 D (6 A/200 V) u.ä.

Bild: 4.2 Wenn mehrere Solarmodule in Reihe verschaltet werden, sollte jedes dieser Module eine eigene Bypassdiode erhalten, die es vor eventueller Vernichtung durch Beschattung schützt.

zichten. Das sind abgerundet 8 Einzelzellen (8 x 0,46 V = 3,68 V). Bei einem Modul, das an einem Gartenhaus-Dach schlimmstenfalls dem Schatten eines angewehten Blattes ausgesetzt ist, dürfte eine Bypassdiode für jeweils 4 bis 8 Zellen an sich genügen.

Wenn nun dieses Modul dagegen z. B. oben auf einem Rosenbogen angebracht werden soll, wo heranwachsende Rosenblätter gelegentlich die Zellen beschatten könnten, ist es günstiger, wenn hier jede Zelle oder zumindest zwei Zellen eine eigene Bypassdiode bekommen. Man muss dann nicht zu oft die Leiter besteigen, um die unerwünschten „Schattenspender" abzuschneiden (das wäre erst nötig, wenn gleichzeitig mehr als 8 Zellen beschattet sind).

Das sind jedoch Hinweise, die überwiegend nur für den Solarmodulen-Selbstbau geeignet sind. Bei Fertigmodulen, in denen die Solarzellen kompakt in der Gussmasse eingegossen sind, kann man im Nachhinein nur ganze Module mit zusätzlichen Bypass-dioden nach Bild 4.2 nachrüsten, falls der Hersteller intern im Modul keine Bypass-dioden angebracht hat.

Vollständigkeitshalber sollte an dieser Stelle erwähnt werden, dass in letzter Zeit auch Solarzellen hergestellt werden, in deren Siliziumfläche Bypassdioden direkt integriert sind. Diese Zellen lassen sich leider nicht teilen (schneiden). Sie eignen sich daher nur für große Module, in denen ganze Zellen angewendet werden.

Dies ist ein großes Handicap, denn Bypassdioden sind gerade bei kleineren Solarzellenmodulen wichtig, die als Garten-, Garagen- oder Campingmodule überwiegend nur mit kleineren (z. B. achtel- bis halben) Zellen bestückt sind. Gerade diese Module können des öfteren durch einen Baumzweig oder durch angewehtes Laub (nach Bild 4.1a) beschattet werden. Hier bleibt immer noch nur die herkömmliche Lösung mit zusätzlich angebrachten Bypassdioden übrig.

Wohin mit den Solarzellenmodulen?

Beim Planen des Aufstellplatzes der Solarmodule muss an erster Stelle die Frage einer optimalen Ausrichtung der Solarzellenfläche zur Bahn der Sonne geklärt werden.

Im Vergleich zu einem Fernsehsatelliten verändert die Sonne laufend ihre Position, und man müsste im Idealfall eigentlich die Solarmodule der Sonne automatisch nachführen. Das wird an einigen speziellen Versuchsanlagen sogar gemacht, aber für private Anwendungszwecke ist es zu kompliziert. Normalerweise genügt es, wenn die Solarfläche möglichst genau zum

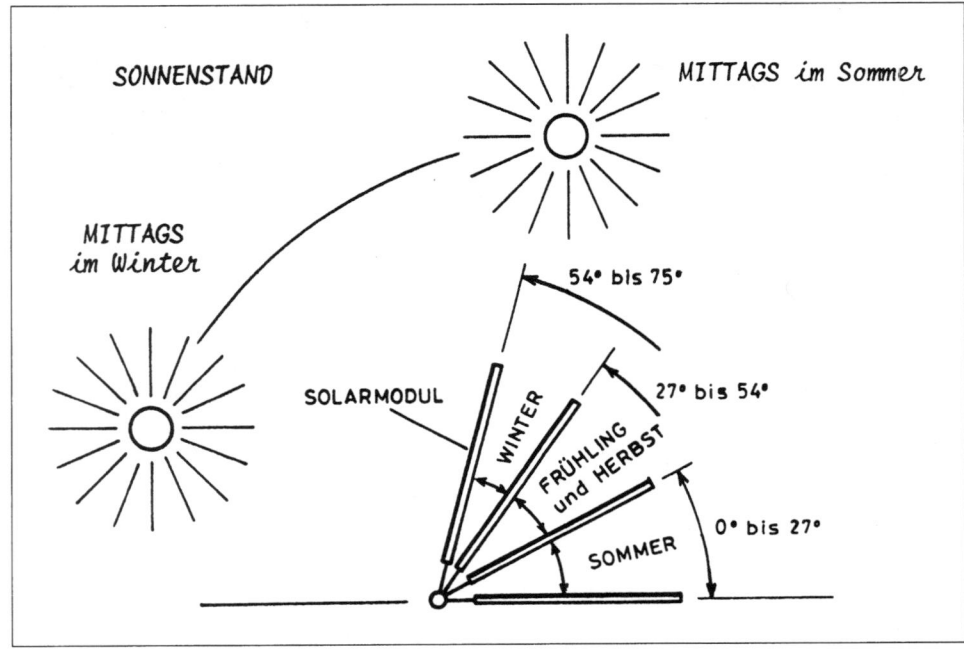

Bild: 5.1 Optimale Neigungswinkel der Solarzellenflächen

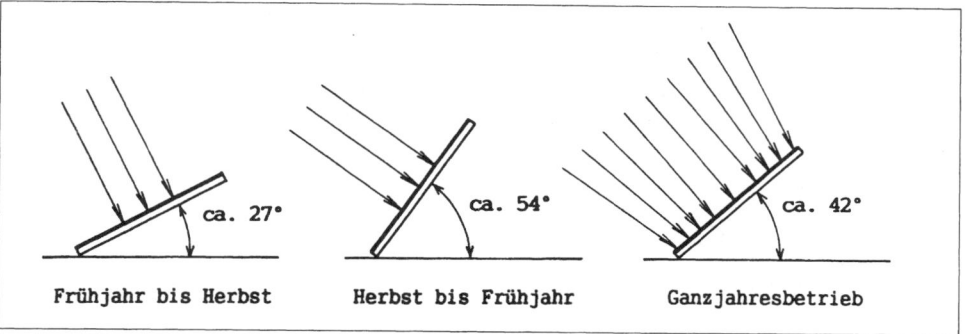

ca. 27°   ca. 54°   ca. 42°

Frühjahr bis Herbst   Herbst bis Frühjahr   Ganzjahresbetrieb

Bild: 5.2 Gröbere Neigungswinkel-Einstellung bei nicht-netzgekoppelten Anlagen.

Süden ausgerichtet ist, und wenn der Neigungswinkel jahreszeitbezogen die Bahn der Sonne berücksichtigt.

Da im Winter die Sonne ziemlich tief steht, würde die Solarfläche einen viel größeren Neigungswinkel benötigen als im Sommer, wenn die Sonne fast senkrecht steht. Dementsprechend müsste sich der Solarflächenneigungswinkel jahreszeitbezogen jeweils etwa der Sonnenbahn anpassen (Bild 5.1).

Es leuchtet ein, dass eine verstellbare Solarflächenkonstruktion gar nicht so übel wäre. Notfalls genügt auch nur eine Neigungswinkelverstellung in zwei Stufen: eine Stufe für die Periode von Frühjahr bis Herbst und eine für die kalte Jahreshälfte. In der Praxis jedoch ist es viel einfacher, und zudem oft preiswerter, wenn man gleich eine etwas größere Solarzellenfläche einplant, und für den Ganzjahresbetrieb aufstellt.

Der angegebene Neigungswinkel von 42° dürfte dabei nur als Faustregel gelten. Prioritäten in Hinsicht auf die jahreszeitbezogene Aufgabenbewältigung sind hier maß-

Bild: 5.3 Wenn ein Wochenend-Häuschen von März bis November möglichst zuverlässig mit Solarstrom versorgt werden soll, liegen die vorprogrammierten „Durststrecken" der Anlage deutlich in den ersten Märzwochen und in den letzten Novemberwochen. Hier wäre ein Neigungswinkel des Solarmoduls von 50° optimal, aber die bestehende Dachneigung von 45° bedeutet nur einen kaum ermittelbaren Nachteil. Bei einer Anlage, die dagegen z.B. nur von Juni bis August Solarenergie liefern soll, wäre ein Neigungswinkel günstig, der zwischen 25 und 30° liegt.

5

Bild: 5.4 Fotovoltaik am Bauernhof.

geblicher. In der Praxis verdient aus ästhetischen Gründen die bereits bestehende Dachneigung Vorrang.

Netzgekoppelte Fotovoltaik-Anlagen, bei denen es nur auf eine möglichst hohe Energieausbeute pro Jahr ankommt, sollten einen Neigungswinkel haben, der sich überwiegend an der Jahreshälfte von Anfang April bis Ende September orientiert. Ein Neigungswinkel um die 35° bis 40° ist hier demnach günstiger, als die oft empfohlenen 45°. Dieser Neigungswinkel hat auch bautechnische Vorteile: ein Dach mit einem Neigungswinkel unterhalb von 40° lässt sich preiswerter erstellen, und außerdem gut warten (man rutscht auf den Dachziegeln nicht so leicht ab).

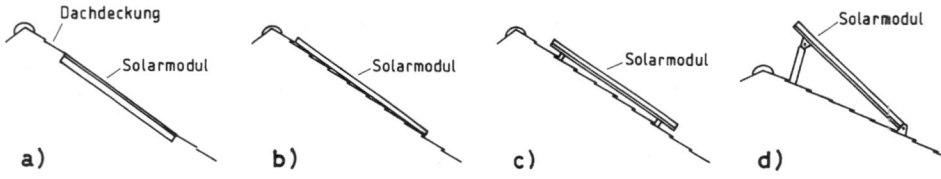

Bild: 5.5 a) im Dach voll integriert; b) direkt am Dach montiert; c) auf einen Rahmen oder auf Stützen erhöht montiert; d) mit mechanisch oder elektrisch verstellbarem Neigungswinkel.

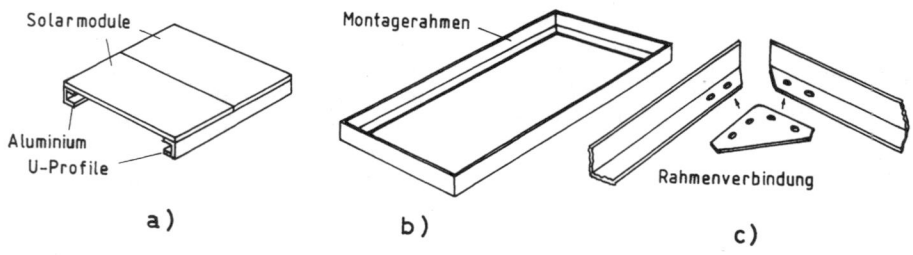

Bild: 5.6 Montagerahmen für größere Solarzellenflächen.

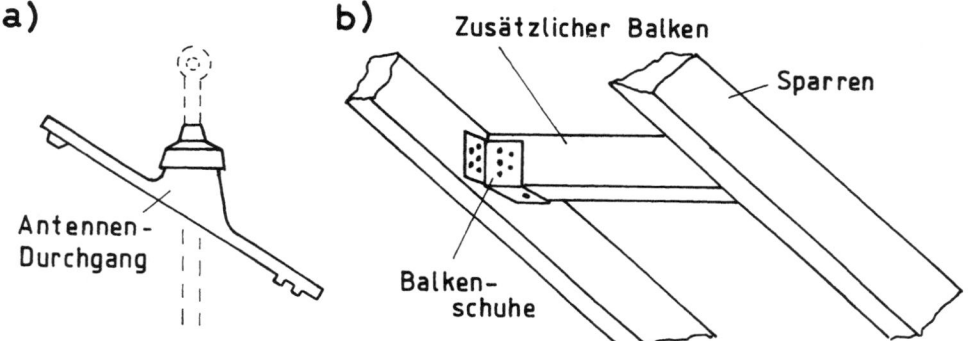

Bild: 5.7 Durch die Antennendurchgangs-Dachziegel werden runde Stahlstäbe geführt, die sozusagen wie Tischbeine das Modul halten. Unten können diese Stahlstäbe an die bestehende Dachkonstruktion bzw. an zusätzlich angebrachte Balken – nach Bild: b) – angeschraubt werden.

Oft ist jedoch das Dach bereits vorhanden und man bringt dann einfach die Solarzellen-Module so an, dass es sich optisch und damit gleichzeitig sturmfest mit dem Dach zu einer kompakteren Einheit verbindet.

Das Anbringen der Solarmodule am Dach kann vom Prinzip her auf vier verschiedene Arten gelöst werden (Bild 5.5).

Die Lösung nach dem ersten Beispiel verdient architektonisch Vorrang. Es können dabei Solarmodule verwendet werden, die sich wasserfest aneinander montieren lassen und als "Solar Dachziegel" bezeichnet werden. Auch normale Solarmodule kann man auf diese Weise im Dach integrieren, aber sie benötigen unter ihrer ganzen Fläche eine wasserdichte Kupfer- oder Kunststoffwanne.

Die zweite Lösung eignet sich nur für Dächer, deren unebene Oberfläche (Dachziegel, Wellblech) eine Lüftung der Solar-

module von unten ermöglicht. Ansonsten ist die Lösung nach c) günstiger, denn hier kann der Zwischenraum (von mindestens 5 cm) ein gutes Kühlen der Module ermöglichen. Eine Konstruktion mit verstellbarem Neigungswinkel stellt höhere Ansprüche an das handwerkliche Können, und muss auch Stürmen widerstehen – es sei denn, sie wird ab einer vorgegebenen Windstärke automatisch eingefahren.

Wenn mehrere Module nebeneinander montiert werden sollen, genügt für kleinere Solarflächen eine Montage auf zwei Aluminium U-Profilen. Für größere Solarzellenflächen eignet sich besser ein Montagerahmen, den man leicht selber erstellen kann (Bild 5.6).

Das Anbringen der Solarmodule auf einem Ziegeldach ist oft viel schwieriger, als es in verschiedenen technischen Unterlagen gezeichnet wird. Der Durchgang durch die Dachziegel ist deshalb kompliziert, weil

5

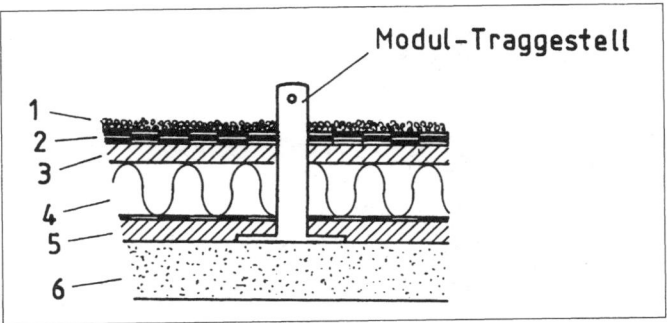

Bild: 5.8 1 Bekiesung, 2 Dachpappen, 3 Dachhaut-Trägerschicht, 4 Wärmedämmung, 5 Dampfsperre, 6 Beton oder andere Unterkonstruktion.

diese ja sehr passend ineinander sitzen, und keine Schlitze für eine zusätzliche Stahlkonstruktion haben. Hier eignen sich für Montagezwecke sehr gut die sogenannten „Antennendurchgangs-Dachziegel". Es gibt sie in fast allen Dachziegelausführungen, und somit lassen sich leicht die bestehenden Dachziegel durch diese Spezialziegel nach Bild 5 auswechseln.

Falls die Solarmodule auf ein Flachdach angebracht werden sollen, ist es wichtig, vorher in Erfahrung zu bringen, ob es sich nur um ein Betondach oder um ein Warmdach handelt. Warmdächer haben eine weiche Dachhaut, in die sich nicht bohren lässt, und auf die sich auf keinen Fall eine schwere Konstruktion so leicht aufstellen läit, wie es lakonisch in manchen Prospekten vorgeschlagen wird. Konkret sieht ein modernes Warmdach im Schnitt meistens wie in Bild 5.8 aus.

Bei derartigen Flachdächern muss die Tragekonstruktion der Solarmodule durch die weiche Dachhaut bis an die feste Unter-

konstruktion wasserdicht befestigt werden. Wenn man dieser Aufgabe aus dem Wege gehen will, bleibt noch die Möglichkeit übrig, die ganze Modulenkonstruktion nur auf die Mauerumrandungen zu montieren. Die Metallkonstruktion hat einen anderen Dehnkoeffizienten als das Mauerwerk, und deshalb muss sie etwas federnd oder gleitend angebracht werden – ansonsten reißt die Mauer.

Soweit es sich um das Flachdach einer Betongarage handelt, kann das Solarmodul auch nur frei aufgestellt, und mit Betonsteinen beschwert werden. Zu derartigen Zwecken gibt es im Handel diverse Fertiggestelle (Bild 5.9).

In letzter Zeit werden oft auch Hausfassaden zu Solarflächen umgestaltet. Damit erhält allerdings die Solarfläche gezwungenermaßen einen Neigungswinkel von 90°. Im Hinblick auf die jährliche Solarenergie-Ausbeute ist dieser Neigungswinkel ungünstig. Er bringt dagegen einen optimalen Energiegewinn in den Monaten Dezember und Januar.

Bild: 5.9 Solarzellen-Tragegestell als Fertigprodukt.

Kleinere Solarzellenmodule, die im Garten oder am Hauseingang gebraucht werden, lassen sich in den meisten Fällen unauffallend unterbringen. Zu diesem Zweck kann auch eine zusätzliche „Unterkunft" künstlich erstellt werden. Näheres wird später bauanleitungsbezogen erläutert. In Zusammenhang mit dem Stellenwert eines optimalen Neigungswinkels bzw. einer optimalen Ausrichtung der Solarzellenmodule zum Süden sollte auf folgendes hingewiesen werden: das Verhältnis der direkten Sonnenstrahlen und des diffusen Sonnenlichts hängt davon ab, wieviele sonnige Tage das Jahr gerade hat. Bei bewölktem Himmel bekommen die Solarzellen fast ausschließlich diffuses Sonnenlicht. Unter solchen Bedingungen würde sich die Anforderung an eine zu exakte Einstellung der Solarfläche erübrigen.

Auch bei sehr grellem Sonnenschein trägt das diffuse Licht (neben der direkten Bestrahlung) seinen Beitrag zur globalen Beleuchtung der Solarzellen bei. Die direkten Sonnenstrahlen sind in unserem Breitengrad demzufolge nicht derartig leistungsbestimmend, dass sich die Solarzellen un-

Bild: 5.10 Dieses 30 W-Solaris-Modul ist bruch-/ trittfest, ultraleicht und lässt sich auf's Autodach, Caravandach oder auf z. B. eine Kunststoffplatte aufkleben. Abmessungen 620 x 500 x 4 mm, Gewicht 1,8 kg. Conrad Electronic bietet es als einen Bausatz mit Laderegler (+Entladeschutz), Kabel, Silikonleim und einer ausführlichen Bauanleitung an.

5

bedingt immer nur nach der Sonne drehen müssten. Abgesehen davon liegen die Durststrecken der meisten Solaranlagen gerade in den düsteren Wintermonaten. Hier geht es oft nur um die Frage, wieviele der Tage zumindest ein gutes diffuses Licht bringen werden.

Netzgekoppelte Solaranlagen

Bei der Planung einer netzgekoppelten Solaranlage geht es vor allem um die Frage der optimalen Leistung und der optimalen Spannung der Solarzellen-Module. Soweit sich die Leistung der zur Verfügung stehenden Dach- oder Fassadenfläche unterordnen muss, ist es mit der Planung ganz einfach.

Pro Quadratmeter Solarzellenfläche dürfte man nach Einbeziehung aller Verluste und Spannungsreserven mit etwa 100 bis 130 Watt Leistung bei optimalen Bedingungen rechnen. Wenn die Rahmen der Solarmodule einbezogen werden, kommen wir in etwa auf 98 bis 125 Watt pro Quadratmeter Dachfläche.

Die Nutzung der Dachfläche sollte nach Möglichkeit im Einklang mit der Leistungsgrenze des optimalen Wechselrichters sein. Wechselrichter gibt es zwar in verschiedenen Größen, aber die Leistungen sind grob abgestuft. Es ist bei der Planung in erster Linie darauf zu achten, dass man wegen eines einzigen weiteren Solarmoduls, nicht gleich einen doppelt so teuren Wechselrichter anschaffen muss. Erkundigen Sie sich deshalb erst bei dem Stromlieferanten, welche Wechselrichter er empfiehlt, und in welchen Leistungen (und Preisklassen) diese auch genau erhältlich sind.

Manche der handelsüblichen Wechselrichter weisen Nachteile auf, die der Stromlieferant nicht unbedingt in Kauf nehmen muss. Der Wechselrichter bestimmt ja die Qualität des erzeugten Wechselstromes, den Ihr Stromlieferant von Ihnen als „Ware" abnehmen wird. Zudem gibt es auch schlechte Erfahrungen mit einigen Wechselrichtern, die derart unzuverlässig funktionieren, dass es auch für den „Solarstrom-Erzeuger" nachteilig ist. Sie schalten sich beispielsweise bei etwas niedrigerer Solarspannung viel zu eifrig ab, und verschenken damit Solarenergie.

In die ganzen Planungsarbeiten sollten Sie in jedem Fall rechtzeitig den Stromlieferanten (das örtliche bzw. zuständige Energieversorgungsunternehmen) einbeziehen. Sie können normalerweise mit einer sehr kompetenten, kulanten und zudem kostenlosen Beratung rechnen, die Ihnen viele unnötige Überlegungen erspart. Je besser Sie dabei vorher selbst mit der Problematik

6

vertraut gemacht werden – wozu ja dieses Buch dienen soll – desto mehr Nutzen können Sie aus einer solchen zusätzlichen Fachberatung ziehen.

Im Gegensatz zu den netzunabhängigen Fotovoltaik-Anlagen beinhalten hier die Richtlinien der Stromlieferanten (Vereinigung Deutscher Elektrizitätswerke – VDEW) die Bedingung, dass der „elektrotechnische Teil" nur durch eine elektrotechnische Fachkraft errichtet werden darf. Ein handwerklich begabter Selbstbauer kann dennoch an einer derartigen Anlage sehr viel eigenhändig machen. Unter Umständen sogar alles, wenn ihm eine Fachkraft (ein Elektromeister) zur Seite steht oder die Arbeiten kontrolliert.

Nachdem Sie sich ausgerechnet haben, wieviel Dachfläche für die Fotovoltaik genutzt werden soll, folgt die Frage nach den Solarzellen-Modulen:

Marke, Leistung, Format und Type. Achten Sie bitte darauf, dass die Module Ihrer

Wahl keine alten Ladenhüter mit einem zu geringen Wirkungsgrad sind. Einen Wirkungsgrad unter 14% sollte man heute für eine derartig aufwendige Anlage nicht akzeptieren.

Als nächstes kommt nun die Wahl der optimalen Modulenspannung an die Reihe. Hier dürften Sie sich an die Empfehlung des Stromlieferanten halten, denn die Betriebsspannung Ihrer Solaranlage sollte möglichst exakt an die Spannungsansprüche des Wechselrichters angepasst werden.

Bei kleineren, netzunabhängigen Solaranlagen wird – wie wir bereits wissen – einer Betriebsspannung von 12 V oder 24 V der Vorzug gegeben. Bei größeren, netzgekoppelten Anlagen sind dagegen höhere Spannungen sinnvoller, weil dadurch die Leistungsverluste kleiner sind.

Wir zeigen nun an zwei Beispielen, wie es konkret mit der Planung und Gestaltung der netzgekoppelten Fotovoltaik-Anlagen aussieht.

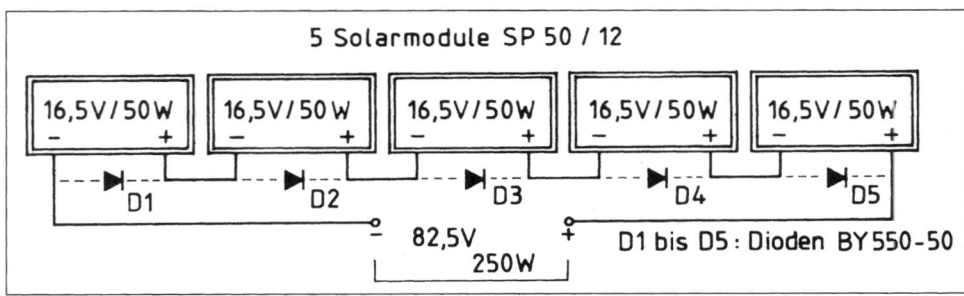

Bild: 6.1 Fünf Module SP 50/12 ergeben in Reihe eine Nennspannung von 82,5 V. Die Leistungen der fünf Module addieren sich zu 250 W. Zu beachten: wenn es sich um Solarmodule handelt, in denen keine Bypassdioden vom Hersteller integriert sind, müssen diese – als Dioden D1 bis D5 – zusätzlich parallel an die einzelnen Anschlüsse der Module angebracht werden (wie gestrichelt eingezeichnet).

6

BEISPIEL A: wir haben eine Dachfläche von ca. 35 m². Die Solarzellenfläche könnte somit bei 100 Watt pro m² (abgerundet) eine max. Leistung von annähernd 3500 W (3,5 kW) liefern. Laut unseren Erkundigungen kommt als Wechselrichter ein Gerät in Frage, welches eine Leistung von 2 kW (max. 2,2 kW) und eine Nennspannung von 65 V DC (bei minimal 55 V und max. 83 V DC) benötigt (das „DC" ist die internationale Bezeichnung für Gleichspannnung). Wenn die Solarzellenfläche etwas großzügiger dimensioniert wird, ergibt sich daraus ohnehin ein größerer Dachflächenbedarf.

Jetzt sehen wir uns erst an, wie wir überhaupt mit der Spannung zurecht kommen. Wir wissen bereits, dass eine möglichst hohe Spannung erwünscht ist, um auch bei trübem Wetter genügend Strom zu erhalten. Die Obergrenze wird hier durch die „max. 83 V" bestimmt, die der Wechselrichter noch verkraften kann. Es wäre also ideal, wenn wir unter den Angeboten Solar-

module finden, die in einer Reihenschaltung eine Nennspannung von annähernd 83 V ergeben könnten. Wir wollen ja keine Energie verschenken. Unter den Angeboten fand sich das folgende günstige Solarmodul: Leistung 50 W, Nennspannung 16,5 V, Nennstrom 3 A, Wirkungsgrad 14,3 %, Abmessungen 965 x 430 x 50 mm.

Fünf Module in Reihe ergeben hier eine Nennspannung von 82,5 Volt. Damit kommen wir sehr nahe an die obere Spannungsgrenze des Wechselrichters. Diese Spannungsreserve macht es möglich, dass die Solarzellen auch bei etwas trübem Wetter noch genügend Spannung für den Wechselrichter liefern. Es handelt sich allerdings um eine Spannungsreserve, die bei schönem Sommerwetter verschenkte Solarzellenfläche bedeutet. Anderseits würde ohne diese Reserve bei trüberem Wetter der Spannungswechsler gar nicht arbeiten, weil er aus den Zellen zu wenig Spannung geliefert bekommt.

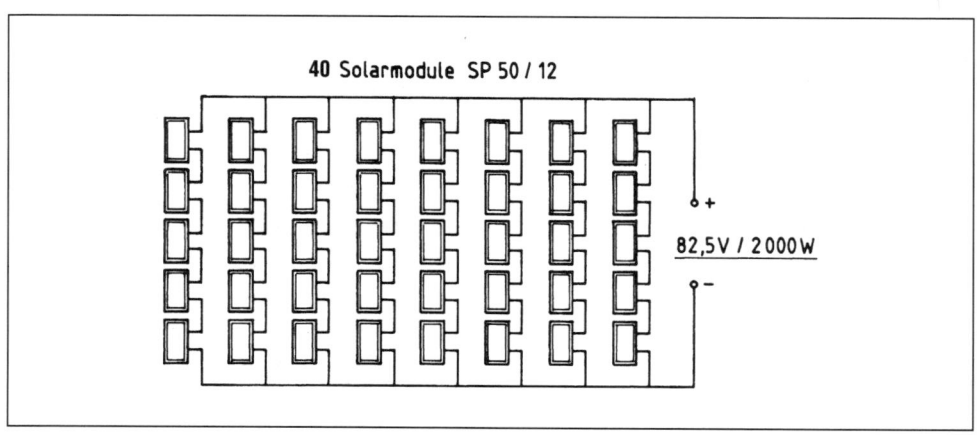

Bild: 6.2 Eine komplette seriell/parallele Prinzip-Schaltung der Solar-Dachmodule mit einer Nennleistung von 2 kW (nach BEISPIEL A).

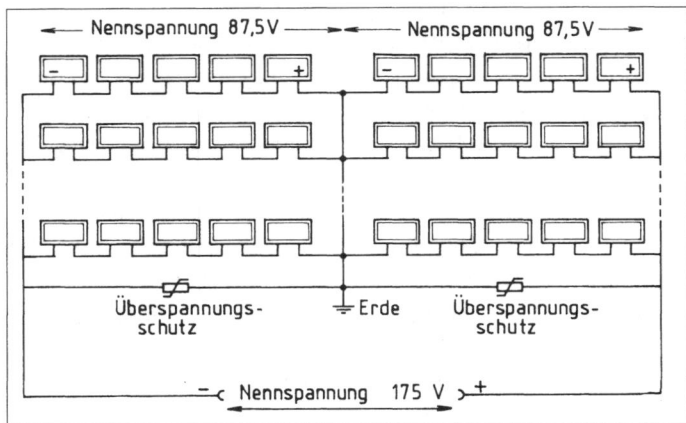

Bild: 6.3 Die Mitte der Solarmodulenkette, deren beide Zweige jeweils eine Spannung von 87,5 V haben (5 x 17,5 V) ist geerdet. Obwohl die Anlage eine Nennspannung von 175 V bzw. eine Leerlaufspannung von 217 V hat, beträgt bei der Berührung eines der Pole die „Berührungsspannung" (gegen die Erde) höchstens 108,5 V (217 V : 2 = 108,5). Die Schwachstelle der Schaltung liegt jedoch darin, dass bei versehentlich gleichzeitiger Berührung des negativen Pols mit einer Hand und des positiven Pols mit der anderen Hand der Körper mit der vollen Spannung von bis zu 217 V (Leerlaufspannung) in Kontakt kommt. Dass so etwas nicht auf dem Dach selbst passieren kann, muss gezielt von vornherein dadurch verhindert werden, dass die Anschlusspunkte beider Pole genügend weit auseinander liegen.

Nun erstellen wir für weitere Überlegungen erst eine Skizze nach Bild 6.1:

Bei dieser Modulenleistung sieht man auf den ersten Blick, dass vier solche „Ketten" eine Leistung von 1 kW ergeben. Wir benötigen 2 kW, also werden es gleich acht solcher Ketten sein, die miteinander nach Bild 6.2 durchverbunden sind.

BEISPIEL B: hier kommen wir zurück auf die bereits erwähnte Ausnahme, bei der eine netzgekoppelte Fotovoltaik-Anlage eine höhere Spannung haben kann, als die Berührungsschutzspannungsgrenze von 120 V DC. Wir setzen hier Solarmodule von Siemens ein, die eine Nennspannung von 17,5 V und eine Leerlaufspannung von 21,7 V haben. Diese, des öfteren angewendete (und auch von Siemens empfohlene) Schaltung, basiert auf einem Trick, der sich mit Hilfe einer vereinfachten Zeichnung nach Bild 6.3 leicht erklären lässt.

Dieses Schaltungsprinzip wird bei kleineren oder mittelgroßen Fotovoltaik-Hausanlagen besonders dann angewendet, wenn die Verkabelung etwas länger sein sollte, wodurch es bei zu niedrigen Spannungen einzelner Modulketten zu größeren Spannungsverlusten käme. Manchmal hat man auch keine andere Wahl, wenn der ansonsten günstige Spannungswechsler derartige Anforderungen an die Solarspannung stellt, oder wenn es das Energieversorgungs-Unternehmen mit Nachdruck empfiehlt. Der Grund dazu kann eine gute Erfahrung mit einer zuverlässigen Spannungswechsler-Type sein, die auch für den Anwender von Vorteil ist.

In Zusammenhang mit den netzgekoppelten Anlagen haben wir bisher der Einfachheit halber einen kleinen (und preiswerten) Funktionsteil übergangen, der unter Umständen zwischen die Solarzellenmodule und den Wechselrichter kommt – soweit er nicht im Wechselrichter integriert ist. Es handelt sich dabei um einen Überspannungschutz (Blitzeinschlagschutz), der in Reihe zwischen die Solarmodule und den Wechselrichter – wie im Bild 6.3 eingezeichnet – angeschlossen wird. Dieser Überspannungsschutz ist normalerweise in einem kleinen selbstständigen Montageschrank untergebracht, in dem sich auch Montageklemmen für die Anschlüsse einzelner Solarmodulen-Ketten befinden.

6.1 Der Wechselrichter

Wechselrichter (oft auch als *Inverter* bezeichnet) sind Geräte, die eine Gleichspannung in Wechselspannung umwandeln.

Kleinere Wechselrichter sind u.a. als KFZ-Zubehör erhältlich. Sie wandeln die 12 V- oder 24 V-Gleichspannung („DC") der Autobatterie (bzw. einer Solarbatterie) in eine 230 V-Wechselspannung („AC") um, damit der Betrieb „normaler" Netzgeräte ermöglicht wird.

Die Wechselspannung der meisten *preiswerteren* Wechselrichter dieser Kategorie eignet sich nicht unbedingt für anspruchsvollere elektronische Geräte, zu denen z.B. der Videorecorder gehört. Die Ursache liegt darin, dass viele der einfacheren Wechselrichter nicht eine ausgesprochen „netzidentische" (=sinusförmige) Spannung, sondern nur eine Art (treppen- oder impulsförmige Imitation dieser Spannung) erzeugen.

Wechselrichter, die für netzgekoppelte Fotovoltaik-Anlagen vorgesehen sind, müssen über viele spezielle Eigenheiten verfügen, um die Solarspannung in eine echt netzidentische Wechselspannung umwandeln zu können. Zudem verfügen sie über diverse zusätzliche Funktionen, die einen vollautomatischen Betrieb ermöglichen.

Unter dem Begriff „vollautomatischer Betrieb" ist hier Folgendes zu verstehen:

1. Der Wechselrichter sollte im Idealfall fähig sein, jeden kleinsten Tropfen des erzeugten Solarstroms ins öffentliche Netz einzuspeisen. Dies beinhaltet, dass er sowohl eine sehr niedrige als auch auch die „maximale" Solar-Eingangsspannung in die 230 Volt-Wechselspannung umwandeln sollte – und das mit möglichst niedrigen internen Verlusten (mit hohem Wirkungsgrad).

2. Sobald der Wechselrichter von den Fotovoltaik-Modulen eine „brauchbare" (= ausreichend hohe) Solar-Gleichspannung erhält, muss er sich ans öffentliche Netz automatisch „ankoppeln" und die in Wechselspannung umgewandelte Solarspannung phasenidentisch ins öffentliche

elektrische Netz einspeisen. Wenn die Solar-Eingangsspanung wieder unter das „verwertbare" Niveau sinkt, schaltet sich der Wechselrichter automatisch vom Netz ab und schaltet sich selbst in „Stand-by" um.

Die schlimmste Schwachstelle der meisten handelsüblichen Wechselrichter (bzw. ihrer Hersteller) liegt darin, dass sie es nicht fertigbringen, auch niedrigere Solarspannungen (und somit niedrigere Solarleistungen) zu verwerten.

Das Motto „Kleinvieh macht auch Mist" wird hier oft zu nonchalant ignoriert. Viele Wechselrichter schalten sich vom Netz schon in dem Moment ab, wenn die Solarspannung etwa auf die Hälfte sinkt (manche sogar noch eher). Die Solarmodule sind ab dem Moment außer Betrieb gesetzt und der Wechselrichter stellt sich tot. Dabei kommt es in unserem Breitengrad (und vor allem im Norden unseres Landes) ziemlich oft vor, dass die Solarmodule – bei einem leicht trüben Himmel – nur etwa die Hälfte von ihrer offiziellen Nennspannung (der maximal erzielbaren Spannung) liefern.

Es wäre etwas zu kostspielig, wenn man den Wechselrichter so konzipieren würde, dass er wirklich jeden kleinsten Tropfen der Solarenergie ins Netz einspeist. Abgesehen davon hätte es wenig Sinn, dass so ein Wechselrichter auch noch dann in Betrieb bleibt, wenn der ihm zugeführte Solarstrom gerade nur noch für den Eigenverbrauch ausreicht (obwohl man für den Eigenverbrauch des Wechselrichters den „billigeren" Hausnetz-Strom verwenden könnte).

Der „Eigenverbrauch" liegt gegenwärtig bei den meisten Wechselrichtern zwischen ca. 4 bis 6% ihrer „Nennleistung" (maximaler Leistung). Erklärungsbedürftig ist dabei, dass sich der sogenannte Wirkungsgrad des Wechselrichters (der somit typenabhängig zwischen ca. 94% und 96% liegt) im Prinzip nur auf die maximale Leistung des Wechselrichters bezieht.

Darunter ist Folgendes zu verstehen: Wird bei einem 1000-Watt-Wechselrichter ein Wirkungsgrad von 95% angegeben, beinhaltet dies, dass der Eigenverbrauch des Wechselrichters 5% seiner Nennleistung (also stolze 50 Watt) beträgt. Das ist zwar nicht viel, wenn man bedenkt, was für eine komplizierte Stromumwandlung und zusätzliche automatische Steuerung dahinter stecken.

Wenn jedoch ein solcher Wechselrichter wetterbedingt nur eine geringere Solarleistung von z.B. 100 Watt (eingangsseitig) erhält, verbaucht er trotzdem immer noch *fast* die vollen 50 Watt intern. In dem Fall arbeitet er annähernd nur mit einem Wirkungsgrad von 50% und verhält sich wie ein Kneipenbesitzer, der die Hälfte der ihm gelieferten Spirituosen selber verbraucht.

Diese Vorinformationen sind für die Planung einer netzgekoppelten Fotovoltaik-Anlage sehr wichtig, denn von der optimalen Anpassung der Solarmodule auf den Wechselrichter hängt die Ausbeute der Solarenergie maßgeblich ab.

Wir sehen uns nun näher an, worum es dabei konkret geht:

Im BEISPIEL A haben wir (*im Bild 6.2*) eine seriell/parallele Verschaltung von 40 Solarmodulen aufgeführt, die auf einen „handelsüblichen" 2 kW-Wechselrichter abgestimmt waren. Dieser Wechselrichter ist jedoch herstellerseits **nur** für einen Eingangsspannungs-Bereich ausgelegt, der zwischen 55 Volt und 83 Volt liegt.

Eine vereinfachte Skizze der ganzen Anlage (samt Wechselrichter) nach Bild 6.4 erleichtert die Übersicht und zeigt Eines deutlich: Sobald die Solarspannung am Wechselrichter-Eingang unterhalb von 55 Volt sinkt, schaltet sich der Wechselrichter vom Netz ab. Das ist schlimm, denn 55 Volt stellen noch ca. 2/3 der theoretischen Solar-Nennspannung dar. Bei einer derartig ungünstig dimensionierten Anlage (die be-

reits in unserem Lande so manches Hausdach „schmückt") kann während der trüberen Jahreszeit mehr als die Hälfte von der erzielbaren (und theoretisch „verwertbaren") Solarstrom-Ausbeute verloren gehen.

Aus diesem Grund verdient der Eingangsspannungs-Bereich des Wechselrichters eine gehobene Aufmerksamkeit. Als „ideal" dürfte ein Eingangsspannungs-Bereich bezeichnet werden, bei dem das Minimum zum Maximum im Verhältnis von mindestens 1:4 steht. Das wäre jedoch technisch etwas anspruchvoller und für westeuropäische Maßstäbe vorläufig „unbezahlbar". Bevor wir es besser lernen (oder Menschen importieren, die es schon kennen), dürften wir uns mit einem Wechselrichter zufrieden geben, bei dem das Verhältnis der Mini-

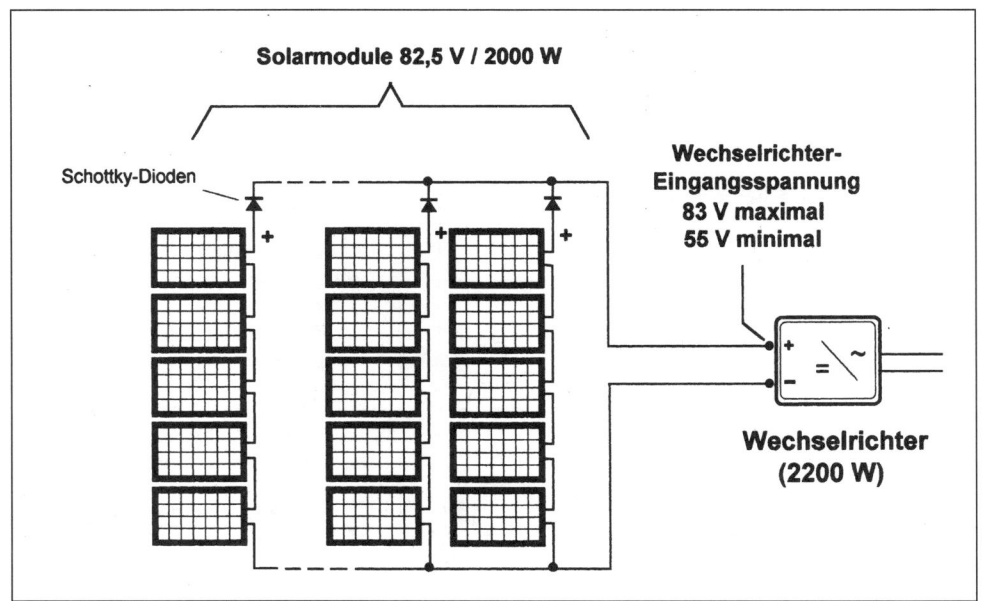

Bild: 6.4 Wird für eine Fotovoltaikanlage ein Wechselrichter angewendet, dessen Eingangsspannungs-Bereich zu eng dimensioniert ist, geht unnötig viel Solarenergie verloren.

6

mum-/Maximum-Solarspannung zumindest im Verhältnis von 1:3 steht – wie im *Bild 6.5* eingezeichnet ist.

Wenn die Nennspannung der Modulen-Kette nach *Bild 6.5a* so gewählt ist, dass sie möglichst identisch mit der max. Eingangsspannung des Wechselrichters ist, kann die Solarenergie ins Netz auch dann noch eingespeist werden, wenn die Solarspannung auf fast 1/3 des offiziellen Nennwertes gesunken ist.

Die Verbindung der Solarmodule mit dem Wechselrichter kann nach *Bild 6.6* auf drei Weisen erfolgen: Wenn der Solargenerator nur aus einer einzigen Modulen-Kette besteht (in der alle Module in Reihe geschaltete sind), bietet sich ein Direktanschluss der Module an den Wechselrichter nach *Bild 6.6a* an.

Besteht der Solargenerator aus zwei (oder mehreren) parallel verbundenen Modulen-Ketten nach *Bild 6.6b*, benötigt jede der Modulen-Ketten ausgangsseitig eine eigene Schutzdiode, (Schottky-Diode). Diese ist jedoch nur am Plus-Ausgang der Modulen Kette erforderlich. Falls Solarmodule verwendet werden, in denen bereits herstellerseits (an den Ausgangsklemmen) Schutzdioden eingelötet wurden, sollten diese vor der Modulen-Montage entfernt werden. Sie sind überflüssig und zudem unerwünscht, da an ihnen unnötige Spannungsverluste (als Dioden-Sperrspannung) entstehen.

Zudem ist es bei Modulen-Konfigurationen nach *Bild 6.6b* sehr wichtig, dass alle parallel verbundenen Modulen-Ketten möglichst elektrisch identisch sind. Da jedoch auch bei baugleichen Solarmodulen die Parameter in den bereits angesprochenen Toleranz-

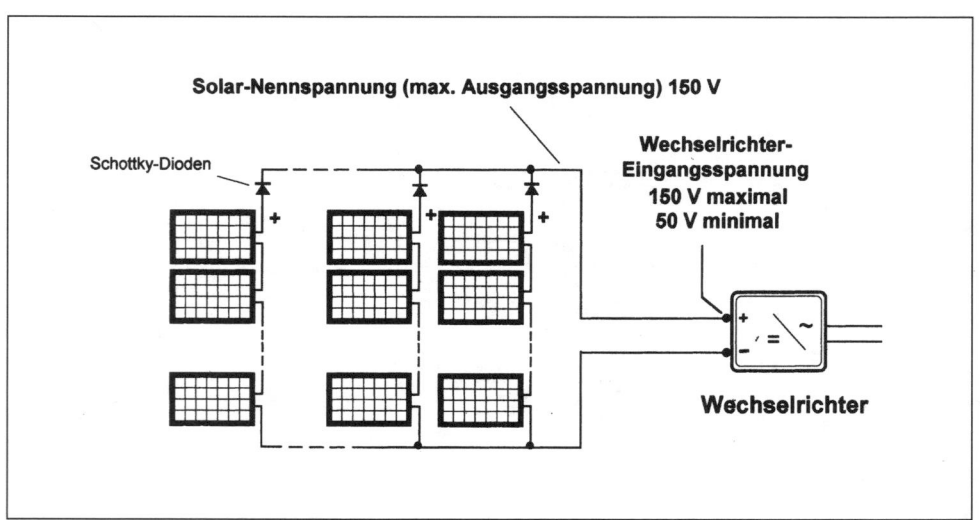

Bild: 6.5 Die Nennspannung des Solargenerators sollte bevorzugt auf die max. Eingangsspannung des Wechselrichters abgestimmt sein.

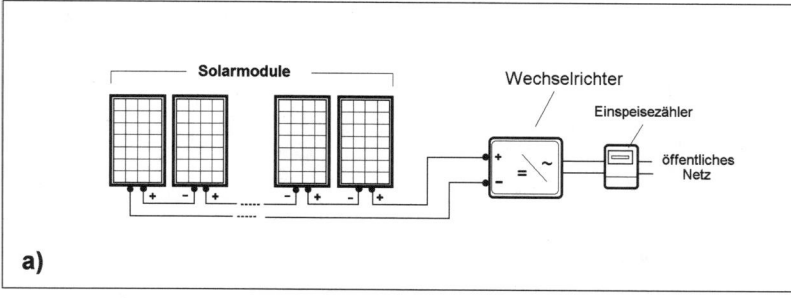

a)

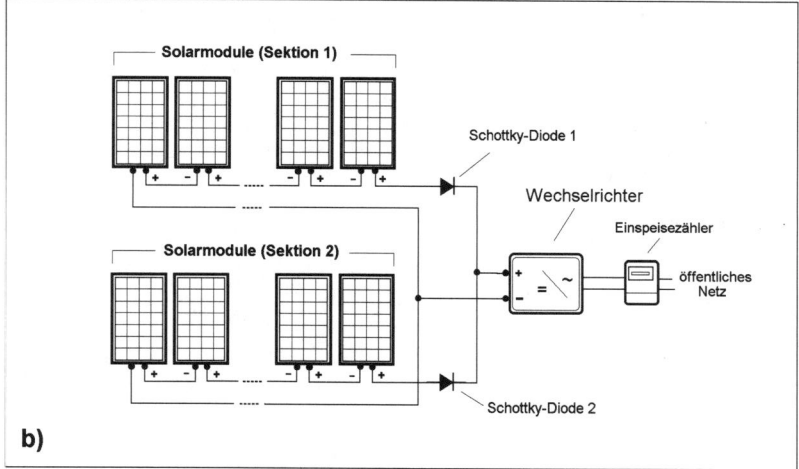

b)

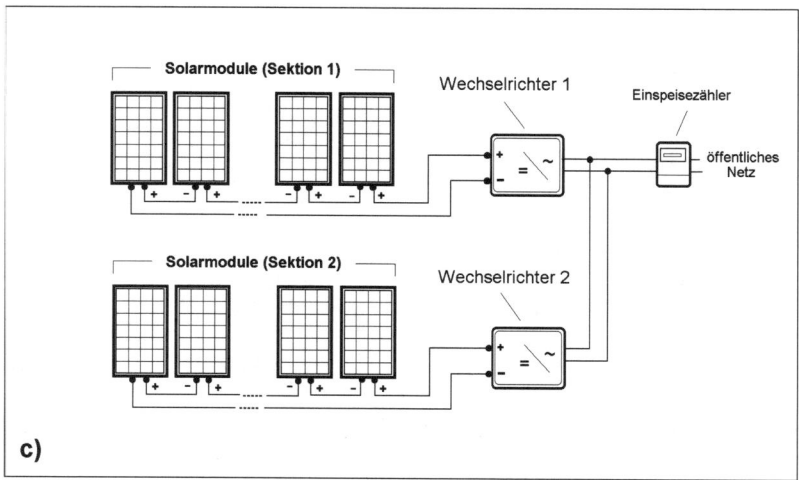

c)

Bild: 6.6 Verbindung der Solarmodule mit Wechselrichtern.

6

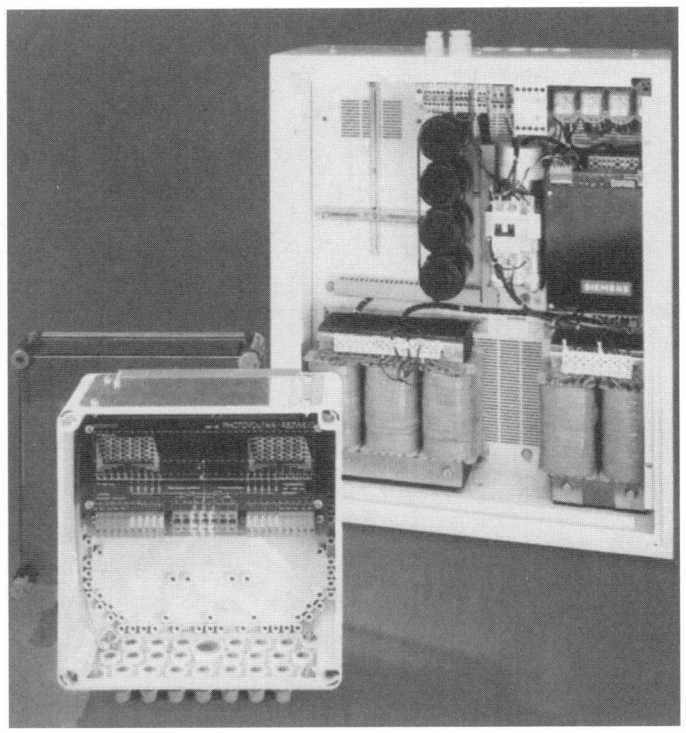

Bild: 6.7 Zubehör einer netzgekoppelten Solaranlage: links der Montageschrank (auch PV-Abzweig genannt), rechts der Wechselrichter (Foto Siemens).

Bild: 6.8 Ausführungsbeispiel einer netzgekoppelten Solaranlage an einem Einfamilienhaus (Foto IBC).

grenzen variieren, kann eine zufriedenstellende elektrische Ausgewogenheit der Ketten nur durch eine sachkundige Vorselektion erfolgen. So ein aufwendiges (und zeitraubendes) Anliegen kann jedoch in der Praxis nur beim Selbstbau vorgenommen werden. *Näheres darüber finden Sie in unserem leicht verständlich verfassten Büchlein „Solar-Dachanlagen selbst planen und installieren" (Bo Hanus/Franzis Verlag).*

Hinweis

Wenn Sie noch mehr über diese Themen in Erfahrung bringen möchten, empfehlen wir Ihnen das leicht verständliche *Do it yourself-Büchlein* „**Solar-Dachanlagen selbst planen und installieren**" (ebenfalls von Bo Hanus und im Franzis Verlag erschienen).

Die Vorselektion und das optimale Abgleichen von einzelnen parallelen Modulenketten erübrigt sich, wenn für jede der Ketten ein separater (kleiner) Wechselrichter verwendet wird. Solche Wechselrichter werden als *„String-Wechselrichter"* bezeichnet. Ausgangsseitig sind sie nach *Bild 6.6c* einfach an den Einspeisezähler angeschlossen.

6

69

7 Selbstversorgung mit Solarstrom

Im vorhergehenden Kapitel konnten wir ganz außer Acht lassen, welche Geräte, Lampen oder andere Verbraucher an das Hausnetz angeschlossen werden. Wenn da die Solarenergie nicht ausreicht, springt der Wechselstrom aus dem öffentlichen Netz automatisch ein.

Bei netzunabhängigen Anlagen gibt es in den meisten Fällen keine derartige Alternative. Hat man aber Bedenken, dass es mit der Solarenergie während einiger Winterwochen zu kritisch wird, kann parallel mit den Solarmodulen noch ein ca. 17 Volt-Gleichstrom-Windgenerator (Bild 7.1) eingesetzt werden.

Wenn es bei einem Ferienhaus oder bei einer Berghütte erwünscht ist, dass auch in der letzten Dezemberwoche und in der ersten Januarwoche unbedingt genügend Strom vorhanden ist, dürfte als dritte Energiequelle noch ein kleines Diesel- oder Benzinaggregat als Notreserve für alle Fälle zu empfehlen sein. Das hat jedoch nur dann eine Berechtigung, wenn es zu

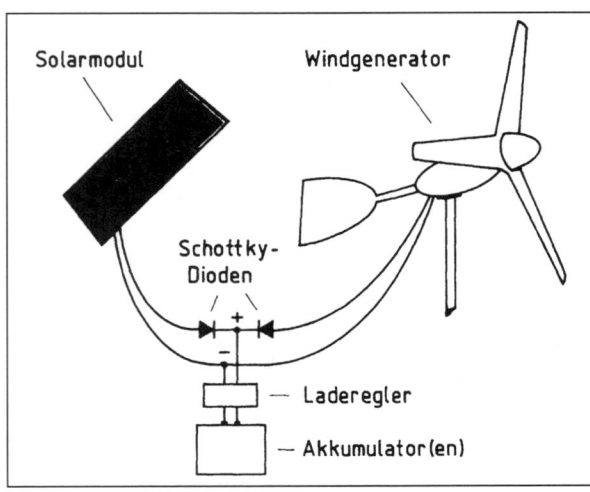

Bild: 7.1 Ein Gleichstrom-Windgenerator als alternative Energiequelle zu den Solarmodulen: er lädt über eine Schottky-Diode und über den gemeinsamen Solarladeregler den Akku auf dieselbe Weise nach, wie das Solarmodul.

kompliziert wäre, in der nahen Umgebung den Solarakku notfalls vom Netz nachladen zu können.

Bei den meisten kleineren Solaranlagen sind üblicherweise die wenigen sonnenarmen Winterwochen nicht zu schwerwiegend. Wir werden uns bei den noch folgenden Bauanleitungen auch mit diesem Aspekt auseinandersetzen.

Soweit für eine selbstständig arbeitende "Inselanlage" ein Akku als Zwischenspeicher benötigt wird, müssen am Anfang der Planung zwei Fragen geklärt werden:

❑ welche Akku-Kapazität ist für das Vorhaben notwendig?

❑ Wie groß muss das Solarmodul sein, um den Akku nachladen zu können?

Um die Akku-Kapazität feststellen zu können, müssen wir Antworten auf folgende Fragen ermitteln:

❑ welchen Strombedarf haben die angeschlossenen Verbraucher pro Tag?

❑ Werden die Verbraucher regelmäßig, d. h. täglich bzw. wöchentlich betrieben, oder handelt es sich nur um gelegentliche Nutzung?

❑ Ist ein ununterbrochener Ganzjahresbetrieb vorgesehen, oder wird die Anlage während der Wintermonate außer Betrieb gesetzt?

❑ Wenn Winterbetrieb erwünscht ist, kann der Akku notfalls problemlos woanders

Bild: 7.2 Ein Wochenendhäuschen mit Solarstromversorgung

7

nachgeladen bzw. ausgewechselt werden?

Zur Gedächtnisauffrischung: die Kapazität eines Akkus wird in Ah (Amperestunden) angegeben und sagt uns, wieviele Ampere mal Stunden der Akku liefern kann. Weiteres zeigen wir hier an einem praktischen Beispiel:

Im Wochenendhaus haben wir eine 12 V/ 1 A-Solarlampe und einen 12 Volt/ 30 Watt-Fernseher (30 W : 12 V = 2,5 A). Vom Frühjahr bis zum Herbst verbringen wir dort oft mehrere Wochenenden hintereinander. Bei regnerischem Wetter kann es vorkommen, dass wir bis zu 6 Stunden pro Woche am Fernseher sitzen, und zudem etwa 4 Stunden pro Woche Licht benötigen (insbesondere im Spätherbst). Der Fernseher verbraucht demnach sechs Stunden x 2,5 A = 15 Ah, die Solarlampe vier Stunden x 1 A = 4 Ah. Der Gesamtverbrauch liegt bei 15 Ah + 4 Ah = 19 Ah pro Woche.

Wir benötigen einen Akku, der eine Kapazität von mindestens 19 Ah hat. Etwa 10 bis 15% rechnet man immer für die Reserven auf. Damit kämen wir auf 22 Ah. Es gibt jedoch sehr preiswerte 12 V-Autobatterien mit Kapazitäten ab 36 Ah. Das wäre hier günstig. Wenn es im Spätherbst sehr trübes Wetter gibt, und der Akku wird vom Solarmodul nicht während einer Woche perfekt aufgeladen, haben wir eine gute Energiereserve für fast noch eine weitere Woche. Nun müssen wir dafür sorgen, dass so eine 12 V/36 Ah Autobatterie vom Solarmodul ordentlich nachgeladen wird. Im 2. Kapitel haben wir erfahren, dass die Autobatterie einen kleinen Laderegler braucht, und dass die Ladespannung bei ca. 16,5 V liegen dürfte. Der Spätherbst ist in manchen Jahren sonnig, in anderen Jahren etwas trüb. Wenn es unbedingt erwünscht ist, dass auch während der trüben Herbsttage der Akku vom Solarmodul einigermaßen gut nachgeladen werden kann, wäre hier eine Nennspannung des Solarmoduls von 20 bis 22 V keinesfalls übertrieben. Jetzt befinden wir uns auf einem Planungsterrain, auf welchem uns nicht mehr die Mathematik, sondern nur das persönliche Ermessen helfen kann. Dazu gehört erstens die Frage, inwieweit es sinnvoll ist, dass die ganze Anlage z. B. nur wegen der zwei letzten Novemberwochen stärker dimensioniert werden soll. Zweitens stellt sich die Frage, ob notfalls nicht ein Zweitakku für die Anlage oder nur für den Fernseher woanders aufgeladen werden kann. Hier geht es natürlich nicht um das Problem des eigentlichen Nachladens, sondern um den Transport. Wenn man am Wochenendhaus mit dem Auto bis vor die Tür vorfahren kann, ist es einfacher, als im Falle einer Berghütte ohne Zufahrt.

Fazit: wenn notfalls ein gelegentliches Nachladen des Anlagen-Akkus möglich ist, dürfte eine Solarmodul-Nennspannung um die 20 V ausreichen. Andererseits muss das Dilemma zwischen einer höheren Nennspannung (um die 22 V) und einem Verzicht auf den Solarstrom während einer Woche im Jahr überlegt werden.

Jetzt kommt noch die Frage des optimalen Nennstromes. Wir wissen, dass der Akku höchstens einen Ladestrom benötigt, der maximal bei 10% seiner Kapazität liegt. Das wären laut dieses Beispiels 10% von den 36 Ah, also 3,6 A. Wenn das Solarmodul diesen Strom etwa 12 Stunden lang liefern könnte, wäre ein leerer Akku voll nachgeladen (zwei von den 12 Ladestunden rechnen wir auf Ladeverluste). Ein so flottes Laden brauchen wir aber gar nicht. Unser Solarmodul hat in diesem Fall jeweils sieben Tage Zeit, um die verbrauchte Energie nachzufüllen. Zudem haben wir vorhin ausgerechnet, dass an einem Wochenende nur ca. 20 Ah verbraucht werden. Von dem Standpunkt aus gesehen, dürfte also ein Ladestrom von max. 2 A genügen.

Bei diesem „Strom bei max. Leistung" wäre im Sommer der Akku innerhalb von ca. elf Stunden wieder voll aufgeladen. Die Herbsttage sind kürzer und trüber, aber das Solarmodul hat immer eine ganze Woche Zeit, um mit einem schwächeren Strom und niedrigerer Spannung den Akku nachladen zu können.

Alle die aufgeführten Überlegungen sollen nun nicht den Leser verunsichern, sondern ihm im Gegenteil zeigen, dass Gefühl bei der Planung dazu gehört. Es bleibt auch immer ein Stück Risiko dabei, dass das Wetter nicht gerade so mitspielt, wie wir es eingeschätzt haben.

Wir werden also für diesen Zweck nach einem Solarmodul suchen, das eine Nennspannung von ca. 20 V, einen Nennstrom von ca. 2 A und demzufolge eine Nennleistung von ca. 40 W hat (denn 20 V x 2 A = 40 W).

Sollte jedoch ein „flottes" Laden erwünscht sein, dürfte das angewendete Solarmodul für einen Nennstrom von bis zu 3,6 A ausgelegt sein.

Pumpen und Motoren solarbetrieben

Für die Solartechnik eignen sich zwar am besten spezielle energiesparende Solarmotoren, aber verwenden lassen sich alle Gleichstrommotoren. Diese werden entweder als selbstständige Motoren oder als Bestandteil eines bestehenden Gebrauchsgutes - wie z. B. einer Pumpe, eines Ventilators usw. eingesetzt. Betreiben kann man diese Motoren entweder direkt vom Solarzellenmodul oder über einen Akku als Zwischenspeicher. Verständlicherweise eignet sich der direkte Betrieb nur für den Fall, dass die erbrachte Leistung auch direkt benutzt werden kann: bei einem Kinderfahrzeug, einer Weiherfontäne, Bewässerungspumpe, Umlaufpumpe einer solarthermischen Anlage usw.

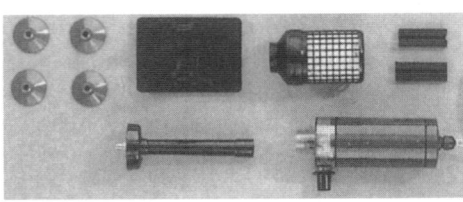

Bild: 8.1 Springbrunnenpumpe von Conrad Electronic: Sie arbeitet in einem Betriebsspannungs-Bereich von 2,1 bis 17 V, ihre Stromaufnahme bei 12 V beträgt 0,5 A und ihre Förderleistung liegt bei 500 l/h.

Auch Einphasen-Wechselstrommotoren lassen sich mit Solarstrom betreiben, allerdings nur über einen zusätzlichen Wechselrichter, der eine 12 V- oder 24 V-Solarspannung (Autoakku-Spannung) in eine 230 V-Wechselspannung unwandelt. Solche Wechselrichter sind viel einfacher und preiswerter als die Wechselrichter für netzgekoppelte Anlagen, weil hier keine besonderen Ansprüche an die Qualität der Wechselspannung gestellt werden. Gleichstrommotoren gibt es standardmäßig für Spannungen von etwa 0,3 Volt bis 80 Volt und für Leistungen von einigen Milliwatt bis zu etwa 8 kW. Die meisten Gleichstrommotoren arbeiten in einem breiten Spannungsbereich, wie auch aus der rechts oben stehenden Tabelle (2. Spalte) hervorgeht.

Aus der Gewichtsangabe in der Tabelle geht hervor, dass es sich um Motoren für kleinere Leistungen handelt. Damit Sie sich eine konkrete Vorstellung über die Leistung machen können: die Typen RS 540 (wovon es mehrere Varianten gibt) werden u. a. in sehr vielen Akku-Schraubern eingesetzt. Hier kann man sich die Leistung eines solchen Motors etwas ge-

Technische Daten einiger Gleichstrommotoren Marke Mabuchi. Daten für den maximalen Wirkungsgrad:							
Type:	Arbeits- spannung in Volt	Drehzahl Upm	Strom A	Dreh- mom. Ncm	Abgabe- leist. W	Wirkungs- grad %	Gewicht g
RE 280	1,5-4,5	5500	0,36	0,17	0,56	51	28
RS 380	3-9	14150	3,34	1,17	17,3	72	75
RS 540	3-10	10400	7,19	2,71	29,5	68	158
RS 775	4,5-15	16160	12,3	6,61	111,7	76	321

Tabelle mit Gleichstrommotoren für kleinere Solarantriebe.

nauer vorstellen oder am Akku-Schrauber ausprobieren, was so ein Motor bewältigen kann, bzw. wie lange er unter Belastung dreht, bevor sein kleiner Akku leer ist. Wer einen derartigen Motor in eine eigene Konstruktion einsetzen möchte, kann auch einen kompakten Akkuschrauber als Solar- motor „mit Getriebe" benutzen. Dieser Motor kann ein Kinderfahrzeug fortbewe- gen, eine Markise ausfahren, eine Pumpe antreiben usw. Möchte man die Betriebs- dauer verlängern, kann der ursprüngliche kleine Akku (der oft nur für einen Betrieb von ca. 12 Minuten ausreicht) durch einen größeren Akku ersetzt werden.

Auch Gleichstrommotoren aus dem Kfz- Zubehör (Antriebe von Scheibenwischern, Fenstern, Stühlen und Dächern) können ähnlich verwendet werden. Bei allen die- sen Motoren, die nicht ausgesprochen als Solarmotoren für den direkten Antrieb durch Solarzellen konzipiert wurden, gibt es ein Problem: sie können bei Dauerbe- trieb zerstört werden. Sobald die Span- nung (durch zu wenig Sonne) derartig sinkt, dass der Motor zu drehen aufhört, wird er von der Solarspannung weiter nur noch aufgeheizt. Der eine Motor mehr, der

andere weniger. Das hängt besonders von seiner Belastung ab.

Ein Ventilatormotor ist beispielsweise we- nig belastet, und wenn die Spannung so weit gesunken ist, dass er nicht mehr dre- hen kann, heizt er sich mit dem Reststrom meistens nicht mehr gefährlich auf. Ein Motor, der über ein Getriebe eine größere Belastung bewältigen muss, hört dagegen mit dem Drehen viel eher auf. Zu diesem Zeitpunkt kann der Solarstrom noch ziem- lich hoch sein und den Motor beschädigen bzw. zerstören.

Abhilfe: nur echte Solarmotoren nehmen oder einen Zwischenspeicher benutzen – es sei denn, man setzt zwischen das Solarmo- dul und den Motor eine kleine Abschalt- elektronik (Tiefentladeschutz) ein, die bei einer zu niedrigen Spannung den Motor vom Solarmodul einfach abschaltet.

Alle in dieser Hinsicht angesprochenen Maßnahmen können entfallen, wenn der Gleichstrommotor – ähnlich wie bei einem Akkuschrauber – nur unter Aufsicht ein- und ausgeschaltet werden kann. Ansonsten kommen für den direkten Betrieb (ohne Zwischenspeicher) ohnehin nur echte „So-

8

larpumpen" in Frage, von denen es bereits eine genügende Auswahl gibt. Sie haben üblicherweise einen ausgezeichneten Wirkungsgrad, eine hohe Lebensdauer und sind bzgl. der Versorgungsspannung sehr strapazierfähig.

8.1 Solar-Springbrunnen und Wasserfälle im Garten

Solar-Springbrunnen verdienen schon deshalb Aufmerksamkeit, weil es bereits sehr viele Solar-Tauchpumpen gibt, die vor allem als Springbrunnenpumpen oder als komplette Bausätze erhältlich sind. Solch ein Springbrunnen lässt sich im Handumdrehen installieren. Man nimmt die Springbrunnenpumpe, stellt sie auf den Boden des Weihers (unterhalb des Wasserspiegels), und es bleibt nur noch die Frage, wohin mit dem Solarmodul. In einem romantischen Garten sollte es ja unauffällig untergebracht werden. Falls in der direkten Nähe kein Dach oder Dächlein ist, auf dem sich das Solarmodul anbringen ließe, kann evtl. neben dem Weiher ein dekorativer Rosenbogen aufgestellt werden, auf dem man das Solarmodul unauffällig unterbringen kann. Zuerst einmal müssen wir ermitteln, wie groß das benötigte Solarmodul überhaupt sein muss – soweit es nicht mit einem Fertigbausatz gekauft wird. Wir wissen inzwischen, dass wir hier von den technischen Daten der Solarpumpe ausgehen müssen. Wenn eine Solarpumpe – wie z. B. die abgebildete Conrad-Springbrunnenpumpe – eine Spannung von 2,1 bis 17 V benötigt

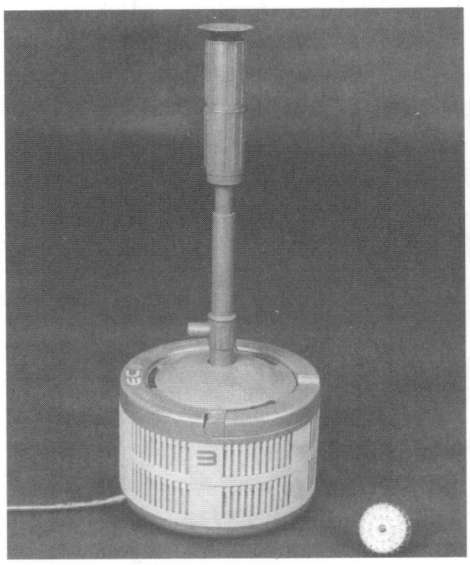

Bild: 8.2 Springbrunnenpumpe für höhere Leistung (Foto B. Kin GmbH und INTE-RES B. V.).

(und verträgt), darf das Solarmodul eine Nennspannung von 16,5 bis 17 Volt haben. Die Leistung (17 V x 0,5 A) beträgt 8,5 Watt. Diese Leistung erhalten wir vom Solarmodul nur während einer sonnigen Mittagszeit im Sommer. Das wäre etwas zu kritisch. Ein Modul mit 12 bis 15 Watt Nennleistung wäre hier besser.

Ausgehend davon, dass gute Solarzellen eine Leistung von 1,3 bis 1,4 W/dm^2 bringen, handelt es sich hier theoretisch um eine Solarzellfläche von ca. 10 bis 12 dm^2, die wir irgendwo ästhetisch vertretbar unterbringen sollten. Bei einem gekauften Solarmodul werden wir kaum haargenau mit den theoretischen Berechnungen zurechtkommen. Beim Selbstbau des Solarmoduls wäre es etwas einfacher. Laut der Tabellen mit technischen Daten aus dem ersten Kapitel (Seite 18) könnten wir die Kyocera-Solarzellen mit Abmessungen von 33,3 x 100 mm nehmen. Sie haben einen Strom bei max. Leistung (Nennstrom) von 0,869 A, und eine Reihe von 36 Zellen ergibt eine Spannung bei max. Leistung (Nennspannung) von 36 x 0,46 = 16,56 Volt. Die Nennleistung (16,56 V x 0,869 A) von 14,4 Watt wäre auch optimal.

Dieselbe Solarpumpe – allerdings ohne Sprinkleraufsatz – eignet sich auch als Umlaufpumpe für einen kleinen Weiherwasserfall.

8.2 Weiherbelüftung mit Solarstrom

Solange der Weiher von einem Springbrunnen oder einem kleinen Wasserfall belüftet wird, benötigt er keine zusätzliche Belüftung. Ansonsten ist sie für das biologische Weihergleichgewicht sehr wichtig. Zu diesem Zweck gibt es Luftpumpen in verschiedenen Größen. Üblicherweise handelt es sich hier um relativ einfache (und preiswerte) Luftmembranpumpen. Die Membranen dieser Pumpen weisen zwar erfahrungsgemäß keine überwältigende Lebensdauer auf, aber lassen sich leicht eigenhändig ersetzen (eine oder zwei Ersatzmembranen sollten mit einer neuen Membranpumpe gleich mitgekauft werden).

Membranpumpen haben einen niedrigen Energieverbrauch und lassen sich deshalb auch während sonnenarmer Jahreszeiten mit dem Solarmodul betreiben, welches im Sommer für die Springbrunnenpumpe zuständig ist. Falls hier an einigen Tagen die

Bild: 8.3 Ein romantischer Solar-Gartenwasserfall. Als Verbindungswasserleitung zwischen der Pumpe und dem Wasserfall genügt hier ein dünner Gartenschlauch. Je dünner der Schlauch, desto leichter tut sich die Pumpe. (Foto Gartenbau + Gartenteichzentrum Leichauer, Nürnberg).

8

Leistung des Solarmoduls zum Belüften nicht mehr ausreicht, ist das für den Weiher nicht so schlimm.

Wenn am Weiher nur eine selbstständige Solarbelüftung erwünscht ist, wird in vielen Fällen eine kleine Pumpe genügen, deren Leistung zwischen 1 und 5 Watt liegt. Hier reicht dann ein kleineres Solarmodul aus, dass sich evtl. auf dem Dach eines Vogel-Futterhauses anbringen lässt. Wenn Sie ein derartiges Bauwerk eigenhändig erstellen, sollten Sie bevorzugt eine Aluminium- oder Kupferstange als Stativ verwenden. Erstens kann dann kein Katze mehr hinaufklettern, zweitens wird das Solarstromkabel im Rohr heruntergeführt.

8.3 Solarbetriebene Pumpen

Für die Bewässerung kleinerer Gärten oder für die Wasserförderung zu beliebigen anderen Zwecken lassen sich verschiedene kleine Solarpumpen einsetzen, die im Zusammenhang mit Springbrunnenpumpen beschrieben wurden. Von dem Aufgabengebiet der Pumpe hängt ab, ob sie direkt vom Solarmodul angetrieben werden kann, oder ob ein Zwischenspeicher unumgänglich ist. Über Zwischenspeicher konnten wir schon genug in Erfahrung bringen, und es dürfte uns auch nicht schwerfallen, für eine Pumpe die optimale Größe des Akkus, wie auch des Solarmoduls auszurechnen.

Wenn wir nun beispielsweise für die Conrad-Pumpe aus dem Kapitel über Springbrunnen, einen passenden Akku einplanen möchten, gehen wir von den technischen Daten aus. Darin steht, dass die Pumpe bei 12 V Spannung eine Stromabnahme von 0,5 A hat. An einen 12 V-Akku angeschlossen, verbraucht die Pumpe pro Betriebsstunde demnach von seiner Kapazität 0,5 Ah.

Jetzt müssen wir nur noch feststellen, wieviele Stunden pro Tag, und während welcher Jahreszeit die Pumpe arbeiten soll. Nehmen wir nun als Beipiel eine Pumpe,

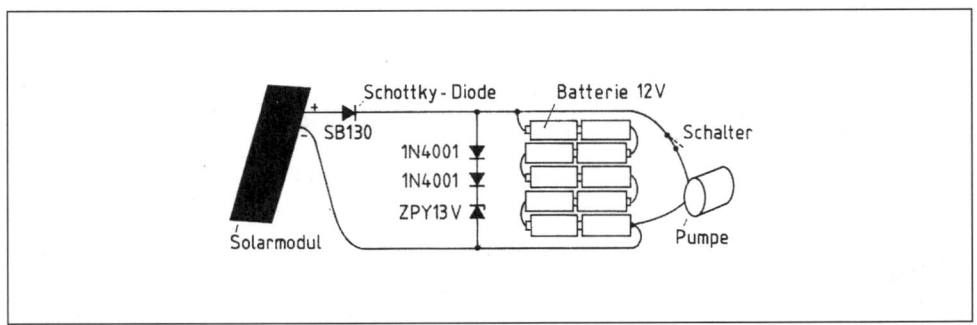

Bild: 8.4 Eine kleine Solar-Bewässerungspumpe mit einfacher Spannungsregelung. Die Zenerdiode ZY 13 V und die zwei Gleichrichterdioden 1 N 4001 bilden hier einen Spannungsregler für den 12 V-Akku, der aus 10 kleinen wiederaufladbaren NiMH- oder NiCd-Akkus mit einer Kapazität von 1,1 bis 1,2 Ah zusammengestellt ist. Das Solarmodul sollte hier einen Nennstrom von max. 0,11 A und eine Nennspannung von 17 bis 20 V haben.

die für eine bescheidene Bewässerung des Gemüsegartens zuständig ist. Sie soll von Frühjahr bis Herbst an sonnigen Tagen etwa 30 Minuten täglich pumpen. Sie verbraucht somit etwa 1 Ah Akku-Kapazität in vier Tagen. Hier könnte man sich zutrauen, einen kleinen 1,1 Ah-Akku einzusetzen (z. B. eine NiMH-Type). Seine Ka-pazität würde normalerweise auch bei sehr schlechtem Wetter immerhin noch für vier Tage reichen (wenn es regnet, braucht ja nicht gepumpt zu werden). Alternativ können z.B. auch zwei 6-V-Motorrad-Batterien in Serie verschaltet werden. Ein 18 V/0,11 Ah Solarzellenmodul würde hier in beiden Fällen zum Nachladen genügen. Seine Leistung dürfte bei 2 Watt liegen (18 V x 0,11 A = 1,98 W). Dieser kleine Akku würde nicht einmal einen aufwendigen Laderegler benötigen. Ein einfache Spannungsregelung mit Hilfe einer Zenerdiode genügt völlig (Bild 2.5 auf S. 34).

8.4 Gartenbrunnen mit Solarpumpe

Kleinere Brunnen können ein zusätzliches Wasserreservoir haben, in das an sonnigen Tagen ein kleine Solarpumpe das Wasser aus dem Brunnen hineinpumpt. Es sollte bevorzugt so aufgestellt sein, dass man das Brauchwasser ohne zusätzliche Pumpe nur mit Hilfe der Schwerkraft an die gewünschten Stellen (z. B. an die Gemüsebeete) transportieren kann. Der Wasserbehälter lässt sich oft in einer Garagenecke,

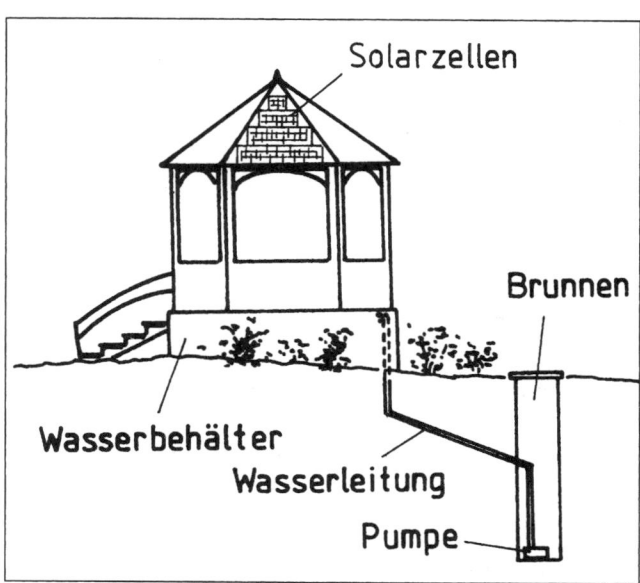

Bild: 8.5 Solar-Brunnenpumpe mit einem Wasserbehälter unter dem Gartenpavillon. Hier reicht eine kleine, vom Solarmodul direkt betriebene Pumpe aus.

8

in einem Geräteschuppen oder unter dem Fußboden eines zu diesem Zweck erstellten Gartenpavillons unterbringen. Im Pavillondach kann dann auch das Solarmodul für die Brunnenpumpe integriert werden (Bild 8.5). Wenn ein direktes und abrufbares Pumpen des Wassers aus dem Brunnen bevorzugt wird, ist kein zusätzlicher Wasserbehälter notwendig. Die Pumpe benötigt – ähnlich, wie die Bewässerungspumpe im vorhergehenden Kapitel – ein eigenes Solarmodul. Bei einem tiefen Brunnen muss allerdings die Förderleistung – und damit auch die Leistung des Pumpenmotors – ziemlich hoch sein. Dadurch wird auch ein etwas größerer Akku und möglicherweise auch ein größeres Solarmodul benötigt. Maßgeblich wird hier nur der tägliche Brunnenwasserbedarf sein, mit dem die Förderleistung des eingeplanten Pumpenmotors übereinstimmen sollte (die Förderleistung wird unter den technischen Daten der Brunnenpumpen immer angegeben).

fläche, die sich als ein dekorativer „Fenstersturz" an die Mauer anbringen lässt (Bild 8.6)

Die Solarzellenfläche wird entweder aus kleinen Fertigmodulen zusammengestellt oder als Selbstbaumodul aus kleinen Solarzellen erstellt. Hinter den Solarzellen sollte auch ein kleiner NiMH-Akku untergebracht werden. Seine Spannung dürfte zwischen 3,6 und 4,8 Volt und seine Kapazität bei etwa 1,1 bis 2,2 Ah liegen – soweit es sich nicht um einen besonders kräftigen Antrieb für eine große Markise handelt.

Das sind allerdings nur Richtwerte, die sich den Betriebsanforderungen anpassen müssen. Erstens stellt sich die Frage, wie oft z. B. so eine Markise pro Woche aus- und eingefahren wird – bzw. ob sie nur in den sonnigen Sommermonaten oder auch während der kälteren Jahreszeiten benutzt wird.

8.5 Markisen und Jalousien mit Solarantrieb

Für den Solarantrieb von Markisen und Jalousien eignen sich sehr gut die kleineren Gleichspannungsmotoren, die in Akku-Handwerkzeugen eingesetzt werden (wie z. B. die Type RS 540 aus der Tabelle am Anfang dieses Kapitels. Für den Antrieb kann evtl. gleich ein kleiner rohrförmiger Akkuschrauber verwendet werden. Er kann in die Mauer eingebaut werden – evtl. direkt unter eine abnehmbare Solarzellen-

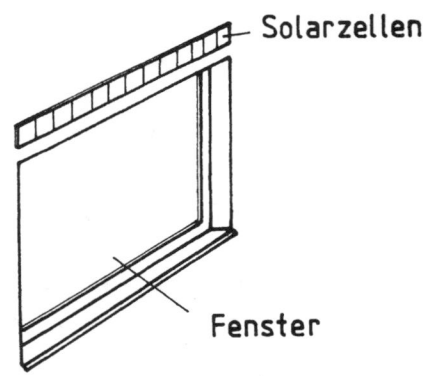

Bild: 8.6 Das Solarzellenmodul für eine Markise oder Jalousie kann als ein länglicher Streifen oberhalb des Fensters angebracht werden.

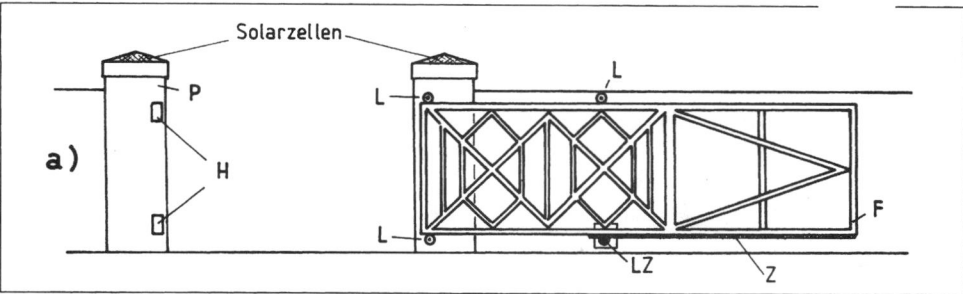

Bild: 8.7 Ein elektrisches Schiebetor lässt sich leicht im Eigenbau aus Aluminium erstellen: a) die ganze bewegliche Konstruktion besteht aus dem eigentlichen Tor, das um einen Führungsrahmen F verlängert ist. Drei kugelgelagerte Laufrollen L und ein mit Solarmotor angetriebenes Lauf- Zahnrad LZ (Stirnzahnrad mit zwei Führungsscheiben) sind für die Führung des Schiebetores zuständig. Eine Zahnstange Z an der Unterseite des Führungsrahmens sitzt an dem Laufzahnrad LZ und wird von ihm linear bewegt. Nach dem Ausfahren rastet das Tor in Halter H ein, die am linken Torpfosten P angebracht sind.

Erfahrungsgemäß wird bei einer mittelgroßen Markise eine 1 Ah-Akkukapazität für eine „Fahrzeit" von ca. 8 Minuten benötigt. Davon lässt sich ungefähr der Bedarf an Akkukapazität situationsbezogen ableiten. Das Aus- oder Einfahren der Markise dürfte jeweils maximal eine Minute dauern. Weiterhin ist uns bereits Folgendes bekannt: je kleiner die Kapazität des Akkus, desto besser muss das Nachladen auch bei ungünstigerem Wetter funktionieren – die Solarzellenfläche muss dementsprechend dimensioniert sein.

Hier käme ein Solarzellenmodul in Frage, dessen Nennspannung etwa 60% bis 75% höher als die Akkuspannung ist – die sich wiederum der Motorspannung anpassen muss. Der Ladestrom sollte auch hier die ca. 10% von der Kapazität des Akkus nicht überschreiten (besonders dann nicht, wenn wir einen Eigenbau-Spannungsregler mit Zener-Diode einsetzen).

Hier ist in jedem Fall der Bedarf an Solarzellenfläche sehr bescheiden. Auch bei einem 4,8 V/4 Ah-Akku würde es sich immer noch um eine relativ kleine Solarzellenfläche handeln: etwa 17 kleine Solarzellen (Maße ca. 25 x 50 mm) würden einen Nennstrom von etwa 0,39 A liefern können. Das Solarmodul hätte somit Maße von etwa 500 x 70 mm oder etwa 1000 x 45 mm (abhängig davon, ob die Zellen mit den längeren oder kürzeren Seiten aneinandergereiht werden).

8.6 Elektrisches Gartentor mit Solarantrieb

Zu einem fernbedienten Garagentorantrieb gehört ein ebenfalls fernbedientes elektrisches Gartentor, dass sich vergleichbar bequem öffnen lässt. Im Gegensatz zu elek-

8

trischen Garagentoren sind derartige Tore selten erhältlich, und noch seltener bezahlbar. Dabei lässt sich so ein elektrisches Gartentor sehr leicht im Selbstbau erstellen. Wenn zudem als Solar-Antriebsmotor der beschriebene Akkuschrauber eingesetzt wird, erübrigt sich dabei nicht nur die Frage der Stromzuleitung, sondern auch die Frage der Stromverletzungsgefahr.

Für den Selbstbau eignet sich am besten ein Schiebetor. Die meisten der herkömmlichen elektrischen Schiebetore benutzen als Führung eine Bodenschiene. Das Problem des Sauberhaltens – besonders im Herbst und während der Frostperioden (Laubfall und Eis) – ist jedoch unangenehm. Eine einfache Lösung mit seitlich angebrachter Führung und einer etwas längeren Hilfsrahmenkonstruktion behebt diesen Nachteil: die unterhaltsintensive Bodenschiene entfällt (Bild 8.7).

Die Zahnstange, wie auch das Stirnzahnrad sollten bevorzugt aus rostfreiem Material sein: Messing (Modul 1) oder Kunststoff (Delrin bzw. Azetalharz, Modul 2 bis 2,5) eignen sich am besten, und sind als Fertigteile erhältlich. Ein Endschalter (Mikroschalter) muss in den Endpositionen zuverlässig den Getriebemotor abschalten. Das Tor muss sich notfalls auch rein mechanisch (von innen) öffnen lassen, wenn ein Stromausfall oder Defekt vorkommt.

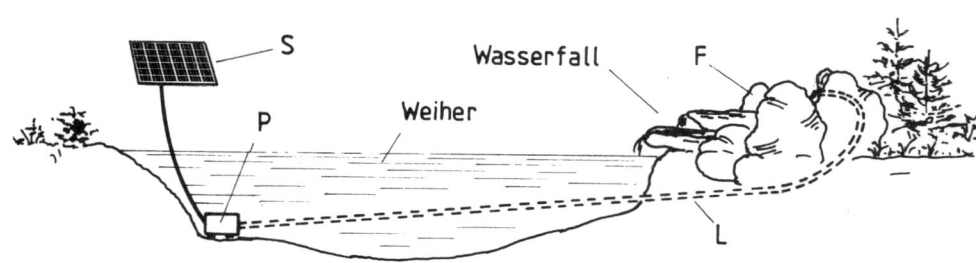

Bild: 8.8 Eine solarbetriebene Wasserfall-Pumpe eines kleinen Gartenweihers benötigt bei einem „Direktantrieb" (ohne Zwischenakku) ein Solarzellenmodul S, dessen *Nennspannung* mit der höchst zulässigen *Betriebsspannung des Pumpenmotors* übereinkommt. In Hinsicht auf den *Nennstrom* darf das Solarmodul beliebig überdimensioniert, sollte jedoch nicht unterdimensioniert sein. Die Pumpe bezieht bei einem „überdimensionierten" Modul jeweils nur ihren Nennstrom, der sich an die Schwankungen der jeweiligen Modulenspannung anpasst. Wird evtl. ein Solarmodul angewendet, das zwar die erforderliche *Nennspannung*, nicht aber den erforderlichen *(minimalen) Nennstrom* an den Pumpenmotor liefern kann, wird sich das Solarmodul bei einem kräftigeren Sonnenschein zu sehr aufheizen und evtl. zerstören.
Die Wasserleitung L zwischen der Tauchpumpe P und der Rückseite des Wasserfalls kann teilweise im Weiher, teilweise unter der Erde verlegt werden. Die eingezeichneten Felsen F können im Selbstbau aus Zementputz (1 Teil Zement, 3 Teile Sand) angefertigt werden, der z. B. auf eine hohle, gemauerte Ziegel-Unterkonstruktion einfach mit der Hand (Gummihandschuh) ca. 3 bis 5 cm dick „aufgeschmiert" wird.

Heizen mit Solarstrom

Um im Winter ein gut wärmeisoliertes Wohnhaus nur mit Solarstrom beheizen zu können, müsste man eine Solarzellenfläche zur Verfügung haben, die ungefähr fünfmal größer ist, als die vorgesehene Wohnfläche. Nur wenn wir den Solarenergie-Ertrag der Sommermitte wie Kohle im Keller aufbewahren könnten, um ihn erst im Winter ein-

Bild: 9.1 "Solar-Therm"-Kompaktanlage von AEG: bietet eine hohe Energieausbeute auf kleiner Fläche. Die Wärmeträgerflüssigkeit wird von einer Umlaufpumpe in Vakuum-Röhrenkollektoren auf das Dach gepumpt. Die in einer wärmegedämmten Anschlussbox drehbar gelagerten Röhren lassen sich optimal zur Sonne ausrichten. Schrägdach-, Flachdach-, Fassaden oder Balkonmontage ist dadurch möglich.

9

zusetzen, kämen wir mit einem Verhältnis der Wohnfläche und der Solarfläche von annähernd 1:1 aus. Diese Information soll nur dazu beitragen, dass man sich von den Proportionen eine konkrete Vorstellung machen kann.

Die Umwandlung des elektrischen Stromes in Wärme hat den Vorteil, dass dabei praktisch keine Verluste entstehen, wenn es mit Hilfe eines Heizkörpers geschieht, dessen Wärme voll übertragen werden kann. Beispiel: Ein Wasserkocher, bei dem die elektrische Heizspirale direkt vom Wasser umgeben ist.

Gleich am Anfang dieses Buches wurde jedoch darauf hingewiesen, dass zum direkten Aufwärmen die Solarthermik einen viel höheren Wirkungsgrad hat als die Fotovoltaik. Die Schwachstelle des Heizens mit Solarstrom liegt nun `mal bei den relativ großen energetischen Verlusten, die bereits bei der Umwandlung der Sonnenenergie in elektrischen Strom (in den Solarzellen) entstehen. Der relativ niedrige Wirkungsgrad macht trotzdem nicht soviel aus, wenn man den Solarstrom zum Heizen oder Wärmen in Situationen anwendet, bei denen es keine bessere Alternative gibt oder wo es einfach Spaß macht.

Wenn es sich dagegen um gezieltes Aufwärmen von Brauchwasser im Haus handelt, ist eine rein thermische Solaranlage viel effizienter. Das eigentliche Funktionsprinzip wurde bereits im 1. Kapitel beschrieben. Ein gutes praktisches Beispiel zeigt die „Solar-Therm-Kompaktanlage" von AEG (siehe Bild 9.1).

9.1 Solarbeheizte Gartenliegen, Gartenbänke, Terrassen- und Balkonstühle

Oft scheint während der kühleren Jahreszeit zwar verlockend die Sonne, aber dennoch spendet sie nicht genügend Wärme. Wir kennen ja das Gefühl; man würde sich gerne in die Sonne hinsetzen oder hinlegen, aber es wird oft auch unter der Decke schnell zu kalt. Erfahrungsgemäß fehlt da manchmal nur eine ganz kleine Portion von zusätzlicher Wärme, um das Wohlbefinden aufrecht zu erhalten. Als eines der einfachsten Mittel eignet sich hier das elektrische Heizkissen. Wir nehmen uns jetzt einige einfache Beispiele vor, um die Problematik in den Griff zu bekommen. Wenn z. B. ein Auto-Heizkissen 12 V/ 20 W verwendet wird, können wir uns inzwischen ausrechnen, dass der Strom 1,66 A beträgt (20 W : 12 V = 1,666 A). Bei einem 30 W-Heizkissen wäre ein Strom von 30 : 12 = 2,5 A nötig.

Alle elektrischen Heizelemente haben den Vorteil, dass sie auch dann funktionsfähig sind, wenn man ihnen eine viel niedrigere Spannung zuteilt, als vom Hersteller vorgesehen ist. Je niedriger die zugeführte Spannung unterhalb der angegebenen Nennspannung liegt, desto niedriger ist in demselben Verhältnis allerdings auch der Strom und damit sinkt (laut der Formel Spannung x Strom = Leistung) sprunghaft die Wärmeleistung.

Bild: 9.2: Ein „Solar-Heizkissen" kann an einem sonnigen, aber dennoch etwas zu kühlen Tag das Wohlbefinden enorm steigern...

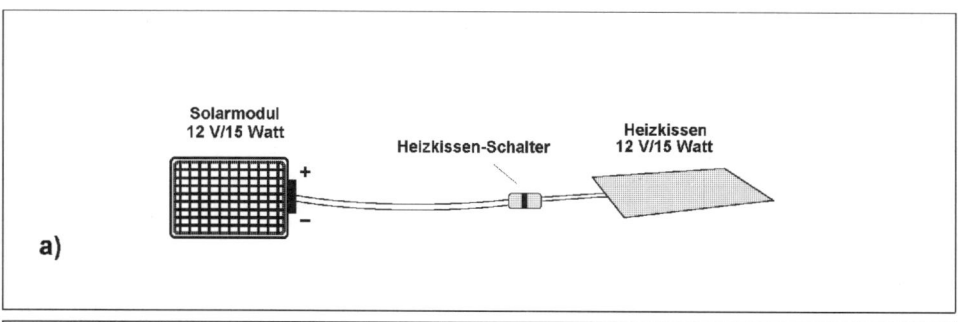

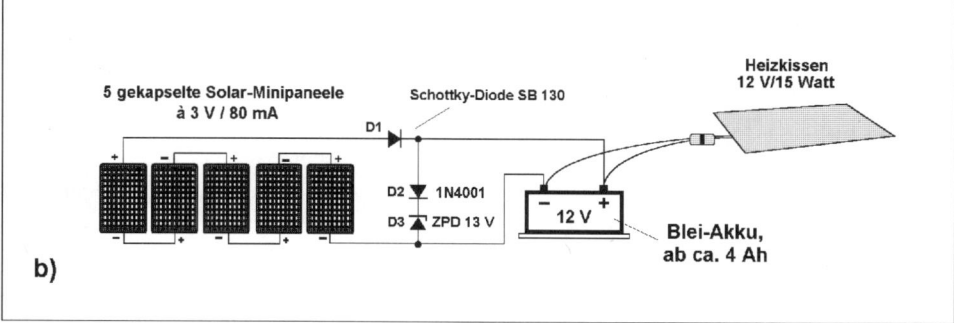

Bild: 9.3: Ein mit Solarstrom betriebenes Heizkissen: a) Direkte Stromversorgung mit Hilfe eines ausreichend leistungsstarken Solarmoduls; b) Stromversorgung über einen kleinen Akkumulator, für dessen Nachladen auch kleine Solar-Minipaneele ausreichen.

9

Wenn demnach ein Heizkissen laut Hersteller 12 V/ 30 W hat, und wir schließen es anstatt an 12 V nur an 8 V an, wird es nur eine Ausgangsleistung von 13,3 W haben, und ein Drittel weniger Strom verbrauchen, als bei der vorgesehenen 12-Volt-Spannung. Ansonsten hat eine schwächere Spannung keine Nachteile auf den eigentlichen Wirkungsgrad, denn die ganze elektrische Energie wird hier in allen Fällen (bei beliebiger Unterspannung) in Wärme umgewandelt. Es wird in diesem Fall dieselbe Wärme abgeben, wie bei einem Heizkissen, das direkt als „12 V/ 13,3 W" hergestellt ist, und auch die volle Spannung von 12 V bekommt.

Fazit: soweit uns die erzeugte Wärme ausreicht, können alle Elektro-Heizkörper ohne weiteres mit viel niedrigerer Spannung betrieben werden, als vom Hersteller angegeben wurde (umgekehrt darf man es nicht machen, die Heizkörper würden verbrennen).

Somit kann z. B. an ein 17 V-Solarmodul ein Heizkissen angeschlossen werden, das für 24 V/30 W ausgelegt ist. Das Kissen wird in diesem Fall anstatt 30 W nur 15 W benötigen (und als Wärme abgeben).

Ein Solarzellenmodul um die 25 Watt, mit einer Nennspannung von etwa 17 V würde sich zu diesem Zweck ausgezeichnet eignen, und könnte außerdem gelegentlich noch viele andere Aufgaben übernehmen: die Beleuchtung des Gartenhauses, Energieversorgung für die Brunnenpumpe, Gartenbewässerung usw.

Soweit ein Heizkissen an einem kühlen, aber sonnigen Tag betrieben werden soll, kann es direkt (nach Bild 9.3a) an das Solarmodul angeschlossen werden. Sonst ist ein Akku, der für die vorgesehene Zeitspanne ausreicht, vorteilhafter: zum Nachladen wird (nach Bild 9.3b) eine viel kleinere Solarzellenfläche benötigt, als für den Direktbetrieb und das Kissen heizt unabhängig von der Sonne.

Alles, was über das Heizkissen gesagt wurde, gilt auch für alle anderen Heizkörper: Heizdecken, elektrisch beheizte Kleidung und Schuhe (die es u. a. für den Autofahrer im Handel gibt), Heizfolien, Infrarot-Strahler usw.

9.2 Solarheizung als Frühbeet-Frostschutz

Frühbeete brauchen eine Solarheizung in der Hauptsache als Frostschutz. Es gibt Jahreszeiten, in denen der Frost nur sehr sporadisch als unangemeldeter Besucher an einem oder zwei Tagen kommt, einen großen Schaden anrichtet, und danach wieder für längere Zeit verschwindet.

Eine bescheidene Solar-Notheizung kann in solchen Situationen ein wahrer Segen sein. Wie „bescheiden" eine derartige Heizung konzipiert wird, hängt von der Größe des Frühbeetes ab.

Herkömmliche Gewächshaus-Heizanlagen bestehen überwiegend aus Heizkörpern, die z. B. als Heizleitungen in der Erde installiert sind, und die bei Bedarf ziemlich kontinuierlich heizen. In unserem Fall benötigen wir nicht unbedingt eine langsam wirkende kontinuierliche Heizung, sondern im Gegenteil eine „Wärmewelle", die im Stande ist, die Innenluft im Frühbeet bei plötzlich aufkommendem Frost schnell aufzuwärmen, sodass die Lufttemperatur oberhalb des Gefrierpunktes bleibt.

Optimal eignet sich für solche Zwecke ein Niedervolt-Heizkörper mit Ventilator, der für einen schnellen Warmlufttransport sorgt. Im Handel gibt es verschiedene Fertigprodukte (Kfz-Heizlüfter), die für 12 Volt ausgelegt sind, und die sich problemlos einfach aufstellen lassen. Man kann sich aber auch verschiedenste Heizgeräte ziemlich preiswert selber bauen.

So kann beispielsweise eine Spirale aus Widerstandsdraht oder eine Kette aus Restposten-Widerständen als preiswerter Heizkörper dienen.

Bei der Berechnung können wir z.B. von kleinen 2-Watt-Widerständen ausgehen. Als Energiespeicher eignet sich eine 12-V-Autobatterie. Die 12-Volt sind dann ein rechnerischer Ausgangspunkt.

Angenommen, wir streben eine Heizungsleistung von ca. 50 Watt an. Durch den Heizkörper müsste demzufolge ein Strom von 4,16 A fließen (50 W : 12 V = 4,16 A).

Laut Ohmschen Gesetz soll der Heizkörper einen Widerstand von 2,88 Ohm haben (12 V : 4,16 A = 2,88 Ohm).

Wenn die Heizung nur mit einem Widerstanddraht gemacht wird, muss nun nicht weiter gerechnet werden. Bei Verwendung von Einzelwiderständen wäre eine Kette von 25 Stück mit jeweiligem Ohmschen Wert von 0,115 Ohm erwünscht (50 W : 2 W = 25 und 2,88 Ohm : 25 – 0,115 Ohm).

Hier kann beispielsweise jedes Kettenglied auch aus vier parallel verbundenen 0,47 Ohm/0,5 W-Widerständen erstellt werden (0,47 Ohm : 4 = 0,117 Ohm). Das ergibt zwar 100 Widerstände, aber sie kosten nur Pfennige.

Dass ein zusätzlicher Thermostat unentbehrlich ist, versteht sich von selbst. Der Thermostat kann sowohl als Bimetallthermostat, wie auch als ein elektronischer Präzisionsthermostat ausgeführt sein. Ein Bimetallthermostat ist preiswert, hat keinen Stromverbrauch, lässt sich evtl. aus defekten Heizgeräten ausbauen, hat aber den Nachteil, dass er etwas ungenau arbeitet. Ein elektronischer Thermostat – evtl. auch im Selbstbau erstellt – bietet dagegen eine viel höhere Präzision. Er hat allerdings wieder den Nachteil, dass er Energie verbraucht. Unter Umständen zwar sehr wenig, aber wiederum durchlaufend.

9.3 Solarheizung im Gartenhaus und in einem Kinder-Spielhaus

Manchmal wäre es sehr willkommen, wenn im Gartenhaus, Schrebergartenhaus oder Kinder-Spielhaus eine kleinere Elektroheizung ein oder zwei Stunden lang Wärme spendet. Soweit es sich hier nur um ein gelegentliches Heizen handelt, lässt es sich mit Solarstrom gut bewältigen. Ein kleiner 12 V-Elektro-Ofen (oder Infrarotstrahler) wird von einem Akku versorgt, für dessen Aufladen sich die Solarzellen oft einige Tage oder eine ganze Woche Zeit nehmen können.

Als eine brauchbare Miniheizung können bereits zwei kleine 150 Watt-Infrarotstrahler dienen. Bei einer 12 V-Ausführung hätten sie einen Stromverbrauch von 25 A (300 W : 12 V = 25 A). An einer 100 Ah-Autobatterie angeschlossen, könnten sie theoretisch maximal 4 Stunden lang heizen – vorausgesetzt, der Tiefentladeschutz schaltet nicht vorzeitig ab (was er wiederum in der Praxis oft bereits nach ca. 3 Stunden machen wird). Ein preiswerter Laderegler wird hier genügen, aber er muss einen Tiefentladeschutz haben, um die Autobatterie vor zu tiefem Entladen zu schützen.

Alternativ kann ein zusätzlicher Tiefentladeschutz als ein Fertiggerät an den Batterieausgang angeschlossen werden, wie Abb. 1.6 auf Seite 13 zeigt.

Was die technischen Parameter des benötigten Solarmoduls anbelangt, wird auch hier erst einmal die Frage nach der Jahreszeit-Spanne überlegt werden müssen. Die Nennspannung des Solarmoduls soll ja derartig hoch sein, dass auch noch in der kritischen Jahreszeit geladen wird. Falls hier die „Heizperiode" nur von April bis September laufen soll, wird eine Modul-Nennspannung von 20 bis 22 Volt genügen. Die Ladespannung sollte im Optimalfall bei einem 12 V-Bleiakku etwa bis zu 16,5 V betragen.

Der Ladestrom-Bedarf ist eine Frage des Nachlade-Bedarfs. Soweit davon ausgegangen werden kann, dass beispielsweise höchstens zwei Stunden pro Woche geheizt wird, müsste das Solarmodul nur dem Akku die abgezapften 50 Ah (2 Stunden

Hinweis

Bei der Berechnung der benötigten Akku-Kapazität müssen Hinweise des Herstellers bzgl. des maximal zulässigen Entladestromes beachtet werden. Heizkörper sind echte Stromfresser und können einen Bleiakkumulator leicht vernichten, wenn sie ihm zu lange einen zu großen Strom abnehmen. Soweit die Stromabnahme etwa 20% bis 25% der Akkukapazität überschreiten sollte, müssen typenbezogen die Herstellerdaten berücksichtigt werden. Deshalb haben wir in diesem Beispiel gleich einen 100 Ah-Akku genommen (hier können auch zwei 50 Ah-Akkus parallel arbeiten).

mal 25 A) nachliefern können. Der 100 Ah-Akku dürfte in diesem Fall einfachheitshalber wie ein 50 Ah-Akku betrachtet werden, dem somit ein Ladestrom von 5 A (10% seiner Kapazität) genügen dürfte. Das benötigte Solarmodul sollte also für eine Nennspannung von ca. 20 V und einen Nennstrom von 5 A ausgelegt sein. Es können natürlich auch mehrere Solarmodule derartig miteinander kombiniert werden, dass man dieselben Werte erhält. Ein 100 W-Solarmodul mit einer Fläche von ca. 1 m^2 ist hier allerdings unumgänglich. Daraus ist ersichtlich, dass Heizen mit Solarstrom ziemliche Ansprüche auf Energienachschub, und somit auch auf einen hohen Kostenaufwand der Anlage stellt.

9

10 Lüften und Kühlen mit Solarstrom

Soweit es sich nur um einfaches Lüften handelt, gibt es auf dem Markt eine große Auswahl an Solarventilatoren, wie auch an normalen Gleichstromventilatoren für Spannungen ab etwa 0,4 Volt. Für das Kühlen mit Solarstrom sind als Standardprodukte diverse kleinere Solar-Kühlschränke im Handel, die für Gleichspannungen von 12 oder 24 Volt erhältlich sind. Außerdem gibt es kleine tragbare Gleichspannungs-Kühlboxen (Auto-Kühlboxen), die sich auch als Solarverbraucher nutzen lassen.

10.1 Solar-Ventilatoren

Die kleinsten Solar-Ventilatoren sind oft nur als Spielzeug gedacht, und ihre Leistung ist sehr gering. Größere Solarventilatoren sind in unserem Breitengrad noch wenig im Einsatz, aber die zunehmend heißen Sommermonate dürften hier (durch das Ozonloch) eine Wende zur Folge haben. Wechselstrom-Ventilatoren verzeichnen in letzter Zeit einen zunehmenden Absatz, und einige unserer Haushalte werden möglicherweise während der heißen Sommermonate von einem großen Ventilator an der Decke träumen, den man bisher nur in den Tropen benutzte.

Somit dürften größere Solar-Ventilatoren auch bei uns eine vielversprechende Zukunft haben. Besonders deshalb, weil es in unserem Land während der heißen Monate oft noch eine absolute Windstille gibt. Eine künstlich erzeugte Brise kann das Wohlbefinden enorm steigern.

Vom Anwendungszweck hängt dabei ab, wann und wo der Solarventilator mit oder ohne Zwischenspeicher eingesetzt wird. Da bei uns in den warmen Sommermonaten die Luft außen oft fast bis Mitternacht unerträglich heiß bleibt, ist auch noch nach Sonnenuntergang das Kühlen erwünscht. Aus diesem Grund ist ein Zwischenspeicher unumgänglich – soweit man nicht auf den Netzstrom umschaltet, und einen Gleichrichter benutzt. Außerdem ist ein Zwischenspeicher auch dann sehr von Vorteil, wenn der Ventilator täglich nicht gerade von morgens bis abends laufen muss, sondern z. B. in einer Gartenlaube nur einige gemütliche Stunden am Tag die Luft

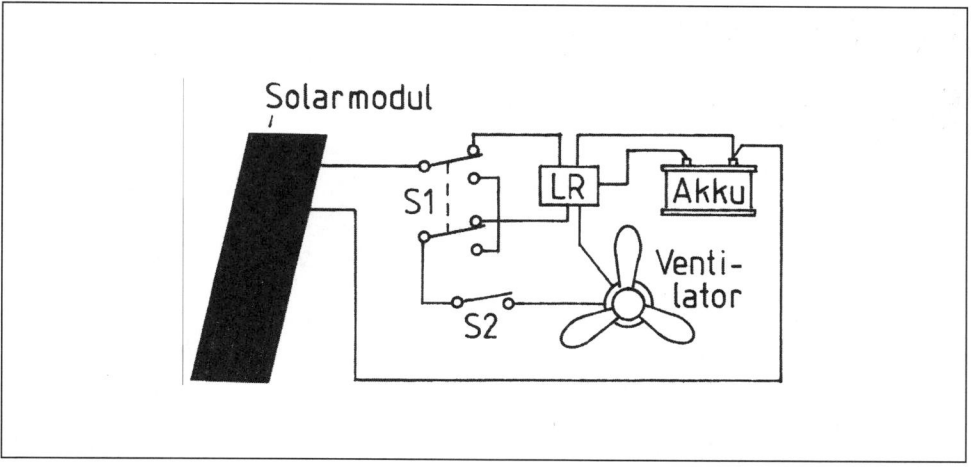

Solarmodul

S1

LR   Akku

Venti-
lator

S2

Bild: 10.1 Eine Kombination von direktem und indirektem Antrieb eines Ventilators: wenn Schalter S1 in eingezeichneter Position steht, lädt das Solarmodul über den Laderegler LR den Akku. Wenn S1 umgeschaltet wird, verbindet er das Solarmodul direkt mit dem Ventilator. S2 ist der eigentliche Ventilatorschalter. Bei dieser Schaltung wird vorausgesetzt, dass es z. B. früh am Morgen oder auch gelegentlich tagsüber Zwischenzeiten gibt, an denen der Ventilator außer Betrieb ist, und das Solarmodul Gelegenheit zum Nachladen des Akkus hat.

etwas in Bewegung setzt. Das Solarmodul, wie auch der Akku können dann sehr klein sein.

Bei der Planung einer optimal dimensionier-ten Solarlüftung geht man von dem Stromverbrauch des Ventilators und von den täglichen Betriebsstunden aus. Konkrete Beispiele der Berechnung wurden bereits im Zusammenhang mit anderen Anleitungen durchgespielt. Falls der Ventilator fast den ganzen Tag lüften soll, ist es sinnvoll, wenn er größtenteils im Direktbetrieb vom Solarmodul den Strom bezieht. Nur abends kann er dann nach Bild 10.1 auf den Akku umgeschaltet werden.

10.2 Solar-Kühlschränke

Kühlschränke gibt es normalerweise als Absorptionskühlschränke und Kompressorkühlschränke. Absorptionskühlschränke arbeiten ohne Motor, sind dadurch sympathisch geräuschlos, aber haben einen wesentlich größeren Energieverbrauch als Kompressorkühlschränke. Deshalb sind „echte" Solarkühlschränke als Kompressorkühlschränke ausgeführt. Sie sind meistens für eine 12-Volt- oder 24-Volt-Gleichspannung konzipiert und manchmal auch noch mit einer speziellen Steuerelektronik und einem eigenen Tiefentladeschutz ausgestattet. Die meisten Solarkühlschränke sind entweder als kleine Einbau- oder

10

andere Zwecke benötigt wird. Anderseits steigt der Energieverbrauch mit der Größe eines Kühlschrankes oft nur geringfügig an.

So hat z. B. ein AEG-Solar-Kühlschrank mit einem 75 Liter Inhalt laut Herstellerangaben einen Energieverbrauch von ca. 300 Wh in 24 Stunden und ein Kühlschrank derselben Marke mit ganzen 162 Litern Inhalt dagegen nur einen Energieverbrauch von 360 Wh pro 24 Stunden. Ein doppelt so großer Inhalt beansprucht hier also nur 20% mehr Energieverbrauch.

Den vom Hersteller angegebenen täglichen Energieverbrauch des Kühlschrankes muss das Solarzellenmodul bzw. der Akku auch täglich liefern können. Bereits der kleinere Kühlschrank mit seinem Verbrauch von etwa 300 Wh beansprucht täglich eine Akku Kapazität von 25 Ah (300 Wh : 12 V = 25 Ah).

Wenn so ein Kühlschrank beispielsweise in einem Wochenendhaus steht, das nur während der wärmeren Jahreszeit benutzt wird, wäre die Größe des Akkus davon abhängig, wie zuverlässig und ununterbrochen der Kühlschrank kühlen muss. Eine Akku-Kapazität (Kapazitäts-Anteil) von ca. 75 Ah dürfte als eine angemessene Sicherheit (für drei solarstromlose Tage) ausreichen. Normalerweise würden wir ja ohnehin Solarstrom auch noch für andere Zwecke – wie Beleuchtung oder Fernseher – benötigen, und aus dem Grund eine wesentlich größere Akku-Kapazität (von ca. 150 Ah) einplanen.

Bild: 10.2 Solar-Flex-Modul von AEG: ist leicht, dünn, biegsam, teils durchsichtig, und lässt sich auf beliebigen Oberflächen anbringen. Es kann einfach mit Klebeband auch auf der Glasfläche eines Wintergartens befestigt werden. Ideal als Stromversorgung für die Belüftung, wie auch für Elektroantriebe von Beschaffungsvorrichtungen, Bewässerungspumpen u. a.

als Tisch-Kühlschränke in verschiedensten Ausführungen erhältlich.

Bei der Wahl eines Solarkühlschrankes muss selbstverständlich auf den Energieverbrauch geachtet werden, denn auch der kleinste „energiesparende" Kühlschrank verbraucht sehr viel von der Solarenergie, die in den meisten Fällen auch noch für

Bild: 10.3 Ausführungsbeispiel eines Solar-Kühlschrankes (Foto AEG)

10.3 Elektrische Kühlboxen solarbetrieben

Elektrische Kühlboxen – von denen es gegenwärtig auf dem Markt eine sehr große Auswahl gibt – arbeiten alle mit dem Prinzip eines Peltier-Elementes, und sind für eine Gleichspannung von 12 Volt (als Auto- und Campingkühlboxen) erhältlich.

Bei diesen Kühlboxen handelt es sich um keine ausgesprochenen „Solargeräte" und der Energieverbrauch ist hier größer, als man einer so kleinen Box zutrauen würde. Er fängt bei kleinen Kühlboxen mit etwa 35 W an und steigt mit wachsendem Literinhalt der Box bis auf ca. 65 Watt an. Dengrößten Teil des Energieverbrauchs nimmt das eigentliche Peltier-Kühlelement in Anspruch. Ein kleinerer Teil entfällt auf den Ventilator, der das heiß werdende PeltierElement kühlen muss.

Die Kühlbox arbeitet ansonsten in ähnlichen Zyklen, wie ein Kühlschrank: sobald die innere Kühltemperatur die eingestellte Schwelle erreicht, schaltet sich die Energiezufuhr automatisch ab usw. Dadurch

10

hängt – ähnlich wie bei jedem Kühlschrank – der Energieverbrauch der Kühlbox von der Umgebungstemperatur, wie auch davon ab, wie oft ihr Inhalt durch Öffnen der „Tür" aufgewärmt wird.

Auf dem Freizeitgrundstück oder am Strand kann so eine Kühlbox auch direkt vom Solarzellenmodul (ohne Akku) betrieben werden. Die Solarzellenfläche sollte dann in etwa genauso viel dm^2 haben, wie die Kühlbox Watt an Stromverbrauch benötigt. Bei einer 35 W-Kühlbox müsste das Solarzellenmodul ja auch die 35 W liefern können, und seine Fläche sollte zumindest ca. 35 dm^2 (0,35 m^2) groß sein.

Auf dem Autodach lässt sich ein solches Solarmodul leicht unterbringen. Im Freien können zwei oder drei Solarmodulflächen oben am Sonnenschirm aufgelegt und an die Schirmspitze aufgehängt werden, um die untenstehende Kühlbox laufend mit Energie zu versorgen.

Zu diesem Zweck müssen kleinere Fertigmodule zu zwei oder drei dreieckigen Konfigurationen zusammengesetzt werden, bzw. kann man genausogut maßgeschnittene Module im Selbstbau erstellen. Die Solarzellen können zwischen zwei dünnere Plexiglasplatten eingegossen werden.

Wenn man hier ganze Solarzellen verwendet, die einen Nennstrom um die 3,1 A liefern, kann eine Solarzellenfläche (Kette) von 26 Einzelzellen eine Maximumleistung von ca. 37 W liefern (3,1 A x 26 Zellen x 0,46 V pro Zelle = 37 W). Das passt ideal für eine kleinere 35 W-Peltier-Kühlbox! Das Solarmodul wäre hier theoretisch etwas zu knapp dimensioniert, aber es reicht in der Praxis aus. Wenn weniger Sonne da ist, ist es auch entsprechend kühler, und die Kühlbox benötigt nicht so viel Strom, wie während einer größeren Hitze, bei der wiederum das Solarzellenmodul seine volle Leistung bringt.

Soweit es die Bedingungen erlauben, kann ein portables Solarzellenmodul, das sich auch anderweitig nutzen lässt, einfach im Freien aufgestellt werden.

Haus- und Gartenbeleuchtung mit Solarstrom

Wer alle vorhergehenden Kapitel durchgelesen hat, der weiß inzwischen, dass es bei einer guten Planung in der Hauptsache darauf ankommt, dass eine Solar-Beleuchtung möglichst sparsam arbeitet, bzw. dass sie zumindest während der sonnenarmen Monate nicht unnötig viel Energie verbraucht. Dazu gehört eine gezielte Auswahl energiesparender Leuchtkörper und eine evtl. vollautomatisch zeitbeschränkte Dosierung der Beleuchtung. Vor allem da, wo überflüssige Leuchtdauer dem Benutzer nichts bringt, weil er bereits abwesend ist.

11.1 Solar-Lichtquellen

Als Lichtquellen für die Solartechnik eignen sich in erster Linie verschiedene energiesparende Leuchtstofflampen. Herkömmliche Glühbirnen haben einen viel zu niedrigen Wirkungsgrad. Konkret beinhaltet das Folgendes: eine 15 Watt-Standard-Glühbirne bringt einen Lichtstrom von 90 Lu-

men. Eine 15 Watt-Leuchtstofflampe schafft bis zu 900 Lumen – also das Zehnfache.

Im Handel gibt es verschiedene Arten von Energie-Sparleuchten, die auch als „Ökolicht-Lampen" für die Solartechnik angeboten werden. Einige dieser Lampen – wie z. B. die „Ökolight-Lampe" – geben einen bis zu zehnfach höheren Lichtstrom, als eine normale Glühlampe hat. Andere „Solarlampen" bringen nur etwa das Sechsfache auf die Waage. Achten Sie beim Kauf also nicht darauf, ob auf der Lampenverpackung ein grüner Punkt oder ein grünes Bäumchen aufgedruckt ist, sondern darauf, ob es mit dem Lichtstrom in Lumen auch seine Richtigkeit hat.

Als weitere Alternative eignen sich für die Solarbeleuchtung die so genannten „Neonleuchten". Sie haben einen etwas niedrigeren Wirkungsgrad, als die Leuchtstofflampen, und beinhalten ebenfalls eine Art Vorschaltgerät (einen winzigen Wechselrichter).

Beide energiesparenden Leuchtkörper haben zwei charakteristische Merkmale: der Wirkungsgrad steigt wesentlich mit der

11

Leistung, und die Lebensdauer ist ziemlich hoch.

Etwas problematisch ist es mit dem Wirkungsgrad der Halogenlampen. Es gibt da verschiedenste Typen, die bezüglich des Wirkungsgrades recht unterschiedlich sind. Die meisten der gängigen Halogenlampen erreichen – trotz ihres guten Rufes – nicht einmal einen doppelt so hohen Lichtstrom, wie ihn die traditionellen Standard-Glühbirnen aufweisen.

In Hinsicht auf die Nutzungsart dürfte man Folgendes empfehlen:

❑ Leuchtstofflampen verdienen Vorrang vor allen anderen Leuchtkörpern, wenn die Beleuchtung für eine jeweils längere Zeitdauer benötigt wird. Für kurzfristige Beleuchtung sind sie oft noch zu teuer (was sich voraussichtlich bald ändern dürfte, denn die Weltpreise liegen bereits relativ niedrig).

❑ Für kurzfristige Beleuchtung (Garagenzufahrt, Gartentürlampe) sind kleinere Halogenlampen praktisch. Auch deshalb, weil es sie standardmäßig bereits für niedrige Spannungen gibt (2,8 V / 4 V/5,2V/6V/6,5V).

❑ Für rein dekorative Beleuchtung eignen sich am besten "superhelle" LEDs.

❑ Für Hintergrundbeleuchtung gibt es spezielle LEDs, oder Fotonik-Leuchtfolien. Die speziellen Hintergrundbeleuchtungs-LEDs haben eine Art Reflektor, der das Licht auf einer diffusen Frontscheibe breitflächig verteilt. Bei den Fotonik-Leuchtfolien handelt es sich um ein Material, bei dem die Atomarstrukturen – ähnlich wie bei einem Laser – angeregt werden, und dadurch Licht in Form von Lichtquanten (Photonen) abgeben. Diese Folien sind nur ca. 0,6 mm dünn und in verschiedenen Farben (weiß, türkis, gelb, blau und grün) erhältlich. Sie haben einen Stromverbrauch von nur 10 mA/dm², produzieren keine Wärme und eignen sich hervorragend als Hintergrundbeleuchtung für Schilder und Tafeln.

Alle bisherigen Angaben haben nur einen sehr informativen Charakter und können herstellerabhängig oder typenabhängig variieren. In Hinsicht auf die leistungsabhängige Lichtausbeute sollte bei der Planung einer Raumbeleuchtung beachtet werden, dass typenabhängig z.B. eine einzige 14-Watt-Leuchtstofflampe dasselbe Licht geben kann, wie neun kleine 4-Watt-Leuchtstofflampen zusammen (die eine stolze Gesamtleistung von 36 Watt benötigen).

Gewisse Aufmerksamkeit verdienen hier die LEDs. Jeder kennt sie, nur wenige wissen, worum es geht. LEDs sind leuchtende Halbleiter (Leuchtdioden), die fast ewig mithalten, sehr wenig Strom verbrauchen, eine sehr niedrige Spannung benötigen, und unter Umständen sogar relativ viel Licht geben. Das sind äußerst willkommene Eigenschaften für die Solartechnik.

Es gibt runde, viereckige und dreieckige LEDs in den Farben rot, gelb, grün, orange und blau (die blauen sind noch ziemlich teuer). Fast alle LEDs sind zudem wahlweise im klaren oder im diffusen Kunststoffgehäuse erhältlich. Standardmäßig werden auch zweifarbige DUO-LEDs hergestellt. Hier handelt es sich im Grunde genommen um zwei LEDs in einem Gehäuse.

Einige der LEDs sind auch als blinkende LEDs erhältlich. Diverse DUO-LEDs werden als teilweise blinkend angeboten (die rote blinkt, die grüne leuchtet dauernd).

Die meisten Standard-LEDs benötigen eine Betriebsspannung von etwa 1,6 bis 2,7 V

Hinweis

Bei fast allen Leuchtstoff- und Neonlampen steigt der Lichtstrom überproportional mit der zunehmenden Leistung.

und einen Strom von nur 0,02 A (= 20 Milliampere). Einige Mini-LEDs brauchen nur einen Strom von 0,015 A. Es gibt jedoch auch sogenannte „Low-Current-LEDs", für die ein Strom von 0,002 A genügt. Dabei bringen einige der besseren Typen dieselbe Lichtstärke zustande, wie ihre energiefressenden Brüderchen, die einen zehnfach höheren Stromverbrauch aufweisen.

Für die Solartechnik sind besonders die sogenannten „superhellen LEDs" interessant. Um in die Vielfalt an technischen Informationen eine Übersicht zu bringen, setzen wir der Einfachheit halber eine kleine Tabelle zusammen (Bild 11.2)

Lampentype	Leistungs-aufnahme	Lichtstrom /Lumen/
Standard-Glühlampe	10 W	48 lm
Standard-Glühlampe	15 W	90 lm
Standard-Glühlampe	25 W	230 lm
Standard-Glühlampe	40 W	430 lm
Standard-Glühlampe	60 W	730 lm
Standard-Glühlampe	75 W	960 lm
Halogenlampe	15 W	155 lm
Halogenlampe	20 W	350 lm
Neonleuchte	8 W	375 lm
Neonleuchte	10 W	485 lm
Neonleuchte	15 W	780 lm
Ökolight-Lampe	11 W	600 lm
Ökolight-Lampe	14 W	900 lm
Luxeon-Leuchtdiode*	5 W	120 lm
Luxeon-Leuchtdiode*	1 W	18 lm

* Anbieter *Conrad Elektronik*, Bestell-Nr.: 176161 (5W/6,84 V) bzw. 176251 (1 W/3,42 V)

Bild: 11.1 Die Tabelle zeigt informativ, wie es typen- und leistungsbezogen mit den Unterschieden des Lichtertrages einiger Lampen aussieht.

LED Type	Arbeits-spannung	Strom-aufnahme	Ausstrahl.-Winkel	Lichtstärke /Candel/
Normal diffus rot	ca. 1,6 V	0,02 A	ca. 25°	1,6 mcd
Normal diffus gelb	ca. 2,1 V	0,02 A	ca. 25°	2,0 mcd
Normal diffus grün	ca. 3,0 V	0,02 A	ca. 25°	3,0 mcd
Normal klar rot	ca. 1,6 V	0,02 A	ca. 25°	6,3 mcd
Normal klar gelb	ca. 2,1 V	0,02 A	ca. 25°	5,0 mcd
Normal klar grün	ca. 3,0 V	0,02 A	ca. 25°	6,5 mcd
Low-Currant rot	ca. 1,6 V	0,002 A	ca. 25°	1,6 mcd
Low-Current gelb	ca. 1,7 V	0,002 A	ca. 25°	2,0 mcd
Low-Current grün	ca. 2,0 V	0,004 A	ca. 25°	2,8 mcd
Superhelle rot	ca. 2,2 V	0,02 A	ca. 120°	60 mcd
Superhelle rot	ca. 2,2 V	0,02 A	ca. 35°	500 mcd
Superhelle rot/E	ca. 2,2 V	0,02 A	ca. 35°	3000 mcd
Superhelle AlInGaP* rot-orange	2 V	0,05 A	6°	8000 mcd
Superhelle AlInGaP* gelb	2 V	0,05 A	6°	9300 mcd
Superhelle AlInGaP* orange	2 V	0,05 A	6°	9500 mcd
Superhelle AlInGaP* rot	2 V	0,05 A	6°	6500 mcd
Superhelle weiße LED 3 mm	3,6 V	0,02 A	45°	1270 mcd
Superhelle weiße LED 3 mm	3,6 V	0,02 A	25°	2800 mcd
Superhelle weiße LED 5 mm	3,6 V	0,02 A	20°	9200 mcd
Super-Nova-SMD-LED grün	ca. 4 V	0,05 A	120°	1125 mcd
Super-Nova-SMD-LED gelb	ca. 4 V	0,175 A	120°	2850 mcd

* Aluminium-Indium-Gallium-Phosphat-Leuchtdiode (Anbieter *Conrad Elektronik*)

Bild: 11.2 Vergleich der Lichtausbeute einiger LEDs

Lampentype	Leistungs-aufnahme	Lichtstärke bei Ausstrahlungswinkel		
		von 10°	von 15°	von 35°
Halogen-Glühlampe	10 W	1500 cd	400 cd	88 cd

Bild: 11.3 Vergleich der Lichtströme in Abhängigkeit vom Ausstrahlungswinkel

Die Menschen machen sich das Leben mit den unterschiedlichsten technischen Daten schon ziemlich schwer. Es gibt jedoch unter den technischen Daten auch solche, die uns wiederum die richtige Wahl sehr erleichtern. Dazu gehören auch die Informationen darüber, wie groß der Lichtstrom in Lumen, (Abkürzung „lm") einer Lampe ist.

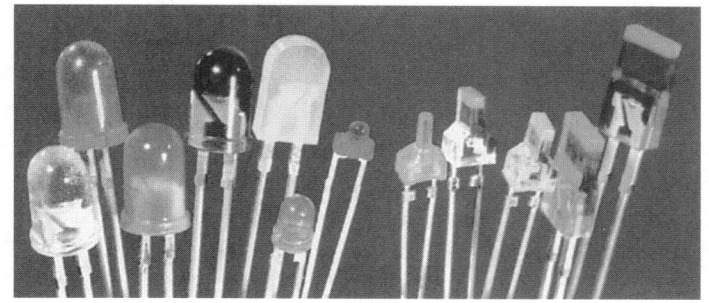

Bild: 11.4 LEDs als dekorative Mini-Leuchtkörper in derSolartechnik

Diese „Lumen" geben die gesamte Licht-summe an, die aus der Lampe heraus-kommt. Es wird dabei außer Acht gelassen, wie breit der Ausstrahlungswinkel des Lichtkegels ist.

Bei manchen Lampen, zu denen auch eini-ge spezielle Halogen-Glühlampen gehören, ist es jedoch für den Anwender wichtig zu wissen, wie breit der Ausstrahlungswinkel (Lichtkegel) ist, und wie stark die Fläche beleuchtet wird, um die es geht. Man kann sich hier gut vorstellen, dass zu Sig-nalzwecken ein kleinerer Ausstrahlungs-winkel genügt, als für die Hintergrundbe-leuchtung eines Solarschildes.

So wird bei einigen Lampen und bei fast allen LEDs nicht der Lichtstrom (in Lumen), sondern die Lichtintensität (Licht-stärke) pro Flächenteil in „cd" oder „mcd" (Candel oder Millicandel) angegeben. Es versteht sich von selbst, dass Lampen oder LEDs mit einem kleinen Ausstrahlungs-winkel (schmalen Lichtkegel) eine Fläche intensiver pro cm^2 ausleuchten, als Lampen mit einem breiteren Ausstrahlungswinkel. Als Beispiel vergleichen wir interessehal-ber drei 10 W-Halogenglühlampen mit unterschiedlichen Ausstrahlungswinkeln.

So produzieren z.B. alle drei Lampen nach Bild 11.3 zwar dieselbe Menge an Licht, aber die Belichtung pro cm^2 Fläche sinkt logischerweise mit der Vergrößerung des Ausstrahlungswinkels. Dasselbe gilt für die LEDs. Es ist z. B. darauf zu achten, dass es auch bei den superhellen LEDs ty-penbezogen sehr unterschiedliche Licht-stärken gibt, die zwischen 60 und 3000 mcd (bei gleichem Strombedarf) liegen.

Bild: 11.5 Solargarten-lampe mit Solarmodul im Lampen-gehäuse (AEG).

11

Hier sollte darauf hingewiesen werden, dass so eine superhelle 3000-mcd-LED einen Verbrauch von nur 0,05 W hat, was umgerechnet eine Lichtstärke von 550 cd pro 10 Watt bei einem Ausstrahlungswinkel von 35° ergibt. Im Vergleich mit der im Bild 11.3 aufgeführten 35°-Halogenglühlampe schneidet diese LED bzgl. des Wirkungsgrades hervorragend ab.

Vom Lichtspektrum her eignen sich die meisten LEDs jedoch eher für eine Beleuchtung dekorativer Art – obwohl es inzwischen auch schon LEDs mit einem ziemlich natürlichen „Tageslicht" gibt.

11.2 Solarleuchten als Fertigprodukte

Solarleuchten gibt es in zwei Grundausführungen: mit oder ohne ein am Leuchtkörper integriertes Solarzellenmodul. Im Inneren der kompakten Solarleuchten mit sichtbar angebrachtem Solarzellenmodul ist normalerweise auch ein Akku als Zwischenspeicher untergebracht. Kompaktleuchten mit einem Solarzellenmodul sind verständlicherweise nur als Außenleuchten konzipiert, und sollten so aufgestellt werden, dass die Solarfläche gegen Süden gerichtet ist, und möglichst viel Sonne auffangen kann.

Solarleuchten sind entweder als freistehende Gartenlampen oder als Wandleuchten ausgeführt. Die meisten der handelsüblichen kleineren Solaraußenlampen (Gartenlampen) haben nur eine kleinere Solarzellenfläche und einen kleineren Akku, wodurch man von ihnen nicht einmal im Sommer unbedingt erwarten kann, dass sie die ganze Nacht lang leuchten. Viele dieser Lampen sind nur mit einem Dämmerungsschalter ausgestattet, schalten bei Dämmerung ein, und leuchten dann einfach solange, bis der Akku leer ist. Die tägliche Leuchtdauer hängt natürlich davon ab, wie gut sich der Akku tagsüber wetterbedingt aufladen konnte. Somit sind derartige Lampen als kontinuierliche Außenbeleuchtung nur situationsbezogen brauchbar.

Einige Solaraußenleuchten haben neben dem Dämmerungschalter noch einen Bewegungssensor (Bewegungsmelder) und leuchten nur dann auf, wenn ein Mensch, ein Tier oder ein Auto in die Nähe kommt, bzw. wenn der Wind die Zweige des nahestehenden Baumes zu sehr bewegt. Da man einer derartig konzipierten Kompaktleuchte kaum beibringen kann, dass sie auf eine vorbeifliegende Fledermaus oder vorbeilaufende Katze nicht reagieren darf, sollte sie lieber nicht im Sichtwinkel des Schlafzimmerfensters aufgestellt werden. Es sei denn, man stattet sie noch mit zusätzlichen Schaltern oder Sensoren aus, die das Einschalten etwas zweckorientierter einschränken.

Solarleuchten ohne Solarzellenmodul – die wir an beliebige Solaranlagen Marke Eigenbau anschließen können – gibt es in verschiedensten Ausführungen als Außenleuchten, Feuchtraumleuchten und Innenleuchten. Sie sehen den anderen Netzspannungsleuchten ähnlich, sind jedoch überwiegend für eine Gleichspannung von 12 Volt entwickelt. Es besteht auch ein größeres Angebot an Solarleuchten für 24 Volt und ein etwas kleineres Angebot an Solarleuchten für Spannungen unterhalb von 12 Volt.

11.3 Solarleuchten im Selbstbau

Der Anlass zum Selbstbau kann meistens darin bestehen, dass man bei der Lampe spezielle Eigenschaften benötigt, die bei den Standardprodukten nicht zu finden sind. Als eine empfehlenswerte Lösung bietet sich hier die Anpassung oder Umgestaltung einer bestehenden Solarlampe an. Ein Fertigprodukt ist meistens preiswerter

Hinweis

Echte Solarlampen und Energiesparlampen sind ziemlich teuer. Es gibt aber als Autozubehör verschiedene preiswerte Leuchtstoff-Handlampen, die für den 12-V-Zigarettenanzünder-Anschluss im Auto konzipiert sind. Sie verfügen über einen integrierten Wechselrichter; und basieren damit auf demselben Prinzip wie die teuren "Öko-Alternativen". Bei diesen Handlampen werden Sie zwar kaum Angaben über den Lichtertrag in Lumen finden, aber dagegen trifft hier oft der Slogan zu mit 5 Euro sind Sie dabei". Das ist besonders für denjenigen interessant, der sich Solarlampen eigenhändig bauen oder umgestalten möchte. Schon die Innenteile einer solchen preiswerten Lampe lassen sich sehr gt als Fertigbausteine gebrauchen.

als einzeln zusammengekaufte Bauteile. Soweit nur die üblichen Solar-Niederspannungen von maximal 24 Volt verwendet werden, gibt es keine Stromverletzungsgefahr, und darum kann die Kreativität viel mehr Spielfläche erhalten. Auch deshalb, weil hier jegliche VDE-Vorschriften ignoriert werden dürfen (so etwas tut einem richtig wohl). Achten Sie aber dennoch darauf, dass ein Kurzschluss oder eine funkende Verbindung nicht feuerstiftend wirken kann. In dieser Hinsicht ist Gleichstrom gefährlicher als Wechselstrom.

11.4 Solarbeleuchtung richtig dimensionieren

Bei dem Begriff richtiger Dimensionierung wird es sich bei der Solarbeleuchtung in der Regel um einen gewissen Kompromiss zwischen dem Wunschwert und der Akzeptanzgrenze handeln. Als Leitfaden können dabei die Angaben über die Lichtintensität von normalen Glühbirnen dienen.

Wenn beispielsweise eine 14 W-Ökolight-Sparlampe einen Lichtstrom von 900 lm und eine gewöhnliche 75 W-Glühbirne 960 lm hat, werden diese beiden Lampen ungefähr dasselbe Licht geben. Der Lichtstrom einer 11 W-Ökolight-Lampe liegt mit seinen 600 lm ziemlich in der Mitte zwischen einer 40 W- und einer 60 W-Glühbirne. Somit lässt sich auch hier einschätzen, ob diese Lichtintensität für den einen oder anderen Zweck ausreichend sein dürfte.

11

Falls wir uns für eine dieser Ökolight-Lampen entschließen, müssen wir nur noch überlegen, wieviele Stunden die Lampe pro Tag oder pro Woche leuchten soll, und daraus ergibt sich ihr Energiebedarf. Wenn beispielsweise die 11 W-Sparlampe einen Stromverbrauch von 0,9 A hat, und maximal zehn Stunden pro Woche leuchten soll, beansprucht sie eine Akkukapazität von 9 Ah. Wenn die Beleuchtung nur während der lichtreichen Jahreshälfte – z. B. nur vom April bis September – benötigt wird, kann der 12 V-Akku mehr oder weniger laufend nachgeladen werden. Ein Solarmodul mit einer Nennspannung von ca. 20 V und einem Nennstrom von ca. 0,7 bis 0,9 A dürfte hier völlig ausreichen.

In der Praxis wird so ein Akku möglicherweise auch noch andere Verbraucher mit Strom versorgen müssen (weitere Gartenlampen, Gartenpumpe, Fernseher, Heizkissen), und seine Kapazität ergibt sich demzufolge aus der Summe einzelner Energie-Anteile. Dennoch wird in sehr vielen Fällen eine der kleinsten Autobatterien (z. B. 12 V/36 Ah) genügen. Dieser Batterie darf höchstens ein Ladestrom von 3,6 A zugemutet werden.

In Hinsicht auf die Nennströme der meisten Solarzellen – die zwischen ca. 2,8 und 3,1 A liegen – geben wir uns mit diesem Ladestrom zufrieden, und wählen lieber eine etwas höhere Nennspannung des Solarmoduls (22 bis 24 V). Dann liefert das Modul auch bei düsterem Wetter rund um die Mittagszeit immer noch eine Spannung von ca. 13 bis 14 V und einen Ladestrom von über 1 A. Zum Nachladen des Akkus werden dann während der ersten Aprilhälfte und der letzten Septemberhälfte zwar manchmal bis zu sieben Tage notwendig, aber das genügt völlig.

Auch in diesem Beispiel werden wir mit ähnlichen Überlegungen konfrontiert, wie sie bereits in vorhergehenden Kapiteln angesprochen wurden. Aus dem Ganzen geht hervor, dass es sich bei der Dimensionierung der Solaranlage eigentlich immer um dieselben Vorgänge handelt, und dass dabei die Einschätzung der Wetterbedingungen einen sehr wichtigen Stellenwert hat. Leider gibt es keine Tabellen, aus denen hervorgehen könnte, wie das Wetter im nächsten September oder übernächsten März sein wird.

Das einzige, was zuverlässig stimmt, sind die Angaben über den Sonnenaufgang und Sonnenuntergang. Zu Ihrer Information zeigen wir im Bild 11.7 wie es damit jeweils in der Mitte einzelner Monate aussieht, denn das kann uns bei diversen Planungen nützlich sein.

Der Unterschied zwischen der Tageslänge am 15. Juni und am 15. Dezember ist ja größer, als die meisten von uns schätzen würden. Dazu kommt noch die bedauernswerte Tatsache, dass sich die Sonne zwar an die Angaben in der Tabelle hält, aber dennoch im Winter manchmal unsichtbar bleibt. Das alles sollten wir bei der Dimensionierung einer Solaranlage berücksichtigen, die auch während der Wintermonate funktionsfähig bleiben soll. In den letzten Jahren gab es allerdings während der Monate Dezember und Januar oft ein sehr sonniges, frühlingshaftes Wetter.

Tag:	Sonnenaufgang - Sonnenuntergang:	Sonnenlichtdauer:
15. Januar	8,20 - 16,43	8 Std. 23 Min.
14. Februar	7,37 - 17,30	9 Std. 53 Min.
15. März	6,36 - 18,27	11 Std. 51 Min.
15. April	6,27 - 20,18	13 Std. 51 Min.
15. Mai	5,31 - 21,06	15 Std. 35 Min.
15. Juni	5,05 - 21,40	16 Std. 35 Min.
15. Juli	5,23 - 21,32	16 Std. 09 Min.
15. August	6,08 - 20,44	14 Std. 36 Min.
15. September	6,57 - 19,37	13 Std. 40 Min.
15. Oktober	6,46 - 17,29	10 Std. 43 Min.
15. November	7,39 - 16,33	8 Std. 54 Min.
15. Dezember	8,20 - 16,14	7 Std. 54 Min.

Bild: 11.7 Tabelle Sonnenaufgang/Sonnenuntergang (ungefähr in der geografischen Mitte Deutschlands)

So wurden beispielsweise von den Verfassern dieses Büchleins speziell für dieses Thema u.a. folgende Messergebnisse festgestellt: am 15. Dezember um 15:25 Uhr wurden bei wunderschönem sonnigen Wetter (Temperatur 0°C) diverse Solarzellenmodule gegen die Sonne gerichtet. Die ermittelten Werte waren überraschend gut. Unter Belastung von Ladereglern und halbleeren Akkus wurden pro Solarzelle Nennspannungen um die 0,44 V ermittelt. Der Ladestrom lag hier bei 1 A pro Zelle (mehr hatten die Akkus bei einfachen Ladereglern nicht nötig, da sie ja halb voll waren).

Es handelte sich hier um eine echte Betriebssituation beim praktischen Nachladen der Akkus. Die Spannung pro Solarzelle war hier also noch 44 Minuten vor dem Sonnenuntergang wirklich hervorragend.

Dieses Beispiel will nur zeigen, dass die Fotovoltaik auch im Dezember noch ausgezeichnet funktioniert. Wenn jedoch das Dezemberwetter zu trübe ist, sinkt die Spannung des Solarmoduls unter die Spannung des Akkus, und damit kann kein Ladestrom mehr fließen. Darüber konnten wir bereits im 2. Kapitel alles in Erfahrung bringen.

11

Während eines sonnigen und freundlichen Dezembers kann z. B. eine 12 V/50 Ah-Autobatterie (bzw. ein Solarakku) ziemlich kontinuierlich nachgeladen werden, wenn das Solarmodul eine Nennspannung von mindestens 17,5 V und einen Nennstrom von 5 A hat. Während etwas trüberem Dezemberwetters kann die Solarspannung um 33% bis 50 % sinken.

Angenommen, es sollte ein Akku nachgeladen werden, der momentan eine Spannung von 11,5 V hat, dann müsste das Solarmodul mindestens eine Spannung von

14 V liefern können (andernfalls wäre der Ladestrom zu niedrig, und das Aufladen könnte wochenlang dauern). Wenn wir nun auf die 14 V die erwähnte Spannungseinbuße aufrechnen, ergibt sich daraus eine Solarmodul-Nennspannung von 21 bis 28 V. Eine unsympathisch breite Spannungsgrenze. Wenn wir jetzt weitermachen, kommen wir in eine Schleife, die sich bis zum Anfang dieses Buches zieht. In der Praxis werden wir uns mit einer etwas niedrigeren Solarmodul-Nennspannung zufrieden geben und hoffen, dass alles gut geht. Wenn nicht, kann ja immer noch ein

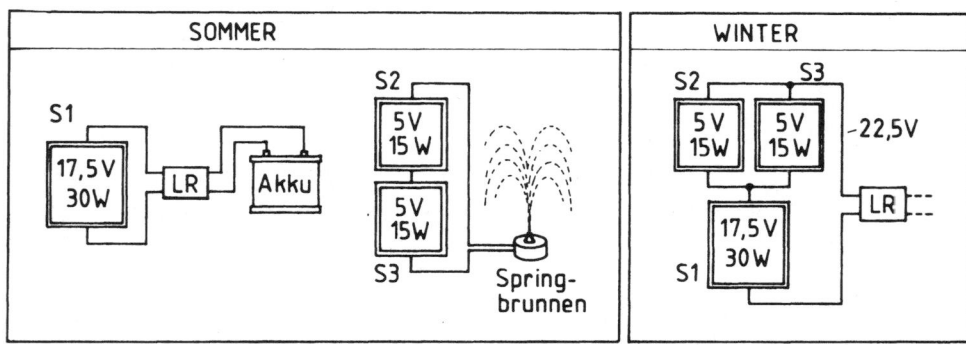

Bild: 11.8 Solarertragserhöhung während der Wintermonate mit Hilfe von zusätzlichen Solarmodulen: a) während des Sommerbetriebes werden Solarmodule S2 und S3 anderweitig genutzt; b) im Winter werden diese zwei Module noch an das Modul S1 angeschlossen, wodurch sich die theoretische Nennspannung auf 22,5 V erhöht. Damit steigt auch die Chance, dass selbst bei trüberem Winterwetter die Solarspannung hoch genug sein wird, um den Akku (über Laderegler LR) nachladen zu können. Wenn die Solarmodule keine integrierten Bypass-Dioden haben, müssen diese unbedingt zusätzlich angebracht werden (eine für das untere Modul und eine für das obere Modulen-Duo). Es ist technisch nicht unbedingt notwendig, dass die zusätzlichen Module S2 und S3 genau dieselbe Leistung aufweisen, wie das untere Modul S1. Auch hier ist jedoch die Leistung des schwächsten Kettengliedes für die Gesamtleistung (und des Stromes in A) der ganzen Kette bestimmend. Wenn beispielsweise die Module S2 und S3 jeweils eine Nennleistung von 20 W – und damit zusammen 40 W – hätten, bleibt die max. Gesamtleistung bei den 30 W des Moduls S1. Wenn dagegen die Module S2 und S3 jeweils nur eine Leistung von 12 W – und damit zusammen 24 W – hätten, würde auch die max. erreichbare Nennleistung der ganzen Kette bei 24 W liegen. Da jedoch im Winter die Frage der Spannung viel wichtiger ist als die Frage der Leistung, könnte auch dieser Nachteil in Kauf genommen werden.

zweites Solarmodul angeschlossen werden. Hierzu ein Tip: da hier Mangel an Spannung viel kritischer ist, als Mangel an Strom, kann ein kleineres Zweitmodul für die Übergangszeit (Winterperiode) in Reihe mit dem Hauptmodul angeschlossen werden (Bild 11.8).

Ein derartiger Aufwand lohnt sich nur dann, wenn es sich um ein Schrebergartenhäuschen, Ferienhaus oder eine Berghütte handelt, die auch während der Wintermonate benutzt werden, und bei denen eine gelegentliche Notlösung – wie z. B. ein zu Hause aufgeladener Akku – zu umständlich wäre. Das Zweitmodul kann dann während der Winterperiode an ganz anderer Stelle installiert werden als das Hauptmodul. In Hinsicht auf den günstigen Neigungswinkel bietet sich ein provisorisches vertikales Aufhängen an der Außenmauer oder ein Aufstellen an einem drehbaren Stativ an.

11.5 Solarbeleuchtung an der Gartentür

Es gibt nur wenige Gartentüren, an denen eine gute Beleuchtung einem willkommenen Besucher, wie auch dem Hausbewohner das Leben erleichtert. Das Anlegen von einem Wechselstrom-Netzanschluss stellt oft eine ziemlich komplizierte und teure Angelegenheit dar. Die Fotovoltaik kann hier derartige Projekte sehr vereinfachen. Wir haben bereits im 8. Kapitel ein elektrisches Solartor vorgestellt, wobei die Solarzellen direkt an den Türpfosten angebracht werden können. Das wäre ein Lösungsbeispiel der eigentlichen Energiequelle, die

natürlich gleichzeitig auch für eine drahtlose Türsprechanlage bzw. einen drahtlosen Türgong und für die Beleuchtung zur Verfügung steht.

11

Eine Gartentürbeleuchtung dürfte sich in folgende Funktionskomponente aufteilen:
- ❏ Lampe (Lampen) an der Gartentür
- ❏ Lampe (Lampen) am Weg zum Hauseingang bzw. an der Haustür
- ❏ Leuchtende Hausnummer (durchlaufend oder mit einer Unterbrechung während der Nachtruhe, aus LEDs zusammengestellt)
- ❏ Leuchtendes Namensschild (mit einem Dämmerungsschalter und infraroten Bewegungsmelder gesteuert)
- ❏ Leuchtendes Firmenschild – falls zutreffend.

Bild: 11.9 Solar-Außenlampe am Hauseingang (AEG)

11

Die Lampen an der Gartentür und die Hausnummer können besonders im Winter, z. B. bis in die späteren Abendstunden leuchten, aber der Rest der Elektronik und der Beleuchtung kann sich nur durch Betätigen der Türklingel einschalten. Das Namensschild dürfte evtl. mit einem sehr selektiven Annäherungsschalter versehen werden, um nur dann zu schalten, wenn jemand direkt vor der Tür steht. Zu diesem Zweck kann auch ein normaler IR-Bewegungsmelder benutzt werden, dessen Sensorfenster durch Überkleben derartig verkleinert wird, dass er nicht auf jeden vorbeilaufenden Hund reagiert.

11.6 Solarlicht im Garten

Licht im Garten hat verschiedene Aufgaben: eine rein funktionelle Beleuchtung von Wegen oder Flächen, eine dekorative Beleuchtung, Einbruchsschutz usw. Beim Solarlicht ist die Lichtintensität und die Leuchtdauer von größter Wichtigkeit. Am leichtesten hat man es mit Lampen, die nur einige Sekunden oder Minuten lang leuchten bzw. als Einbruchsschutz nur blitzartig aufleuchten, und somit fast keine Energie verbrauchen. Eine Garagenzufahrtsbeleuchtung oder eine Einbruchsschutzlampe in der hintersten Gartenecke dürften mit kleinen Solarzellenflächen und mit ebenfalls kleinen Akkus zurechtkommen. Eine Hauseingangsbeleuchtung, die aus ästhetischen Gründen während des ganzen Abends bzw. sogar die ganze Nacht leuchten soll, wird sich dagegen nicht so einfach mit einer kleinen Solarfläche zufrieden geben.

Aus allen bereits aufgeführten Beispielen haben wir inzwischen gelernt, wie man mit der Berechnung der Solarzellenfläche und der Akkukapazität zurecht kommt. Wir wissen auch, dass wir den Lichtbedarf nach Lumen und nicht nach Werbesprüchen beurteilen und vergleichen müssen. Manche der angebotenen Solargartenlampen bieten nur eine Lichtintensität, die bestenfalls als Grabbeleuchtung akzeptabel ist.

Soweit man mit mehreren solchen Lampen romantische Lichtinseln im Garten kreieren will, ist dagegen nichts einzuwenden, aber für eine ordentliche Beleuchtung braucht man auch ein ordentliches Licht. Dazu wird oft ein separates größeres Solarmodul notwendig bzw. auch ein größerer Akku. Die handgroßen Solarzellenflächen auf den kompakten Gartenlampen reichen für die geographische Lage unserer Länder nicht aus, wenn von der Lampe eine kontinuierliche Beleuchtung erwartet wird. Etwas anderes ist es, wenn eine solche Lampe am Gartenweg oder im Hof jeweils nur kurz eingeschaltet wird.

Im Vergleich zu einer Weiherfontäne geht es bei der Gartenbeleuchtung darum, dass sie gerade während der Wintermonate voll funktionsfähig sein muss. Bei der Planung sollte man damit rechnen, dass erstens der Akku mindestens zwei Wochen lang ohne Energienachschub durchhält, und dass zweitens das Solarmodul auch während trüber Wintertage eine genügend hohe Nennspannung und einen einigermaßen ausreichenden Ladestrom liefern kann.

Beispiel: zwei 12 V/1,1 A-Leuchtstofflampen sollen im Winter täglich max. 6 Stunden leuchten. Das setzt eine Akku-Kapazität von 13,2 Ah pro Tag voraus (1,1 A x 2 Lampen x 6 Stunden). Wenn man nun die 13,2 Ah mit 14 Tagen multipliziert, ergibt sich daraus eine Akku-Kapazität von 184,8 Ah. Eigentlich müssten wir noch etwa 15 bis 24 % auf die Lade- und Selbstentladeverluste dazurechnen, aber wir begnügen uns damit, dass wir es auf 200 Ah abrunden. Das ist eine Kapazität von zwei bis drei größeren Autobatterien.

Dabei gibt es während des ganzen Jahres schlimmstenfalls nur zwei oder drei Wochen (im Dezember und Januar), in denen es vorkommen kann, dass sich 10 bis 14 Tage nacheinander die Sonne nicht zeigt. Ansonsten würde ein Fünftel der Akku-Ka-

pazität völlig ausreichen. Wenn es nun die Möglichkeit gibt, dass der Akku notfalls problemlos vom öffentlichen elektrischen Netz nachgeladen werden kann – was ja im Garten des Wohnhauses leicht machbar ist – dürfte ein kleiner 40 Ah-Akku genügen. Bei etwas Glück wird man ihn höchstens einmal im Jahr vom Netz nachladen müssen. Ansonsten könnte er von einem 24 V/ 3 A-Solarmodul nachgeladen werden. Das ist immerhin noch ein 72 W-Modul, dessen Fläche fast 3/4 m² groß ist.

Wir haben hier mit Absicht ein etwas aufwändigeres Beispiel gewählt, um zu zeigen, wie kompliziert es wird, wenn man

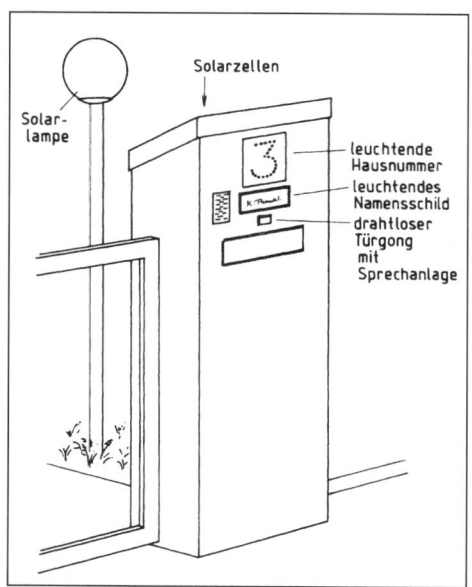

Bild: 11.10 Beispiel einer modernen Solar-Gartentür.

Hinweis

Bei vielen Solarzellenflächen der fernöstlichen Solarlampen sind für unseren Breitengrad die Leistungswerte (vor allem Spannungswerte) zu schwach dimensioniert und die Batterien werden daher von „unserer" Sonne nur sehr bescheiden nachgeladen. Bevor Sie so eine Lampe kaufen, zählen Sie spaßhalber die Einzelzellen des Moduls. Wie Sie bereits wissen, können Sie bei kristallinen Zellen mit einer Nennspannung von 0,46 V pro Zelle rechnen. Das Modul einer Lampe, die auch im Winter leuchten sollte, müsste mindestens das 1,8-fache der eigentlichen Batterie-Nennspannung betragen. Eine 6-Volt-Lampe sollte demnach mindestens 24 Zellen (24 x 0,46 V = 11 V) haben.

11

von der Solarbeleuchtung eine kontinuierlichere Leistung verlangt. Viel einfacher ist es dagegen, wenn es sich nur um eine gelegentliche Weiher- oder Gartenbankbeleuchtung handelt, die erstens kaum im Winter gebraucht wird, und zweitens nur eine kürzere Zeit im Einsatz ist.

Beispiel: dieselben zwei 12V/1,1 A-Leuchtstofflampen sollen als Beleuchtung einer Gartenlaube eingeplant werden. Es wird vorausgesetzt, dass höchstens drei Stunden Licht pro Tag benötigt wird. Das wäre eine Akkukapazität von 6,6 Ah (1,1 A x 2 Lampen x 3 Stunden). Ein 8 Ah-Akku dürfte hier völlig ausreichen, denn während der warmen Sommermonate ist ein tägliches Nachladen unproblematisch. Ein 18,5 V/0,8 A Solarmodul wäre hier optimal. Das ist dann ein 15 W-Modul mit einer Fläche von ca. 15 dm2. Das sieht schon viel besser aus, als im vorhergehenden Beispiel. Zudem werden normalerweise die meisten Gartenlampen, von der Leistung oder von der Leuchtdauer her, viel bescheidenere Ansprüche an die Akku-Kapazität stellen. Wo es sich nur um eine dekorative Beleuchtung handelt – wie z. B. bei einem beleuchteten Rosenbogen oder Christbaum – können auch farbige superhelle LEDs sehr energiesparend eingesetzt werden.

Solaranlagen für Garagen und Garagenzufahrten

Bild: 12.1 Vor allem bei abgelegenen Garagen, die über keinen Netzanschluss verfügen, kann die Stromversorgung (u.a. für den elektrischen Garagentor-Antrieb) ein kleines Solarmodul übernehmen, das z.B. am Garagendach angebracht wird.

12

Viele Garagen stehen abseits des Hauses und verfügen über keinen Stromanschluss. Hier bietet Solarstrom eine direkt ideale Lösung, um den Elektroantrieb, die Beleuchtung bzw. eine Alarmanlage zu versorgen. Da alle diese Verbraucher nur sehr kurzfristig eingeschaltet werden, bleibt unter Umständen noch genügend Solarenergie übrig, um im Winter einen oder zwei Autositze solar aufzuheizen (wofür es genügend 12 V-Heizbezüge oder Heizkissen gibt).

Die ganze Anlage besteht aus den bekannten Bausteinen: Solarzellenmodul, Laderegler, Akku und die Verbraucher. Das Modul wird bevorzugt nach Bild 12.1 auf das Garagendach unter einem Neigungswinkel von ca. 70 bis 75° aufgestellt oder nach Bild 12.2 an die GaragenSüdwand montiert.

12.1 Fernbedienbare Solar- Garagentore

Es gibt inzwischen standardmäßig auch 12 V-Garagentorantriebe, die sich mit Solarstrom versorgen lassen. Soweit kein zu hoher Bedarf an Licht oder Zusatzwärme (solarbeheizte Sitzbezüge) besteht, kann man das Solarmodul, wie auch den Akku sehr klein halten. Ein Niedervolt-Elektroantrieb des Garagentors benötigt etwa 0,2 Ah pro Tag, eine Garagenlampe kaum mehr, als 0,1 Ah, wenn das Licht täglich nur ca. 5 bis 7 Minuten eingeschaltet wird. Das sind 0,3 Ah pro Tag. Im einfachsten Fall dürften ein 12 V/4 Ah-Akku und ein 22 bis 24V/ 0,4 A Solarmodul ausreichen.

Praktischer wäre hier eine kleine 36 Ah-Autobatterie, die im Winter auch den Autositz etwas aufzuwärmen hilft. In dem Fall dürfte das Solarmodul einen Nennstrom von bis zu 3 A haben (bei derselben Nennspannung von 22 bis 24 V). Dies wäre jedoch nur dann angebracht, wenn täglich zwei – über eine Schaltuhr gesteuerte – Heizkissen von je 30 W die Autositze ca. 25 Minuten lang vorwärmen würden. Abgesehen davon, dass sich diese Vorwärmzeit etwas kürzen lässt, schrumpft der Energiebedarf, wenn nur ein Autositz vorgewärmt wird. Es bleibt dann eine reine Ermessensfrage, wie klein das Solarmodul bzw. auch der Akku als Zwischenspeicher sein dürften.

Vor der Anschaffung des Torantriebs-Systems sollten Sie bei den Angeboten nicht nur den Stromverbrauch der eigentlichen Elektromotoren, sondern (hauptsächlich) den „Stand-by-Stromverbrauch" der zusätzlichen Elektronik vergleichen. Die zusätzliche Elektronik bleibt ja meistens durchlaufend eingeschaltet, und kann pro Woche mehr Strom verbrauchen, als der Motor selbst.

Hier wäre auch ein zusätzlicher Umschalter denkbar, mit dem man die Elektronik der Fernbedienung abschaltet, und gleichzeitig die Alarmanlage einschaltet, wenn das Auto in der Garage abgestellt wird. Einem Elektroniker dürfte es dabei nicht schwerfallen, das Ganze vollautomatisch zu machen.

Solarzellen

Bild: 12.2 Wenn die Garageneinfahrt zum Süden gerichtet ist, kann das Solarzellen-modul direkt auf die Mauer oberhalb des Tores montiert werden.

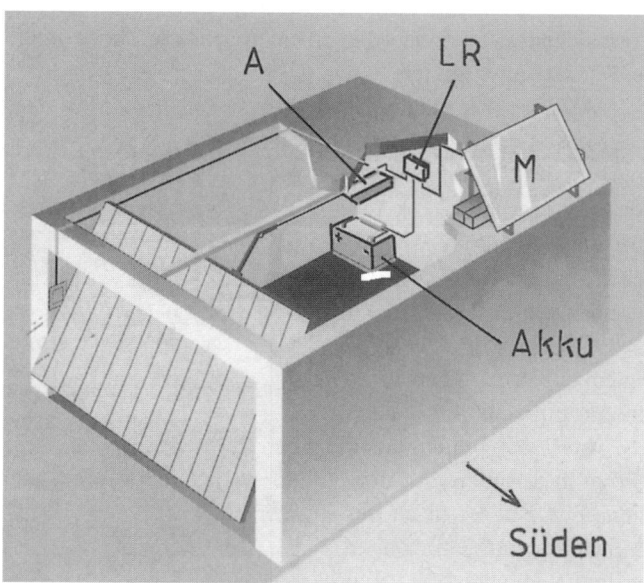

Bild: 12.3 Anlagenbeispiel einer Garagen-Fotovoltaik-Anlage: vom Solarmodul M wird über den üblichen Laderegler LR ein Solar-Akku (bzw. eine normale 36 Ah-Autobatte-rie) geladen, die den elektrischen Torantrieb A mit Solarstrom versorgt

12

12.2 Solarlampen an der Garagenzufahrt

Soweit die Solarlampen eine Garagenzufahrt nur für das Auto beleuchten sollen, geht es um die Frage mit welchem „Befehl" sie eingeschaltet, und auf welche Art sie wieder ausgeschaltet werden können. Situationsbezogen können dabei sehr viele zusätzliche Bedingungen eine Rolle spielen. Wird die Garage durch das Einfahrtstor verlassen? Hat die Garage eine Hinter- oder Seitentür, die ebenfalls beleuchtet werden sollte usw.?

Wie es auch mit der Wunschliste aussieht, irgendein Hauptimpuls muss die Beleuchtung einschalten, wenn sie benötigt wird. Soweit an beiden Enden der Zufahrt elektrische Toren vorhanden sind, können die Befehle für die Lichtschalter gleich von hier aus abgeleitet werden (über einen Mikroschalter mit Stromstoßrelais oder auch nur rein elektronisch). Ein Dämmerungsschalter ist dabei unentbehrlich. Wer Lampen ohne Dämmerungsschalter verwendet, sollte einen solchen zusätzlich irgendwo an die Stromzufuhr anbringen.

Manche Solaraußenlampen verfügen – neben einem Dämmerungsschalter – auch noch über eine einstellbare Leuchtdauer. Diese Lösung dürfte in den meisten Situationen ausreichen. Zur Not ist ja an der Lampe noch ein Schalter, mit dem man sie nochmals einschaltet. Wer sich diesen Teil der Elektronik selbst macht, dem wird es auch nicht schwerfallen, einige weitere Taster an der Garage oder am Zufahrtsweg

anzubringen, wodurch sich die Leuchtdauer dieser Lampen durch Neueinschalten verlängern lässt. Es kann vorkommen, dass es gelegentlich Schnee gibt, den man von der Garagenzufahrt früh am Morgen oder spät am Abend räumen muss, um hinein- oder herauszukommen.

Wer sich die Sache mit derartiger Beleuchtung einfach gestalten möchte, der sollte sich gute Solarlampen mit integrierten Solarzellen, Akku, Dämmerungsschalter und Bewegungsmelder zulegen, bei denen sich die Leuchtdauer gleitend einstellen lässt. Der normale infrarote Bewegungsmelder ist für unseren Zweck meistens zu empfindlich. Wenn wir verhindern möchten, dass er auf jede vorbeistreunende Katze oder auf jede vorbeifliegende Fledermaus reagiert, müssen wir sein Sensorfenster durch Abkleben etwas verkleinern, und nur einen schmalen horizontalen Schlitz offen

Hinweis

Achten Sie beim Kauf eines Garagen-Solarbausatzes darauf, dass es sich bei dem Solarmodul nicht um ein amorphes „Dünnschicht-Modul" handelt. Manche dieser Module (auch namhafte „Markenprodukte" an Hausfassaden) weisen bereits nach 3 bis 6 Monaten einen Leistungsrückgang bis zu 30% auf. Das hat zur Folge, dass so ein Dünnschicht-Modul während der kälteren Jahreshälfte den Akku gar nicht mehr lädt. Ein kristallines Solarzellenmodul erspart Ihnen viel Ärger und unnötige Enttäuschung, denn hier bleibt die Leistung über Jahrzehnte hinweg konstant.

lassen, der auf die Wärme des Automotors reagiert. Anstatt eines Abklebens ist eine zusätzliche Blende als aufsetzbare Kappe aus dünnem Konservenblech, Kupferblech oder dunklem Kunststoff günstiger. So kann eine Blende mit kleinerer Öffnung für den Sommer- und eine mit größerer Öffnung für den Winterbetrieb auf den Lampensensor aufgesetzt werden. Wenn nämlich im Winter der Automotor am Morgen eiskalt ist, wird er sich nur geringfügig aufwärmen, und der infrarote Sensor der Lampe hat es dann mit der Wahrnehmung schwerer, als während der warmen Jahreszeit. In vielen Fällen ist es praktischer, wenn die Solarbeleuchtung der Garagenzufahrt per Funk geschaltet wird. Die dafür geeigneten batteriebetriebenen Funkschal-

ter sind jedoch als Fertigprodukte ziemlich teuer. Wesentlich kostengünstiger kann mit einem der preiswerten Gong-Funkschalter ferngeschaltet werden, dessen Empfänger nach *Bild 12.4/12.5* „angezapft" wird: parallel zu seinem Lautsprecher werden zwei Litzen angelötet, von denen die eine den digitalisierten Gong-Ton über **C1** mit Pin 2 eines Timer-ICs *NE 555*, und die andere mit der „gemeinsamen" Masse verbindet.

Wir haben zu diesem Zweck in unseren Laboratorien diverse handelsübliche Gong-Funkschalter ausgetestet und das „Anzapfen" funktionierte jeweils problemlos auf Anhieb. Der Gong-Lautsprecher darf bei Signalempfang (zur Kontrolle) läuten.

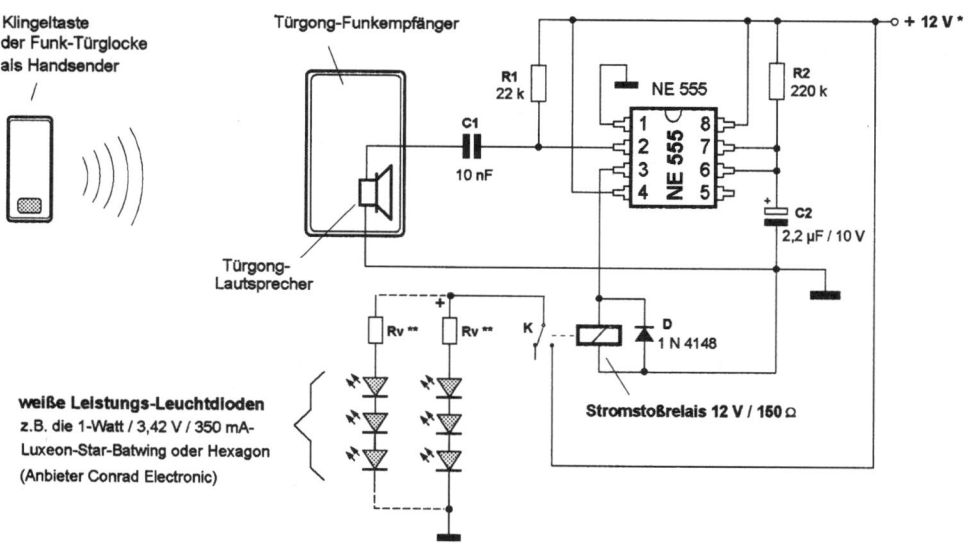

Klingeltaste der Funk-Türglocke als Handsender

Türgong-Funkempfänger

Türgong-Lautsprecher

weiße Leistungs-Leuchtdioden z.B. die 1-Watt / 3,42 V / 350 mA-Luxeon-Star-Batwing oder Hexagon (Anbieter Conrad Electronic)

R1 22 k

C1 10 nF

NE 555

R2 220 k

C2 2,2 µF / 10 V

Rv ** Rv **

K

D 1 N 4148

Stromstoßrelais 12 V / 150 Ω

+ 12 V *

* Batterie des Solar-Torantriebes oder eine kleine Autobatterie (solar geladen)
** Leuchtdioden-Vorwiderstände: für die als Beispiel aufgeführten Leuchtdioden sind 5 Ohm/1 Watt Vorwiderstände erforderlich
(hier können z.B. jeweils zwei 10 Ohm/0,5 Watt-Widerstände parallel verbunden werden)

Bild: 12.4 Auf diese Weise kann ein preiswerter Funk-Türgong „zweckentfremdet" für das Fernschalten von u.a. einer Solarbeleuchtung modifiziert werden.

Bei der Schaltung in *Bild 12.4* fungiert das Timer-IC *NE 555* nur als ein Impulsgeber für das Stromstoßrelais. Ein Stromstoßrelais arbeitet mit dem „Kugelschreiberprinzip" und ändert bei jedem Impuls die Schaltposition. Anstelle der eingezeichneten Leuchtdioden kann der Relais-Schaltkontakt **K** selbstverständlich auch beliebige andere Verbraucher schalten.

Die Schaltung nach *Bild 12.5* funktioniert im Prinzip ähnlich wie die vorhergehende Schaltung, aber das Timer-IC *NE 555* wird hier als ein echter Timer (Zeitschalter) angewendet. Seine Funktion ist mit der eines

Treppenautomaten vergleichbar: nach dem Einschaltimpuls – der in diesem Beispiel wahlweise fernbedient (über den Gong-Funkempfänger) oder manuell erfolgen kann – schaltet der Timer über den Relais-Schaltkontakt **K** die angeschlossenen Lampen für die eingestellte Einschaltdauer ein. Diese kann durch Erhöhen der Kapazität des **C2** beliebig verlängert werden.

Der hier eingezeichnete Taster „manuell EIN" ermöglicht ein manuelles Einschalten und erleichtert das Austesten der Schaltung (er kann auch bei der vorhergehenden Schaltung angewendet werden).

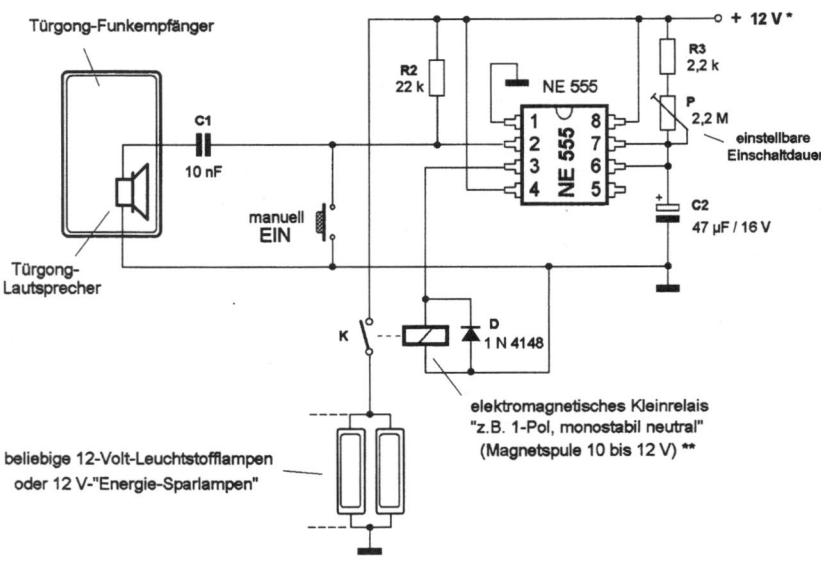

* Batterie des Solar-Torantriebes oder eine separate kleine Autobatterie (solar geladen)
** Anbieter Conrad Electronic (Bestell-Nr.: 50 51 96 oder 50 42 38, 50 42 89 u.ä.)

Bild: 12.5 Anstelle eines „bistabilen" Stromstoßrelais kann zum Fernschalten auch nur ein „normales" monostabiles Kleinrelais verwendet werden, wenn das IC NE 555 als ein einstellbarer Timer ausgelegt wird.

Was uns noch am Herzen liegt:

Wenn Sie bereits beim ersten Durchlesen dieses Büchleins wenigstens die Hälfte von dem, was hier beschrieben wurde, begreifen konnten, sind Sie reif dafür, um mit der Solartechnik praktisch etwas anfangen zu können. Dabei wird Ihnen ein zweiter Blick in die entsprechenden Kapitel immer schnell weiterhelfen.

Sollten Sie sich mit der gesamten Problematik etwas detaillierter befassen wollen, empfehlen wir Ihnen außerdem unsere folgenden Werke:
- Solarstromnutzung beim Campen, im Caravan, Wohnmobil und Boot (97 S.)
- Spaß und Spiel mit der Solartechnik (112 S.)
- Spaß und Spiel mit der Elektronik (120 S.)
- Elektroinstallationen echt einfach (97 S.)
- Wie nutze ich Windenergie in Haus und Garten? (97 S.)

Alle diese Bücher sind ebenfalls in einem leicht verständlichen Stil geschrieben, und beinhalten vieles, was sich in einem kleinen Buch, wie diesem nicht unterbringen lässt.

Sie geben ausführliche Antworten auf viele Fragen, über die Sie sich möglicherweise noch den Kopf zerbrechen.

Zudem beinhalten sie viele Hinweise zu den Installationsmaterialien (Berechnung der Leitungsdurchmesser, Funktionsweise und Anwendung der solartauglichen Relais, Schaltungen und Steuerungen, Blitzschutz-Zubehör als Fertigbausteine) und erleichtern Ihnen die praktische Ausführung Ihres Vorhabens ohne fremde Hilfe.

Weitere empfehlenswerte Literatur zum Auffrischen oder Anfüllen Ihrer Fachkenntnisse (ebenfalls von Bo Hanus / Franzis Verlag):
- Der leichte Einstieg in die Elektronik (2. Auflage, 363 S.)
- So steigen Sie erfolgreich in die Elektronik ein (2. Auflage, 97 S.)
- Das große Anwenderbuch der modernen Elektronik (2. Auflage, 334 S.)
- Drahtlos schalten, steuern und übertragen in Haus und Garten (234 S.)
- Drahtlos überwachen mit Mini-Videokameras (205 S.)
- Schalten, Steuern und Überwachen mit dem Handy (97 S.)
- Selbstbau-Roboter für Alarm- und Sicherheitsaufgaben (176 S.)
- Robot Wars / Kampfspiel-Roboter erfolgreich selbst bauen (97 S.)

Ihr Autorenteam

Conrad Electronic
Klaus-Conrad-Straße, 92240 Hirschau
Tel.: 01 80 / 5 31 21 11, Fax: 01 80 / 5 31 21 10
http://www.conrad.de

ELV 26789 Leer
Tel.: 04 91/60 08 88, Fax: 04 91/70 16

sowie Fachhandel, Baumärkte, Hobby-
märkte, Gartenzentren

Stichwortverzeichnis

Teil 2

Bo Hanus

Wie Sie
Solarstrom
für Camping, Caravan und Boot nutzen

FRANZIS

Vorwort zu Teil 2

Die Nutzung des Solarstroms ist auf dem privaten Bereich fast nirgendwo so vorteilhaft wie beim Campen in der Natur oder bei diversen anderen Freizeitaktivitäten in Gegenden, in denen es keinen Netzanschluss gibt.

Auch ein verbissener Romantiker kann sich ja heutzutage in den meisten europäischen Ländern fast nirgendwo ein kleines „Feuerchen" machen, um seinen Kaffee zu kochen oder seine Bohnen zu wärmen, wie es so mancher Trapper in den Filmen macht. Hier kommt gleich die Feuerwehr oder die Polizei und vorbei ist es mit der Wildwestromantik.

Wer mit seinem Caravan oder Reisemobil unterwegs ist, dem kann Solarstrom ebenfalls sehr kostbare Dienste leisten. Dasselbe gilt für ein Boot oder für eine Yacht.

Wann, weshalb und in welchem Umfang der Solarstrom genutzt wird, hängt sowohl vom individuellen Ermessen als auch von dem jeweiligen Bankkontoguthaben ab. Man kann jedoch klein anfangen, um etwas Erfahrung zu sammeln und danach so eine Minianlage ausbauen.

Wir wünschen Ihnen, dass Sie in diesem Teil des Buches alles finden, was Sie sich zu Nutzen machen können und dass Sie mit viel Spaß an die geplanten Vorhaben herangehen.

Ihr Autor Bo Hanus
und seine Mitarbeiterin
Hannelore H. A. Hanus-Walther

Inhalt

Inhalt

1

Strom aus den Solarzellen

1

Elektrischer Strom gehört leider zu den „flüchtigen" Gütern, die sich nur schwer einfangen, einpacken und in den Urlaub oder auf einen Ausflug in die Natur mitnehmen lassen. Genau genommen fangen die Probleme so richtig erst dann an, wenn eine größere Menge elektrischer Energie benötigt wird, als die gängigen kleinen Batterien oder wiederaufladbaren Akkus „zweckorientiert" aufbringen können: in der Taschenlampe, im tragbaren Radio oder Fernseher, im Handy, im Elektrorasierer – oder im Caravan, Reisemobil, Boot, auf der Yacht oder am Campingplatz.

Überall dort, wo es keinen Netzanschluss gibt, bieten Solarzellen eine einfache und günstige Möglichkeit eigener Stromversorgung. Beim Campen, Wandern, Bergsteigen und bei vielen anderen Freizeitaktivitäten kann so ein eigener „Solarstrom-Generator" nützliche Dienste leisten, die auf andere Weise entweder gar nicht oder nur schwierig zu bekommen sind.

Die konkreten Anwendungen werden anschließend in den einzelnen Kapiteln beschrieben. Allgemein dürften die Nutzungsmöglichkeiten des Solarstroms in folgende Aufgabenbereiche eingeteilt werden:

- Solarlicht (Innen-/Außenbeleuchtung, Alarmbeleuchtung oder Alarmblitzlichter als Einbruchsschutz)
- Solarversorgte akustische Geräte (Radio, Alarm-/Einbruchsschutz-Sirene, Baby-Alarm, klangauslösender Annäherungsschalter)
- Solarbetriebene Heiz- und Kochgeräte (Kaffeekocher, Wasserkocher, Heizkissen, Mikrowelle)
- Solarbetriebene Kühlgeräte (Kühlbox, Kühlgerät im Caravan, Kühlschrank)
- Solarbetriebene Belüftungsgeräte (Gartenhaus, Gartenlaube, Gartenpavillon, Wochenendhäuschen, Schrebergartenhaus, Caravan)
- Solarbetriebene Pumpen und Elektromotoren (Springbrunnen, Mini-Wasserfall, Brunnenpumpe, Staubsauger)
- Solarbetriebene Gebrauchsgüter (Notebook, Schreibmaschine, Rasierapparat, Waschmaschine)
- Solarfahrzeuge (Kinderfahrzeuge, solarbetriebene Boote)
- Mit Solarstrom unterstützte Bildübertragung (Fernseher, Baby-Überwachung, Beobachtungen der Natur mit Funk-Kamera)
- Solargenerator für das Nachladen der „Bordbatterien" im Auto, Caravan, Reisemobil oder auf dem Boot

Die hier aufgeführten Beispiele dienen nur einer schnellen Vorstellung der konkreten Anwendungsmöglichkeiten, schöpfen jedoch bei weitem nicht die tatsächlichen Möglichkeiten der „außerhäuslichen" Solarstrom-Nutzung aus.

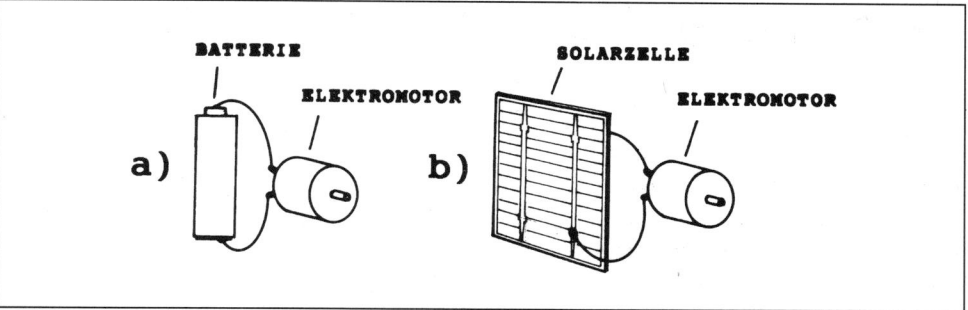

Abb. 1.1: Eine belichtete Solarzelle funktioniert ähnlich wie eine Batterie: a) Batterie-Motorantrieb b) Solarzellen-Motorantrieb

In den Kapiteln 6 und 7 werden die Eigenheiten der Solarzellen und Solarmodule noch näher erklärt. Vorerst genügt es, wenn wir uns eine Solarzelle – bzw. ein Solarzellenmodul (das aus mehreren Solarzellen besteht) – als eine Batterie *nach Abb. 1.1* vorstellen, deren Spannung und Leistung sowohl von der jeweiligen Beleuchtung als auch von der Größe der Zellenfläche abhängt.

Die Spannung einer *einzigen* Solarzelle beträgt bei optimaler Belichtung maximal nur ca. 0,46 bis 0,48 Volt (was im Vergleich zu der kleinsten Batterie als „ungewöhnlich" niedrig erscheinen dürfte). Dafür kann eine

solche „spielkartengroße" und „spielkartendicke" Solarzelle (mit Abmessungen von 100 x 100 x **0,4** mm) einen Strom von bis zu 3 Ampere (oder sogar etwas mehr) liefern – was eine Batterie der gleichen „Körpermasse" bzw. des gleichen Gewichtes nicht im Entferntesten aufbringt.

Wie aus *Abb. 1.2* hervorgeht, können Solarzellen – ähnlich wie Batterien – in Reihe (in Serie) geschaltet werden, um eine höhere Ausgangsspannung zu bekommen. Im Gegensatz zu Batterien werden die Solarzellen üblicherweise bereits herstellerseits in der Form von Solarzellenmodulen (*Solarmodu-*

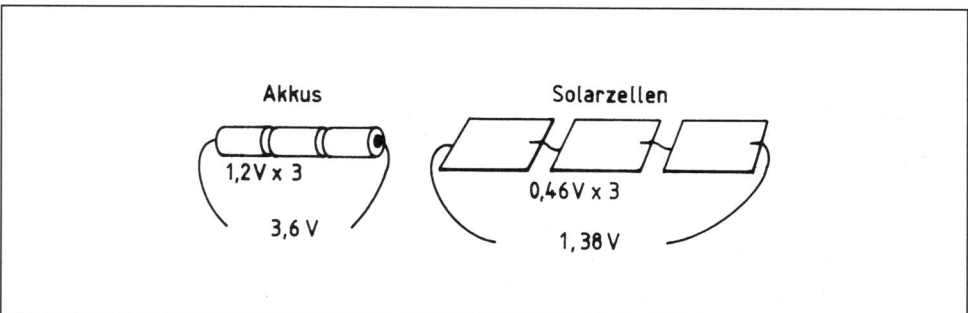

Abb. 1.2: Ähnlich wie Batterien werden auch Solarzellen in Reihe geschaltet, um eine erwünschte (höhere) Ausgangsspannung zu erhalten

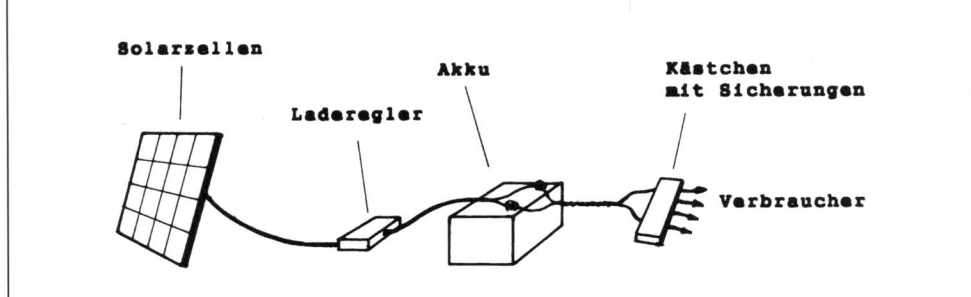

Abb. 1.3:   Prinzipschaltung einer fotovoltaischen (solarelektrischen) Stromversorgung: Der Solarstrom wird als Ladestrom für einen Akku verwendet, der als Energiespeicher für die Solarverbraucher fungiert

len) angeboten, die bereits über eine „brauchbare" *Nennspannung* und *Nennleistung* (z.B. als „**18 Volt / 30 Watt**") verfügen. Gute *(kristalline)* Solarzellenmodule liefern dann diese *Solarspannung* und *Solarleistung* ca. 20 Jahre lang – was im Vergleich zu einer Batterie eine ganz „stolze" Lebensdauer darstellt.

Für eine bescheidene Stromversorgung – mit der sich auch die gängigen Solar-Taschenrechner zufrieden geben – genügt es, wenn die Solarzellen nur relativ wenig Licht (worunter auch Kunstlicht) erhalten, um sozusagen auf Sparflamme arbeiten zu können. Ansonsten ist für die meisten Anwendungen eine ausreichende „Dosierung" an Sonnenlicht notwendig. Mit Kunstlicht ginge es zwar auch, aber ein derartiger „Umweg" eignet sich nur für Testzwecke, denn normalerweise würde dies keinen Sinn ergeben.

Die übliche Anwendungsart der solarelektrischen Stromerzeugung als sogenannte *„netzunabhängige Inselanlage"* zeigt *Abb. 1.3.* Es handelt sich im Prinzip um dieselbe Art der Stromversorgung, wie bei einem jeden Auto – in dem allerdings (anstelle der Solarzellen) eine vom Automotor angetriebene *„Lichtmaschine"* den Ladestrom erzeugt.

Manche Verbraucher (z.B. Pumpen, Ventilatoren oder kleinere Wärmegeräte) können unter Umständen direkt vom Solarzellenmodul (Solarmodul) betrieben werden. Wenn beispielsweise eine Springbrunnenpumpe nach *Abb. 1.4* direkt vom Solarzellenmodul betrieben wird, hängt natürlich ihre Leistung von der jeweiligen Spannung und Leistung des Solarzellenmoduls ab. Eine solche Betriebsart eignet sich unter Umständen auch für sonnenscheinabhängiges Kühlen oder Lüften (Caravan-Belüftungsventilatoren), denn hier darf die Leistung mit der Sonnenschein-Intensität variieren.

Wesentlich besser ist jedoch in den meisten Fällen eine Solaranlage nach *Abb. 1.3.* Auf den ersten Blick scheint diese Lösung durch den zusätzlichen Laderegler und Akku aufwendiger bzw. kostspieliger zu sein, als eine direkte Stromversorgung. In Wirklichkeit ist

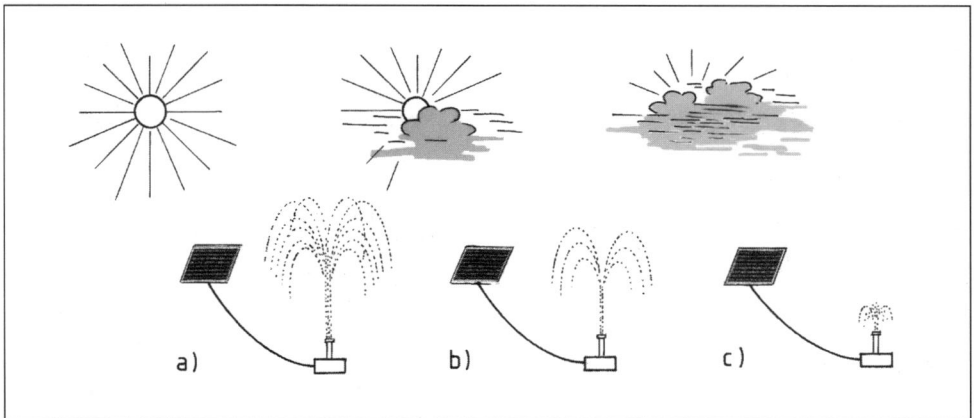

Abb. 1.4: Eine Springbrunnenpumpe kann ohne einen Energie-Zwischenspeicher direkt vom Solarzellenmodul betrieben werden, wenn man sich damit zufrieden gibt, dass ihre Leistung von der jeweiligen Intensität der Sonnenstrahlen abhängt: a) Bei strahlendem Sonnenschein ist die Pumpenleistung optimal. b) Bei leicht bewölktem Himmel nimmt die Pumpenleistung ab. c) Bei stärker bewölktem Himmel arbeitet die Pumpe entweder nur sehr dürftig oder gar nicht.

es jedoch in den meisten Fällen genau umgekehrt: Bei einer direkten Stromversorgung muss die Leistung des Solarmoduls auf den vollen Leistungsbedarf des angeschlossenen Verbrauchers abgestimmt sein. Bei einer Stromversorgung über einen Akku kann in den meisten Fällen die Leistung des Solarmoduls wesentlich niedriger sein, als der eigentliche Leistungsbedarf des Verbrauchers (bzw. der Verbraucher). Die meisten solarbetriebenen Verbraucher werden ja oft nur für eine kurze Zeit an den Akku angeschlossen.

Als Beispiel kann ein elektrischer Wasserkocher dienen: Der Akku (als Solarenergie-Speicher) muss hier groß genug sein, um den Kocher-Stromverbrauch für die vorgesehene Betriebszeit decken zu können. Da es sich hier jedoch jeweils nur um einige Betriebsminuten pro Tag handelt, kann die Leistung des

Solarmoduls beispielsweise nur bei etwa 5% der Nennleistung des Wasserkochers liegen (vorausgesetzt, die solarelektrische Stromversorgung wird nicht auch noch anderweitig genutzt).

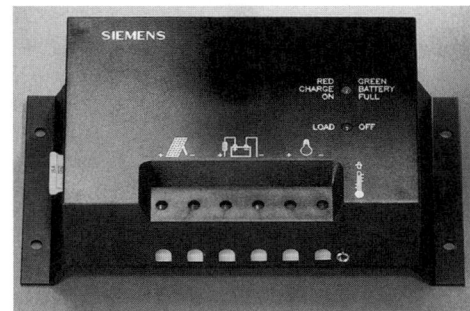

Abb. 1.5: Ausführungsbeispiel eines kleinen handelsüblichen Ladereglers

Wie annähernd jedem Autofahrer bekannt ist, reagiert eine Autobatterie „überempfindlich" auf zu tiefes Entladen. Ein einziges „zu tiefes" Entladen einer Autobatterie genügt, um sie zu vernichten. Sie hält danach nicht mehr „die Spannung" bzw. kann nicht mehr die elektrische Energie akkumulieren.

Dies gilt allerdings nicht nur für die Autobatterie, sondern für alle Blei-Akkus. Um dies zu verhindern, wird bei Solaranlagen der Anlagen-Akku (der bis auf Ausnahmen als Blei-Akku ausgelegt ist) mit einem zusätzlichen **Tiefentladeschutz** nach *Abb. 1.6 / 1.7* versehen. Seine Aufgabe ist einfach: Er schaltet alle angeschlossenen Verbraucher ab, wenn die Akkuspannung auf ein gefährliches Minimum gesunken ist und schaltet sie (ebenfalls automatisch) erst dann wieder zu, wenn der Akku vom Solarmodul etwas nachgeladen wurde.

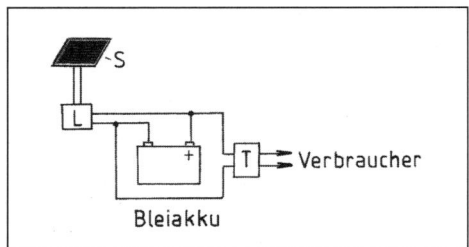

Abb. 1.6: Ein Bleiakku sollte grundsätzlich mit einem Tiefentladeschutz gegen zu tiefe Entladung geschützt werden; der Tiefentladeschutz **T** wird zwischen den Akku und die Verbraucher angeschlossen (**S** = Solarmodul, **L** = Laderegler)

Tiefentladeschutz-Geräte gibt es als selbstständige Bausteine, als Bausätze oder sie befinden sich – quasi als „Untermieter" – direkt im Gehäuse des Ladereglers (darauf ist beim Kauf eines Ladereglers zu achten). Sie sind vom Hersteller so ausgelegt, daß sie bei vorgegebenen Spannungsschwellen, die an sie angeschlossenen Verbraucher ab- und einschalten.

Abb. 1.7: Ausführungsbeispiel eines Tiefentladeschutz-Gerätes (Foto Conrad Electronic)

So geht z.B. aus den technischen Daten eines Tiefentladeschutzes hervor, dass die Verbraucher abgeschaltet werden, wenn die Batteriespannung (einer 12 V-Batterie) auf 11,1 V sinkt. Das ist die sogenannte „*Entlade-Schlussspannung*" (auch Entlade-Endspannung genannt). Der Tiefentladeschutz schließt hier die Verbraucher erst dann wieder an, wenn die Batteriespannung auf eine *Wiedereinschalt-Spannungsschwelle* von ca. 12,4 V nachgeladen wurde.

Zwischen der Spannungsschwelle, bei der es zum Abschalten kommt und der Spannungsschwelle, bei der die Verbraucher wieder zugeschaltet werden, liegt immer ein gewisser Spannungsunterschied. Dies ist dadurch bedingt, dass sich die Spannung eines Akkus nach Abschalten der Belastung immer automatisch etwas erholt, auch wenn kein Nachladen folgt.

Wenn der Tiefentladeschutz bereits direkt im Laderegler integriert ist, dann werden die Verbraucher nicht an den Akku, sondern an Klemmen am Laderegler angeschlossen. Den Anwender braucht dabei nicht zu interessieren, auf welche Weise hier die Schaltungen innen ausgeführt wurden.

Manche Solarverbraucher sind mit einem eigenen Tiefentladeschutz bereits vom Hersteller ausgestattet. Wenn an den Anlagen-Akku *nur* derartig geschützte Verbraucher angeschlossen werden, braucht dieser verständlicherweise keinen zusätzlichen Tiefentladeschutz.

Dass eine Autobatterie im Fahrzeug nur dann nachgeladen wird, wenn der Motor läuft, dürfte sich wohl herumgesprochen haben. Bei einer Solarstrom-Versorgung übernimmt das Solarzellenmodul die Aufgabe der „Lichtmaschine" (die als elektrischer Stromgenerator fungiert). Den Motor ersetzt hier die Sonne und der Solargenerator arbeitet somit kostenlos und verdient einen Teil der Investition zurück.

Einige Leser werden sich wohl die Frage nach der Zuverlässigkeit von so einer „Solarstrom-Versorgung" stellen. Gewissermaßen berechtigt, denn nicht alle Solar-Produkte funktionieren so zuverlässig, wie die bereits etablierten Solar-Taschenrechner. Theoretisch dürfte hier gelten, dass es nur von der optimalen Dimensionierung so einer „Anlage" abhängt, wie zuverlässig sie immer den benötigten Strombedarf decken kann. Praktisch wird es im individuellen Ermessen liegen, ob es sich bei dem einen oder anderen Vorhaben lohnt,

so eine „mobile" Stromversorgung ausreichend bis großzügig zu dimensionieren oder ob Kompromisse in Kauf genommen werden.

Wer „motorisiert" unterwegs ist, der wird zum Teil auch den Akku des Fahrzeuges für diverse Stromversorgung mitbenutzen oder einen Zweitakku auch von dessen Lichtmaschine aus direkt laden können.

1.1 Wie groß muss ein Solarmodul sein?

Schon für die Planungsüberlegungen ist es wichtig zu wissen, worauf man sich bei so einer mysteriösen Energiequelle „einläßt". Am interessantesten dürfte im Allgemeinen die Antwort auf die Frage sein, welche Leistung ein modernes Solarmodul pro Quadratmeter Modulen-Fläche aufbringen kann.

Gute moderne Solarmodule, die mit kristallinen Solarzellen bestückt sind, erbringen an einem sonnigen Tag eine Leistung von etwa 120 Watt pro Quadratmeter Modulen-Fläche. Auf nähere technische Details kommen wir noch in Kap. 7 zurück, aber vorerst hilft uns diese Auskunft weiter.

Es wurde bereits vorher erklärt, daß die benötigte Solarleistung auch davon abhängt, ob ein Direktbetrieb (vom Solarmodul zum Verbraucher) oder ein Betrieb über einen Zwischenspeicher (Akku) vorgesehen ist.

Wenn beispielsweise *nach Abb. 1.9 a* ein 12 V/3 A-Gleichstrom-Motor direkt vom Solarzellenmodul aus betrieben werden soll,

1

1

Abb. 1.8: Solarzellenmodule sind in verschiedenen Größen und mit verschiedenen elektrischen Kenndaten erhältlich (Foto Conrad Electronic)

müßte das angewendete Solarmodul eine **Nennspannung** von **12 V** und einen **Nennstrom** von **3 A** liefern können (die benötigte Modulenfläche würde ca. 0,33 m², die Modulen-**Nennleistung** ca. **36 W** betragen).

Wird derselbe Motor von einem Akku *nach Abb. 1.9 b* betrieben, kann das Solarzellenmodul üblicherweise wesentlich kleiner sein – vorausgesetzt, es handelt sich um einen Motor, der nur sporadisch benötigt wird. In unserem Fall müsste das angewendete Solarzellenmodul aber eine „angemessen" höhere Ladespannung liefern können (anders könnte der Akku nicht geladen werden), aber der Modulen-**Nennstrom** dürfte wesentlich niedriger dimensioniert werden (wie niedrig, das hängt nur von der täglichen Betriebs-Zeitspanne des

Motors ab). Die Modulenfläche des in *Abb. 1.9 b* eingezeichneten 16,5 V/0,4 A-Moduls würde nur ca. 0,055 m² und die Modulen-**Nennleistung** nur ca. **6,6 W** betragen.

Der Hinweis auf die Flächengröße dient hier nur der Vorstellung in Bezug auf das Unterbringen des Moduls (am Fahrzeugdach, im Kofferraum des Autos u.ä.). Die Modulen-**Nennleistung** ist nur eines der drei wichtigsten, elektrischen Modulen-Parameter, die folgendermaßen zusammenhängen:

Spannung [in Volt] x Strom [in Ampere] = Leistung [in Watt]

Wenn einer von diesen drei Parametern von einem Hersteller (bei den technischen Daten

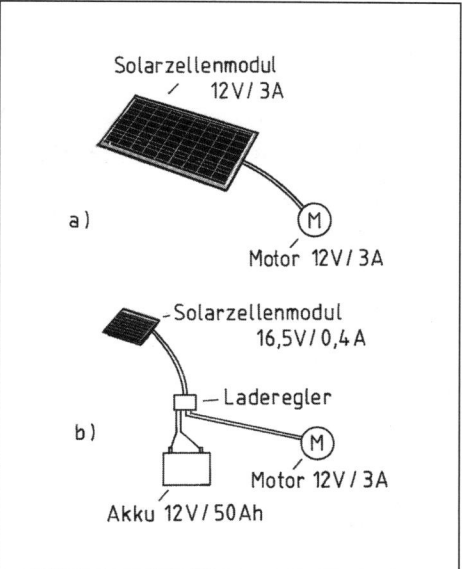

Abb. 1.9: Die optimale Spannung, Leistung und Größe eines Solarzellenmoduls hängt auch davon ab, ob ein Verbraucher (z.B. ein Motor) direkt oder über einen Akku betrieben wird: a) Beim Direktbetrieb muss das Modul die volle Nennspannung und den vollen Nennstrom des Motors liefern können. b) Wird der Motor über einen Akku (als Energiespeicher) betrieben, kann das Solarzellenmodul oft wesentlich kleiner sein.

eines Solarmoduls oder bei einem elektrischen Verbraucher) nicht angegeben ist, lässt er sich leicht ausrechnen:

> **Leistung [in Watt] : Spannung [in Volt] = Strom [in Ampere]**

> **Leistung [in Watt] : Strom [in Ampere] = Spannung [in Volt]**

So kann beispielsweise ein 12 V/30 W-Solarmodul folgenden Nennstrom liefern: *30 W geteilt durch 12 Volt = 2,5 Ampere*

Eine 12 V/20 W-Glühlampe hat einen Stromverbrauch von:

20 W geteilt durch 12 Volt = **1, 67 Ampere**

In der Praxis brauchen wir die Stromabnahme einzelner Verbraucher auch für die Berechnung der benötigten Akku-Kapazität *(in Amperestunden)*. Wenn wir z.B. bei einer elektrischen 12 Volt/40 Watt-Kühlbox nirgendwo eine Angabe über die Stromabnahme (in Ampere) finden, kein Problem! Wir rechnen sie einfach aus:

40 W : 12 V = 3,33 A

Wenn diese Kühlbox eine Stunde lang von einem Akku betrieben wird, verbraucht sie (maximal) 3,33 Ah *(3,33 Amperestunden)* von seiner Kapazität. Wird sie zwei Stunden lang betrieben, verbraucht sie (maximal) das Doppelte: 6,66 Ah (usw.). Sie bezieht elektrischen Strom allerdings nur solange, bis ihre Innentemperatur das eingestellte Niveau erreicht. Danach schaltet der Innenthermostat die Stromzufuhr ab und schaltet diese jeweils erst dann wieder ein, wenn die Innentemperatur gestiegen ist.

Ein voll aufgeladener 60 Ah-Akku könnte unsere Kühlbox (deren Stromabnahme 3,33 A beträgt) *mindestens* ca. 18 Stunden lang mit Strom versorgen (60 Ah : 3,33 Ah = 18 Betriebsstunden).

Auf dieselbe Weise lässt sich der Verbrauch einzelner Elektrogeräte und Leuchtkörper ausrechnen, die für eine solarelektrische Stromversorgung vorgesehen sind. Das Prinzip lässt sich am einfachsten mit Hilfe der

Abb. 1.10 simulieren: Die Kapazität eines Akkus in Ah (Amperestunden) stellt seinen „energetischen Inhalt" dar, der mit dem Inhalt eines Weinfasses (in Litern) vergleichbar ist. Je nachdem wie oft und wie kräftig der „Inhalt" angezapft wird, steht er zur Verfügung (auf technisch orientierte Beispiele kommen wir noch in weiteren Kapiteln zurück).

Abb. 1.10: Die Kapazität eines Akkus stellt einen „energetischen Inhalt" dar, der mit dem Inhalt eines Weinfasses vergleichbar ist

Der Verbrauch der Akku-Kapazität muß dann meistens voll von den Solarzellen „nachgeliefert" werden – es sei denn, man nutzt zum Nachladen der „Solarbatterie" teilweise auch die Pkw- oder Reisemobil-Lichtmaschine.

Beim Laden bzw. Nachladen der „Solarbatterie" entstehen Ladeverluste, die zwischen ca. 10% bis 20% liegen (was vor allem von der Qualität der verwendeten Batterie abhängt). Wir werden einfachheitshalber einheitlich mit 20% Ladeverlusten rechnen.

Mit dem Nachladen eines Bleiakkus ist es im Prinzip sehr einfach: Der Akku wird über einen *Solar-Laderegler* an das Solarmodul angeschlossen und damit ist die Installation dieser „photovoltaischen Ladevorrichtung" erledigt.

Laderegler sind entweder als kleine Fertiggeräte, als Bausätze oder auch in der Form eines einfachen ICs erhältlich, das ähnlich aussieht wie ein gängiger Spannungsregler und zudem auch auf dieselbe Weise angeschlossen wird – wie der *Abb. 1.11* zu entnehmen ist. Der hier aufgeführte integrierte Laderegler *Typ PB 137* ist für 12 Volt-Bleiakkus konzipiert und kann einen Ladestrom von max. 1,5 A verkraften (allerdings mit einem gängigen *TO-220*-Kühlkörper). Er verfügt jedoch über einen thermischen Überlastschutz und ist somit nahezu unzerstörbar.

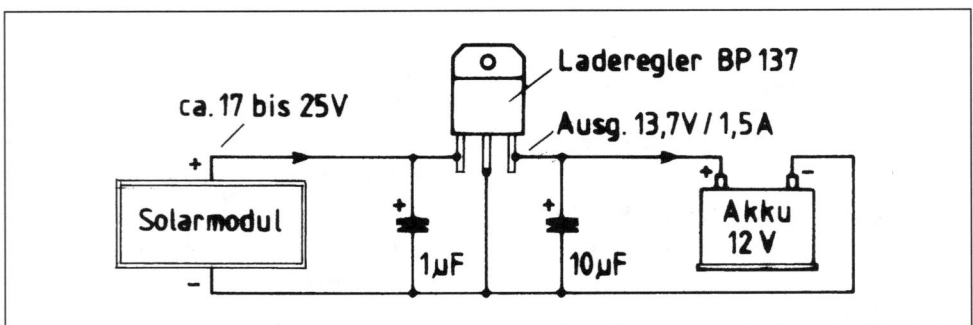

Abb. 1.11: Ein moderner integrierter Bleiakku-Laderegler unterscheidet sich äußerlich nicht von einem integrierten Spannungsregler.

Der an sich bescheidene maximale Ladestrom des integrierten Ladereglers beschränkt seine Anwendung auf kleinere Solarstrom-Versorgungen. Was unter dem Begriff „kleinere" zu verstehen ist, hängt von dem Nachladebedarf ab und lässt sich folgendermaßen erklären:

Beim „normalen" Laden (Nachladen) eines Bleiakkus darf der Ladestrom maximal 10% der Akku-Kapazität in Ah betragen. Es gibt zwar auch spezielle „Schnelllade-Verfahren", bei denen der Ladestrom wesentlich höher ist, aber die werden bei der Solartechnik nicht angewendet. Hier wird im Gegenteil oft ein wesentlich niedrigerer Ladestrom als die 10% der Akku-Kapazität eingeplant, um den Kostenaufwand für das Solarmodul zu drücken. Dann dauert jedoch das Nachladen des Akkus entsprechend länger – was wiederum nur bei einer Solarstromversorgung in Kauf genommen werden kann, bei der „pro Tag" nur ein kleiner Teil der Akku-Kapazität beansprucht wird.

Wir sehen uns die Sache einfachheitshalber anhand eines praktischen Beispieles an: Ein 12 V/36 Ah-Bleiakku darf maximal mit einem 3,6 A-Ladestrom (10% seiner Kapazität) geladen werden. Das Solarmodul müßte daher für den vorgesehenen Nennstrom von 3,6 A ausgelegt werden. Um einen leeren Akku voll aufzuladen, müsste das Solarmodul rein rechnerisch ganze 12 Stunden lang (in Hinsicht auf die 20% Ladeverluste) den vollen Ladestrom in den Akku laden können.

Das ist jedoch in der Praxis nicht so perfekt realisierbar. Wer etwas Erfahrung mit dem Laden einer Autobatterie hat, dem ist bekannt, dass die Ladestrom-Abnahme von der jeweiligen Batteriespannung (bzw. vom Stand der jeweiligen Entladung), von der Kapazität (in Ah) und von dem Laderegler abhängt.

Eine „ziemlich leere" Batterie zeigt sich in Hinsicht auf die volle Ladestrom-Abnahme sehr kooperativ. Nachdem sie jedoch „einigermaßen" nachgeladen ist, fängt ihre Ladestrom-Abnahme zu sinken an – was sich insbesondere in der Endphase des Ladens bemerkbar macht.

Von der zur Verfügung stehenden Ladespannung und von der Qualität des Ladereglers hängt dann in der Praxis ab, wie schnell und wie gut sich der Akku wieder voll auflädt. Innerhalb von den theoretischen 12 Stunden gelingt ein perfektes Nachladen zwar nicht, aber bei einer kleinen Solaranlage spielt dieser Aspekt keine zu wichtige Rolle – vorausgesetzt, die Akku-Kapazität wird von vornherein etwas höher dimensioniert und man lädt dann überwiegend nur noch in dem Bereich „fast leer/fast voll" auf. Die Philosophie dürfte sich hier an dem Beispiel des Weinfasses aus *Abb. 1.8* orientieren: Es kommt nicht nur darauf an, wie voll so ein Weinfass ist, sondern wie groß es ist.

Zudem kann man von einem Solarmodul nicht erwarten, dass es 12 Stunden hintereinander den vollen Ladestrom liefert. So wird beispielsweise ein Solarmodul, dessen Nennstrom laut Herstellerangabe 3 A beträgt, nicht gleich nach dem Sonnenaufgang den vollen Nennstrom liefern und dies bis zum Sonnenuntergang durchhalten.

Je nachdem, wie das Solarmodul gegen die Sonne ausgerichtet wird, fängt es auch an einem sonnigen Sommertag z.B. erst um 7 Uhr mit einem langsam ansteigenden Ladestrom zu laden an. Wenn das Solarmodul beispielsweise waagerecht am Caravandach liegt, wird es nur zwischen ca. 10 und 15 Uhr mit dem vollen (oder zumindest annähernd vollen) Ladestrom von 3 A den Akku laden. Danach (in diesem Fall zwischen ca. 15 und 19 Uhr) wird sowohl der Ladestrom als auch die Ladespannung gleitend sinken. Sobald die Solarspannung auf das Spannungs-Niveau sinkt, das in dem Moment der Akku (schon) hat, kann kein Ladestrom mehr vom Laderegler in den Akku fließen.

Je nachdem, wie gut der Akku an dem einen oder anderen Tag aufgeladen ist, nutzt er den Solarstrom als Ladestrom – also nur wenn er ihn benötigt bzw. wenn ein Ladestrom wetterbedingt vorhanden ist. Ist bei einem regnerischen Wetter kein Nachladen des Akkus möglich, muß er einfach warten, bis sich die Sonne wieder von ihrer „besten Seite" zeigt.

Nun ist natürlich folgende Gegenfrage fällig: „Und was ist, wenn es etliche Tage lang regnet?" Die Antwort ist einfach: „Da läuft nichts. Deshalb muß die Kapazität des Akkus bereits bei der Anlagenplanung ausreichend großzügig dimensioniert werden, um auch mehrere nacheinander folgende, sonnenarme Tage überbrücken zu können."

Die Aussagekräftigkeit dieser an sich einfachen Antwort lässt sich naturbedingt nicht mit Tabellen oder Formeln untermauern. Es bleibt immer dem persönlichen Ermessen des Anwenders überlassen, wie er bei so einem Vor-

haben den Energiebedarf und die Anzahl der nacheinander folgenden, „möglichen" sonnenarmen Tage einschätzt. Dabei kommt es auch darauf an, wie wichtig es ihm erscheint bzw. wie wichtig es tatsächlich ist, dass der Akku als Energiequelle nicht versagt.

Theoretisch lässt sich zwar so ein Anliegen gar nicht in ein solides „Schema" unterbringen, aber in der Praxis ist das Ganze gar nicht so problematisch, wie es auf den ersten Blick aussieht. In einem Caravan oder Reisemobil ist zum Beispiel der Bedarf nach elektrischem Lüften oder Kühlen am größten, wenn die Sonne kräftig scheint. Zudem kann ein leerer „Solar-Akku" notfalls auf einem Campingplatz vom elektrischen Netz nachgeladen werden (danach kann man wieder weiter durch die Gegend streunen).

Außerdem gehört zu den Vorteilen einer jeder Solarstromversorgung, dass man problemlos jederzeit sowohl die Kapazität des Akkus (Bordakku oder Zweitakku), als auch die Leistung der Solarzellen durch weitere „Bausteine" erhöhen kann.

Man muss sich allerdings darauf einstellen, dass hier die Technik den Naturkräften unterliegt und dass nicht immer alles so verläuft, wie man es gerne haben möchte. Trotzdem ist Solarstrom eine feine Sache, aber vor allem nur dann, wenn es keine bessere oder bequemere Alternative gibt.

Bei unseren bisherigen Ausführungen haben wir im Zusammenhang mit Akku-Laden die *Solarspannung* jeweils nur quasi „nebenbei" erwähnt. Dies jedoch nur aus dem Grund, damit die Aufklärung nicht zu kompliziert wird.

Abb. 1.12: Ein solarbetriebenes elektrisches Heizkissen kann an so manchen kühleren Tagen das Wohlbefinden beim Liegen im Freien sehr steigern ...

In Wirklichkeit hat die Solar-Ladespannung *(Modulen-Nennspannung)* einen sehr wichtigen Stellenwert und verdient eine besondere Beachtung.

Bei einer Solarversorgung ohne Zwischenspeicher ist es mit der Wahl der Solarspannung einfach (wie bereits an anderer Stelle erklärt wurde). Hier ist auch in vielen Fällen die „Nutzungsdauer" der Solarenergie pro Tag wesentlich länger, wenn Verbraucher verwendet werden, die auch bei einer Unterspannung (und bei niedrigem Strom) arbeiten.

Darunter ist folgendes zu verstehen: Ein 12 V-Ventilator oder eine gute 12 V-Pumpe fangen beispielsweise schon bei einer Versorgungsspannung von ca. 3 V bis 5 V zu drehen an. Sie leisten zwar bei einer Unterspannung nicht die volle Arbeit, aber sie arbeiten dennoch.

Noch effizienter arbeiten in der Hinsicht Verbraucher, bei denen der Strom in Wärme (oder

in Kälte) umgewandelt wird. Als Beispiel dürfte hier ein elektrisches Heizkissen dienen, das man sich an einem sonnigen (aber kühlen) Frühlingstag *nach Abb. 1.12* unter die Füße (oder unter den „Allerwertesten") legt. Hier wird jeder kleinste „Tropfen" des Solarstroms in Wärme umgewandelt und das Solarmodul kann vom Sonnenaufgang bis zum Sonnenuntergang genutzt werden (auch wenn der Solarstrom am frühen Morgen oder am späten Nachmittag nur sehr bescheiden wärmt).

Bei jeder Art eines solchen Direktbetriebes hängt die Nutzung des einen oder anderen Verbrauchers von seiner Art und seiner Funktionsweise ab. Damit ist Folgendes gemeint: Ein elektrisches Heizkissen oder ein Ventilator arbeiten beispielsweise zufriedenstellend auch bei einer Unterspannung, Lampen zeigen sich dagegen in der Hinsicht ziemlich „unkooperativ", denn ihre Leuchtkraft nimmt überproportional ab, wenn ihre Versorgungsspannung um mehr als ca. 10 bis 15% sinkt.

1

Ähnlich ist es beim Laden mit Solarstrom: Eine Solaranlage, die mit einem Akku als Zwischenspeicher arbeitet, beginnt das Laden des Akkus erst dann, wenn die Ladespannung höher ist als die jeweilige Spannung des Akkus. Wenn an einem Vormittag die Akkuspannung z.B. nur noch 10,7 V beträgt, fängt das Laden erst dann an, wenn die Solarspannung am Laderegler-Ausgang auf mindestens 10,8 V gestiegen ist.

Soll eventuell ein noch ziemlich „voller" Akku nachgeladen werden, der eine Spannung von 12 V hat, beginnt das Laden erst dann, wenn die Ladespannung höher als 12 V ist. Solange jedoch die Ladespannung nur *geringfügig* höher ist als die jeweilige Akkuspannung, nimmt der Akku auch nur einen sehr niedrigen Ladestrom ab (ohne Rücksicht darauf, wieviel Strom das Modul tatsächlich in dem Moment liefern könnte).

Solarmodule, die fürs Nachladen von Akkus vorgesehen sind, müssen aus diesem Grund immer für eine wesentlich höhere *Nennspannung* ausgelegt sein als die Nennspannung des Akkus ist. Soweit nur zu der etwas allgemeinen Vorinformation. Näheres zu diesem Thema finden Sie im Kap. 7.

1.2 Akkus als Solarenergie-Speicher

Als Solarenergie-Speicher eignen sich im Prinzip alle handelsüblichen wiederaufladbaren Akkus. Die Spannung und die Kapazität des angewendeten (oder vorgesehenen) Akkus richtet sich nur nach dem Spannungs-, Leistungs- und Kapazitätsbedarf der „elektrischen Verbraucher", die er betreiben soll.

Für die Stromversorgung von kleinen Verbrauchern (elektronische Kleingeräte, kleine Lampen, Solar-Spielzeuge) genügt oft ein kleiner NiCd- oder NiMH-Akku bzw. ein sehr kleiner Bleiakku. Wenn eine größere „Speicherkapazität" benötigt wird, kommen größere Bleiakkus (worunter Autobatterien oder Solarbatterien) zum Einsatz. Als Bordbatterien im Caravan, Reisemobil, auf dem Boot oder auf einer Yacht werden z.B. oft mehrere Autobatterien miteinander parallel *nach Abb. 1.13* verbunden.

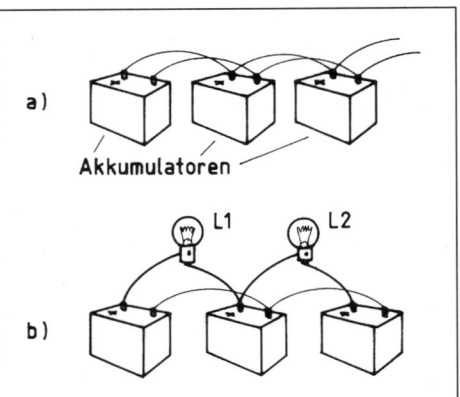

Abb. 1.13: Um eine höhere Kapazität zu erhalten, werden üblicherweise mehrere Akkus (derselben Marke und Größe) parallel betrieben: a) Prinzip der Verschaltung. b) Bevor man mehrere Akkus miteinander „leitend" verbindet, sollten ihre Spannungen erst mit Hilfe zusätzlicher Glühlampen aneinander angeglichen werden.

Die Anzahl der Batterien darf zwar theoretisch unbegrenzt sein, aber praktisch ist Folgendes zu berücksichtigen: Je mehr Batterien miteinander verbunden werden, desto genauer sollten sie parametrisch aufeinander abgestimmt sein. Dabei genügt nicht, dass es sich um Akkus derselben Marke und Leistung handelt. Sie sollten auch möglichst gleich alt sein und identisches Lade-/Entladeverhalten aufweisen. Andernfalls laden sie sich nicht ausgewogen auf und ein einziger „altersschwacher" Akku wirkt sich quasi als ein „Verbraucher" aus, der die anderen Akkus zu schnell entlädt. Dies muss nicht immer gleich kritisch sein, aber es ist darauf zu achten.

Eine einfache Kontrolle der Selbstentladung ist in der Hinsicht am aussagekräftigsten: Die Akkus werden erst (einzeln, gemeinsam oder kombiniert) mit einem Ladegerät voll aufgeladen, unbelastet abgestellt und nach ca. 4 bis 6 Wochen wird mit einem Voltmeter nachgemessen, ob keiner davon durch eine zu hohe Selbstentladung einen merkbar größeren Spannungsverlust aufweist als der Rest.

Darunter ist Folgendes zu verstehen: Die Spannung wird nach ca. 6 Wochen durch die Selbstentladung (markenabhängig) beispielsweise bei einem der Akkus auf 11,6 V, bei dem Rest nur auf 12,2 V sinken. Schon eine derartige Differenz beim Selbstentladen weist darauf hin, dass der eine zu tief entladene Akku etwas zu sehr „aus der Reihe" fällt, die restlichen Akkus gewissermaßen belastet und einen unnötig großen Teil des „kostbaren" Solar-Ladestroms für sich in Anspruch nimmt.

Hier hilft oft, wenn man alle Akkus auf gleiches Niveau mit destilliertem Wasser nachfüllt, evtl. den Elektrolyt nachkontrolliert (bzw. nachfüllen lässt), danach alle Akkus nochmals auflädt, auf ca. 10,5 V entlädt, neu auflädt und nochmals die Selbstentladung nach z.B. 8 Wo-

chen nachmisst. In den meisten Fällen bringt dieser „Eingriff" Erfolg. Andernfalls hilft nur noch ein Austausch des schwachen Akkus.

Die eigentliche Wartung stellt bei modernen Autobatterien oder Solarakkus an den Anwender fast keine Ansprüche. Wer dazu genügend Zeit und Lust hat, sollte mindestens einmal oder zweimal pro Jahr Folgendes nachkontrollieren:

- ob eines der Batterieglieder nicht mit destilliertem Wasser nachgefüllt werden muss (die Elektroden sollen mindestens ca. 5 mm tief unter dem Elektrolyt-Spiegel sein). Zum Auffüllen des Akkus wird normalerweise nur destilliertes Wasser verwendet.
- ob seine Anschlussklemmen nicht grüne Korrosionsverschmutzungen aufweisen (sie werden mit einem trockenen Tuch gereinigt und neu eingefettet).

Bei Akkus, die als Solarenergie-Speicher dienen sollen, stellt die Problematik des Ladens etwas gehobenere Ansprüche an das fachorientierte Grundwissen des Anwenders. Es ist ja verständlich, dass man hier im Bilde darüber sein muss, für welche Spannung und Kapazität der Akku ausgelegt sein sollte und welche Spannung und welchen Ladestrom das verwendete Solarmodul liefern muss, um den Akku ausreichend nachladen zu können.

Ansonsten steht dem Anwender eine große Auswahl an diversen „normalen", handelsüblichen Bleiakkus aller Art zur Verfügung (worunter Autobatterien, Rollstuhl-Akkus, Modellbau-Akkus, usw.) und einige „spezielle Solar-Akkus".

1

Mit den „speziellen" Vorteilen der oft übertrieben hochgepriesenen „echten Solarakkus" ist es bei weitem nicht so toll, wie es so mancher Hersteller den Kunden gerne glaubhaft machen möchte. Oft werden hier als Vorzeige-Parameter *Eigenschaften* hervorgehoben, über die im gleichen Maße – oder zumindest annähernd gleichen Maße – *jede gute moderne Autobatterie* verfügt. Bei den Autobatterien werden jedoch diese Eigenschaften üblicherweise nur von den Autoherstellern beachtet und der Autofahrer wird mit eventuellen weiteren Parametern einfach verschont. Mit Recht, denn man hat ja als ein normaler Mensch kaum Interesse daran, wie es mit der Selbstentladung oder mit dem Ladeverhalten einer solchen Batterie steht. Hauptsache „das Zeug" geht lange genug mit und funktioniert im Auto zuverlässig. Dafür hat hier allerdings der Autohersteller zu sorgen – was er auch macht.

Wenn heutzutage die Autobatterie eines normalen Mittelklasse-Wagens in der Praxis eine Lebensdauer von 10 Jahren erreicht (oder sogar überschreitet), ist es kein technisches Wunder mehr. Und wenn ein Hersteller eine vergleichbar lange Lebensdauer bei einem „Solarakku" anpreist, ist es auch in Ordnung. Es spricht ja nichts dagegen, dass man z.B. Rassehunde anbietet und dabei hervorhebt, dass sie mit dem Schwanz wedeln können. Kann ja auch nicht jeder!

Anderseits verfügen viele der „echten" Solarakkus tatsächlich über einige technische Parameter, die etwas besser sind, als die der normalen Autobatterien. Manche der Solarakkus sind z.B. völlig „wartungsfrei" konzipiert, weisen eine erhöhte Frostunempfindlichkeit,

eine etwas niedrigere Selbstentladung und niedrigere Ladeverluste auf. Das sind jedoch alles technische Eigenschaften, die auch jeder Autobatterien-Hersteller anstrebt – allerdings wird hier mehr darauf geachtet, dass eine geringe Qualitätsverbesserung nicht eine unangemessene Preiserhöhung zur Folge hat.

Die „echten" Solarakkus sind üblicherweise drei- bis viermal teurer als die normalen Autobatterien. Das mag rein technologisch zum Teil dadurch gerechtfertigt sein, dass sie im Vergleich zu den Autobatterien in zu kleinen Serien hergestellt werden (was für den Kunden kaum als Trost gelten dürfte).

Für die meisten Anwendungen kommen daher als Solarenergie-Speicher bevorzugt in Frage die preiswerten „Autobatterien" oder evtl. auch kleinere Bleiakkus, die z.B. für Motorräder, Aufsitz-Rasenmäher, Rollstühle, Modellbau u.ä. ausgelegt sind. Caravans, Reisemobile und Boote verfügen zudem ohnehin über Bord-Akkus (Autobatterien), die für die Solarstromversorgung üblicherweise nur mit weiteren parallel angeschlossenen Autobatterien nachgerüstet werden (um die Kapazität zu erhöhen).

Bemerkung

Ähnlich wie bei der Autoelektrik wird auch hier mit einer niedrigen Spannung, aber mit hohen Strömen gearbeitet und alle Leitungen, Klemmen und Schalter sollten daher entsprechend ausgelegt werden. Andernfalls entstehen in ihnen zu große Leistungs- und Spannungsverluste (siehe auch die Tabelle auf der hinteren Innenseite des Umschlags).

1.3 Wechselrichter

Wechselrichter *(Spannungswandler)* sind Geräte, die eine Gleichspannung in eine andere Gleichspannung (z.B. 12 V in 24 V) oder in eine Wechselspannung (z.B. 230 V~) umwandeln.

Als „Sonderzubehör" von solarelektrischen Anlagen werden in den meisten Fällen Wechselrichter angewendet, die eine 12 Volt- oder 24 Volt-Solarspannung in eine 230 Volt-Wechselspannung umwandeln. Allerdings nur dann, wenn spezielle Verbraucher betrieben werden sollen, die nur als Netzgeräte erhältlich bzw. bereits vorhanden sind.

Bei der Anschaffung eines Wechselrichters ist auf Folgendes zu achten:

- Die *Eingangsspannung* muss identisch mit der Anlagenspannung bzw. Caravan, Reisemobil oder Bootspannung (12 V oder 24 V) sein.
- Die *Ausgangsleistung* sollte auf die vorgesehenen Verbraucher gut abgestimmt, aber nicht übertrieben hoch sein, denn

das hat bei einfacheren Wechselrichtern einen unnötig hohen Eigenverbrauch zur Folge.

- Die *Ausgangsspannung* sollte 230 V~ (und nicht 220 V~) betragen.
- Der *Wechselrichter-Wirkungsgrad* sollte möglichst hoch sein (bevorzugt in der Nähe von ca. 95%, denn das verringert unnötige Solarleistungs-Verluste).
- Diverse preiswertere Wechselrichter liefern nur eine trapezförmige 230 V-Wechselspannung. Gehobenere Wechselrichter – die als „Sinuswechselrichter" angeboten werden – liefern dagegen eine „netzidentische" sinusförmige Wechselspannung, die vor allem für empfindliche elektronische Geräte (Computer, Videorekorder) empfehlenswert ist.
- Manche Wechselrichter sind speziell für Solaranlagen ausgelegt und beinhalten gleichzeitig einen Batterie-Laderegler und evtl. auch einen Tiefentladeschutz. Dies wirkt sich zwar nicht unbedingt als kosteneinsparend aus, aber vereinfacht die Installation – insofern dies als ein Kaufargument betrachtet wird.

1

Solarzellen am Strand

2

Ob am Meeresstrand, am Strand eines Sees oder am Ufer eines Flusses, wo man einen ganzen Tag oder nur einige Stunden gemütlich verbringen möchte: Solarstrom kann unter Umständen sehr willkommene Dienste leisten.

Um sich eine objektive Vorstellung von den praktischen Nutzungsmöglichkeiten dieser „Stromversorgung" machen zu können, muss man sich allerdings die ganze Vielfalt dieser „Freizeitgestaltung" in etwas bunteren Varianten vorstellen. Wie bunt? Das hängt nur von der individuellen Phantasie und der Beziehung zur Natur ab.

Was darunter zu verstehen ist, dürften die nun folgenden Beispiele zeigen, bei denen gleich praxisbezogene Anwendungs-Tipps erklärt werden.

2.1 Solarbetriebene Kühlbox

Elektrische Hand-Kühlboxen (die für 12 Volt-Batteriebetrieb ausgelegt sind) werden immer preiswerter und sind in verschiedenen Größen und Leistungen erhältlich. Sie eignen sich insbesondere im Sommer zum Kühlen von Getränken, Obst, Schokolade und solchen Lebensmitteln, die einigermaßen kühl aufbewahrt werden müssen.

Für welche Art der Ausflüge man so eine Kühlbox auch verwendet, ihr Vorteil besteht darin, dass sie während der Fahrt im Auto an die Autobatterie angeschlossen werden kann und bis ans „Ziel" optimal kühlt. Das Auto muß jedoch oft weit entfernt vom Strand geparkt werden und der Rest des Weges wird gelaufen (mit der Kühlbox in der Hand).

Die Kühlbox bleibt dann noch eine Zeitlang kühl. Wie lang, das hängt sowohl von der Umgebungstemperatur, als auch davon ab, wie oft sie geöffnet wird. Wenn für die Box als „Stromgenerator" ein leichtes, flexibles Solarmodul mitgenommen wird, kann es sie am Strand weiterhin mit Strom versorgen. Zwar nur dann, wenn die Sonne scheint, aber das genügt, denn wenn die Sonne nicht scheint, sinkt ja die Umgebungstemperatur und die Kühlbox bleibt ohnehin noch einige Stunden lang kühl.

Welches Solarmodul wird benötigt?

Am günstigsten eignet sich für solche Zwecke ein Leichtgewicht-Solarmodul, das entweder als flexibles Modul oder als in der Mitte zusammenklappbares Modul (Aktentaschen-Format) leicht transportierbar ist. Es sollte sich dabei bevorzugt um ein *kristallines* Modul, *nicht* um ein *amorphes* „Dünnschicht-Modul" handeln. Amorphe (Dünnschicht) Solarzellen haben einen zu niedrigen Wirkungsgrad und das Modul muss daher

24

Abb. 2.1: Eine kleinere
12 Volt-Elektro-Kühlbox
kann auch von einem
„Leichtgewicht-Solar-
modul" ausreichend mit
Strom versorgt werden

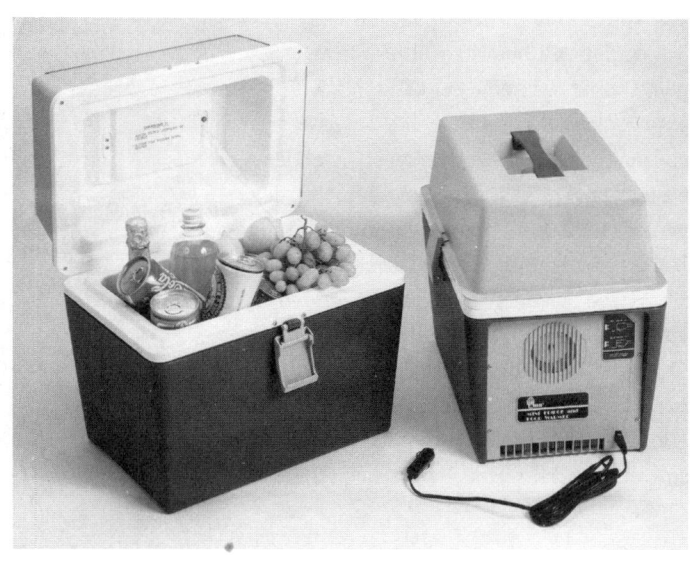

2

über eine etwa doppelt so große Zellenfläche verfügen, als ein kristallines Modul (siehe hierzu auch Kap. 7).

Die Nennleistung eines solchen Solarmoduls muß in diesem Fall nicht unbedingt auf die volle Nennleistung der Kühlbox abgestimmt sein. So kann zum Beispiel eine 12 V/3 A-Kühlbox sehr zufriedenstellend mit einem 12 V/2 A-Solarmodul betrieben werden. Wenn dabei die Kühlbox im Schatten steht, wird sie auch an heißen Sommertagen ihren Inhalt ausreichend kühl halten. Auch hier gilt, dass bei einer sehr großen Hitze die Kühlbox nicht allzuoft geöffnet werden sollte.

Andernfalls wäre hier ein großzügiger dimensioniertes Solarmodul nötig: in diesem Fall ein 12 V/3 A-Modul. Nichts spricht dagegen, wenn hier der Modulen-Nennstrom für mehr als 3 A ausgelegt ist. Im Gegenteil:

die Zellen werden sich bei größerer Hitze weniger aufheizen.

Größere Modulenleistung bedeutet allerdings einen größeren Kostenaufwand und größere Abmessungen. Wenn wir mit ca. 1,25 W-Modulenleistung pro dm^2 rechnen, müßte ein 36 Watt-Solarmodul eine Fläche von ca. 29 dm^2 haben. Das ergibt z.B. ein 5 x 5,8 dm (50 x 58 cm) großes Solarmodul. Wenn sich so ein Modul in der Mitte zusammenklappen läßt – oder wenn zwei oder mehrere kleinere (flexible) Module verwendet werden – ist es immerhin noch problemlos transportierbar.

Das anfangs erwähnte „sparsamere" 12 V/ 2 A-Modul hätte dagegen nur eine Leistung von 24 W, woraus sich eine Solarzellenfläche von ca. 19,2 dm^2 ergibt. Die Modulen-Abmessungen würden hier z.B. nur etwa 44 x 44 cm betragen.

2

Wir sind in diesem Beispiel von einer 12 V/ 3 A-Kühlbox (36 Watt-Kühlbox) ausgegangen. Das ist zwar eine der kleineren Kühlbox-Typen, aber für normale Bedürfnisse reicht sie aus (vor allem, wenn man sie auch länger tragen muss). Es spricht jedoch nichts dagegen, dass man sich eine wesentlich größere Kühlbox zulegt und das Solarmodul dementsprechend auch etwas großzügiger auf den Kühlbox-Verbrauch abstimmt. Wenn so eine „Anlage" des Öfteren dort genutzt wird, wo man andernfalls Getränke auch an einem Kiosk kaufen kann, wird sie sich – bei den stolzen Kiosk-Preisen – sehr schnell amortisieren.

In manchen Fällen wird es möglich sein, die elektrische Kühlbox im Auto zu lassen und bedarfsbezogen die Getränke oder andere gekühlte Speisen jeweils zu holen. Die Tatsache, dass sich die meisten dieser Kühlboxen an den Zigarettenanstecker des Autos anschließen lassen, darf jedoch nicht zu der Annahme verleiten, dass die Autobatterie mit dieser zusätzlichen Energieversorgung wohl „automatisch" zurechtkommt. Prinzipiell stimmt zwar eine solche Annahme in Bezug auf die eigentliche Kühlbox. Es kann jedoch leicht vorkommen, dass die Kühlbox zwar einwandfrei den ganzen Tag gekühlt hat, aber abends will dann das Auto nicht mehr starten, weil die Autobatterie von der Kühlbox „leergesaugt" wurde.

Hier kann manchmal schon ein sehr kleines Solarmodul (z.B. am Autodach) das Energie-Manko auffangen – was sich ja leicht nachrechnen lässt.

2.2 Solarbetriebene Spielzeuge und Modelle

Viele Batterie-Spielzeuge und -Modelle lassen sich leicht mit einigen kleinen zusätzlichen Solarzellen nachrüsten, die entweder anstelle der Batterien als „sonnenscheinabhängige" Energiequellen oder die nur für das Nachladen von den bestehenden Akkus angewendet werden.

Dem Bastler stehen zu diesem Zweck sowohl *„nicht gekapselte" (kahle)*, als auch *„gekapselte"* Solarzellen und Solar-Minipaneele zur Verfügung.

Für den Modell- oder Spielzeugbau können diese Zellen – ähnlich wie Batterien – seriell, parallel oder auch seriell/parallel verschaltet und für die ersten Experimente mit einem dünnen Plexiglas abgedeckt werden.

Gekapselte Solarzellen sind *nach Abb. 2.2* ähnlich ausgeführt, wie kleine „Solarmodule", in denen jeweils nur eine einzige Solarzelle untergebracht ist. Somit entspricht die Nennspannung dieser gekapselten Zellen der gängigen Nennspannung normaler kristalliner Zellen (meistens zwischen ca. 0,45 und 0,46 Volt). Abhängig von der Modulen-Größe liegt der Nennstrom zwischen ca. 0,1 A (bei einer Modulenfläche von 46 x 26 mm) und 0,7 A (bei Modulen-Abmessung von 96 x 66 mm).

Diese gekapselte Zellen können – ähnlich wie die nicht gekapselten Solarzellen – beliebig

Abb. 2.2: Gekapselte Solarzellen oder Minipaneele sind in verschiedenen Größen, und mit verschiedenen *Nennspannungen* und *Nennleistungen* erhältlich

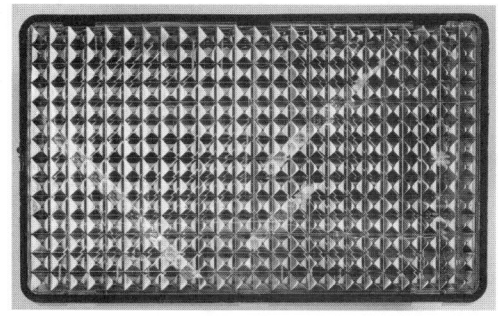

2

zu Ketten oder Flächen verschaltet werden, um die benötigten elektrischen Nennwerte zu erhalten.

Gekapselte Solar-Minipaneele beinhalten mehrere Solarzellen und somit eine entsprechend höhere Spannung. Im Prinzip handelt es sich hier um kleine Solarmodule, die sowohl miteinander als auch mit gekapselten Einzelzellen verschaltet werden können, um die benötigte Spannung bzw. Leistung zu erhalten.

Wenn die **Solarstromversorgung** anstelle der Batterien vorgesehen ist, müssen die Solarzellen verständlicherweise zumindest dieselbe Spannung und denselben Strom liefern können, die andernfalls so ein Spielzeug von den Batterien erhält bzw. bezieht. Mit der Spannung ist es ja klar, denn hier richtet man sich einfach nach der Spannung der benötigten Batterien. Die Stromabnahme ist bei derartigen „Verbrauchern" meistens nirgendwo angegeben, und sollte daher mit einem Amperemeter (Multimeter-Gleichstrombereich) ermittelt werden.

Der Solarzellen-Nennstrom wird dann – insofern es der Platz für die Zellen erlaubt – um

ca. 10 bis 25% höher dimensioniert, als durchs Messen ermittelt wurde.

Wenn die Solarzellen nicht als Direktantrieb, sondern nur als Ladestrom-Quelle für die Akkus dienen sollen, muss die **Solarspannung** groß genug sein, um die Akkus nachladen zu können, aber nicht so groß, dass sie beim Laden „kaputtgekocht" werden.

Viele der kleinen Batterie-Spielzeuge sind für wiederaufladbare Akkus ausgelegt bzw. können mit solchen Akkus betrieben werden. Zu diesem Zweck werden dann meistens NiCd-Akkus verwendet. Im Vergleich zu Bleiakkus liegt bei NiCd die „Gasungsspannung" etwas höher: Bei ca. 1,55 V pro Glied, dessen *Nennspannung* 1,2 V beträgt. Für kontinuierliches Nachladen dieser Akkus sollte daher die Solarspannung *(= Modulen Nennspannung)* zwar in die Nähe der Gasungsspannung kommen, aber diese nicht überschreiten.

Theoretisch würde die Problematik des Ladens eine wesentlich aufwendigere Erklärung benötigen, aber in der Praxis dürfen wir davon ausgehen, dass die Nennspannung der Solarzellen (des Solarmoduls) ca. 20% höher

2

liegen soll als die Nennspannung des geladenen NiCd-Akkus. Das ergibt eine Ladespannung von ca. 1,44 V pro NiCd-Glied bei maximaler Belastung der Solarzellen. Wenn der Ladestrom bei einem „fast aufgeladenen" Akku (am Ende des Ladevorgangs) sinkt, steigt die von den Zellen gelieferte Spannung „in Richtung" *Leerlaufspannung* und kann somit am Ende des Ladevorgangs den Akku fast perfekt aufladen.

Dies setzt jedoch voraus, daß alle Vorbedingungen optimal stimmen. Üblicherweise fehlt jedoch die theoretisch benötigte Ladezeit: Ein leerer NiCd-Akku müsste theoretisch 12 Stunden lang mit einem Ladestrom von *vollen* 10% seiner Kapazität geladen werden, um ganz voll nachgeladen zu sein. In der Praxis dauert es jedoch ca. 15 oder sogar 18 Stunden, bis ein leerer Akku wirklich voll aufgeladen ist (was u.a. vom Ladegerät abhängt).

Das Nachladen mit Solarstrom kann z.B. am Strand die Betriebszeit eines Spielzeuges verlängern oder eine etwas kürzere „Wiederbelebung" nach einer Ladezeit von einigen Stunden ermöglichen. Es sein denn, man hat mehrere geladene Zweitakkus und kann sie zusätzlich noch mit weiteren handelsüblichen Solar-Ladegeräten laufend nachladen.

Ansonsten ist es vorteilhafter, wenn der Spielzeugmotor direkt von Solarzellen betrieben wird, die am Spielzeug angebracht sind. Dies setzt jedoch manchmal eine Solarzellenfläche voraus, die wesentlich größer sein müsste als das Spielzeug selbst – was z.B. auch bei diversen Akku-Kinderautos, Traktoren oder Motorrädern zutrifft.

Diese Spielzeug-Fahrzeuge verfügen oft jeweils über zwei Elektromotoren, deren Leistung z.B. 2 x 140 W, 2 x 170 W oder 2 x 230 W beträgt. Dies würde demnach Modulenleistungen von 280 W bis 460 W voraussetzen. Ausgehend davon, dass ein modernes Solarmodul mit einer Fläche von 1 m^2 bestenfalls *nur* eine Leistung von ca. 120 bis 140 Watt aufbringt, würde auch ein kleines Kinderfahrzeug ein mindestens ca. 2 m^2 großes Solarmodul benötigen – und mit ihm herumfahren müssen. In dem Fall muß sich eventuell die Größe des Fahrzeuges der benötigten Solarzellenfläche unterordnen – wie es z.B. bei dem Solarfahrzeug aus *Abb. 2.3* gelöst wurde. Ein talentierter Tüftler dürfte ein derartiges Projekt als eine interessante Herausforderung einstufen ...

Wesentlich einfacher ist es mit dem solarelektrischen Nachladen des Fahrzeug-Akkus. Bei Kinderfahrzeugen, bei denen den Motorantrieb ein 12 V-Bleiakku versorgt, kann evtl. eine kleinere Solarzellenfläche (die beispielsweise auf der Motorhaube angebracht wird) über den integrierten Laderegler aus *Abb. 1.11* den Fahrzeug-Akku nachladen. Allerdings muss man auch hier davon ausgehen, daß z.B. ein siebenstündiges Nachladen nur etwa die Hälfte der verbrauchten Akku-Kapazität „nachliefern" kann.

2.3 Boote mit Solarantrieb

Boote bieten im Allgemeinen mehr Platz für Solarzellen. Nicht nur kleine Spielzeug-Boote, sondern auch größere Boote oder

2

Abb. 2.3:   Prototyp eines modernen Solarautos (Foto Sharp)

andere schwimmende „Objekte" können mit Hilfe von Gleichstrommotoren solarelektrisch betrieben werden. Die Solarzellen können dann z.B. nach *Abb. 2.4* entweder auf den Bootkörper oder auf einem dazu erstellten Dächlein angebracht werden (das evtl. auch an ein Schlauchboot montiert werden kann).

Für derartige Vorhaben gibt es auch kleine, handelsübliche Gleichstrom-Motorantriebe

(bzw. Elektro-Außenbordmotoren). In einigen dieser Antriebe ist auch ein Akku eingebaut, dessen Kapazität für eine gewisse Betriebsdauer (von z.B. einer Stunde) ausreicht. Andere benötigen einen größeren Akku, der separat im Boot unterzubringen ist. Wenn so ein Akku von einem Solarmodul laufend nachgeladen wird, kann sich die Betriebsdauer des Motors begrüßenswert verlängern – was insbesondere für kleinere Elektromotoren gilt.

Abb. 2.4:   Boote bieten wesentlich mehr Platz für Solarzellen als Autos ...

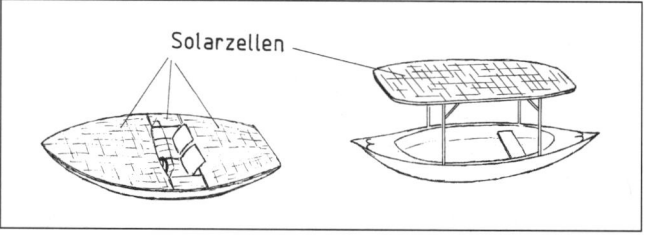

2

Ein Direktantrieb von Solarzellen kann bei einer ausreichend großen Solarzellenfläche an einem sonnigen Tag sehr praktisch sein. Ein rein solarbetriebenes Boot wird allerdings nicht zu einem Rennboot, sondern eher nur zu einem „Schleichboot" (oder zu einer langsam schwimmenden „Sonnenbank") – was für den Spaß an so einer laut- und mühelosen Fortbewegung genügt.

Die Leistungen der kleineren Schiffsmotoren – bzw. der Gleichstrommotoren, die sich für diese Zwecke eignen – liegen zwischen ca. 150 W und 500 W und sind meistens für eine 6 V- oder 12 V-Gleichspannung ausgelegt.

Die für einen Direktantrieb benötigte Solarzellenfläche fällt relativ groß aus. Ausgehend davon, daß bei einer optimalen Sonnenbestrahlung die energetische Ausbeute auch hier bei ca. 120 bis 140 Watt/m² Solarfläche liegt, würde auch ein kleiner 150 Watt-Motor eine Solarzellenfläche von mehr als 1 m² benötigen. Bei einem 300 Watt-Motor wäre es *eventuell* eine doppelt so große Fläche.

Das Wort „*eventuell*" hat dabei folgende Berechtigung: Ein Gleichstrommotor arbeitet auch bei einer wesentlich niedrigeren Spannung, als seiner offiziellen *Nennspannung* entsprechen würde (der Strombedarf passt sich der „Unterspannung" an). Wenn also ein solarbetriebenes „Wasserfahrzeug" nur mit einer etwas zu klein geratenen Solarzellenfläche ausgestattet wird, fährt es einfach nur entsprechend langsamer – aber es fährt.

Für Eigenbau-Konstruktionen eignen sich als Elektromotoren einige der kräftigeren Akkuschraubern, die z.B. für eine Spannung von 12 bis 18 V ausgelegt sind. So ein Antriebssystem kann wahlweise entweder nur mit einer direkten Stromversorgung arbeiten oder einen Akku als Zwischenspeicher nutzen.

Bei den meisten „Projekten" dieser Art wird es sich wohl um keine seriösen „Nutzfahrzeuge", sondern eher nur um „Spaßfahrzeuge" oder spielzeugartige Fortbewegungsmittel handeln, die nicht für einen Meeresstrand, sondern für einen Teich oder einen ruhigen Flussarm vorgesehen sind.

Abb. 2.5: Der Solar-Katamaran der Fa. Schöne in Überlingen ist eine Kombination von Tretboot und Elektroboot: Als Elektroboot kann es an einem sonnigen Tag bis zu neun Stunden lang auf einem See fahren. (Foto AEG)

Die Art und die Größe derartiger „Wasserfahrzeuge" kann sich sehr flexibel dem Anwendungszweck unterordnen, wobei der Einfallsreichtum und die Handfertigkeit des Erbauers für die Lösung bestimmend ist.

Insofern bei diesem Vorhaben die Solar-Betriebsspannung bei max. 24 V gehalten wird, besteht kein Sicherheitsrisiko in Hinsicht auf einen „Stromschlag". Wenn der mechanische Teil des Antriebssystems im Eigenbau ausgetüftelt und erstellt wird, muss darauf geachtet werden, dass alle beweglichen Teile gut abgedeckt sind, um keinen Unfall zu verursachen.

Konkrete Selbstbauvorschläge würden den Umfang dieses Büchleins sprengen und wären zudem sehr fraglich in Hinsicht auf die Vorbedingungen der technologischen Möglichkeiten des einen oder anderen Erbauers. Wer z.B. über eine eigene Drehmaschine verfügt, der kann eine wesentlich aufwendigere (und professionellere) Konstruktion erstellen als einer, der sich nur unter den gängigen Fertigbauteilen aus dem Modellbau oder aus der Fahrzeug- und Antriebstechnik das Passende zusammensuchen muss.

Wer eine speziellere Eigenbau-Konstruktion entwerfen möchte, sollte vorher erst gut auskundschaften, was es für sein Vorhaben „momentan" auf dem Markt gibt. Zu den „Bezugsquellen" für elektrische Wasser-Antriebssysteme gehören auch Sportgeschäfte mit Taucher-Warensortiment.

2.4 Solarbetriebene kleinere Verbraucher

2

Die Anwendungsmöglichkeiten von kleineren, elektrisch betriebenen Verbrauchern am Strand sind im Prinzip fast genauso umfangreich wie zu Hause. Es wird zwar selten einen Grund dazu geben, dass man zum Strand eine Mikrowelle oder sogar einen Wäschetrockner mitschleppt, aber bei kleineren Geräten liegt die Sache anders.

Man darf sich jedoch unter dem Begriff „Strand" nicht nur einen Meeresstrand mit glühender Sonne, heißem Sand und Tausenden vollbesetzten Liegestühlen vorstellen. Es gibt auch Strände, Fluss- oder Teichufer, an denen man auch während der kühleren Jahreszeit einen sehr erholsamen Tag verbringen kann. An solchen Plätzen werden auch verschiedenste Aktivitäten ausgeübt, die aus dem Rahmen des Klisches eines „Sonnenbank-Strandes" fallen.

Ein *elektrisches 12 V-Heizkissen* kann an manchen sonnigen, aber dennoch etwas zu kühlen Tagen das Wohlbefinden steigern (oder retten), wenn es beim Liegen „am Wasser" plötzlich zu kühl wird. Die Stromversorgung lässt sich hier ähnlich lösen, wie bei der solarbetriebenen Kühlbox. Auch hier muss das Solarmodul nicht auf die volle Leistung des Heizkissens dimensioniert sein. Wenn das Heizkissen nicht seine volle Nennspannung oder seinen vollen Nennstrom erhält, wird es einfach nur die Energie in Wärme umwandeln, die es aus dem Solarmodul be-

2

zieht. Es wird dann zwar nicht seine volle Heizleistung erbringen, aber das ist in der Praxis auch nicht unbedingt erforderlich. Oft genügt es, wenn das Heizkissen nur ein klein wenig dem Körper hilft, das Gefühl von aufkommender Kälte zu unterdrücken.

Wer auf seinen frischen Nachmittagskaffee nicht verzichten möchte, der wird sich vielleicht einen kleinen *12 Volt-Wasserkocher* anschaffen, um „an Ort und Stelle" seinen Kaffee mit Solarstrom kochen zu können. Hier ist – im Gegensatz zu dem Heizkissen bzw. zu einer Kühlbox – eine direkte Stromversorgung ohne einen Zwischenspeicher (Akku) etwas zu kritisch. Der Akku kann jedoch sehr klein und leicht sein, wenn er nur einen kleineren Wasserkocher ein einziges Mal mit Energie versorgen soll.

Ein praktisches Experiment hat folgendes gezeigt: Ein **12 Volt/300 Watt-Wasserkocher** brauchte 10 Minuten (= 0,166 Stunde), um ein ca. 15 °C kaltes Wasser für vier Tassen Kaffee zum Kochen zu bringen. Daraus lässt sich nun der Stromverbrauch ausrechnen: 300 W : 12 V = 25 A.

Bei einem Akku manifestiert sich der Stromverbrauch als *„Verbrauch der Akku-Kapazität in Ah (Amperestunden)"*. In unserem Fall sind es die 25 A multipliziert mit 0,166 Stunden. Das ergibt einen *„Kapazitäts-Verbrauch"* von 4,15 Ah. Mit anderen Worten: Um unter ähnlichen Vorbedingungen Kaffee kochen zu können, wird ein 12 V-Akku benötigt, dessen Kapazität „ausreichend" größer

ist als die errechneten 4,14 Ah. Unter dem Begriff „ausreichende" Kapazität ist zu verstehen, dass der Akku während des Wasserkochens nicht zu tief entladen – und somit nicht vernichtet werden darf. Zudem hängt die ganze Kochprozedur von der Wassermenge, Wassertemperatur und von der Umgebungstemperatur ab. Im Prinzip wäre für so ein Vorhaben z.B. ein 12 V/9 Ah-Bleiakku empfehlenswert. Er wiegt nur etwa 2,4 kg, seine Abmessungen sind sehr bescheiden (ca. 13,5 x 7,5 x 13,5 cm) und ein gewisses Nachladen kann an einem sonnigen Tag auch ein kleineres Solarmodul ermöglichen (siehe hierzu auch Kap. 3).

Wer energiesparend frischen Kaffee kochen möchte, kann sich zu einem Tagesausflug heißes Wasser in einer Thermosflasche mitnehmen. Um dies zum Kochen zu bringen, wird nur eine sehr kurze Zeit benötigt und der Energiebedarf sinkt tief unter die Hälfte der vorhin angesprochenen 4,15 Ah. In dem Fall reicht dann ein kleiner 12 V/5 Ah-Bleiakku, der nur ca. 1,5 kg wiegt.

Dieses Beispiel hat selbstverständlich nur einen informativen Charakter. Wer auf derartige Anwendungen konkret eingehen möchte, der wird selber experimentell ermitteln können, wo die Grenzen der Konzeptlösungen liegen. Da es sich in diesem Fall meistens nur um Aufgabenlösungen spielerischer Art handelt, lassen sich eventuelle „Fehlplanungen" im Nachhinein noch problemlos modifizieren, ohne dass ein Schaden entsteht.

Solarstromnutzung beim Campen

Unter den Begriff „Campen" fallen mehrere Arten der Freizeitgestaltung im Freien: Am Flußufer, im Wald oder auf dem Freizeit-Grundstück zu picknicken, im Freien oder auf einem Campingplatz zu zelten bzw. mit einem Caravan oder Reisemobil länger durch die Gegend herumstreunen, usw.

Mit einigen der aufgeführten Formen des Campens befassen sich selbstständige Kapitel, die jeweils spezieller auf die Solarstrom-Nutzung eingehen. Dieses Kapitel befasst sich daher vor allem mit der Solarstrom-Nutzung beim Campen allgemeiner Art (z.B. Zelten). Anwendungen, die bereits im vorhergehenden Kapitel behandelt wurden (oder noch anderweitig behandelt werden), lassen wir nun weg.

3.1 Solarbeleuchtung

Sowohl beim individuellen Zelten, als auch in einem Ferien-Zeltcamp ist eine gute Beleuchtung in und um das Zelt von großem Vorteil. Wer selber einmal, mit einer Taschenlampe zwischen den Zähnen, nachts längere Zeit nach etwas im Zelt suchen mußte, dem braucht man nicht zu erklären, dass eine kleine „Solarleuchte" an der „Zeltdecke" dem Wohlbefinden sehr dienlich ist. Dies gilt auch für eine Außenbeleuchtung (man muss ja ab und zu auch nachts das Zelt verlassen, denn

Nachttöpfe gehören ja nicht zu der gängigen Zeltausstattung).

Abb. 3.1: Bei kleineren Solar-Außenlampen sind die Solarzellen oft direkt an der Oberseite des Lampenkörpers integriert

Solarleuchten gibt es für diese Zwecke in großer Auswahl (im Kap. 8.1 finden Sie diesbezüglich Näheres). Offen bleibt bei dieser Beleuchtung die Frage der Stromversorgungsart:

*   Leuchten, die – wie in *Abb. 3.1* – bereits mit eigenen Solarzellen und einem internen Akku vorgesehen sind, eignen sich

3

beim Campen vor allem dann, wenn sie gleichzeitig mit einem PIR-Bewegungsschalter ausgestattet sind, der das Licht jeweils nur für eine sehr kurze Zeitspanne (von z.B. fünf Minuten) einschaltet. Sie kommen jedoch nur für die Aufstellung auf unbeschatteten Standorten in Frage.

- Leuchten, die über keine eigene Solarzellen und keinen eigenen Akku verfügen, können zwar überall aufgestellt werden, benötigen jedoch ein Zuleitungskabel zu dem solarbetriebenen Akku. Das Solarmodul wird an einer unbeschatteten Stelle gegen den Süden ausgerichtet und kann bedarfsbezogen einen größeren Akku nachladen, der sowohl für die Beleuchtung als auch für andere Zwecke genutzt werden kann.

Natürlich spricht nichts dagegen, dass beide Arten der Solarstrom-Versorgung kombiniert werden können. Solarleuchten, die z.B. in einem größeren Camp nur für die nächtliche Wegmarkierung zuständig sein sollen, dürften bevorzugt über eigene Solarzellen (im Lampenkörper) und eigenen Akku verfügen. Das erleichtert die Installation. Hier sollten jedoch Leuchten benutzt werden, die sowohl über einen PIR-Bewegungsschalter als auch über einen Dämmerungsschalter verfügen.

Lampen, die kein eigenes Solarmodul haben, werden in der Regel von einem Akku (gemeinsamen Akku) betrieben. Was während der Nacht an Energie dem Akku entnommen wird, muss am kommenden Tag – oder während einiger der folgenden Tage – nachgela-

Abb. 3.2:   Größere Solarlampen benötigen in der Regel auch eine entsprechend große Solarzellenfläche, die als Ladestrom-Quelle für einen leistungsstarken Akku dient, der wiederum als Energiespeicher entweder nur für seine eigene Lampe oder auch für mehrere Lampen zuständig ist

den werden. Abhängig von der vorgesehenen „Aufenthaltsdauer" und von den Wetteraussichten muß die Kapazität des Akkus so gewählt werden, dass er auch bei einem teils regnerischen Wetter die Stromversorgung bewältigt.

Als Grundlage für die Berechnung der Akku-Kapazität dient hier der Stromverbrauch der Lampe(n) und die vorgesehene tägliche Leuchtdauer.

3

Beispiel: Eine 12 V/0,9 A-Lampe soll etwa 0,4 Stunden „pro Nacht" leuchten. 0,9 A x 0,4 Stunden = 0,36 Ah. Diese 0,36 Ah „entnimmt" die Lampe pro Nacht dem „Anlagen-Akku". Wenn zu diesem Zweck ein gut aufgeladener 4 Ah-Akku verwendet wird, hat er am nächsten Tag nur noch eine „Rest-Kapazität von 3,64 Ah (4 Ah – 0,36 Ah = 3,64 Ah).

Ohne jegliches Nachladen würde dieser Akku etwa 11 Nächte lang die Stromversorgung der Lampe bewältigen (4 Ah : 0,36 Ah Ý 11,1). Normalerweise wird der Akku jedoch „zwischendurch" (wetterabhängig) von einem Solarmodul nachgeladen.

Ein 4-Ah-Bleiakku darf mit einem Strom von max. 0,4 Ah (10% seiner Kapazität) geladen werden. In diesem Fall wären jedoch 0,4 A eigentlich „zu viel des Guten", denn somit wäre der tägliche Energieverbrauch innerhalb von ca. 65 Minuten nachgeladen (wobei beim Nachladen auch 20% auf Ladeverluste einbezogen sind).

Rein technisch ist gegen so ein promptes Nachladen zwar nichts einzuwenden, aber das Solarmodul wäre bei diesem „übertrieben hohen" Ladestrom unnötig teuer. Daher wäre es vernünftiger, wenn man sich mit einem etwas niedrigeren Ladestrom – von z.B. 0,2 A (200 mA) – zufrieden gibt.

Das Solarmodul wäre dann nur halb so groß und etwa halb so teuer als das „0,4 A-Modul". Die Ladezeit verdoppelt sich von den 65 Minuten auf ca. 130 Minuten (auf 2 Stunden und 10 Minuten).

Dies gilt natürlich nur in der Theorie. In der Praxis wird an so manchen Tagen der Himmel etwas bedeckt – bzw. zeitweise etwas bewölkt, usw. Bei diesem relativ kleinen Stromverbrauch dürfte man davon ausgehen, dass sich an „irgendeinem Tag" die Sonne wohl von ihrer besten Seite zeigen wird und der Akku dann wieder zumindest teilweise nachgeladen werden kann.

Wir sehen uns nun interessehalber an, wie es mit dem Nachladen wäre, wenn 7 Tage lang ein regnerisches Wetter herrschen würde und danach, am achten Tag, die Sonne 6 Stunden lang „perfekt" scheint (wobei der Akku vom Solarmodul mit einem Ladestrom von 0,2 A nachgeladen wird):

7 Tage x 0,36 Ah (an Energieverbrauch der Lampe) = 2,52 Ah

Dieser Verbrauch sollte nun wieder vom Solarmodul nachgeladen werden. Wenn in unserem Fall (am 8. Tag) die Sonne 6 Std. lang voll scheinen wird, ergibt sich daraus ein „Energievolumen" von 6 Std. x 0,2 A = 1,2 Ah. Davon entfallen ca. 0,2 Ah auf Ladeverluste und der Akku wird somit um 1 Ah (auf 3,52 Ah) aufgeladen.

3

Fazit: in diesem Fall müßte der Akku evtl. noch an einem der folgenden Tage etwas nachgeladen werden – falls inzwischen nicht die Heimkehr auf dem Programm steht.

Dieses einfache Beispiel lässt sich natürlich beliebig „ausbauen": Es können mehrere Lampen, diverse andere Verbraucher, Betriebszeiten und dementsprechend auch andere Akku-Kapazitäten eingeplant werden. Was das benötigte Solarmodul angeht, finden Sie Näheres darüber in Kap. 7.

3.2 Heizen mit Solarstrom

Vor allem beim Zelten während der etwas kühleren Jahreszeit – oder im Hochgebirge – kann es nachts unangenehm kalt werden. Hier ist manchmal ein kleines elektrisches Heizkissen – das bereits im 1. Kapitel angesprochen wurde – sehr willkommen. Mit der Solarstromversorgung klappt es dabei allerdings nur auf die Art, dass tagsüber mit Solarstrom ein Akku geladen wird, der entweder für die Energieversorgung von mehreren Verbrauchern oder evtl. nur für ein oder zwei Heizkissen zuständig ist.

Die Dimensionierung einer solchen Mini-Solaranlage dürfte sicherlich auch von der Art des Fortbewegungsmittels abhängen, das die Batterie und das Solarmodul zu transportieren hat. Wer mit einem Auto fährt, der braucht sich in der Hinsicht nicht allzusehr einschränken. Wer dagegen einen Akku mit einem Fahrrad oder Motorrad transportieren muss, der wird den größten Wert darauf legen, dass der ganze Spaß die zumutbaren Grenzen nicht überschreitet.

In dem Fall dürfte z.B. ein kleiner 12 V/ 5 Ah-Bleiakku in Hinsicht auf sein geringes Gewicht (von ca. 1,5 kg) unter Umständen sehr gute Dienste leisten. Er würde ein kleines Heizkissen lange genug warm halten und eine Unterkühlung verhindern. Was „lange genug" ist, dürfte natürlich vom Wetter abhängen und unter Umständen angezweifelt werden.

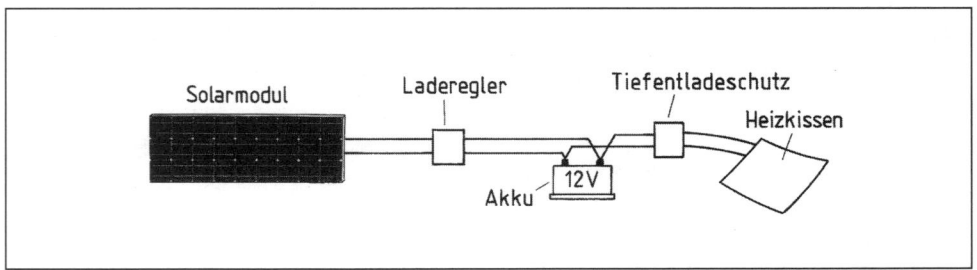

Abb. 3.3:   Anordnung der Bausteine einer Mini-Solaranlage für die Solarstromversorgung eines (oder auch mehrerer) elektrischen Heizkissens bzw. anderer Geräte, die an den Akku (allerdings über den Tiefentladeschutz) angeschlossen werden

Wir sehen uns daher die Sache erst von der Seite der Energie-Kapazität an: Erfahrungsgemäß kann bereits ein 12 V/20 Watt-Heizkissen einen ausreichenden Beitrag dazu leisten, dass der Körper (in einem Schlafsack) genügend unterstützende Wärme erhält. 20 W geteilt durch 12 V ergeben eine Stromabnahme von 1,67 A. Unser 5 Ah-Akku könnte somit etwa 3 Stunden lang das Heizkissen mit Strom versorgen (5 Ah : 1,67 A = 2,99 Stunden). In der Praxis wird der Tiefentladeschutz vielleicht das Heizkissen etwas eher abschalten, aber der Unterschied dürfte bei einem gut aufgeladenen Akku „in erträglichem Rahmen" bleiben.

Als Nächstes stellt sich die Frage des Nachladens: Ein 5 Ah-Akku darf maximal mit einem Ladestrom von 0,5 Ah (10% seiner Kapazität) geladen werden. Bei Berücksichtigung von den zusätzlichen 20% für Ladeverluste erhöht sich der Nachladebedarf von 5 Ah auf 6 Ah (6 Amperestunden). Der Akku muß demnach mindestens 12 Stunden lang mit einem Strom von 0,5 Ah geladen werden, um wieder auf seine volle Kapazität aufgeladen zu werden. Wir wissen inzwischen, dass so ein Akku in der Lade-Endphase nicht mehr den vollen Ladestrom, sondern nur einen geringeren Strom bezieht. Dadurch verlängert sich die Nachlade-Zeitspanne bestenfalls auf ca. 15 bis 16 Stunden. Das ist aber ungefähr doppelt so lange, als die Sonne pro Tag scheint.

Was nun? Im einfachsten Fall kann man sich damit zufriedengeben, daß der 5 Ah-Akku nur soweit nachgeladen wird, wie es das Wetter ermöglicht. An einem sonnigen Tag

könnte man den Akku bei etwas Glück ca. 8 Stunden lang laden.

Während dieser „ersten" 8 Stunden befindet sich der leere Akku noch in der „Durstphase", bei der er mit Hilfe des Ladereglers *fast* den vollen Ladestrom von 0,5 A bezieht. Das hieße, dass der Akku während dieser Zeitspanne auf eine Kapazität von ca. 3 Ah nachgeladen wird – vorausgesetzt die Sonne schien tagsüber ununterbrochen und ausreichend kräftig.

Rechnerisch ergibt sich daraus (in vereinfachter Form) eine Ladung von 8 Stunden x 0,5 Ah (= 4 Ah), wovon 20% auf Ladeverluste verloren gehen. Das ergibt 3,2 Ah, die wir auf 3 Ah abrunden (es handelt sich ja nur um einen Ladestrom von *fast* 0,5 A).

Diese „nachgeladene" Akku-Kapazität würde allerdings während der nächsten Nacht das 20-Watt-Heizkissen nicht mehr 3 Stunden lang, sondern nur etwa 1,8 Stunden lang mit Strom versorgen können (3 Ah : 1,67 ≈ 1,8 Stunden). Dasselbe dürfte dann in diesem Fall auch für alle darauffolgenden Tage und Nächte gelten – vorausgesetzt, das Wetter zeigt sich „kooperativ".

Wir haben dieses nicht gerade „anwenderfreundliche" Beispiel gezielt deshalb gewählt, weil sich hier auch eine interessante Lösungsalternative gegenüberstellen läßt:

Man nehme für dasselbe Anliegen anstelle des 12 V/5 Ah-Akkus einen 12 V/9 Ah-Akku. Wenn hier dasselbe 20 W/1,67 A-Heizkissen drei Stunden lang vom Akku versorgt wird, verbraucht es ebenfalls ca. 5 Ah der Akku-Kapazität. Ein 9 Ah-Akku darf jedoch mit

3

einem Ladestrom von 0,9 A geladen werden (10% der Akku-Kapazität). Wenn hier das Solarmodul entsprechend dimensioniert wird (z.B. als ein 18 V/0,9 A-Modul), kann die vom Heizkissen verbrauchte Kapazität bei schönem Wetter bereits innerhalb von ca. 6,7 Stunden voll nachgeladen werden (6,7 Stunden x 0,9 Ah ≈ 6 Ah). In den 6 Ah sind auch die 20% auf Ladeverluste einbezogen.

Dieser „Trick" mit der „großzügigeren" Dimensionierung der Akku-Kapazität hat bei der Solaranlagen-Planung eine allgemeine Gültigkeit. Wir haben bei dieser Anwendung die Tatsache berücksichtigt, dass der Akku eventuell nur mit einem Fahrrad oder Motorrad transportiert wird und daher weder zu groß, noch zu schwer sein darf (ein 9 Ah-Akku wiegt immerhin ca. 2,4 kg). Wenn so ein Akku einfach im Auto mitgenommen werden kann, braucht man bei der Dimensionierung nicht so knauserig sein. Dann könnte z.B. ein noch größerer Akku sogar während einiger völlig regnerischen Tage das Heizkissen mit Strom versorgen und erst an einem darauffolgenden sonnigen Tag wieder nachgeladen werden.

Aus diesen Überlegungen geht hervor, dass die Dimensionierung einer solarelektrischen Stromversorgung ziemlich viel Spielraum bietet. Dabei kommt es verständlicherweise auch darauf an, wieviel Tage (bzw. Nächte) das Campen dauern soll oder welche Ansprüche an so eine „Solarheizung" gestellt werden. Es kann ja sein, dass mehrere Heizkissen betrieben werden sollen oder dass eine andere Betriebs-Zeitspanne vorgesehen ist. Auch in diesem Zusammenhang weisen wir auf Kap. 7 hin.

3.3 Kochen mit Solarstrom

Schnell zum Frühstück Kaffee oder Tee kochen? Mit einem kleineren elektrischen 12 Volt-Wasser- oder Kaffeekocher läßt es sich leicht machen. Als Stromquelle kommt dabei üblicherweise nur ein Akku in Frage, der „danach" mit Solarstrom nachgeladen wird.

Mit der Berechnung der benötigten Akku-Kapazität ist es nicht anders, als bei den vorhergehenden Beispielen. Die meisten elektrischen Kochgeräte dieser Art haben zwar einen relativ hohen Strombedarf, aber benötigen den elektrischen Strom wiederum nur eine ziemlich kurze Zeit.

Einiges darüber wurde bereits im Kap. 2.4 erklärt, aber dort handelte es sich um einen Direktbetrieb des Wasserkochers vom Solarmodul. Wird der Wasserkocher mit elektrischem Strom von einem Akku versorgt, interessiert uns sein „energetischer Bedarf" in Amperestunden (Ah), die er dem Akku „abzapft".

Ein 12 V/25 A-Wasserkocher, der 10 Minuten lang (≈ 0,17 Stunde) seinen Strom vom Akku bezieht, verbraucht

$$25 \text{ A x } 0,17 \text{ Std. } = \underline{4,25 \text{ Ah}}$$
von der Akku-Kapazität

Dieser „Kapazitätsverlust" muss dem Akku wieder „bei der ersten besten Gelegenheit" nachgeladen werden.

3.1 Solarbeleuchtung

Wer zu diesem Zweck seine Autobatterie anzapft, der muss vernünftig „durchkalkulieren", wieviel er ihr zumuten darf, ohne sich dabei der Gefahr auszusetzen, dass danach sein Auto nicht mehr startet. Wenn sich der Automotor erfahrungsgemäß immer leicht anlassen lässt und wenn die Autobatterie intakt, ausreichend groß und gut aufgeladen ist, wird sie ein derartig kleines „Anzapfen" durch einen externen Verbraucher problemlos verkraften.

Darunter dürfte man sich konkret Folgendes vorstellen: Angenommen, die Autobatterie hat eine Nennkapazität von 60 Ah und konnte während der letzten Fahrt „ziemlich gut" nachgeladen werden. Wie gut sie tatsächlich nachgeladen wurde, lässt sich „messtechnisch" (mit einem Voltmeter) nicht allzu genau feststellen, denn man kann nur ihre jeweilige Spannung, aber nicht ihren „energetischen Inhalt" (in Ah) messen.

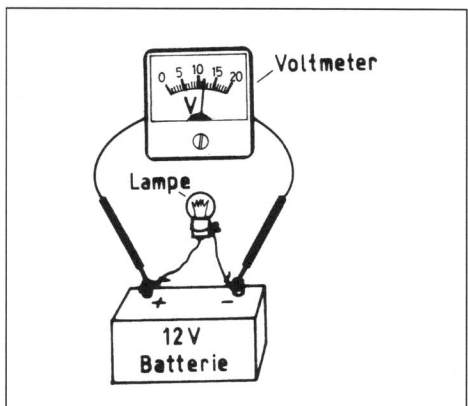

Abb. 3.4: Die Spannung eines Akkus soll grundsätzlich nur unter Belastung (mit z.B. einer kleineren 12 V-Lampe) gemessen werden (beim Messen der Spannung einer Fahrzeugbatterie kann z.B. das Parklicht eingeschaltet werden)

Die jeweilige Spannung weist bei einer Autobatterie (wie auch bei anderen Akkus) nur *ungefähr* auf ihre „zur Verfügung stehende" Kapazität hin. Die „offizielle" Nennspannung einer Autobatterie wird zwar mit 12 Volt angegeben, variiert jedoch – abhängig davon, ob sie voll oder nur geringfügig aufgeladen ist – zwischen ca. 10,5 und 13,6 Volt. Wenn ein Voltmeter an einer 12 V-Autobatterie eine 12 V-Spannung (unter Belastung) anzeigt, weist es eigentlich darauf hin, dass die Batterie „in etwa" nur noch „halb" geladen ist (und somit auch nur noch ca. die Hälfte ihrer offiziellen Kapazität zu bieten hat).

Bei allen diesen Überlegungen ist zu berücksichtigen, dass die Kapazität der Autobatterien kleinerer Personenautos oft nur bei 36 bis 40 Ah liegt. Die Batterie-Kapazität ist auf den Automotor so abgestimmt, dass sie auch in einem „halb geladen" Zustand unter ungünstigen Bedingungen (Frost, Feuchtigkeit, alte Zündkerzen) ihre Aufgabe meistert. Darunter ist zu verstehen, dass der Fahrzeugmotor etwa fünfmal nacheinander (mit jeweils 10 Sekunden Pause) angelassen werden kann, bevor die Batterie-Restkapazität erschöpft ist.

3

Im Zusammenhang mit dem Campen hängt die Kapazität der Autobatterie am „Campingplatz" auch davon ab, wie gut die Batterie während der Anfahrt von der Lichtmaschine nachgeladen werden konnte. Wenn während der letzten Fahrt die Autolichter, Scheibenwischer und die Auto-Musikanlage voll eingesetzt wurden, konnte die Lichtmaschine bestenfalls nur sehr geringfügig die Autobatterie nachladen. Und falls dabei auch noch der Anlasser oft betätigt wurde, wird die Autobatterie wahrscheinlich nicht einmal mehr den Wasserkocher verkraften können.

In solchen Fällen erweist sich als sehr praktisch ein kleines Solarmodul, das z.B. am Autodach montiert wird und sowohl die Autobatterie als evtl. auch noch eine Zweitbatterie (z.B. eine preiswerte 12 V/36 Ah-Autobatterie) „mehr oder weniger laufend" nachladen kann.

Die Dimensionierung des Solarmoduls hängt auch hier davon ab, wie man die Wetterbedingungen während der „Anwendungsperiode" einschätzt. Der Ladestrom einer 36 Ah-Autobatterie (bzw. eines anderen vergleichbar großen Bleiakkus) darf max. 3,6 A betragen.

Damit ist die Höchstgrenze des Solarzellen-Nennstroms festgelegt. Die Solarspannung dürfte bei ca. 17 V (im Sommer) bis 20 V (für die „trübere" Jahreszeit) liegen.

Wenn wir einfachheitshalber mit einer Solarspannung von 18,5 V rechnen, ergibt sich daraus bei einem 3,6 A-Ladestrom eine Modulen-Nennleistung von 66,6 Watt (18,5 V **x** 3,6 A = 66,6 W). Ausgehend davon, dass ein modernes Solarmodul etwa 120 bis 130 W/m^2 aufbringt, wäre die benötigte Modulenfläche etwa 0,5 m^2 groß (z.B. 50 x 100 cm oder 70 x 71 cm).

Eine derartig große Modulenfläche – bzw. Modulenleistung – würde unter optimalen Wetterbedingungen ein tägliches Nachladen der Batterie(n) um 25 Ah ermöglichen. Oft wird ein wesentlich bescheideneres Nachladen genügen und das Solarmodul kann dann in Bezug auf seine Größe und Nennleistung z.B. halbiert werden. Anderseits ist am Autodach auch für ein wesentlich größeres Solarmodul Platz genug und bedarfsbezogen kann somit auch eine entsprechend größere Zweitbatterie solarelektrisch geladen werden.

Solarstromnutzung im Caravan und Reisemobil

4

Im Caravan oder Reisemobil kann unter Umständen die Anzahl der elektrischen Verbraucher sehr umfangreich sein: Leuchtkörper, Kühlschrank, Klimageräte, Umluftgebläse, Audio- und Videogeräte, Navigationssysteme, Mikrowelle, Elektrogrill, Wasser-/Kaffeekocher, elektrische Einstiegstufe, elektrisch verstellbare und beheizbare Spiegel, Staubsauger, Rückfahrkamera, elektrische Schreibmaschine, Computer, Alarmanlage, Geschirrspüler, usw. Einige der hier aufgeführten Verbraucher (worunter der Geschirrspüler) gehören zwar nur in Reisemobilen gehobener Preisklasse zum Inventar, aber sie

Abb. 4.1:   Zwei kleinere Solarmodule am Caravandach können die Bordbatterie auch während der Fahrt nachladen

kommen vor und müssen dann auch funktionieren.

Die meisten Caravans und Reisemobile verfügen bereits über eigene „Bord-Akkus" (Zweitbatterien), die zumindest zum Teil direkt vom Fahrzeugmotor geladen werden. Größere Caravans oder Reisemobile sind sogar mit einem zusätzlichen elektrischen Benzin- oder Dieselgenerator ausgerüstet, der für die Bordelektrik zuständig ist. An sich eine feine Sache, aber die Lärm- und Gestankentwicklung beschränkt die Nutzung an Standorten mit mehreren Teilnehmern.

Bei vielen Caravans und Reisemobilen hat der Zweitakku nur eine ziemlich niedrige Kapazität (oft nur zwischen ca. 60 und 90 Ah). Damit läßt sich in der Praxis nicht allzuviel anfangen. An vielen westeuropäischen Campingplätzen steht zwar ein elektrischer Netzanschluss zur Verfügung – allerdings nicht an allen. Zudem hat man keinen Stromanschluss während der Anfahrt, die manchmal einen ganz respektablen Teil des Urlaubs in Anspruch nimmt.

Abgesehen davon, ist es nicht gerade jedermanns Sache, dass er seinen ganzen Urlaub an einem einzigen Campingplatz verbringt. Wer etwas mehr herumfährt, wird in der Regel eine eigene unabhängige leistungsfähige Stromversorgung besonders begrüßen.

4

Abb. 4.2: Ein flexibles Solar-modul am Reisemobil- oder Ca-ravandach hat den Vorteil, dass während der Fahrt keine zusätz-lichen Luftgeräusche durch die Module entstehen

Als Erstes stellt sich hier die Frage der opti-malen Kapazität des Zweitakkus, der für den „Wohnkomfort" zuständig ist. Soweit es sich um einen Caravan-Zweitakku handelt, kann dieser zu einem Teil von der Pkw-Lichtma-schine geladen werden. Vor allem dann, wenn die eigentliche Autobatterie des Pkws wäh-rend einer Fahrt am „helllichten" Tag nur zum Anlassen des Motors benötigt wird und daher nur geringfügig nachgeladen werden muß. Somit kann fast die volle Leistung der Lichtmaschine zum Nachladen der Zweit-batterie (im Caravan) genutzt werden. Aller-dings nur dann, wenn das Fahrzeug herstel-lerseits für diese Aufgabe ausgelegt ist. Ansonsten besteht die Gefahr, dass bei einer „Eigenbau-Modifizierung" beim Nachladen des Zweitakkus der eigentliche Fahrzeug-akku unter Umständen derartig tief entladen wird, dass er das Fahrzeug nicht mehr anlas-sen kann.

Zudem setzt so ein „kombiniertes Laden" voraus, dass vor dem Start in den Urlaub die eigentliche Autobatterie möglichst voll ge-laden wird und dass im Auto selbst ein „Kontroll-Voltmeter" installiert wird, der die Spannung der Autobatterie anzeigt.

4

Abb. 4.3: Ein „Mitnahme-Solarmodul" hat den Vorteil, dass es evtl. auch anderweitig verwendet werden kann – allerdings wiederum nur für stationäre Nutzung in Frage kommt

So stellt in den meisten Fällen z.B. ein flexibles Solarmodul am Autodach die beste Lösung dar. Von ihm aus kann sowohl das Nachladen einer Caravan-Bordbatterie als auch evtl. das Nachladen der eigentlichen Autobatterie stattfinden. Dies ist vor allem dann sinnvoll, wenn während der Fahrt (oder während des Parkens) an die Autobatterie diverse „stromfressende" Verbraucher (Kühlbox, Kaffeekocher, Unterhaltungselektronik) angeschlossen wurden und diese zu sehr „leergepumpt" haben.

4.1 Kühlen und Lüften mit Solarstrom

Kühlen und Lüften mit Solarstrom hat verständlicherweise den großen Vorteil, dass es sich um ein Vorhaben handelt, dessen Bedeu-

tung insbesondere tagsüber um so größer ist, je kräftiger die Sonne scheint.

Unter solchen Bedingungen kann der Solarstrom ohne eine Zwischenspeicherung direkt zum Betreiben von Klimaanlagen, Kühlgeräten oder Lüftern genutzt werden. Allerdings nur zeitlich beschränkt, denn an so manchen heißen Tagen hält die Hitze bis Mitternacht an (man kann dann nicht einmal einschlafen). In dem Fall ist es von Vorteil, wenn die Solaranlage bevorzugt so konzipiert ist, dass sie wahlweise sowohl für den Direktbetrieb der vorgesehenen Geräte als auch zum Nachladen des Bord-Akkus verwendet werden kann.

Theoretisch klingt das Ganze vernünftig, praktisch lässt es sich auch verwirklichen, kostet jedoch eine „Stange Geld". Leider. Es ergibt aber keinen „tieferen Sinn", wenn man

4

mit einem Caravan oder Reisemobil durch die Gegend fährt, um Spaß am Leben zu haben und dabei „tierisch" unter der Hitze leidet.

Die eigentliche Solarstromversorgung kann bei derartigen Fahrzeugen sehr großzügig am Fahrzeugdach angelegt werden. Die Solarleistung lässt sich in dem Fall ausreichend dimensionieren, um einige der Verbraucher evtl. auch direkt betreiben zu können.

Die Summe des Strom- bzw. Energiebedarfs ergibt sich auch hier einfach aus der Stromabnahme einzelner Verbraucher, die betrieben werden sollen.

Ventilatoren arbeiten in der Hinsicht ziemlich „energiesparend". Wesentlich schlimmer ist es mit elektrischen Kühlgeräten bzw. Klima-

anlagen (das sind echte Stromfresser). Es gibt jedoch spezielle Solar-Kühlschränke, die nur einen Energieverbrauch von ca. 300 bis 400 Wh pro Tag in Anspruch nehmen. Das sind umgerechnet 25 bis 33,3 Ah an täglichem Verbrauch von der „Bordbatterie-Kapazität".

Ein Kühlschrank benötigt verständlicherweise eine kontinuierlich zur Verfügung stehende Stromversorgung. Um Solarstrom zu sparen, der durch Ladeverluste verloren geht, können sowohl der Kühlschrank als auch diverse andere Verbraucher als wahlweise „umschaltbar" vom Solarmodul auf die Bordbatterie nach *Abb. 4.4* installiert werden.

Kap. 2.1 befasste sich mit einer solarbetriebenen Kühlbox, die themenbezogen nur im Direktbetrieb vom Solarmodul genutzt wur-

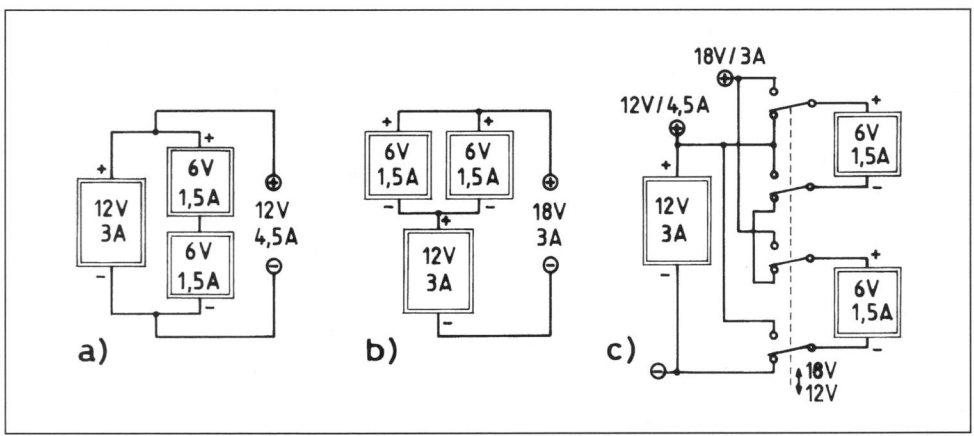

Abb. 4.4:   Wenn die Spannungen und Leistungen der Solarmodule im Verhältnis von **1 : 2** aufeinander angepasst sind (wie hier dargestellt wurde), können die Solarzellen ohne Leistungsverluste sowohl für einen Direktbetrieb als auch zum Laden genutzt werden: a) Seriell-parallele Verschaltung der Module für einen Direktbetrieb von 12 V-Verbrauchern b) Durch Änderung der Verschaltung steht eine Ladespannung von 18 V zur Verfügung. c) Praktisches Lösungsbeispiel einer manuellen Modulen-Umschaltung mit Hilfe von einem 4xUM-Schalter

de. Bei einem kleineren Caravan oder Reisemobil kann evtl. anstelle eines Kühlschranks auch nur eine kleine Kühlbox verwendet werden. Allerdings nur um Raum zu sparen, denn auch eine der kleinsten tragbaren Auto-Kühlboxen verbraucht oft mehr Strom als ein vielfach größerer Solar-Kühlschrank. Das liegt bei der Kühlbox an ihrem preiswerten, aber „energieverschwendendem" Peltier-Kühlelement.

Wichtig

Kleinere handelsübliche Kühlschränke werden zwar größtenteils als Kompressor-Kühlschränke, teilweise jedoch auch als Absorptions-Kühlschränke konzipiert. Falls Sie für Ihr Vorhaben keinen „echten" Solarkühlschrank finden, achten Sie darauf, dass Ihnen nicht ein Absorptions-Kühlschrank unterläuft. Kühlschränke dieses Typs arbeiten zwar sehr leise (was für die Nachtruhe in einem Hotelzimmer von Vorteil ist), aber sie haben einen wesentlich größeren Stromverbrauch als Kompressor-Kühlschränke.

4.2 Solarstrom für die Beleuchtung

Die Berechnung des täglichen Verbrauchs von Leuchtkörpern wurde bereits im Kap. 3.1 ausreichend erklärt. Bleibt nur noch der Hinweis darauf, dass sowohl normale Glühlampen als auch Halogenlampen einen zu niedrigen Wirkungsgrad haben und in Kombination mit Solarstrom-Versorgung daher bevorzugt

durch energiesparende Leuchtstofflampen ersetzt werden sollten (siehe hierzu Kap. 8.1).

Wenn ein Caravan oder Reisemobil nur während der Sommerzeit genutzt wird, ist der Bedarf an elektrischer Innenbeleuchtung minimal. Als Diebstahl- bzw. Einbruchssicherung kann jedoch eine energiesparende Außenbeleuchtung in Betracht gezogen werden (entweder als Dauerbeleuchtung oder in Kombination mit einem Infrarot-Bewegungsschalter und Dämmerungsschalter).

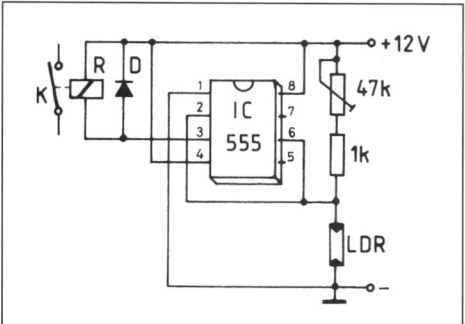

Abb. 4.5: Ein einfacher, aber perfekt funktionierender Dämmerungsschalter mit dem IC 555 (oder NE 555 bzw. ICM 7555): Die erwünschte Lichtempfindlichkeit (Schaltschwelle) eines beliebigen preiswerten Fotowiderstandes *(LDR)* wird mit dem rechts eingezeichneten *47 kΩ*-Potentiometer (Trimmpoti) eingestellt. Der Schaltkontakt K des Relais R kann eine oder mehrere Lampen schalten. Diode *D = 1 N 4148 (Bauteilen Bezugsquelle: Conrad Electronic).*

Ein Dämmerungsschalter findet gerade im Zusammenhang mit der Solarbeleuchtung viele Anwendungsmöglichkeiten und lässt sich auch im Selbstbau sehr leicht, problemlos und preiswert nach dem Schaltplan in Abb. 4.5 erstellen. Diese Schaltung funktioniert auf Anhieb und wenn der Relaisspulen-

4

Widerstand überhalb von ca. 220 Ω liegt, kann anstelle des eingezeichneten Timer-ICs „555" das energiesparende IC „ICM 7555" verwenden (das IC „555" bzw. „NE 555" ist jedoch strapazierfähiger). Bei der Wahl des Relais ist auf die vom Hersteller angegebene Kontaktbelastung (in Ampere) zu achten. Der Relaiskontakt **K** sollte für eine *Dauerstrombelastung* ausgelegt sein, die *zumindest* etwa das Fünffache von dem geschalteten Strom beträgt.

4.3 Heizen mit Solarstrom

Heizen mit Solarstrom ist bei einem Caravan oder Reisemobil bei dem heutigen Stand der Technik leider nur in einem kleineren Umfang realisierbar. In der Praxis kommen (während der kühleren Jahreszeit oder an kühlen Nächten) vor allem elektrische Heizkissen oder Heizdecken zum Einsatz, die ihren Strom aus einer entsprechend dimensionierten Bordbatterie beziehen (dieses Thema wurde bereits im Kap. 3.2 behandelt).

Eine andere Möglichkeit bietet z.B. das Beheizen eines Innen-Sitzplatzes mit Hilfe von Infralampen, Infrastrahlern oder auch mit einem Kfz-Heizlüfter als Fußwärmer.

Kleine 12 V-Kfz-Heizlüfter, die z.B. nur eine Stromaufnahme von ca. 12,5 A (Leistungsaufnahme von 150 W) haben, leisten während der kühleren Jahreszeit auch tagsüber sehr willkommene Dienste. Wenn zudem die Sonne scheint, kann so ein Heizlüfter den Strom direkt vom Solarmodul beziehen. Dasselbe gilt z.B. für eine Infrarotlampe (die annähernd dieselbe Aufnahmeleistung hat).

Von der Größe der zur Verfügung stehenden Solarzellenfläche hängt dann ab, wieviel Wärme auf diese Weise erzeugt werden kann. Normalerweise lässt sich die Innentemperatur im Caravan oder Reisemobil *solarelektrisch* zwar angenehm erhöhen, aber eine „echte" Beheizung des Innenraums wäre mit dieser Energiequelle nur bedingt realisierbar. Wenn z.B. die ganze Dachfläche eines Caravans oder Reisemobils mit Solarzellen (Solarmodulen) versehen ist, kann die Solarleistung an einem kalten, aber sonnigen Tag die Innenheizung bewältigen. Allerdings nur solange die Zellen optimal bestrahlt sind. Danach ist „der Ofen aus". Eine Abhilfe bieten diverse zusätzliche Energiequellen – worunter auch Windgeneratoren.

4.4 Kochen mit Solarstrom

Ähnlich wie das Heizen beschränkt sich auch das Kochen (oder Aufwärmen) mit Solarstrom nur auf einige einfachere Aufgabenbereiche.

Ziemlich unproblematisch ist es mit dem Kaffeekochen, Teewasser-Kochen, beim Aufwärmen von Babynahrung, kleineren Mahlzeiten oder des Wassers fürs Waschen, Abwaschen und evtl. Rasieren.

Zur Vorinformation: Die kleinsten Wasserkocher sind als ca. 12 Volt/125 Watt-Geräte ausgelegt und haben einen Wasserinhalt von etwa 0,4 Liter. Das reicht für zwei Tassen Kaffee oder Tee bzw. fürs Aufwärmen von Babynahrung. Die Brühzeit nimmt hier – abhängig von der „Ausgangstemperatur" des verwendeten Wassers – ca. 20 Minuten (= $^1/_3$ Stunde) in Anspruch.

Sehen wir uns interessehalber kurz an, wie es hier mit dem Energiebedarf steht:

125 W : 12 V = 10,42 A
10,42 A x 0,34 Stunde ≈ 3,5 Ah

Aus diversen vorhergehenden Beispielen wissen wir bereits, dass hier die 3,5 Ah von der zur Verfügung stehenden Kapazität eines Akkus verbraucht werden.

Alternativ zu diversen Wasserkochern (die wahlweise für Spannungen von 12 V oder 24 V erhältlich sind) führt der Handel auch „echte" 12 Volt- bzw. 24 Volt-Kaffeemaschinen, die oft mit einem Anschluss an den Pkw-Zigarettenanzünder angeboten werden.

Wer auf sein Frühstück nicht verzichten möchte, der kann einen elektrischen Eierkocher auf die Reise mitnehmen. Diese sind jedoch in 12 V- oder 24 V-Ausführung nur schwierig auffindbar und oft bleibt keine andere Wahl, als den Eierkocher als „Netzgerät" über einen Wechselrichter 230 V zu betreiben.

Ein kleinerer elektrischer Eierkocher (für max. 7 Eier) verbraucht „pro Einsatz" etwa 2,9 Ah von der Akku-Kapazität. Wenn er über einen Wechselrichter betrieben wird, dessen Wirkungsgrad z.B. nur bei 92% liegt, steigt der Energieverbrauch um diesen Verlust (auf ca. 3,16 Ah). Damit lässt sich „leben".

Etwas umständlicher ist es mit der Ermittlung des Energieverbrauchs einer „Mikrowelle". Hier hängt einerseits vom Gerät selbst, anderseits auch von der Art und Menge der Speise ab, wie lange sie gegart oder erhitzt werden muss.

Als eine reine Vorinformation über die Größenordnung des Energieverbrauchs dürfte hier Folgendes gelten: Die benötigte Leistung liegt in den meisten Fällen zwischen ca. 300 und 600 Watt. Das Aufwärmen von vorbereiteten Speisen (Fertiggerichten) dauert zwischen etwa 3 bis 7 Minuten. Daraus ergibt sich ein Energieverbrauch von ca. 1,25 Ah bis 6,4 Ah von der Akku-Kapazität. Beim Garen von Fleisch (das 15 bis 40 Minuten in Anspruch nimmt), liegt der Energieverbrauch bei ca. 8,2 Ah bis 25 Ah der Akku-Kapazität.

Diese Angaben bzgl. der Mikrowellen-Anwendung beziehen sich auf einen Verbrauch inklusive der Verluste im Wechselrichter (12 V=/230 V~) und dienen nur der allgemeinen Vorinformation. Eine genauere Berechnung des tatsächlichen Energiebedarfs sollte sich grundsätzlich an den Geräten orientieren, die auch tatsächlich verwendet werden.

4.5 Alarmanlage

Auch der Caravan oder das Reisemobil übt auf die Einbrecher eine zunehmende Anziehungskraft aus und eine Alarmanlage gehört zu den mit Abstand besten Einbruchsschutz-Vorrichtungen (man will ja nicht durch die Gegend mit Panzertüren oder vergitterten Fenstern reisen).

4

Erwiesenermaßen brechen Diebe mit Vorliebe gerade dort ein, wo mehrere Caravans und Reisemobile geparkt sind: Auf Autobahn-Rastplätzen, verschiedenen kleinen Stellplätzen und sogar auf Campingplätzen. Hier ist eine Alarmsirene in Kombination mit einer Alarmbeleuchtung besonders wirkungsvoll, denn sie „alarmiert" die ganze Umgebung und die Diebe suchen logischerweise schnellstens das Weite.

Wer seinen Caravan oder sein Reisemobil abends vor einer Gaststätte abstellt, um dort gemütlich essen zu gehen, der sollte zusätzlich im Besitz eines kleinen Funk-Signalgebers sein, dessen Taschen- oder Gürtel-Empfänger ihm alarmiert, wenn Einbruchsversuche vorgenommen werden.

Handelsübliche Alarmanlagen oder andere Einbruchsschutz-Produkte gibt es in großer Auswahl entweder als komplette Bausätze oder auch als Einzelbausteine. Einige davon sind speziell als Kfz-Einbruchsschutz, andere als Heim-Alarmzentralen ausgelegt. Sie bestehen üblicherweise aus mehreren Alarmschaltern und Sensoren, die entweder mit Hilfe eines dünnen Kabels oder alternativ per Funk mit einer Bord-Alarmzentrale verbunden werden.

Ein Elektroniker wird sich in den meisten Fällen seinen Einbruchsschutz selber erstellen bzw. zusammenstellen. Er kann nach eigenem Ermessen diverse Mikroschalter, Magnetschalter, Bewegungsmelder, usw. an allen Türen und Fenstern anbringen, die für den Einbrecher „einladend" wirken könnten. Diese Einbruchsschutz-Bauteile sind inzwischen auch wahlweise mit integrierten Funk-

sendern erhältlich, wodurch sich evtl. Verbindungsleitungen erübrigen.

Was den damit verbundenen Strombedarf anbelangt, kommt dieser im Standby-Betrieb nur bei den eigentlichen „Alarmgebern" (Sirene, Alarmbeleuchtung) zur Geltung. Die gängigen „Funk-Melder" sind für eine Batterieversorgung ausgelegt. Die Batterie ist direkt in diesen Kleingeräten untergebracht und geht oft länger als ein Jahr mit.

Der Stromverbrauch von diversen 12 V- oder 24 V-Sirenen liegt zwischen ca. 150 mA und 1,5 A. Der Stromverbrauch von „Alarmlampen" dürfte beispielsweise 2 x 1,1 A betragen (bei zwei Leuchtstofflampen, die evtl. auch als normale Außenbeleuchtung verwendet werden). Echte Flutlichtstrahler, die bei größeren Einbruchsschutz-Anlagen (Garten- und Hofanlagen) üblich sind, wären in diesem Fall überflüssig.

Der „kräftigere" Stromverbrauch beschränkt sich bei derartigen Schutzvorrichtungen nur auf einige Minuten, während denen die Sirene heult und die Lampen leuchten. Wenn die „Bewohner" des Caravans oder Reisemobils anwesend sind, schalten sie den ausgelösten Alarm nach einigen Minuten ab. Falls sie abwesend sind, sollte die Dauer des Alarms mit einem Zeitschalter (Timer) beschränkt werden – um die Nachbarn in der Umgebung nicht unzumutbar lange zu belästigen.

Am einfachsten lässt sich ein solcher Timer im Eigenbau nach *Abb. 4.6* erstellen: Wenn Pin 2 des Timer-ICs *„555"* *(oder ICM 7555)* über einen Alarmkontakt (**START**-Kontakt) kurz mit der Masse verbunden wird, kippt die

Abb. 4.6: Ein preiswerter Eigenbau-Zeitschalter (Timer) als „Herz" einer einfachen, aber sehr wirkungsvollen Alarmanlage: Das IC *555 (alternativ auch NE 555 und ICM 7555)* schaltet ein Relais ein, an dessen Arbeitskontakt **K** diverse Alarmgeber angeschlossen werden können; der ohmsche Widerstand der Magnetspule des Relais **R** sollte mindestens ca. *220 Ω* betragen, wenn das „energiesparende" IC „*ICM 7555*" verwendet wird; Diode *D = 1 N 4148*.

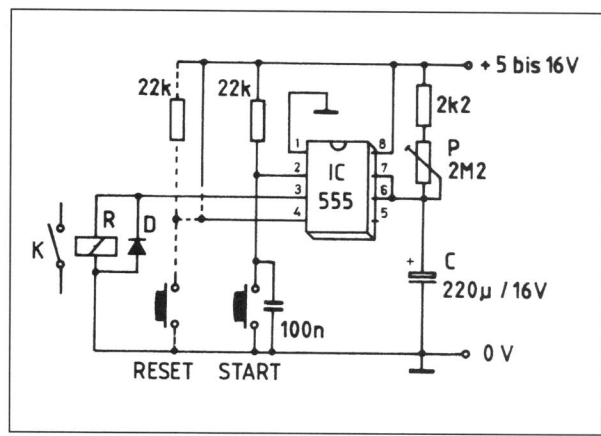

Spannung an seinem Pin 3 von **L**ow auf **H**igh, das Relais **R** springt an und schaltet über seinen Schaltkontakt **K**, die an ihn angeschlossenen Alarmgeber ein. Die Einschaltdauer wird mit dem Einstellpotentiometer **P** auf ca. 4 bis 10 Minuten eingestellt. Mit der RESET-Taste kann der Timer (Alarm) abgestellt werden.

Der Relais-Schaltkontakt **K** sollte – ähnlich wie bei dem Dämmerungsschalter aus *Abb. 4.5* – ausreichend dimensioniert sein (z.B. für einen Dauerstrom von 8 bis 12 A), wenn Verbraucher mit größerer Stromabnahme geschaltet werden. Dieser Relaiskontakt, oder *einer* der Relaiskontakte – falls ein Relais mit mehreren Kontakten verwendet wird – kann eventuell auch einen Alarm-Funksender bedienen, dessen Empfänger bei Abwesenheit am besten bei einem Camping-Nachbarn deponiert wird.

Bei der Anschaffung eines solchen Funk-Alarmmelders ist auf die *Reichweite* zu achten. Am preiswertesten sind für derartige

Zwecke auch diverse Funk-Türglocken erhältlich (von denen einige eine Reichweite von 100 m haben). Der Funk-Drucktaster beinhaltet einen Sender, der in dem kleinen Taschenformat-Empfänger ein elektronisches Klingeln oder eine Gong-Melodie auslöst.

Die vom Hersteller angegebene Reichweite hängt bei allen Funkverbindungen von der Art der Hindernisse zwischen dem Sender und dem Empfänger ab. Nicht nur nasse Mauern und Wände, sondern auch magnetische Störfelder (von u.a. Hochspannungsleitungen, Starkstromgeräten oder von diversen anderen Sendern) können die jeweilige Reichweite verringern. Daher sollte auf eine anwendungsbezogene Funktionskontrolle nicht verzichtet werden.

Da man einen Dieb kaum dazu bewegen kann, dass er freiwillig seinen Besuch durch Betätigung einer Klingeltaste anmeldet, muss diese von einem zusätzlichen Alarmkontakt (Mikroschalter) oder mit dem eben erwähnten Relaiskontakt betätigt werden.

4

Dass so eine Modifikation bei modernen Produkten üblicherweise nur mit Einsatz von etwas Gewalt gelingt, ist bekannt: das Gehäuse des Drucktasters muss oft brutal auseinandergebrochen werden, um den erwünschten Zugang zu den Anschlüssen des Tasterkontaktes zu finden. Macht nichts, denn es geht hier ja nur um den Sender, der bei etwas Handfertigkeit einen solchen vandalistischen Eingriff überlebt.

Die Versorgungsspannung der handelsüblichen Türglocken-Funksender beträgt sehr oft 12 V – womit das Gerät direkt von einer 12-V-Bordbatterie betrieben werden kann. Falls ein Funksender verwendet wird, der für eine niedrigere Versorgungsspannung (von z.B. 9 V) ausgelegt ist, oder wenn ein 12 V-Funksender an ein 24 V-Bordnetz angeschlossen werden soll, kann die Versorgungsspannung mit einer entsprechenden Zenerdiode (*wie in Abb. 4.7 links*) oder mit einem einstellbaren Spannungsregler (*wie in Abb.*

4.7 rechts) auf den gewünschten Wert reduziert werden. Dies gilt auch für diverse andere elektronische Kleingeräte.

Bei der Anwendung von Zenerdioden ist darauf zu achten, dass die Dioden-Leistung nicht überschritten wird. Über die in *Abb. 4.7* eingezeichnete 0,5-Watt-Zenerdiode *ZPD 3 V* kann beispielsweise ein Kleingerät einen Strom von (theoretisch) ca. 0,166 A beziehen (3 V **x** 0,166 A ≈ 0,3 W).

Einstellbare Spannungsregler sind in der Hinsicht leistungsfähiger und verkraften typenabhängig einen Strom von ca. 0,1 A bis ca. 10 A oder auch mehr. Die in *Abb. 4.7 rechts* aufgeführte Schaltung dürfte zwar als „typisch" für annähernd alle Spannungsregler gelten, aber die Werte des 5 kΩ-Potentiometers **P** und des 240 Ω-Widerstandes gelten nur für die aufgeführten bzw. „verwandten" Typen. Bei Anwendung anderer Regler ist auf die Herstellerangaben zu achten.

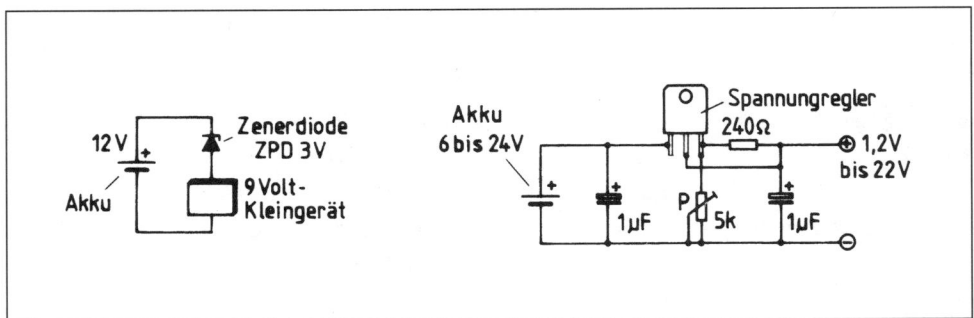

Abb. 4.7: Wenn der Funksender – oder ein anderes elektronisches Gerät – für eine niedrigere Versorgungsspannung ausgelegt ist als die Bordbatterie hat, kann die Spannung auf einfache Weisen reduziert werden: a) mit einer passenden Zenerdiode (was vor allem für Kleingeräte geeignet ist) b) mit einem einstellbaren kurzschlussfesten Spannungsregler *TL 317 LT (0,1 A) oder LM 350 T (3 A) Zu beachten: der Spannungsregler ist in Rückansicht gezeichnet.*

Solarstrom auf dem Boot oder auf einer Yacht

Die eigentlichen Möglichkeiten der Solarstromnutzung auf einem Boot oder auf einer Yacht sind im Prinzip identisch mit denen, die im vorhergehenden Kapitel im Zusammenhang mit dem Caravan oder Reisemobil beschrieben wurden. Eine Ausnahme bilden hier noch diverse Navigations- und Kommunikationsgeräte, elektrische Ankerwinde, Such- oder Bugscheinwerfer, ein Autopilot oder sogar eine elektrische Waschmaschine mit Wäschetrockner. Hier nimmt der Strombedarf unter

Umständen eine kleinere Bordbatterie sehr in Anspruch.

Größere Boote und Yachten verfügen allerdings sehr oft über einen separaten elektrischen Diesel- oder Benzin-Generator, der relativ leise läuft und das elektrische Bordnetz mit Strom voll versorgen kann. Wenn dagegen bei kleineren Booten nur eine etwas bescheidener dimensionierte Lichtmaschine die Stromversorgung bewältigen muss, hat es eine ziemliche Einschränkung der Anwen-

Abb. 5.1: Für ein kleines Solarmodul findet sich leicht irgendwo am Boot Platz ...

5

dung von elektrischen Geräten bzw. Werkzeugen zufolge. Zumindest solange die Bordbatterie nicht evtentuell vom Netz am Liegeplatz nachgeladen wird. Hier kann eine zusätzliche Solaranlage hervorragende Dienste leisten.

Bei der Planung einer Solaranlage, die evtl. im „Salzwasser" gut funktionieren soll, müssen vor allem die Solarmodule entsprechend strapazierfähig (salzwassertauglich) ausgeführt werden.

Abb. 5.1 und 5. 2 zeigen zwei Beispiele, wie und wo man auf einem Boot oder auf einer Yacht Solarmodule anbringen kann. Im Prinzip ist aber jeder Platz gut, der nicht beschattet wird. Wichtig ist, dass auch hier die Solarzellenfläche ausreichend groß angelegt wird. Hier kann oft zusätzlich zu dem Solarmodul auch noch ein Windgenerator als zweite Energiequelle installiert werden, der besonders in windreichen Gewässern einen wertvollen Beitrag zu der Energieversorgung des Bordnetzes leisten kann.

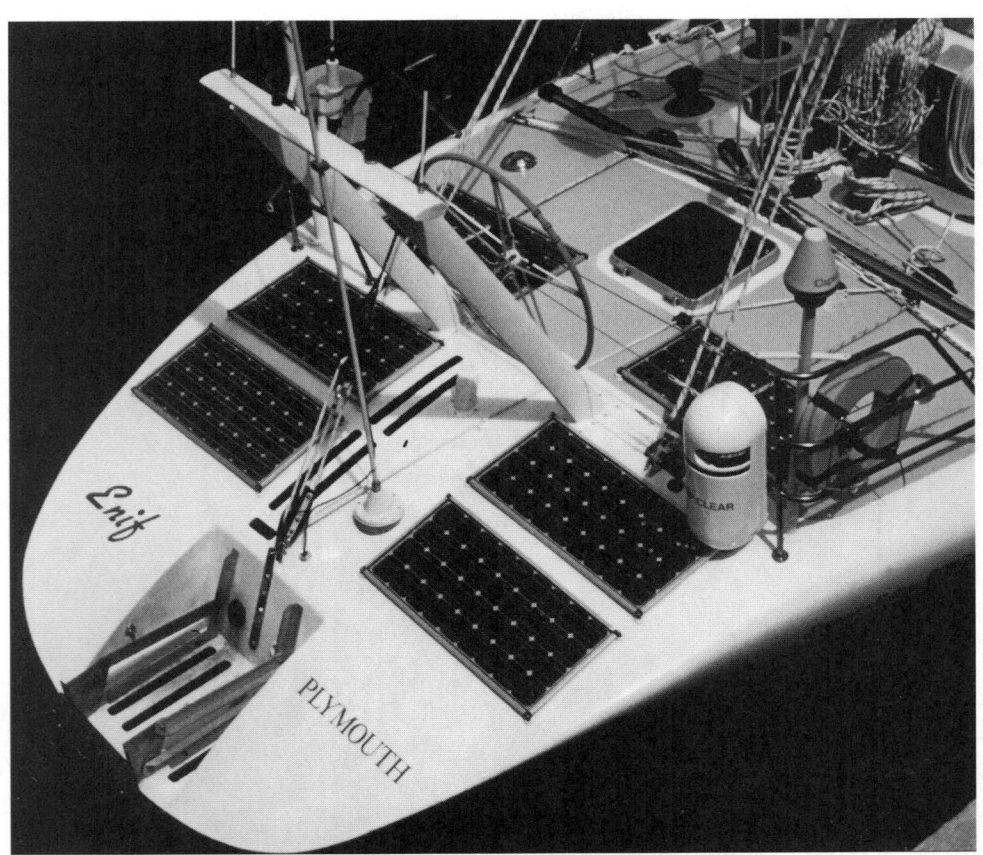

Abb. 5.2:   Anordnungsbeispiel mehrerer leistungsfähiger Solarmodule

Abb. 5.3:   Einige spezielle Solarmodule für „Wasserfahrzeuge" sind mit diversen schwenkbaren Haltekonstruktionen erhältlich, die eine leichte Verstellung der Modulen-Ausrichtung ermöglichen

6 Wie funktioniert eine Solarzelle?

Wir haben bereits am Anfang dieses Buches die Solarzelle mit einer normalen Batterie verglichen. Allerdings mit dem Unterschied, dass die jeweilige Spannung und Leistung einer Solarzelle von der jeweiligen Belichtung ihrer lichtempfindlichen Fläche abhängen. Sie reagiert auf Belichtung ähnlich wie beispielsweise ein Fahrraddynamo auf die Drehzahl des Rades: Je schneller gefahren wird, desto höhere Spannung, Strom und Leistung liefert der Dynamo an die Fahrradlampen.

Sowohl der Fahrrad-Dynamo als auch die Solarzelle sind elektrische Generatoren, die *eine* Art Energie in eine *andere* Art Energie umwandeln. Bei dem Fahrraddynamo muss der Mensch die benötigte Eingangs-Energie „eigenfüßig" aufbringen, bei der Solarzelle übernimmt diese an sich unsympathische Arbeit die Sonne. Zumindest dann, wenn sie dazu gerade Lust hat.

Als Nächstes stellt sich nun die Frage, welche der handelsüblichen Solarzellen sich für ein Vorhaben am besten eignen. Dies ist jedoch ziemlich unproblematisch: Das Angebot an Solarzellen (als Solarmodulen-Bausteine) beschränkt sich immer noch auf kristalline und amorphe (Dünnschicht-)Solarzellen.

Für die meisten langlebigen Anwendungen kommen nur kristalline Silizium-Solarzellen in Frage. Amorphe Dünnschichtzellen weisen noch zu viele Nachteile auf – worunter die bekannten Ermüdungserscheinungen – und eignen sich für Anwendungen im Außenbereich im Prinzip nur für experimentelle Zwecke.

Der Aufbau einer kristallinen Silizium-Solarzelle ist vom Prinzip her identisch mit dem Aufbau einer Siliziumdiode: eine dünne *Negativschicht* und eine „dickere" *Positivschicht* bilden nach *Abb. 6.1* zwei unterschiedlich dotierte Halbleiterteile, die bei Belichtung zu *Potentialfeldern* werden.

Die *Negativschicht* der Solarzelle bildet den Minuspol, die *Positivschicht* den Pluspol. Die Spannung und die Leistung der Zelle hängt von der Lichtintensität ab, der die obere Zellenschicht ausgesetzt ist. Bei absoluter Dunkelheit weist die Solarzelle kein Potential auf.

Theoretisch spielt es an sich keine Rolle, welche der Zellenschichten als die obere „Sonnenseite" präferiert wird. Auf jeden Fall muss aber die obere *Negativschicht* sehr dünn sein (ca. 0,02 mm), denn der funktionell wichtige *n/p-Übergang* darf nicht zu tief unter der vom Licht bestrahlten Oberfläche liegen.

Die „Sonnenseite" der Zelle wird üblicherweise mit einer zusätzlichen Antireflex-Schicht versehen (z.B. mit Titandioxyd) um Reflek-

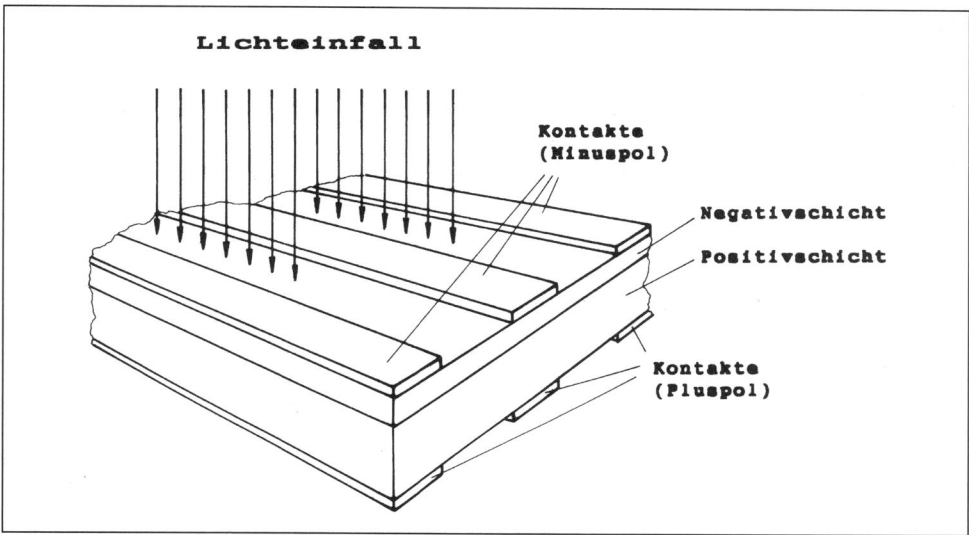

Abb. 6.1:   Eine Solarzelle im Schnitt (stark vergrößert; in Wirklichkeit ist so eine Zelle nur ca. 0,4 mm dick)

tionsverluste zu vermeiden. Für einen hohen Umwandlungswirkungsgrad der Solarzelle ist ja wichtig, dass möglichst viele Photonen (Sonnenstrahlen), mit denen die *n-Schicht* bombardiert wird, in den Halbleiter auch eindringen.

Es wurde bereits erwähnt, dass für eine langlebigere Nutzung nur **kristalline** Solarzellen anzuraten sind. Es gibt jedoch auch kurzlebigere Produkte, bei denen gegen den Einsatz von den wesentlich preiswerteren, amorphen Dünnschicht-Zellen nichts einzuwenden ist.

Handelsübliche **kristalline** Solarzellen gibt es in zwei Ausführungsarten: **monokristalline** Zellen **und polykristalline (multikristalline)** Zellen.

Bei der Herstellung von *monokristallinen* Zellen werden monokristalline Blöcke „gezo-

gen" und mit etwa 0.5 mm dünnen Diamantsägen oder Laserstrahlen, wie die Wurst beim Metzger, in dünne Scheiben zersägt. Dasselbe monokristalline Grundmaterial wird bereits traditionell in der Halbleiter-technik bei der Herstellung von Dioden, Transistoren und integrierten Schaltungen (Chips) verwendet.

Ausgangsmaterial ist hier Quarzsand oder auch natürliche Quarzkristalle.

In einem Ofen wird aus dem Grundmaterial durch Reduktion mit Kohle ein metallurgisch reines Silizium gewonnen. Dieses weist allerdings immer noch etwa 2% Verunreinigungen auf, die noch durch ein weiteres aufwendiges Verarbeiten (Reduktion mit Salzsäure und Destillation) ausgeschieden werden müssen. Erst danach hat man ein hochreines Silizium zur Verfügung, das jedoch polykristallin ist.

6

Dies bedeutet, dass hier sehr viele kleine ungeordnete Kristalle die eigentliche Substanz des Silizium-Materials bilden. Wenn man daraus eine *monokristalline* Struktur haben möchte, müssen diese polykristallinen „Barren" in einem Tiegel nochmals eingeschmolzen werden und unter langsamem, axialem Drehen wird aus dieser Schmelze ein monokristalliner „Balken" gezogen. So ein Stab oder Balken besteht danach nur aus einem einzigen Kristall (daher die Bezeichnung monokristallin) und kann beispielsweise eine Länge bis zu 2 m haben.

Bei der Herstellung der *polykristallinen* Zellen (die manche Hersteller als „*multikristalline Zellen*" bezeichnen) wird flüssiges Silizium in Stahlformen gegossen. Es bildet nach der Erstarrung die typische marmorierte Eisblumenstruktur *nach Abb. 6.2*. So entstehen auch hier Siliziumblöcke, die ebenfalls in dünne Scheiben zersägt werden.

Amorphe Dünnschicht-Zellen werden auf die Weise hergestellt, dass auf eine Glas- oder Kunststoffplatte eine nur wenige Tausendstel Millimeter dünne Siliziumschicht aufgedampft wird.

6.1 Welche Solarzellen sind die besten?

In den letzten Jahren wurden die eigentlichen Herstellungsverfahren bei kristallinen Zellen weitgehend modernisiert. Bei der Herstellung von *monokristallinen* Solarzellen haben sich diverse Vereinfachungen ergeben, bei den *polykristallinen* Solarzellen wurde wiederum die Herstellungstechnologie perfektioniert. Die Unterschiede zwischen dem Wirkungsgrad der mono- und der polykristallinen Zellen wurden geringer.

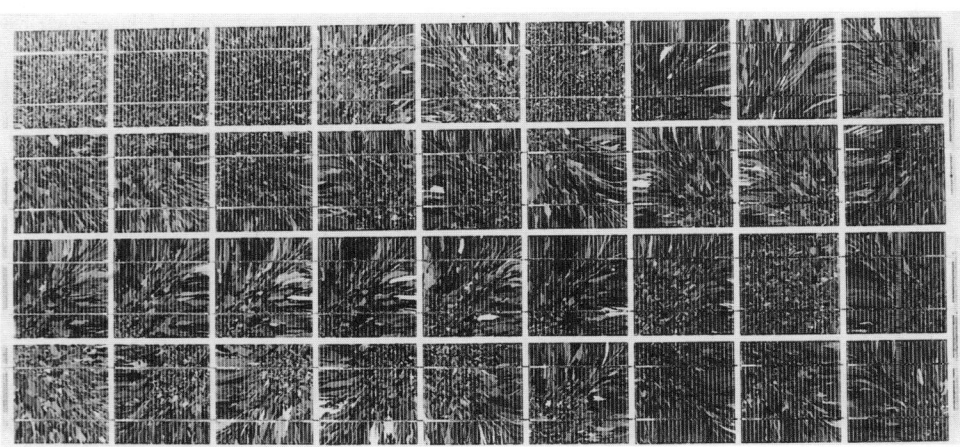

Abb. 6.2: Diese Solarzellenfläche, die aus 36 polykristallinen Solarzellen zusammengesetzt ist, zeigt wie unterschiedlich sich die „marmorierte Eisblumenstruktur" in der Praxis bildet

So gibt es momentan hersteller- oder lieferantenbezogen so manche polykristalline Solarzellen, die es vom Wirkungsgrad her mit den monokristallinen Zellen aufnehmen können. Das muss nicht immer nur eine Frage des Herstellungsverfahrens, sondern auch des Mess- und Testverfahrens sein.

Es ist ja nicht jede Solarzelle parametrisch haargenau gleich. Herstellerbezogen halten sich die Parameter in Grenzen zwischen 5% und 10%.

Oft hängt die Streuung der technischen Zellenparamater auch davon ab, ob der eine oder andere Hersteller die Möglichkeit hat, seine „minderwertigeren" Zellen abseits des Standardangebots zu vermarkten. So gibt es z.B. in der fernöstlichen Spielzeugindustrie bzw. bei Kleinmodulen-Herstellern Abnehmer, denen es nichts ausmacht, wenn die preiswert erstandenen Zellen etwas schwächere Leistungen aufweisen. Anspruchsvollere Kunden können dann wiederum nur die qualitativ hochwertigeren Zellen erhalten (vorausgesetzt, sie sind bereit einen entsprechend höheren Preis zu zahlen).

Bei jeder elektrischen Energiequelle interessieren uns vor allem die Spannungs- und Stromwerte wie auch die Bedingungen, unter denen wir die elektrische Energie abnehmen können bzw. dürfen.

Alle technischen Angaben basieren bei Solarzellen – wie auch bei Solarzellenmodulen – auf folgenden internationalen Standard-Testbedingungen:

Sonneneinstrahlung von 1000 W/m^2 (wolkenloser sonniger Tag), Spektralverteilung von AM 1,5 (= die Photonen „bombardieren" die Zellenfläche optimal senkrecht) und Zellentemperatur von 25 °C

6

Das sind Bedingungen, die in Deutschland überwiegend nur an sonnigen Sommertagen vorzufinden sind. Allerdings kann es sogar auch im Dezember oder im Januar um die Mittagszeit sonnige Tage geben, an denen die Sonneneinstrahlung nur geringfügig unterhalb der Testbedingungen liegt.

Die Herstellerangaben der Zellenparameter beziehen sich auf technische *Maximumwerte*, die oft auch als *„Nennwerte"* bezeichnet werden. Manche Hersteller und Anbieter benutzen auch noch die Bezeichnung *„Werte bei max. Leistung"*. Alle diese Bezeichnungen haben dieselbe Bedeutung und basieren auf Messungen, die nur unter den Standard-Testbedingungen erzielt werden.

Die wichtigsten technischen Daten einer Solarzelle sind:

- Nennspannung (Spannung bei max. Leistung)
- Nennstrom (Strom bei max. Leistung)
- Nennleistung (max. Leistung)
- Leerlaufspannung
- Kurzschlussstrom
- Wirkungsgrad

Die **Nennspannung** liegt bei monokristallinen Zellen zwischen ca. 0,47 V und 0,48 V und bei polykristallinen zwischen ca. 0,46 V und 0,47 V. Sie ist fast unabhängig von der

6

Zellengröße. Wenn Sie beispielsweise eine Zelle wie das Eis auf einer Pfütze zertreten, werden alle ihre Bruchstücke weiterhin annähernd dieselbe Spannung liefern, die ursprünglich die ganze Zelle hatte. Das gilt natürlich auch für Zellen, die z.B. nach *Abb. 6.3* mit Laserstrahl wie ein Kuchen in kleinere Stücke zerschnitten werden.

Der **Nennstrom** einer Solarzelle hängt von ihrer Größe wie auch von ihrem **Wirkungsgrad** ab. Viele handelsübliche Solarzellen haben eine Solarfläche von nur etwa 1 dm^2 (100 cm^2) und ihr Nennstrom liegt bei etwa 2,9 A bis 3,29 A (typen- bzw. markenabhängig). In letzter Zeit mehren sich jedoch Angebote an größeren Solarzellen. Die momentan größten Abmessungen liegen bei ca. 150 x 150 mm. Solche Zellen können dann einen Nennstrom von 5 bis 6 A liefern.

Die **Nennleistung** wird bei allen Solarzellen als reine *Multiplikation* von *Nennspannung* und *Nennstrom* errechnet und benötigt keine

nähere Erklärung. Sehr erklärungsbedürftig ist dagegen die **Leerlaufspannung**. Darunter versteht sich die Spannung an einer unbelasteten Zelle.

Bei den meisten kristallinen Zellen ist die **Leerlaufspannung** typenabhängig etwa 23% bis 26% höher als die *Nennspannung*. In der Praxis wird man mit einer Art *Leerlaufspannung* konfrontiert, wenn z.B. eine leere unbelastete Batterie eine gewisse Spannung am Voltmeter anzeigt, die sich jedoch nur als eine *„Scheinspannung"* erweist, sobald eine Belastung angeschlossen wird.

Eine ähnliche Verhaltensweise trifft bei einer Solarzelle unter Umständen auch zu. Wenn an sie ohne jegliche Belastung ein hochohmiger Voltmeter angeschlossen wird, zeigt er auch bei einer geringeren Beleuchtung eine ziemlich hohe Leerlaufspannung an. In der Hinsicht ist die Leerlaufspannung als Indikator unbrauchbar.

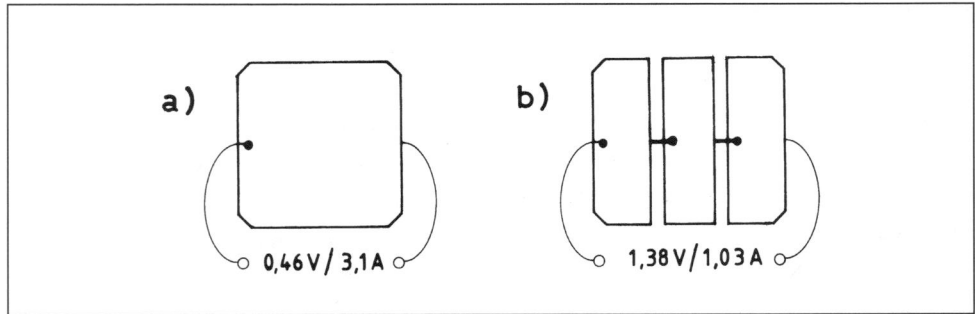

Abb. 6.3: Wenn eine Solarzelle in kleinere „Portionen" zerschnitten wird, behält jede der neu entstandenen kleinen Zellen die ursprüngliche *Nennspannung* (0,46 V), aber der *Zellen-Nennstrom* verteilt sich proportional zu der Zellenfläche: a) Eine „ganze" Solarzelle b) Wird eine Solarzelle in mehrere gleiche Teile zerschnitten, entstehen kleine „Einzelzellen", die miteinander in Reihe verlötet werden können.

Anderseits weist die *Leerlaufspannung* auf die obere Spannungsgrenze der Solarzelle hin. Diese Spannungsgrenze hat bei einer direkten Stromversorgung praktisch keine Bedeutung. Anders beim Laden von Akkus: Die volle Leistung der Solarzellen wird nur dann in Anspruch genommen, wenn der Akku ziemlich leer ist. Ansonsten sinkt der Ladestrom- und damit der Leistungsbedarf um so mehr, je mehr der Akku aufgeladen ist. Daher steigt insbesondere bei einer sehr niedrigen Stromabnahme die Zellenspannung etwas mehr in die Richtung der *Leerlaufspannung*. Die Solarspannung kann in dem Fall (bei optimaler Sonneneinstrahlung) an einer wenig belasteten Solarzelle etwas höher sein, als der offiziellen *Nennspannung* entspricht – was in der Endphase des Ladens eines Akkus eigentlich willkommen ist.

Der **Kurzschlussstrom** ist bei den meisten kristallinen Zellen nur etwa 6% bis 12% höher als der Nennstrom. Ein vorübergehender Kurzschluss an einer Solarzelle (oder an einem Solarmodul) führt demzufolge nicht zu ihrer Vernichtung oder Beschädigung – vorausgesetzt, wir geben ihr nicht die Zeit, dass sie sich zu sehr aufheizt. Da jedoch eine Solarzelle üblicherweise Temperaturgrenzen zwischen ca. − 40 °C und + 125 °C verkraftet, kann sie sogar zu einer Art Kochplatte werden, ohne daß es dadurch zu einer Beschädigung kommen müsste.

Bei eingebetteten Zellen im Modul wird jedoch bei zu intensiver Wärmeentwicklung die Vergussmasse in Mitleidenschaft gezogen, was zu Blasenbildung, Schleierbildung oder Verfärbung der Masse führen kann.

Der in den technischen Daten angegebene Kurzschlussstrom kommt natürlich nur bei einer Zelle vor, die laut Testbedingungen voll beleuchtet ist. Wenn dagegen die Sonneneinstrahlung beispielsweise nur etwa 900 W/m^2 statt 1000 W/m^2 erreicht, liegt der Kurzschlussstrom bereits unterhalb des tabellarischen Zellen-Nennstroms, und die Zelle wird sich in dem Fall nicht mehr aufheizen als während eines Normalbetriebs bei voller Leistungsabgabe.

Fazit: Durch den relativ niedrigen Kurzschlußstrom kann eine Solarzelle (oder ein Solarmodul) bei einem Kurzschluss nur dann beschädigt oder vernichtet werden, wenn sie (es) längere Zeit einer vollen Sonneneinstrahlung von 1000 W/m^2 ausgesetzt ist.

Der **Wirkungsgrad** (Umwandlungs-Wirkungsgrad) hängt eigentlich nur indirekt mit den elektrischen Eigenschaften einer Solarzelle oder eines Solarzellenmoduls zusammen und verdient Beachtung.

6.2 Der Zellen-Wirkungsgrad

Der *Solarzellen-Wirkungsgrad* wird auch als *Umwandlungs-Wirkungsgrad* bezeichnet, weil er angibt, wieviel Prozent der einwirkenden Strahlungsenergie (Sonnenstrahlungsenergie) in der Form von elektrischem Strom abgegeben wird.

Die modernsten, handelsüblichen Solarzellen weisen herstellerabhängig gegenwärtig (weltweit) folgenden Wirkungsgrad auf:

6

- monokristalline Solarzellen: 13–16%
- polykristalline Solarzellen: 10,6–15%
- amorphe Silizium-Dünnschichtzellen: 3–8%

Wichtig: den Wirkungsgrad einer Solarzelle können Sie problemlos selbst ausrechnen, wenn sie die in technischen Daten angegebene Nennleistung der Zelle (bzw. Zellenfläche eines Solarmoduls) auf ihre (seine) Fläche umrechnen und dieses mit den, laut Testbedingungen aufgeführten $1000 \ W/m^2$ ($= 10 \ W/dm^2$ bzw. $0,1 \ W/cm^2$) vergleichen.

> **Beispiel:** Eine Solarzelle von 100 x 100 mm hat eine Fläche von $1 \ dm^2$. Bei einem Wirkungsgrad von 14% muss sie (unter Testbedingungen) $1,4 \ W/dm^2$ liefern können.

Wenn bei einer Solarzelle keine **Nennleistung** angegeben ist, kann sie durch einfaches Multiplizieren der **Nennspannung** (nicht der Leerlaufspannung!) mit dem **Nennstrom** ausgerechnet werden.

> **Beispiel:** Die Nennspannung einer Solarzelle beträgt 0,46 V, der Nennstrom 3 A. Ihre Nennleistung ist 0,46 V x 3 A = 1,38 W. Wenn die Abmessungen dieser Zelle genau 100 x 100 mm betragen, ergibt es eine Zellenfläche von $1 \ dm^2$ und der Wirkungsgrad wäre hier genau 13,8%. Sollte beispielsweise diese Zelle bei derselben Leistung Abmessungen von 105 x 105 mm haben, ergibt sich daraus eine Zellenfläche von $1,07 \ dm^2$ und der Wirkungsgrad liegt dann nur bei ca. 12,9%. Dasselbe gilt für ein Solarmodul.

Der Wirkungsgrad der mono- und polykristallinen Solarzellen bleibt während der ersten 20 Betriebsjahre praktisch unverändert. Mit dem Wirkungsgrad der amorphen Dünnschichtzellen geht es insbesondere bei Aussenanwendung oft bereits nach kurzer Betriebszeit (von z.B. weniger als einem Jahr) bergab. Dies kann zwar herstellerabhängig (bzw. auch abhängig von der Art und Dauer der vorhergehenden Lagerung) variieren, aber der Anwender hat bei der Anschaffung eines solchen Moduls keine Möglichkeit, um die Grenzen zwischen Dichtung und Wahrheit zu entschlüsseln.

Bei einem kleinen Taschenrechner, der einen winzigen Stromverbrauch hat, kann so ein Handicap durch die Verdoppelung der Solarzellenfläche aufgefangen werden (was ja der Taschenrechner-Hersteller präventiv macht). Zudem kann der Hersteller davon ausgehen, dass hier der Kunde einerseits mit nur wenigen Betriebsjahren Genügen nimmt und anderseits ohnehin nicht dahinter kommt, inwieweit gerade die Solarzellen die Schuld daran haben, dass so ein Produkt nach einigen Jahren plötzlich nicht mehr funktioniert.

Inwieweit bei den kristallinen Solarzellen der Wirkungsgrad eine wichtige Rolle spielt, hängt vor allem von dem Einsatzgebiet ab. Im Grunde genommen muss hier dem Wirkungsgrad nicht immer ein zu hoher Stellenwert zugeordnet werden. Man braucht nur darauf hinzuweisen, dass unsere normalen Glühbirnen sozusagen in der Gegenrichtung oft nur einen Wirkungsgrad um die 4 bis 5% aufweisen (die restlichen 95 bis 96% der verbrauchten Energie wandeln sie in Wärme um).

Im Gegensatz zu anderen technischen Anlagen und Maschinen ist der Solarzellen-Umwandlungswirkungsgrad keine Konstante, mit der sich bei Nutzung der Sonnenenergie fest rechnen ließe. Es kann ja nur dann umgewandelt werden, wenn die Sonne – oder zumindest genügend Tageslicht – da ist.

Die launische Natur hält sich dennoch in längeren Zeitabschnitten an ein Schema, mit dem sich kalkulieren lässt. Man muss dabei nur die richtigen Schnittstellen zwischen dem Spendenumfang der Natur und dem Energiebedarf der technischen Verbraucher finden. Dabei wird Ihnen dieses Buch behilflich sein.

6

Dass sich Solarzellen mit Hilfe von Diamantsägen oder mit einem Laserstrahl in beliebig kleine Stücke schneiden lassen, ist für einen kleineren Leistungsbedarf sehr nützlich, denn der *Nennstrom* und die *Nennleistung* einer Solarzelle lassen sich **nur** durch ihr Verkleinern verringern – wie aus *Tab. 1 und 2* hervorgeht.

Bei den sehr kleinen Zellen kommt es zu auffallenden Einbußen bei der Nennspannung, Nennleistung und beim Wirkungsgrad. Bei den größeren Zellen hat die Zellenteilung auf die Zellen-Nennspannung keinen Einfluss. Wohl auf die anderen technischen Parameter (aber es hält sich in akzeptablen Grenzen).

Solarzellen werden für die Herstellung von Solarmodulen mit „Lötfahnen" nach Abb. 6.4 versehen, die zum seriellen Verschalten der Einzelzellen zu Zellenketten dienen (um die erwünschte Modulen-Nennspannung zu erhalten). Auf die Weise hat ein aus 36 Zellen bestehendes Modul eine Nennspannung von z.B. 36 x 0,47 V (= 16,92 V). Der Modulen-Nennstrom entspricht dem Nennstrom der schwächsten Zelle in der Kette (wenn es sich um Zellen handelt, deren theoretischer Nennstrom z.B. 3 A beträgt, wird eine der Zellen durch Herstellungsstreuung möglicherweise nur einen Nennstrom von 2,8 A aufbringen, wodurch auch der *tatsächliche* Modulen-Nennstrom nur 2,8 betragen wird).

Bemerkung

Die angegebenen Wirkungsgrad-Grenzen der aufgeführten Zellentypen orientieren sich in unseren Publikationen an den jeweiligen Angeboten auf dem Weltmarkt wie auch an den neuesten Datenblättern der fernöstlichen und amerikanischen Hersteller bzw. der westeuropäischen Anbieter. Durch Unterschiede in der Herstellungstechnologie ergeben sich hersteller- oder anbieterbezogene Wirkungsgrad-Unterschiede bei derselben Zellenart.
Es gibt immer noch Solarzellen-Hersteller, die sich mit einem relativ niedrigen Wirkungsgrad zufriedengeben aber anderseits auch Vorreiter, die manchmal wiederum mehr versprechen, als letztendlich serienmäßig realisierbar ist.
Durch diese Schwankungen werden auch die in der Fachliteratur angegebenen aktuellen Solarzellen-Wirkungsgradgrenzen immer etwas variieren und sind daher nicht als absolute Festwerte zu betrachten.

6

Tabelle 1   Technische Daten von **polykristallinen** Solarzellen unterschiedlicher Größe

Abmes-sungen [mm]	Leerlauf-span-nung [V]	Kurz-schluss-strom [A]	Max. Leistung [W]	Span-nung bei max. Leistung [V]	Strom bei max. Leis-tung [A]	Wir-kungs-grad [%]
100,5 x 102	0,585	3,25	1,40	0,47	2,98	13,7
50,2 x 102	0,580	1,308	0,616	0,47	1,416	12,9
33,5 x 102	0,580	1,090	0,400	0,47	0,918	12,8
25,1 x 102	0,580	0,790	0,300	0,46	0,689	12,7
50,2 x 51	0,580	0,790	0,300	0,46	0,689	12,7
25,1 x 51	0,580	0,392	0,148	0,46	0,347	12,4
20,1 x 51	0,580	0,314	0,118	0,46	0,277	12,3
12,6 x 51	0,575	0,192	0,072	0,45	0,169	11,2

Tabelle 2   Technische Daten von **monokristallinen** Solarzellen unterschiedlicher Größe

Abmes-sungen [mm]	Leerlauf-span-nung [V]	Kurz-schluss-strom [A]	Max. Leistung [W]	Span-nung bei max. Leistung [V]	Strom bei max. Leis-tung [A]	Wir-kungs-grad [%]
125 x 125	0,615	5,15	2,32	0,48	4,8	14,8
125	0,615	4,2	1,9	0,48	3,9	15,5
103 x 103	0,59	3,3	1,48	0,47	3,1	14,7
51,5 x 103	0,59	1,65	0,74	0,47	1,55	14,4
51,5 x 51,5	0,59	0,82	0,37	0,47	0,77	14,1
25,7 x 51,5	0,585	0,41	0,18	0,465	0,38	13,9

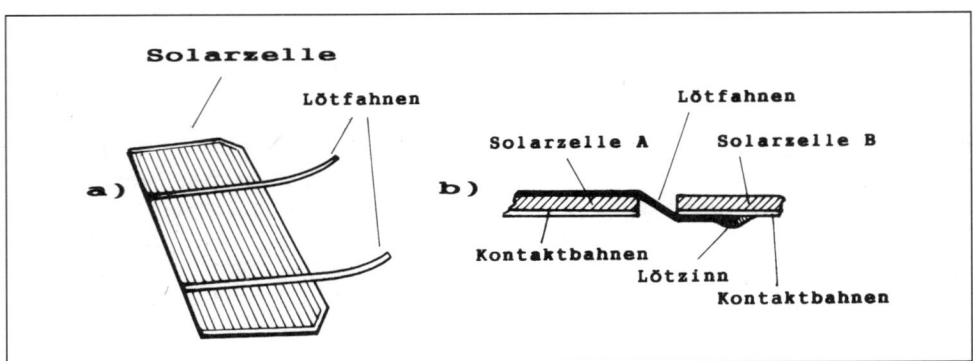

Abb. 6.4:   Solarzellen werden für die Herstellung von Solarmodulen mit „Lötfahnen" ver-sehen, die zum seriellen Verschalten der Einzelzellen zu Zellenketten dienen.

Welches Solarmodul ist das richtige?

Im vorhergehenden Kapitel haben wir darauf hingewiesen, dass sich für Anwendungen im Außenbereich nur *kristalline* Solarzellen-(module) eignen. Theoretisch würden *monokristalline* Zellen Vorrang vor *polykristallinen (multikristallinen)* Zellen verdienen. Praktisch spielt es jedoch keine besondere Rolle, mit welchem Zellentyp das Modul bestückt ist. Vor allem deshalb nicht, weil hier sowohl durch die Herstellungs-Streuung als auch durch die Zwischenräume zwischen den im Modul eingegossenen Einzelzellen der zellentyp-bezogene Leistungsunterschied **„pro dm^2 Solarfläche"** kaum ins Gewicht fällt.

> **Hinweis**
>
> In der täglichen Praxis werden bei technischen Produkten die Abmessungen in Millimetern, gelegentlich in Zentimetern, aber kaum in Dezimetern angegeben. Bei Solarzellenflächen bzw. Solarmodulen erleichtert jedoch das Rechnen mit *Dezimetern* eine „greifbare" Vorstellung der Flächengröße.

Unter dem Begriff „1 dm^2-Fläche" *(1 dm^2 = 10 x 10 cm = 100 x 100 mm)* kann man sich leichter die tatsächliche Größe (Modulengröße) vorstellen, als wenn stattdessen die Angabe z.B. „77 000 mm^2" lautet. Nebenbei: Ein DIN-A4-Briefpapier (210 x 297 mm) hat eine Fläche, die etwas größer als 6 dm^2 ist *(genau genommen 62 370 mm^2, also ca. 6,24 dm^2).* Das erleichtert eine schnelle Größenordnungs-Vorstellung beim Kopfrechnen.

Bei dem Vergleich von Modulleistung kleinerer Module ist es von Vorteil, wenn man die Modulfläche in **dm^2** umrechnet. Für den Anwender sind dabei logischerweise nur die tatsächlichen Abmessungen des ganzen Moduls maßgeblich. Wie gut der Wirkungsgrad der einzelnen Zellen ist, spielt dabei keine Rolle. Das einzige, was in dieser Hinsicht zählt, ist der Wirkungsgrad (bzw. die elektrische Leistung) des Moduls pro dm^2 (oder m^2) seiner tatsächlichen Fläche.

> **Beispiel**
>
> *Ein 55 Watt-Solarmodul hat Abmessungen von 1293 x 330 x 36 mm. Die 36 mm lassen wir bei der Ermittlung der Leistung pro dm^2 außer Acht, denn das ist die Modulen-Dicke. Bleiben die 1293 x 330 mm. Wir rechnen sie in „dm^2" (als 12,93 x 3,3 dm) um, woraus sich eine Modulenfläche von 42,669 dm^2 ergibt. Wenn wir nun die angegebenen 55-Watt-Modulenleistung durch die 42,669 dm^2 teilen, ergibt es eine Leistung von ca. **1,29 Watt pro dm^2** Modulenfläche.*

Mit dem Modul-Wirkungsgrad ist es sehr einfach: Die Sonnenenergie, die laut „Testbe-

7

dingungen" der Modul-Nennleistung zugrunde liegt, beträgt genau **10 Watt pro dm²** (als „energetische Leistung der Sonnenstrahlen). Wenn das Modul bei dieser Leistungsaufnahme (von 10 W/dm²) zum Beispiel nur die vorher ausgerechneten **1,29 W/dm²** in elektrische Energie umwandelt, ergibt sich daraus ein **Wirkungsgrad von 12,9%**.

Für die praktische Anwendung ist allerdings nicht der Modul-Wirkungsgrad, sondern die Modul-Nennleistung in W/dm² (oder in W/m²) von Bedeutung. Der eigentliche Modul-Wirkungsgrad hat dabei nur eine rein informative Funktion. Wer die Nennleistungen (in W/dm²) von mehreren „modernen" Solarmodulen vergleicht, der wird u.a. feststellen, dass eine Nennleistung von 1,25 bis 1,3 W/dm² schon seit mehreren Jahren so ungefähr das Maximum darstellt, das handelsübliche Solarmodule bieten können. Damit liegt auch die Wirkungsgrad-Höchstgrenze der Solarmodule real bei ca. 13% (was darauf zurückzuführen ist, dass die Zwischenräume zwischen den Zellen und dem Modul-Rahmen den eigentlichen Zellenwirkungsgrad verringern).

Bemerkung

Bei den technischen Daten der Solarmodule runden die Hersteller die angegebene Modulleistung etwas auf oder ab, um eine „runde Zahl" zu erhalten. So wird z. B. ein 17,1-V/5,62-A-Solarmodul als ein 100-Watt-Modul deklariert, obwohl 17,1 V x 5,62 A nur eine Leistung von 96,1 W ergibt. Darauf ist vor allem dann zu achten, wenn man die *tatsächlichen* Leistungen (in W/dm²) mehrerer Module miteinander vergleicht.

Anwendungsbezogen ist bei einem Solarmodul am wichtigsten, dass es sowohl die vorgesehene *Nennspannung* als auch den benötigten *Nennstrom* liefern kann. Die Modul-*Nennleistung* (die auch als *„max. Leistung"* bezeichnet wird) errechnet sich einfach durch Multiplizieren der *Nennspannung* mit dem *Nennstrom:* **Nennspannung [V] x Nennstrom [A] = Nennleistung [W]**

7.1 Mechanische Ausführung der Solarmodule

Abb. 7.1 zeigt eine der gängigsten Ausführungen von handelsüblichen kristallinen Solarmodulen. Die Solarzellen werden hier wie eine Schmetterlings-Sammlung eingerahmt und zwischen zwei Glas- oder Kunststoffscheiben mit einer silikonartigen Gussmasse eingebettet.

Weder die Abmessungen, noch die technischen Parameter der Solarmodule unterliegen einer Norm. Die Qualität der „Einrahmung" kann auf den Modulpreis Einfluss haben. Am teuersten sind Solarmodule, die an der „Sonnenseite" eine thermisch gehärtete Glasscheibe haben (bei diesen Modulen geben die Hersteller in der Regel eine Lebensdauer von 20 Jahren an). Etwas preiswerter sind Solarmodule mit Kunststoffscheiben. Sie sind leichter, aber wiederum etwas empfindlicher gegen Bekratzen oder „Ermatten" der Scheibe. Hier geben die Hersteller meist nur eine Lebensdauer von 10 Jahren an, was sich jedoch auf eine kontinuierliche Außenanwendung bezieht. Einige Hersteller bieten diese Module in einer portab-

Abb. 7.1: Ein kristallines
Solarmodul im Schnitt

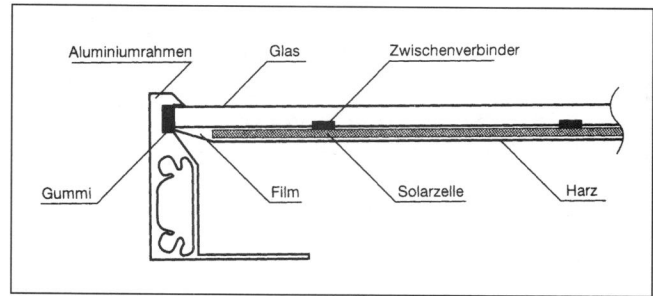

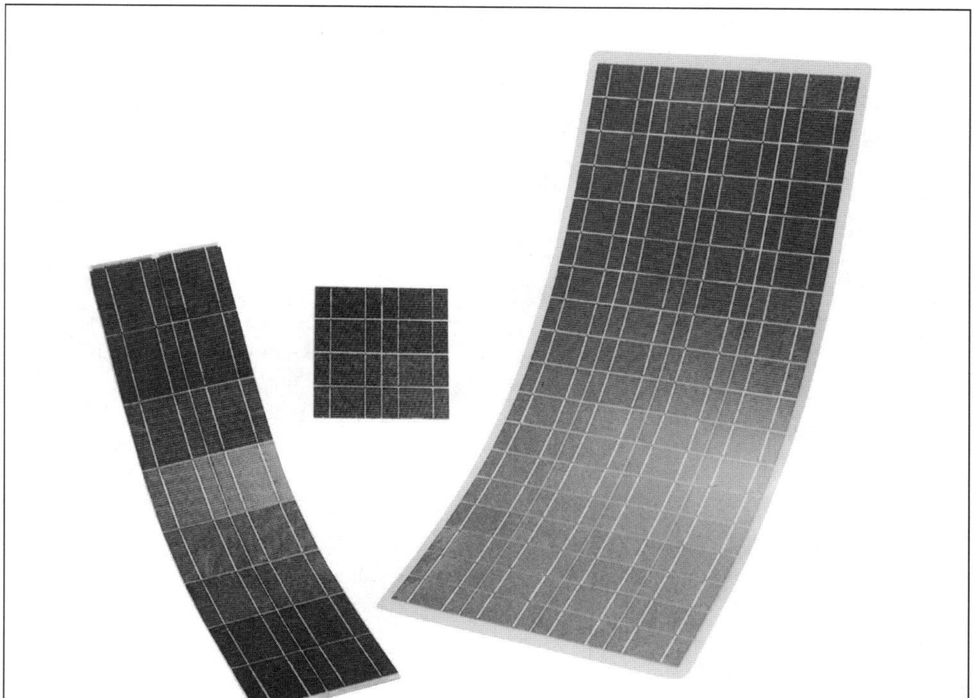

7

Abb. 7.2: Ausführungsbeispiele handelsüblicher flexibler Solarmodule

len zusammenklappbaren Ausführung an, die z.B. ein Aktentaschen-Format hat und auch fürs Campen gut geeignet ist.

Als Dritter im Bunde verdienen eine besondere Beachtung die flexiblen Solarmodule (*Abb. 7.2 und 7.3*). Abgesehen von dem Vorteil, dass sie sich biegen und evtl. an das Dach des Caravans, Reisemobils oder eines jeden Autos direkt aufkleben lassen, sind sie auch sehr leicht und damit bequem auch z.B. zum Zelten transportierbar. Sie sind allerdings

7

Abb. 7.3: Flexible Solarmodule lassen sich bis zu einem Radius von ca. 1,5 m biegen und an Caravan- oder Reisemobildächer direkt aufkleben

Abb. 7.4: Ein kleines flexibles Solarmodul kann als eine portable Stromquelle vielseitig genutzt werden

etwas empfindlicher gegen Beschädigungen der Schutzfolie, die es natürlich nicht mit einer thermisch gehärteten Glasscheibe aufnehmen kann. Diese Schwachstelle des flexiblen Solarmoduls dürfte jedoch überwiegend nur dann etwas Aufmerksamkeit verdienen, wenn das Modul z.B. auf ein Caravan-Dach fest angeklebt wird und über Jahre hinweg im Freien „überwintern" muß.

Kleinere flexible Solarmodule sind ziemlich „steif" und lassen sich auch ohne jegliche Hilfskonstruktionen, ausgerichtet gegen die Sonne, stützend aufstellen.

7.2 Richtige Ausrichtung und Nutzung der Solarmodule

Wir wissen inzwischen, dass die Leistung eines Solarmoduls auch davon abhängt, wie gut es gegen die Sonne ausgerichtet ist. Wenn sich das Solarmodul von Sonnenaufgang bis Sonnenuntergang schön gleitend nach der

Sonne drehen könnte, wäre es verständlicherweise am besten.

Technisch ist so ein Anliegen an sich leicht realisierbar – und es wird sogar gelegentlich auch wirklich gemacht. Die eigentliche elektromechanische Konstruktion ist dann z.B. nach *Abb. 7.5* konzipiert: Eine elektrische Drehbühne dreht das Solarmodul immer in der Richtung zur Sonne und ein zweiter Elektromotor stellt dabei den optimalen Neigungswinkel ein.

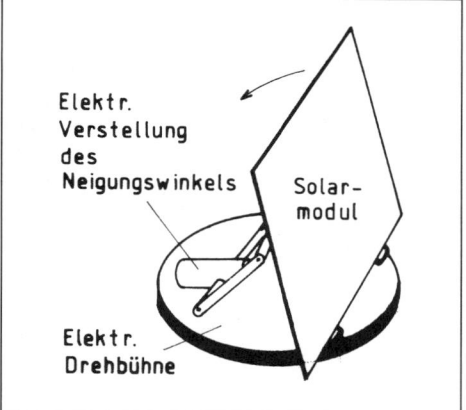

Abb. 7.5: Konstruktionsprinzip einer Modulen-Nachführungsvorrichtung

Die Art der Nachführung kann dabei beliebig gewählt sein: Im einfachsten Fall kann z.B. eine Schaltuhr einem Ringzähler (mit dem IC 4017) tagsüber jede Stunde einen Impuls geben, der jeden der zwei Motoren jeweils um einen „Schritt" weiter antreibt. Eine technisch elegantere Lösung bietet eine vollautomatische Nachführungs-Steuerung mit einem Mikroprozessor (oder mit einem PC), der Schrittmotoren steuert. Als eine andere Alternative kommt eine von der Sonne optisch

(fotoelektrisch) gesteuerte Nachführung, die sich einfach an der jeweiligen Position der Sonne orientiert.

Alle diese Nachführungen sind ziemlich aufwendig und kommen nur für einen Tüftler in Frage, der sowohl über das benötigte technische Know-how als auch über die vorausgesetzten technologischen Möglichkeiten verfügt. Im Prinzip darf man die ganze Sache mit der Nachführung nur als eine Vorinformation betrachten, die beispielsweise auch demjenigen dienlich sein kann, der sein Solarmodul nach *Abb. 7.6* mit Hilfe einer wesentlich einfacheren Konstruktion gegen die Sonne ausrichten kann (zumindest ab und zu – soweit er die Lust dazu hat).

Normale Dachmodule werden bekanntlich nicht der Sonne nachgeführt, sondern nur einfach auf Dächer montiert, die möglichst genau zum Süden ausgerichtet sind und eine Neigung von ca. 40° bis 50° haben. Das hat seine Richtigkeit, denn eine Nachführung der Dachmodule nach der Sonne würde ja makabere (und zudem unbezahlbare) Konstruktionen voraussetzen.

Wenn sich dagegen ein Solarmodul beim Campen nach der Sonne ausrichten lässt (um z.B. schnell elektrisch einen Kaffee zu kochen), ergibt sich daraus eine geometrisch bedingt bessere Ausbeute der Sonnenenergie.

Mit Hilfe der *Abb. 7.7* lässt sich leicht der neigungsabhängige Unterschied der Sonnenbestrahlungs-Dichte begreifen: Wenn das Modul gegen die einfallenden Sonnenstrahlen optimal ausgerichtet ist, wird seine Solar-

Abb. 7.6: Eine einfache, aber stabile „portable" Konstruktion kann leicht im Selbstbau aus Aluminium für ein „Mitnahme-Solarmodul" erstellt werden.

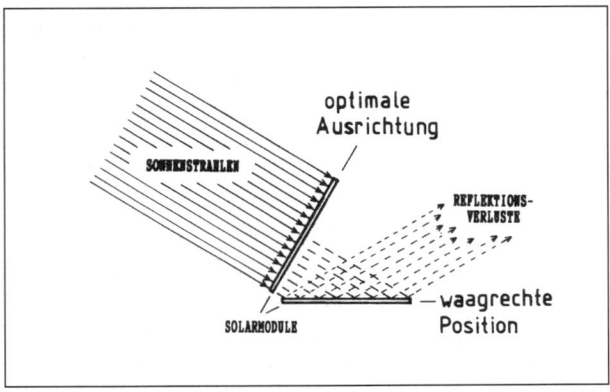

Abb. 7.7: Die Sonnenbestrahlungs-Dichte der „direkten Sonnenstrahlen" hängt von dem Modulen-Neigungswinkel ab

fläche – geometrisch bedingt – mit fast doppelt so viel Photonen bombardiert, als wenn es waagerecht positioniert ist. Zudem kommt es bei dieser waagerechten Position noch zu gewissen Reflektionsverlusten.

Zur Beruhigung: Die in *Abb. 7.7* dargestellten Solarenergie-Verluste sind erstens nur als ein „Grenzfall" zu verstehen, zweitens handelt es sich hier nur um Verluste in Hinsicht auf die *direkten Sonnenstrahlen*. Das Tageslicht –

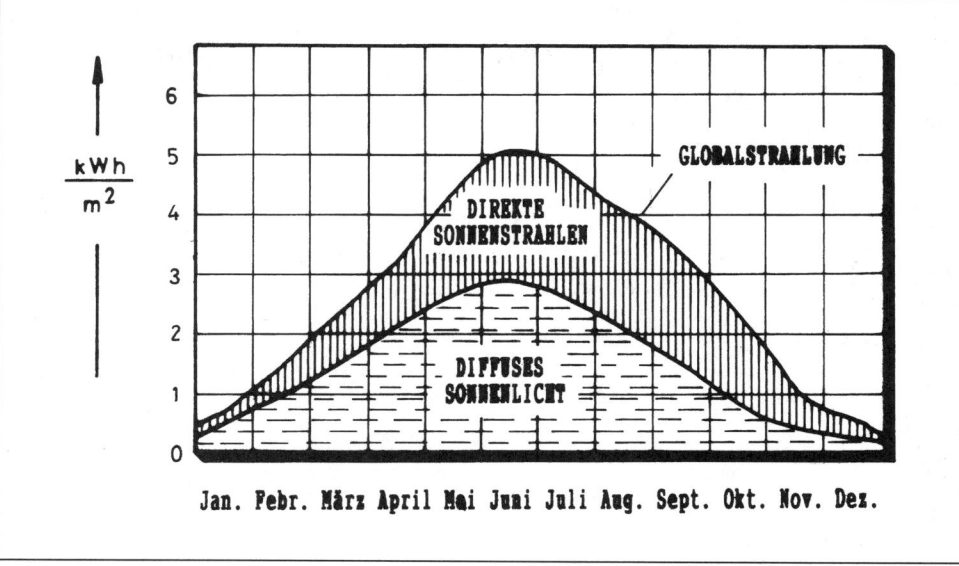

Abb. 7.8: Solare Energiedichte in Mitteleuropa: Die Globalstrahlung, die von Solarzellen in elektrischen Strom umgewandelt wird, setzt sich aus diffusem Sonnenlicht und aus direkten Sonnenstrahlen zusammen

und somit auch die Belichtung der Solarzellenfläche – besteht jedoch auch noch aus *diffusem Lichtanteil*. Die **Globalstrahlung**, die eine Solarzellenfläche unter normalen Bedingungen fotoelektrisch in Strom umwandelt, setzt sich – wie *Abb. 7. 8* zeigt – sowohl aus den direkten Sonnenstrahlen, als auch aus dem diffusem Sonnenlicht zusammen. Dieses Phänomen verringert die Abhängigkeit der Sonnenenergie-Ausbeute von der Ausrichtung des Solarmoduls zur Sonne, denn das diffuse Sonnenlicht hat einen etwas größeren Anteil an der Solarstrom-Erzeugung als die direkten Sonnenstrahlen.

Dennoch sollte eine optimale Ausrichtung der Solarzellenfläche zur Sonne angestrebt werden. Bekannterweise ändert sich die Umlaufbahn der Sonne mit der Jahreszeit: Während der Sommermonate läuft die Sonne senkrecht über unsere Köpfe, im Winter liegt ihre Bahn ziemlich tief in südlicher Richtung. Daraus ergibt sich auch die jahreszeitbezogene optimale Neigung von fest montierten Solarmodulen.

Für die Sommermonate ist ein waagrecht installiertes Solarmodul (worunter ein am Caravan- oder Autodach „liegendes" bzw. angeleimtes Modul) am vorteilhaftesten. Für Langzeit-Betrieb sollte die Modulenneigung nach *Abb. 7.9* der voraussichtlichen Anwendungs-Zeitspanne angepasst werden (evtl. auch nur manuell verstellbar).

Das Defizit an Solarausbeute sollte dabei mit einer höheren Modulen-*Nennspannung* und -*Nennleistung* kompensiert werden. Wir zei-

7

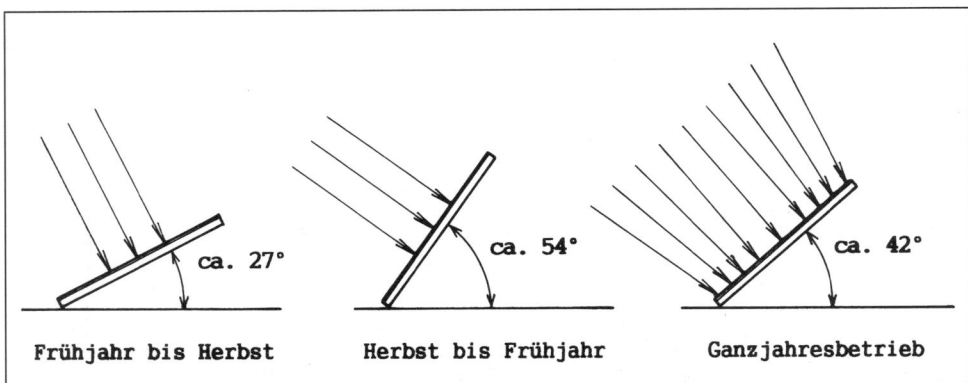

ca. 27°   ca. 54°   ca. 42°

Frühjahr bis Herbst   **Herbst bis Frühjahr**   **Ganzjahresbetrieb**

Abb. 7.9:   Optimale jahreszeitbezogene Neigung bei fest montierten Solarmodulen

gen an konkreten Beispielen, was darunter zu verstehen ist:

Ist ein Solarmodul nur für das Laden eines 12-Volt-Akkus während der Sommermonate bestimmt, genügt es, wenn seine *Nennspannung* zwischen ca. 17 bis 18 Volt beträgt. Notfalls reichen auch 16 Volt aus, aber in dem Fall sinkt bei einem gering bewölkten Himmel die Solarspannung leicht unter das Niveau der Akkuspannung und es findet kein Nachladen statt. Von dem Standpunkt betrachtet, wäre es eigentlich von Vorteil, wenn das Solarmodul lieber für eine Nennspannung von z.B. 20 Volt ausgelegt wäre – oder noch höher. Das hat jedoch einen höheren Modulenpreis zur Folge und das Preis-Leistungs-Verhältnis wäre nur bedingt vertretbar.

Anders ist es bei einem Solarmodul, das im Frühjahr und/oder im Herbst in Mitteleuropa für denselben Zweck verwendet werden soll. Hier dürfte eine *Nennspannung* von ca. 18 bis 20 Volt sinnvoll sein. Auch der Modulen-*Nennstrom* dürfte etwas „kräftiger" gewählt

werden als bei einem „Sommermodul". Er sollte allerdings „sicherheitshalber" nicht 10% der Akku-Kapazität überschreiten. Diese Bedingung wird in der Praxis leicht zu erfüllen sein, denn für diese „kältere" Jahreszeit wird in den meisten Fällen auch die Akku-Kapazität so gewählt, dass der Akku auch ohne Nachladen, z.B. eine Woche oder 10 Tage lang, die vorgesehenen Verbraucher versorgen kann.

Noch besser sollte eine Solaranlage für die Wintermonate dimensioniert sein. An manchen Tagen scheint zwar die Sonne traumhaft kräftig, an anderen Tagen zeigt sie sich überhaupt nicht oder spendet nur einige dünnere Alibi-Strahlen. Die Tage sind zudem kurz und somit ist auch die Dosierung der Sonnenenergie während mancher Winterwochen (und mancher Jahre) entsprechend bescheiden.

Es gibt zwar auch Wintermonate, während denen sich die Sonne wirklich von ihrer besten Seite zeigt, aber damit lässt sich nicht fest rechnen. Daher ist es von Vorteil, wenn das

Solarmodul über eine *Nennspannung* von ca. 20 bis 22 Volt und über einen Ladestrom *(Nennstrom)* von vollen 10% der Akku-Kapazität verfügt. Wenn diese beiden Bedingungen aus Kosten- oder Platzgründen nicht erfüllt werden können, verdient ein kräftiger Ladestrom Vorrang vor einer höheren Modulen-Nennspannung (sie sollte aber dennoch zumindest überhalb von 18 Volt liegen).

Man muss bereits bei der Anlagenplanung immer die Tatsache berücksichtigen, dass die in den technischen Daten angegebene *Nennspannung* des Solarmoduls nur beim Einhalten der „Testbedingungen" (strahlender Sonnenschein, optimale Modulenausrichtung) zutrifft. Dazu kommt noch die Herstellungs-Streuung von bestenfalls 5%, die eine weitere Verringerung der offiziellen Nennspannung zur Folge haben kann. Dasselbe gilt auch für den Nennstrom und somit für die Nennleistung des Moduls. Alles ist halb so schlimm, wenn man dies von vornherein berücksichtigt und angemessen großzügiger dimensioniert.

Bleibt nur noch die Frage offen, was man unter dem Begriff „angemessen" verstehen soll. Als Erstes ist anzustreben, dass der Solarzellen-Nennstrom die 10% der Akku-Kapazität *nicht unterschreitet*. Falls bei der Erfüllung dieses Anspruchs die zur Verfügung stehenden Flächen am Caravandach (oder an anderer vorgesehener „Nutzfläche") schon ohnehin ausgeschöpft sind, bleibt nur noch die Frage der optimalen *Nennspannung* übrig (die bereits als geklärt betrachtet werden dürfte).

Die optimale Akku-Kapazität muss bei einer solarelektrischen Stromversorgung als Erstes überlegt und ausgerechnet werden. Das eigentliche „Planungsprinzip" ist sehr einfach: Was dem Akku an elektrischer Energie abgenommen wird, das muss das Solarmodul nachliefern können. Der Stromverbrauch wird durch Antworten auf folgende Planungsfragen ermittelt:

a) Welche elektrischen Verbraucher werden an die Anlagenbatterie angeschlossen?

b) Wie groß ist der Stromverbrauch einzelner Verbraucher [in Ampere] und wie viele Betriebsstunden pro Tag oder pro Woche sind für einzelne Verbraucher vorgesehen?

c) Wird der Anlagen-Akku (Bord-Akku) ausschließlich vom Solarmodul geladen oder beteiligt sich am Laden auch eine andere Energiequelle (worunter z.B. die Fahrzeug-Lichtmaschine)?

d) Wie lange sonnenarme „Durststrecken" sollte der Anlagen-Akku überbrücken?

In den vorhergehenden Kapiteln wurde bereits an praktischen Beispielen gezeigt und erklärt, wie sich diverse konkrete Vorhaben realisieren lassen und worauf es bei einzelnen Überlegungen ankommt. Hier muss allerdings jeder selber bestimmen, welche Verbraucher er mit Solarstrom betreiben möchte und um welche Zeitspannen es sich dabei handeln sollte.

Mit der Einschätzung der voraussichtlichen Wetterbedingungen kennen sich erfahrungsgemäß nicht einmal die professionellen Meteorologen aus. Hier gibt es leider auch keine solideren Tricks, als das man sich bei einer solchen Planung das Beste erhofft und dabei das Schlimmste nicht ausschließt. Anders formuliert: Es sollten immer noch Notlösun-

7

gen zur Verfügung stehen – was ja beim Campen üblich ist.

Bemerkung

In unseren Beispielen einer optimalen Dimensionierung sind wir einfachheitshalber von einer Versorgungs-Gleichspannung von 12 V ausgegangen. Wenn anstelle von 12 V- eine 24 V-Spannung verwendet wird, verdoppeln sich auch die empfohlenen Modulen-Spannungen und halbiert sich der Modulen-Nennstrom bzw. auch die Stromabnahme der vorgesehenen Verbraucher.

7.3 Serieller und paralleler Betrieb mehrerer Solarmodule

Wir wissen inzwischen, dass sowohl Solarzellen als auch Solarmodule seriell (in Reihe), parallel oder seriell/parallel miteinander

verbunden werden können, um eine höhere Nennspannung und/oder einen höheren Nennstrom zu erhalten, als handelsübliche Einzelmodule bieten.

Abb. 7.10 zeigt drei prinzipielle Verschaltungsmöglichkeiten, wovon die Beispiele a) und b) als Lösungen üblich sind, Beispiel c) dagegen bestenfalls nur für evtl. Experimente in Frage kommt – denn hier verschenkt man einen zu großen Teil der Leistung (des oben und unten eingezeichneten Moduls).

Für parallelen Betrieb eignen sich am besten Solarmodule mit identischen Parametern – wie in *Abb. 7.11 a)* eingezeichnet ist. Die Lösung nach *Abb. 7.11 b)* ist zwar theoretisch ebenfalls zulässig, aber in der Praxis besteht hier die Gefahr, dass die Nennspannungen der „ungleichen" Module Abweichungen aufweisen, die Leistungsverluste zufolge haben könnten.

Dies gilt jedoch nicht für die eigentlichen Sektionen einer seriell-parallelen Verschal-

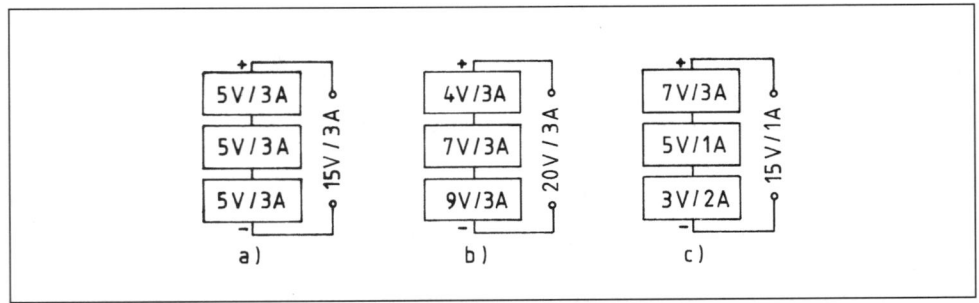

Abb. 7.10: Wenn mehrere Solarmodule in Serie geschaltet werden, sollten sie alle für denselben Nennstrom ausgelegt sein, denn für den Ausgangs-Nennstrom einer solchen „Kette" ist immer das schwächste Modul bestimmend: a) Module mit identischen Parametern b) Module mit unterschiedlicher Nennspannung, aber mit gleichem Nennstrom c) Module, die einen unterschiedlichen Nennstrom haben, eignen sich nicht für eine serielle Schaltung

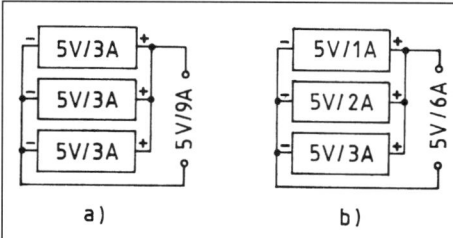

Abb. 7.11: Bei paralleler Verbindung mehrerer Solarmodule müssen alle Module für exakt dieselbe Nennspannung ausgelegt werden, aber der Nennstrom – und somit automatisch auch die Nennleistung – dürfen unterschiedlich sein

tung, die z.B. nach *Abb. 7.12* ausgelegt ist: Pro Sektion sind zwar jeweils zwei unterschiedliche Module in Serie geschaltet, aber beide Sektionen sind mit denselben Modulen (17 V/3 A und 2 V/3 A) bestückt (vollidentisch). Auch hier dürfte zwar theoretisch jede Sektion aus unterschiedlichen Solarmodulen zusammengesetzt werden, solange die Ausgangsspannungen aller Sektionen gleich sind. In der Praxis sollte man sich jedoch bei „bunteren" Kombinationen nicht mit den offiziellen Modulen-Nennspannungen zufrie-

den geben, sondern die tatsächlichen Ausgangsspannungen an belasteten Modulen nachmessen (als Belastung können z.B. Auto-Glühlampen verwendet werden).

Wir haben in diese Schaltung (*Abb. 7.12*) Dioden eingezeichnet, die in den vorhergehenden Abbildungen – der leichten Aufklärung wegen – vorerst außer Acht gelassen wurden. Dass hier zwei unterschiedliche Diodentypen aufgeführt sind, hat einen speziellen Grund, der eine Erklärung erforderlich macht.

Wir nehmen uns erst die **Schottky-Diode** vor und erklären ihre Funktion anhand von *Abb. 7.13:* Wenn eine Solarzelle oder ein Solarzellenmodul über einen Laderegler angeschlossen ist, durch den elektrischer Strom *in beiden Richtungen* fließen kann, würde sich der Akku über die Solarzellen entladen, sobald die Solarspannung niedriger als die Akkuspannung wird. Um dies zu verhindern, muss entweder der Laderegler so ausgelegt werden, dass er den Strom **nur** in Richtung vom Modul zum Akku durchlässt (und in der Ge-

7

Abb. 7.12: Bei seriell-parallelen Verschaltungen mehrerer Solarmodule sollten beide (bzw. alle) Sektionen bevorzugt aus denselben Modulen bestehen (Bezugsquelle der eingezeichneten Dioden: Conrad Electronic)

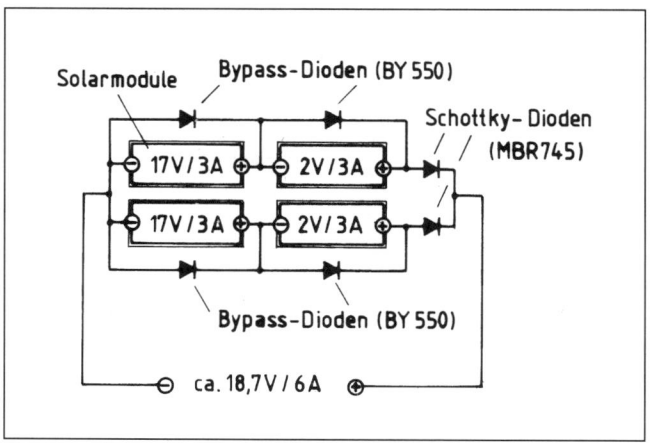

genrichtung sperrt) oder man behilft sich mit einer zusätzlichen *Schottky-Diode*.

Eine *Schottky-Diode* hat gegenüber normalen Siliziumdioden den Vorteil, dass an ihr ein Spannungsverlust von *nur* ca. 0,3 Volt entsteht (an normalen Siliziumdioden liegt der Spannungsverlust bei etwa 0,6 bis 1 V). In der Solarelektrik stellen auch die 0,3 Volt einen kostspieligen Spannungsverlust dar, denn ihm fallen etwa $^2/_3$ der Nennspannung einer Zelle (pro Kette) zum Opfer. Wenn jedoch anstelle der *Schottky-Diode* (= spezielle Metall-Halbleiterdiode mit einer Schottky-Sperrschicht) eine „normale" Silizium-Diode (Gleichrichter-Diode) wäre, würde der Spannungsverlust annähernd die Nennspannung von zwei Solarzellen „sperren".

Die *Schottky-Diode* stellt somit das kleinere Übel dar und wird daher für derartige Aufga-

ben in der Photovoltaik (Solarelektrik) verwendet.

Wir haben in *Abb. 7.12* „ordnungshalber" von den theoretischen Nennspannungen der Solarmodule die 0,3 V abgezogen, die in den eingezeichneten Schottky-Dioden verloren gehen – daher wird hier die Ausgangs-Nennspannung nicht als 19 V, sondern korrekt nur mit *18,7 V* angegeben.

Die Erklärung zu den hier (vollständigkeitshalber) eingezeichneten **Bypass-Dioden** heben wir uns noch auf und widmen uns nochmals der Schottky-Diode in *Abb. 7.13*. Die Qual mit der Aufklärung ist leider noch nicht ausgestanden. Der Grund: In vielen Solarmodulen ist die Schottky-Diode bereits herstellerseits eingelötet. Paradoxerweise sind aber auch viele handelsübliche Laderegler herstellerseits mit eine Schottky-Diode ausgestattet.

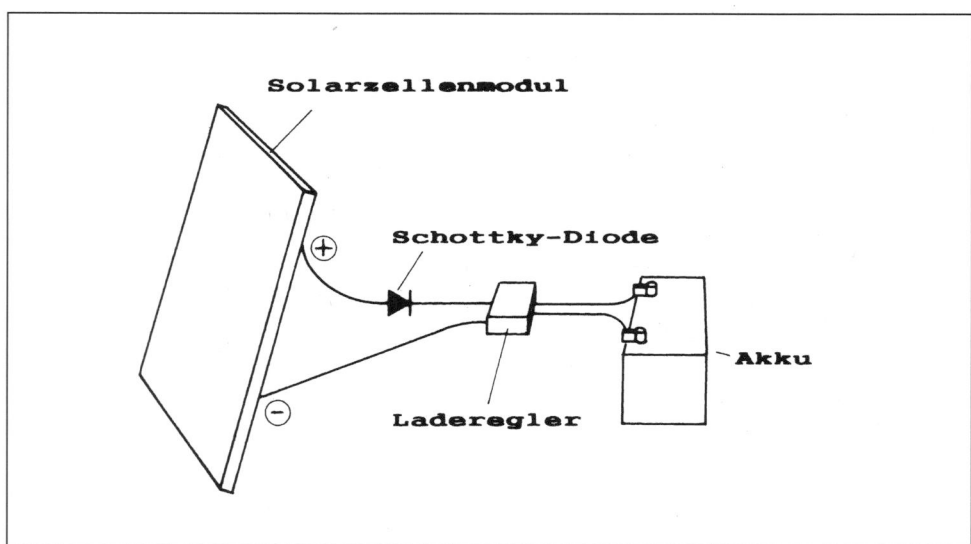

Abb. 7.13: Eine Schottky-Diode schützt den Akku gegen das Entladen über die Solarzellen

Der Slogan „Doppelt gemoppelt hält besser" läßt sich hier leider nicht interpretieren, denn eine zusätzliche Schottky-Diode bedeutet immerhin einen zusätzlichen Spannungsverlust von 0,3 V (für jede überflüssige Diode). Je höhere Nennleistung das Solarmodul hat, desto höher ist auch der daraus resultierende Modulen-Leistungsverlust. Bei dem „Solargenerator" aus *Abb. 7.12* verursacht jede zusätzliche Schottky-Diode einen Leistungsverlust von 0,3 V x 6 A (= 1,8 Watt). An sich „kein Weltuntergang", aber hier trifft das Sprichwort zu: „Kleinvieh macht auch Mist."

Man sollte daher grundsätzlich darauf achten, dass in einer Solaranlage nicht überflüssige Schottky-Dioden als Spannungs- und Leistungsfresser irgendwo im Verborgenen lauern:

• Wenn mehrere Solarmodule in Serie (in Reihe) geschaltet werden, an deren Ausgangsklemmen der Hersteller Schottky-Dioden angebracht hat, sollten diese nur bei dem „letzten" Modul der Reihe (von dem der Plus-Anschluss zum Laderegler führt) gelassen werden. Bei allen restlichen Modulen sind sie zu entfernen.

• Falls eine Schottky-Diode ohnehin im Laderegler untergebracht ist, bzw. falls der Laderegler elektronisch so konzipiert ist, dass er sowieso nur in Richtung zum Akku Strom durchlässt – aber nicht in der Gegenrichtung – sollten die Schottky-Dioden aus allen Modulen entfernt werden.

Dass in *Abb. 7.12* an den Modulen-Ausgängen nicht eine, sondern zwei Schottky-Dioden eingezeichnet sind, hat folgenden Grund: Sie verhindern, dass die eine der Sektionen die andere Sektion belastet, wenn die jeweiligen „Ausgangsspannungen" nicht exakt ausgewogen sind. Zu einer derartigen „Unausgewogenheit" der Ausgangsspannungen kommt es in der Praxis z.B. durch eine vorübergehende Teilbeschattung (bei ziehenden Wolken) oder durch Unterschiede in den Modulen-Neigungswinkeln, usw. Nebenbei: Durch eine solche parallele Anordnung mehrerer Schottky-Dioden erhöht sich der Spannungsverlust nicht – er bleibt bei den ca. 0,3 Volt.

Es wäre noch darauf hinzuweisen, dass der „Solargenerator" aus *Abb. 7.12* an einem Laderegler angeschlossen werden soll, in dem (eingangsseits) keine Schottky-Diode als Schutzdiode herstellerseits angebracht wurde (andernfalls sollte sie entfernt oder kurzgeschlossen werden).

Mit der Wahl der richtigen Schottky-Diode ist es einfach. In Kurzfassung werden Schottky-Dioden (in Katalogen) beispielsweise nur folgendermaßen angeboten: „*MBR 745 • 7,5 A/ 45 V • DM 2,–*" oder „*SB 530 • 5 A/30 V • DM 3,–*". *Das genügt (für unsere Zwecke).* Es geht uns ja nur darum, dass diese Diode für einen Maximumstrom ausgelegt ist, der zumindest ca. 50% höher liegt als der Modulen-Nennstrom und dass die Diode auch die Modulen-Leerlaufspannung verkraftet. Die in *Abb. 7.12* eingezeichneten Schottky-Dioden sind zwar etwas zu großzügig „überdimensioniert". Die hier erwähnten Typen SB 530 hätten auch gereicht – aber sie sind teurer (sie bieten einige spezielle Vorteile, die u.a. nur bei einer Anwendung im GHz-Frequenzbereich an Bedeutung gewinnen).

7

7

7.4 Beschattungs- empfindlichkeit der Solarmodule

Ein Solarmodul besteht aus einer in Reihe (in Serie) geschalteten Solarzellen, die eine Kette bilden, bei der der Nennstrom des schwächsten Gliedes für den Ausgangs-Nennstrom – und somit auch für die Ausgangsleistung – des Moduls bestimmend ist.

Es muß sich dabei nicht unbedingt nur um eine herstellungsbedingte „Schwäche" eines Gliedes handeln. Wenn z.B. während des Betriebs eine der Zellen beschattet wird, sinken automatisch ihre Spannungs- und Stromwerte (womit auch die Leistungswerte) auf ein Niveau, das mit der Abnahme der Bestrahlungsintensität übereinkommt. Die Beschattung bzw. Teilbeschattung einer einzigen Zelle hat somit einen Leistungsrückgang der ganzen Zellenkette (des ganzen Moduls) zur Folge.

In der Praxis kann so etwas gelegentlich vorkommen: Eine oder mehrere Zellen des Moduls werden am Reisemobildach durch einen Zweig oder durch angewehtes Laub beschattet. Neben dem Leistungsverlust gibt es bei einer beschatteten Solarzelle noch ein weiteres kritisches Phänomen: die Zelle kann sich bei kräftigerem Sonnenschein umpolen, eine Sperrspannung erzeugen und durch darauffolgendes Aufheizen das Solarzellenmodul beschädigen oder sogar zerstören.

Das Ganze klingt nun ein wenig zu abenteuerlich und verdient deshalb eine kurze Erklä-

rung: wenn sich eine beschattete Zelle wie ein verstopftes Wasserrohr verhält, versuchen die anderen Zellen der Kette ihren Nennstrom durch diese „Verstopfung" durchzudrücken – vorausgesetzt, dass am Kettenausgang eine entsprechende Belastung vorhanden ist. Falls die Zelle derartig beschattet ist, dass ihr Kurzschlussstrom niedriger ist, als der momentane Nennstrom der restlichen Zellen der Kette, kann dies unter Umständen (bei intensiverem Sonnenschein) zur Folge haben, dass die Zelle umpolt. Sie stellt somit der treibenden Spannung der restlichen Zellen ihre Sperrspannung entgegen. Dadurch heizt sie sich überproportional auf und kann gegebenenfalls die Vergussmasse im Modul derartig aufwärmen bzw. „anbraten", dass sich diese verfärbt oder dass sie sogar Blasen bildet.

Beides hat zur Folge, dass die Lichtdurchlässigkeit der Vergussmasse abnimmt, wodurch die betroffene Zelle neben der Beschattung auch noch diesem zusätzlichen Handicap ausgesetzt wird. Das führt – soweit das Solarmodul weiterhin während der Sommerhitze von der Sonne voll bestrahlt wird – zu weiterem Aufwärmen der Zelle, usw. Wenn der ganze Vorgang länger dauert, wird das Solarzellenmodul völlig unbrauchbar.

Um diese Gefahr zu bannen, werden entweder nach *Abb. 7.14 a*, parallel zu jeder Solarzelle oder nach *Abb. 7.14 b*, parallel zu einer Sektion der Solarkette *Bypass-Dioden* beigefügt. Einige moderne Solarmodule werden mit speziellen Solarzellen bestückt, in deren Siliziumschicht Bypass-Dioden direkt integriert (eingeätzt) sind.

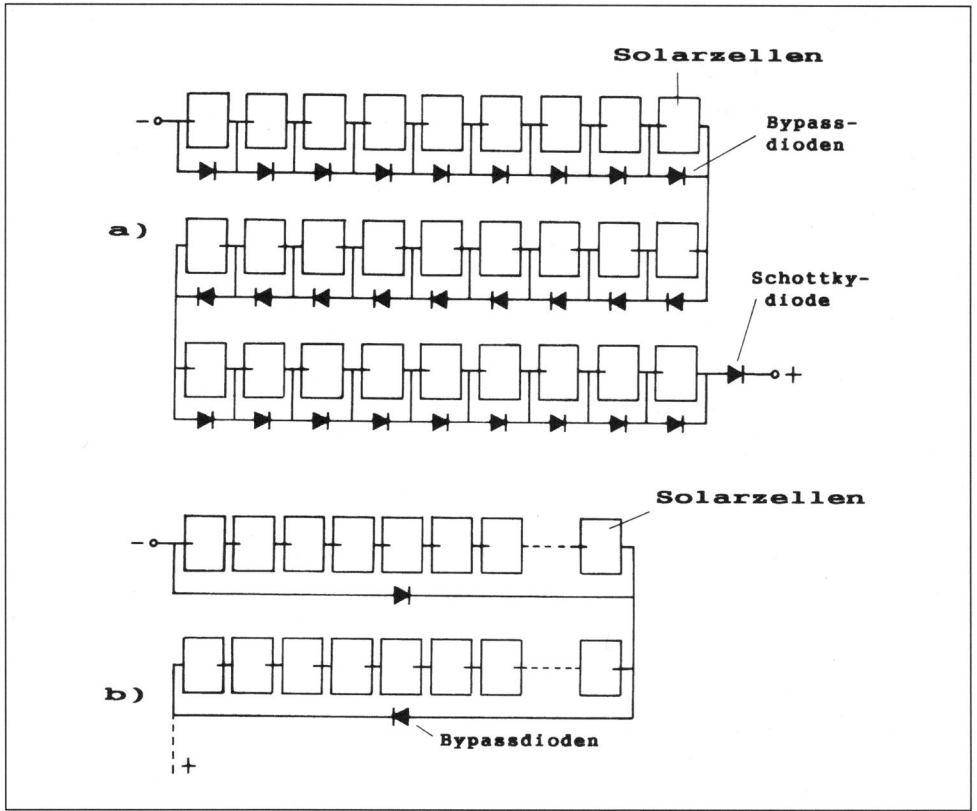

Abb. 7.14: Anordnungsbeispiele von Bypass-Dioden im Solarmodul: a) jede Solarzelle verfügt über eine eigene Bypass-Diode b) mehrere Solarzellen werden nur mit einer einzigen Bypass-Diode überbrückt

Eine Bypass-Diode fungiert quasi wie eine Baustellen-Umleitung: Wenn eine der Zellen in *Abb. 7.14 a*, beschattet wird, leitet „ihre" Bypass-Diode den Strom der restlichen Zellen um und am Modulen-Ausgang wirkt sich die Beschattung der Zelle nur als ein Spannungsverlust (von z.B. 0,46 V) aus. Dieser Spannungsverlust hat zwar auch einen Rückgang der Modulenleistung zur Folge, aber nur in einem mathematischen Verhältnis laut Formel **„Spannung x Strom = Leistung"**.

Beispiel: Bei einem 17,5 V/3 A/52,5 W-Modul wird eine der Zellen beschattet. Das hat einen Spannungsrückgang von 0,46 V zur Folge, wodurch das Modul nur noch eine Spannung von etwa 17,04 Volt aufbringt. Daraus ergeben sich:

17,04 V x 3 A = 51,12 Watt als Modulen-Nennleistung

Wenn gleichzeitig mehrere Zellen des Moduls beschattet oder teilbeschattet werden, addie-

7

ren sich verständlicherweise die einzelnen Spannungsverluste zu einem entsprechend größeren Spannungs- und Leistungs-Endverlust.

Viele Hersteller wenden die Bypass-Dioden gar nicht an, andere nur relativ „sparsam" – sie überbrücken mit einer Diode jeweils mehrere Zellen, wie in *Abb. 7.14 b* dargestellt ist. Eine solche Lösung schützt zwar das Solarmodul vor einer Beschädigung bzw. Zerstörung (was ja immerhin besser ist, als gar nichts), eine stärkere Beschattung setzt dann jedoch so ein Modul eventuell völlig außer Betrieb (die „Umleitung" über die Bypass-Diode ist zu weit und die ganze dazugehörende Zellenkette fällt als „Solargenerator" weg).

In unserem Beispiel nach *Abb. 7.12* wurden bestehende Solarmodule mit zusätzlichen Bypass-Dioden überbrückt. Es handelte sich hier offensichtlich um Module, in denen der Hersteller keine Bypass-Dioden integriert hat. Wenn hier z.B. eine der Sektionen voll im Schatten liegt und von der anderen nur das kleinere 2 V/3 A-Modul beschattet wird, kann sein größeres „Partnermodul" immerhin noch eine Spannung von ca. 16,7 V und einen Strom von ca. 3 A an den Batterie-Laderegler liefern.

Bei der Neuanschaffung von Solarmodulen, die für Camping-Fahrzeuge vorgesehen sind, sollten bevorzugt Module mit Solarzellen verwendet werden, in denen bereits in jeder Zelle eine Bypass-Diode integriert ist. Hier handelt es sich jedoch um spezielle Solarzellen – bzw. Solarmodule – die sich aus Kosten-

gründen bisher nicht auf breiterer Basis durchgesetzt haben. Natürlich auch deshalb nicht, weil der Vorteil dieser Zellen den meisten Kunden nicht mit einigen einfachen Sätzen erklärt werden kann. Zudem verfügen diese speziellen Zellen momentan nur über einen einzigen „Bypass" pro ganze Zelle. Aus dem Grund werden sie nur in Solarmodule eingesetzt, die mit „ganzen" Zellen bestückt sind und deren Nennstrom oberhalb von ca. 3 A liegt.

In Hinsicht auf diesen „Stand der Technik" kommt eigentlich das zusätzliche Anbringen von Bypass-Dioden nur bei kleineren oder älteren Solarmodulen in Frage. Bei Neuanschaffungen von größeren Solarmodulen sollte der Kunde darauf achten, dass jede der Einzelzellen mit integrierter Bypass-Diode versehen ist. Verzichtet dürfte auf diese Eigenheit im Prinzip nur bei Solarmodulen werden, die z.B. als tragbare (portable) Module dienen sollen.

Für den Kaufinteressenten ist oft nicht nachvollziehbar, ob oder wie viele Bypass-Dioden in dem einen oder anderen Solarmodul herstellerseits angebracht wurden. Man kann sich diese Information jedoch zusätzlich vom Anbieter „erzwingen".

Wer über das Phänomen der Zellenbeschattung Bescheid weiß, der wird beim Parken seines Caravans oder Reisemobils darauf achten, dass er auch einer kleineren Teilbeschattung des Moduls (die bereits durch einen Mast verursacht werden kann) aus dem Weg geht.

7.5 Solaranlagen-Berechnung

Bei den meisten konkreten Anwendungen wird es sich nur um eine geringere Anzahl von elektrischen Verbrauchern handeln, bei denen der Stromverbrauch beispielsweise in der Form einer Tabelle aufgelistet werden kann (siehe Tabelle 3).

Der hier ermittelte Stromverbrauch von 8,1 Ah pro Tag ist als Verbrauch der zur Verfügung stehenden Akku-Kapazität zu betrachten. Dieser Kapazitätsverlust sollte vom Solarmodul wenn möglich täglich oder zumindest ausreichend oft nachgeladen werden.

Wenn wir nun einfachheitshalber annehmen, dass während der ganzen Zeit täglich die Sonne scheinen wird, bleibt nur noch die Frage offen, wie viele Stunden pro Tag das Solarmodul seinen annähernd vollen Nennstrom (als Ladestrom) liefern dürfte. Dies hängt natürlich von der Jahreszeit ab. Angenommen es ist Sommer, können wir damit rechnen, dass das Modul bis zu 9 Stunden täglich den benötigten Ladestrom (annähernd) liefern wird.

Einen kleinen Schönheitsfehler hat das Laden eines „normalen" Bleiakkus: die Ladeverluste betragen bis zu 20% (es handelt sich ja um eine ziemlich komplizierte chemische Umwandlung). Macht nichts! Wir müssen einfach um diese 20% den „Nachladebedarf" erhöhen und das Problem ist gelöst: Anstelle von den 8,1 Ah fallen daher 9,72 Ah an Tagesverbrauch an, die „irgendwann" nachgeladen werden müssen, denn 8,1 Ah x 1,2 = 9,72 Ah.

Wenn wir nun diese 9,72 Ah durch die 9 Ladestunden teilen, ergibt sich daraus ein Ladestrom von 1,08 Ah. Dies ist jedoch ein absolutes Minimum, das theoretisch vom Solarmodul täglich nachgeliefert werden müsste – was in der Praxis nur bedingt zutrifft.

Das ist allerdings eine utopische Voraussetzung, denn die Sonne geht zwar täglich auf (darauf war bisher immer Verlass), aber der Himmel kann bewölkt sein oder es kann sogar regnen.

Dieser unsichere Faktor lässt sich nicht mathematisch definieren und so bleibt eine reine Ermessensfrage, wie lange so ein Anlagen-Akku seinen „Mann" stehen muss, um auch einige sonnenarme Tage überbrücken zu kön-

Tabelle 3   Aufstellung des vorgesehenen Stromverbrauchs

Verbraucher:	Strombedarf:	Betriebsstunden pro Tag:	Stromverbrauch pro Tag:
Innenleuchte	0,9 A	0,4 Std.	0,36 Ah
Außenleuchte	1,2 A	0,2 Std.	0,24 Ah
Kaffeekocher (150 W)	12,5 A	0,6 Std.	7,5 Ah
		insgesamt	8,1 Ah

7

nen. Solche Planungsüberlegungen hängen selbstverständlich auch davon ab, wie lange der „Ausflug" dauern soll, wie wichtig die Stromversorgung für einige der vorgesehenen Anwendungen ist, usw. Wer beispielsweise die solarelektrische Versorgung nur für die eigentliche zwei- oder dreitägige Anfahrt und Rückfahrt zu/von einem Campingplatz benötigt, dem könnte für ein derartiges Vorhaben auch ein relativ kleiner Akku mit einer Kapazität ab ca. 36 Ah völlig ausreichen.

Wird von dem Akku verlangt, dass er ohne Nachladen z.B. 7 Tage lang als Energiequelle dienen kann, müsste bei dem hier aufgeführten Verbrauch (von 7 x 8,1 A) die Akku-Kapazität „theoretisch ca. 56,7 Ah, praktisch jedoch mindestens ca. 80 bis 90 Ah betragen. Wenn nach evtl. 7 sonnenarmen (oder regnerischen) Tagen wieder die Sonne scheint, müssten die verbrauchten 56,7 Ah nachgeladen werden (wir runden es auf 57 Ah auf).

Angenommen, es steht ein Solarmodul zur Verfügung, dessen *Nennstrom (Ladestrom)* laut technischen Daten „max. 3 A" beträgt: An einem sonnigen Tag könnte das Modul im Idealfall bis zu 9 Stunden die 3 A Ladestrom liefern. Das ergibt 27 Ah, von denen bis zu 20% auf Ladeverluste entfallen. Bleiben ca. 21,6 Ah übrig, um die der Akku im Optimalfall nachgeladen werden könnte. So haargenau wird die Sache mit dem Nachladen nicht klappen, denn das Solarmodul bringt keine vollen 3 A an Ladestrom auf, sondern möglicherweise ca. 10% weniger. Und das auch nicht volle 9 Stunden, sondern vielleicht nur 8 Stunden pro Tag. Auch gut. Es genügt ja, wenn wir zumindest ungefähr davon ausgehen können, dass das Nachladen des Akku

„in etwa" drei sonnige Tage dauern könnte. Genauer braucht man bei derartig „launischen" Naturkräften nicht zu rechnen.

Wer in solchen Fällen etwas weniger Vertrauen in die Natur oder in seine Einschätzung des Verbrauchs hat, der kann einfach einen Akku mit einer wesentlich höheren Kapazität (von z.B. 200 Ah) und ein Solarmodul mit einem etwas höheren Nennstrom (von z.B. 5 A) einplanen (die optimale Nennspannung des Solarmoduls wurde bereits im Kap. 7.2 erklärt).

Wenn der vorgesehene tägliche Strombedarf höher wird als in unserem Beispiel berechnet wurde, erhöht sich entsprechend sowohl die Kapazität des Akkus als auch der Ladestrombedarf (der Modulen-Nennstrom) – und umgekehrt.

Die Höchstgrenze des Stromverbrauchs wird in den meisten Fällen einfach von der Anzahl der Solarmodule abhängen, die sich für das Vorhaben z.B. auf einem Fahrzeugdach, an einem Boot, im Auto-Kofferraum oder im Rucksack unterbringen lassen. Die Berechnung des Stromverbrauchs wird einfach immer als „Kapazitäts-Verbrauch des Akkus" berechnet, wobei man von dem Prinzip des Weinfass-Inhalts (aus Kap. 1.1) ausgeht.

7.6 Die Wahl der optimalen Modulen-Parameter

Wir haben bereits an anderen Stellen das Problem mit der optimalen Modulen-Nennspannung kurz angesprochen und einige Aspekte der richtigen Dimensionierung an praktischen Beispielen gezeigt.

Theoretisch ist es mit der Bestimmung der richtigen Nennspannung eines Solarmoduls am einfachsten, wenn der vorgesehene Verbraucher direkt vom Solarmodul aus (ohne einen Zwischenspeicher) betrieben wird. Die Modulen-Nennspannung sollte möglichst identisch mit der vom Hersteller angegebenen Versorgungsspannung des Verbrauchers sein. Es versteht sich von selbst, dass das Solarmodul auch für eine entsprechende Nennleistung ausgelegt werden muss. Gegen eine höhere Modulen-Nennleistung ist dabei nichts einzuwenden. Im Gegenteil: eine Erhöhung der Nennleistung um ca. 20 bis 25% schützt das Modul davor, dass es an einem heißen, sonnigen Tag zu einer Kochplatte wird und unter Umständen sogar einen Schaden davonträgt.

Solarmodule mit einer 12 Volt-Nennspannung (für eine direkte Stromversorgung von 12 V-Verbrauchern) gehören leider nicht gerade zu den gängigen Produkten. Die Spannung der meisten handelsüblichen Module ist für netzgekoppelte Dachanlagen vorgesehen und liegt überwiegend zwischen ca. 15 und 20,7 V. Dann folgt eine „Lücke" und danach gibt es noch Module, die für Spannungen ab ca. 33,8 Volt ausgelegt sind (diese Information bezieht sich allerdings nur auf die gegenwärtige Marktsituation).

Die meisten netzunabhängigen Solaranlagen (Inselanlagen) werden jedoch mit einem Akku als Energie-Zwischenspeicher ausgelegt, denn eine direkte Stromversorgung vom Solarmodul zum Verbraucher ist zu wetterabhängig und nur bedingt sinnvoll.

Die meisten Solarverbraucher – oder auch diverse andere Gleichstromverbraucher – sind für Spannungen von 6 V, 9 V, 12 V und 24 V konzipiert (die größte Auswahl bilden davon die 12 Volt-Verbraucher).

Die Suche nach einem passenden 12 Volt-Solarmodul für einen direkten Betrieb (ohne Zwischenspeicher) kann manchmal zu einer Geduldsprobe werden. Eine rein serielle – oder seriell-parallele – Schaltung von mehreren „kleineren" Solarmodulen ist für die angesprochenen Vorhaben weniger geeignet, denn die meisten der kleinen Module sind für zu kleine Leistungen ausgelegt.

Hypothetisch gibt es die Möglichkeit, dass man sich ein passendes Solarmodul im Selbstbau erstellt (siehe hierzu den Hinweis auf die dazu geeignete Literatur am Buchende).

Als eine andere Alternative bietet sich für einen Direktbetrieb die Anwendung eines „erhältlichen" Solarmoduls, dessen abweichende Nennspannung für den vorgesehenen Verbraucher zumutbar ist.

Da für einen „leistungskräftigeren" Direktbetrieb in der Praxis überwiegend nur Ventilatoren, Pumpen oder ausnahmsweise auch Kühl- und Heizkörper in Frage kommen, lässt sich hier etwas improvisieren. Die Gleichstrommotoren der meisten Ventilatoren und Pumpen sind ohnehin für einen Spannungsbereich konzipiert, der z.B. zwischen 10 und 18 Volt liegt. Dies ist natürlich „produktbezogen" zu

7

7

prüfen bzw. durch Anbieter-Auskunft in Erfahrung zu bringen. Solche Verbraucher können dann bedenkenlos von einem Solarmodul aus betrieben werden, dessen Nennspannung z.B. zwischen 15 V und 18 V liegt.

Bei einer elektrischen 12 V-Auto-Kühlbox, deren Kühlsystem mit Peltier-Element(en) arbeitet, sollte dagegen die Versorgungsspannung (in unserem Fall die Solarspannung) nicht mehr als ca. 13,5 V betragen. Andernfalls heizt sich das Peltier-Element einseitig zu sehr auf und wird zu einer Heizplatte, die die Kühlbox vernichten kann.

Relativ ungefährlich ist bei so einer Kühlbox eine Unterspannung. Einige dieser Kühlboxen sind auch für eine 24 V-Versorgungs-Gleichspannung ausgelegt und können dann von einem 17,5 V- oder 18 V-Solarmodul direkt betrieben werden. Die Kühlleistung ist in dem Fall allerdings geringer: Bei einer Versorgungsspannung von nur 17,5 V sinkt die Kühlleistung einer 24 Volt/40 Watt-Kühlbox

auf ca. 25 Watt – was noch eine „brauchbare" Kühlleistung darstellt.

Einfacher ist es mit diversen elektrischen Heizkissen oder Heizdecken, die manchmal auch direkt vom Solarzellen-Modul betrieben werden (wie im 1. Kap./*Abb. 1.12* bildlich dargestellt wurde).

Oft ist es von Vorteil, wenn man hier für die Solarstrom-Versorgung ein Solarmodul benutzt, dessen Nennspannung z.B. zwischen ca. 17,5 und 18,5 V liegt und anderweitig als Ladestrom-Quelle dienen kann. Das Problem der „Überspannung" lässt sich auch hier damit umgehen, dass zu diesem Zweck ein 24 V-Heizkissen *nach Abb. 7.15 a* oder zwei 12 V-Heizkissen in Serie *nach Abb. 7.15 b* verwendet werden.

Wir sehen uns nun interessehalber an, wie sich eine Spannung von 17,5 V auf die tatsächliche Wärmeleistung eines 24 V/45 W-Heizkissens auswirkt:

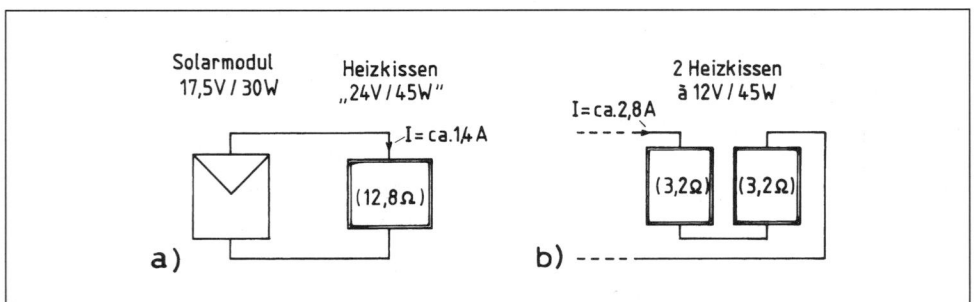

Abb. 7.15: Elektrische Heizkissen und Heizdecken können bei der Versorgung mit einer „Unterspannung" schlicht als Ohmsche Widerstände betrachtet werden: a) liegt die Spannungsversorgung eines 24 V/45 W-Heizkissens nur bei 17,5 V, ergibt sich aus seinem Ohmschen Widerstand (von 12,8 Ω) eine Heizleistung von nur ca. 24,5 W; b) anstelle eines 24 V-Heizkissens können zwei 12 V-Heizkissen in Serie an ein Solarmodul angeschlossen werden (siehe weiter im Text)

45 W : 24 V = **1,875 A** (Heizkissen-Strom)
24 V : 1,875 A = **12,8** Ω (Heizkissen-Wider-stand)

Den Ohmschen Widerstand des Heizkissens benötigen wir um feststellen zu können, wie sich dieser auf die Heizleistung auswirkt, wenn die Versorgungsspannung nur 17,5 V anstelle der vorgesehenen 24 V beträgt:

17,5 V : **12,8** Ω ≈ **1,4 A** (Heizkissen-Strom)
17,5 V x **1,4 A = 24,5 W** (Heizleistung)

Die errechneten 24,5 Watt beziehen sich auf die Wärmeleistung des in *Abb. 7.15 a* einge-zeichneten 24 V/45 W-Heizkissens, wenn es nur eine 17,5 V-Versorgungsspannung erhält.

Alternativ können zwei in Serie geschaltete 12 V-Heizkissen an ein 17,5 V-Solarmodul angeschlossen werden, wie es in *Abb. 7.15 b* eingezeichnet ist. Hier käme jedoch der Leistungsbedarf beider Heizkissen auf ca. 48 Watt. Ein 30 Watt-Solarmodul könnte diesen Leistungsbedarf verständlicherweise nicht bewältigen und nur bedingt verkraften. Die Solarzellen würden sich in diesem Fall durch den niedrigen Ohmschen Heizkissen-Widerstand (von 6,4 Ω) bei kräftigerem Sonnenschein zu sehr aufheizen, denn der überhöhte Strombedarf käme in den Kurz-schlussstrom-Bereich.

Unsere Berechnung der Wärmeleistung stellt allerdings nur eine vereinfachte Methode dar, die nur ungefähr die Größenordnung des Leistungsunterschiedes transparenter macht. Es wurden hier zwei wichtige „Unbekannte" negiert, die einen Einfluss auf die tatsächliche

Wärmeleistung haben: Erstens gilt der Ohm-sche Widerstand des Heizkissens (12,8 Ω) nur für die volle Heizleistung. Wenn die Heizleistung sinkt, sinkt auch die Temperatur des Heizkissen-Widerstandsdrahtes und damit sein Ohmscher Widerstand (wodurch die Heizleistung etwas höher wird, als wir ausge-rechnet haben).

Die zweite „Unbekannte" stellt die wetterab-hängige Modulen-Spannung dar. Daher zeigen alle Planungsberechnungen nur optimale Ergebnisse, bei denen in der Praxis mit Ab-strichen zu rechnen ist.

Wir haben nun der direkten Solarstrom-versorgung bewusst viel Aufmerksamkeit ge-widmet, um die ganze Problematik etwas durchschaubarer zu machen. Viele der ange-sprochenen Aspekte dürften auch demjeni-gen dienlich sein, der eine Solaranlage mit ei-nem Akku als Zwischenspeicher plant.

Wenn das Solarmodul als „Ladestrom-Quel-le" für z.B. einen 12 Volt-Bleiakku vorgese-hen ist, ist die Solarspannung als die „Span-nung eines Ladegerätes" zu betrachten: Diese muss bekanntermaßen „wesentlich höher" lie-gen als die Spannung eines voll aufgeladenen Bleiakkus, denn andernfalls kann vom Lade-regler in den Akku kein ausreichender Lade-strom fließen.

Am einfachsten ist es, wenn man sich den ganzen Ladevorgang so vorstellt, als ob an-stelle des Akkus nur ein Widerstand an das Solarmodul angeschlossen wäre. Sehen Sie sich bitte erst den Schaltkreis in *Abb. 7.16 a* an:

7

Hier ist ein 5 Ohm-Widerstand an eine 17,5 V-Batterie angeschlossen. Würden wir die Zenerdiode weglassen, würde der Widerstand von der Batterie (laut Ohmschen Gesetz) einen Strom von 3,5 A beziehen (17,5 V : 5 Ω = 3,5 A). Die eingezeichnete Zenerdiode verringert die Spanungsdifferenz zwischen der Batterie und dem Widerstand auf 6,5 Volt (17,5 V – 11 V = 6,5 V). Damit bezieht der Widerstand von der Batterie nur einen Strom, bei dem in die Formel „I = U : R" als Spannung nur die Differenzspannung von 6,5 V eingesetzt wird (6,5 V : 5 Ω = 1,3 A).

Auf dieselbe Weise wirkt sich der Innenwiderstand eines Anlagenakkus auf den Solar-Ladestrom aus. Der Schaltkreis in *Abb. 7.16 b* ist im Prinzip elektrisch identisch mit dem Schaltkreis links: Als Spannungsquelle fungiert hier ein Solarmodul und anstelle der Zenerdiode ist hier ein Anlagen-Akku eingezeichnet, dessen „momentane" Spannung 11 V beträgt (es kann sich dabei um eine 12 V-Autobatterie handeln, die auf 11 Volt entladen ist). Der Innenwiderstand des Akkus beträgt in diesem Beispiel 5 Ω (er hängt von der Kapazität und von dem elektrischen Zustand des Akkus ab).

In der Praxis ist der Innenwiderstand eines Akkus dem Anwender unbekannt und somit stellt er keine „Planungsgrundlage" dar (es sei denn, man misst den jeweiligen Ladestrom mit einem Amperemeter und rechnet sich danach „spaßhalber" mit Hilfe des Ohmschen Gesetzes den jeweiligen Innenwiderstand des Akkus aus). Für unsere Aufklärung genügen jedoch die aufgeführten 5 Ω, um die Problematik des Ladens greifbarer darzustellen.

Auf diese Weise können wir uns u.a. Folgendes vorstellen: Wenn z.B. bei einem leicht bewölkten Himmel die Solarspannung auf 14 Volt sinkt und der Anlagen-Akku ist zu dem Zeitpunkt bereits auf 12 Volt aufgeladen, beträgt (bezugnehmend auf *Abb. 7.16 b*) die Spannungsdifferenz nur 2 Volt. Der Ladestrom sinkt in dem Fall auf 0,4 Ampere (2 V : 5 Ω = 0,4 A).

Wichtig bei allen diesen Überlegungen ist die Frage der optimalen Modulen-Nennspannung und des „angemessenen" Modulen-Nennstroms. Ein noch so großer Modulen-Nennstrom wirkt sich jedoch auf das Laden nicht aus, wenn die Solarspannung nicht ausreichend hoch ist.

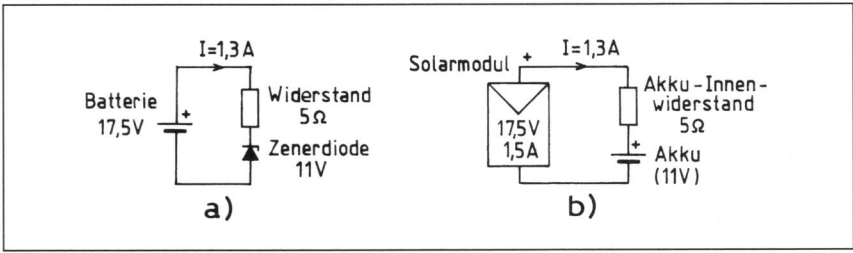

Abb. 7.16: Die elektrischen „Verhältnisse" beim Laden eines Akkus lassen sich am einfachsten begreifen, wenn man sich den Akku als einen reinen Ohmschen Widerstand vorstellt, der vom Solarmodul einen Ladestrom bezieht (siehe weiter Text)

So ändert sich der Ladestrom in der Schaltung nach *Abb. 7.16* nicht, wenn da z.B. ein 17,5 V/**5 A**-Solarmodul eingesetzt wird. In der Praxis würde man da einen größeren Akku (der einen niedrigeren Innen-Widerstand hat) bzw. mehrere parallel verbundene Akkus verwenden, um den vollen Solar-Ladestrom nutzen zu können.

In unserem Breitengrad liegt die Schwachstelle der meisten erhältlichen Solarmodule bei einer zu niedrigen Nennspannung. Man darf ja nicht vergessen, dass die offizielle Modulen-Nennspannung lediglich ein Optimum darstellt, mit dem nur bei idealen Wetterbedingungen gerechnet werden kann. Zudem gehen ca. 0,3 V der Solarspannung in der Schottky-Diode verloren und abgesehen davon ist die Modulen-Nennspannung in den Datenblättern manchmal etwas nach oben aufgerundet. Wenn dann der Himmel gering bewölkt ist, sinkt sowohl die Modulenspannung als auch die Modulenleistung prompt um 25 bis 30%. Ein 17,5 V-Solarmodul bringt dann nur eine Ladespannung von ca. 10,2 bis 12,7 V auf die Waage.

Diese Funktionsweise verdient vor allem dann etwas mehr Beachtung, wenn die netzunabhängige Solarstrom-Versorgung für die etwas kühlere (und trübere) Jahreszeit vorgesehen ist. Die Nennspannung des Solarmoduls sollte dann – wie bereits an anderer Stelle angesprochen wurde – möglichst höher als bei den „handelsüblichen" 17,5 oder 18 V liegen.

Bei Zweifel lassen sich sowohl der Ladestrom als auch die Ladespannung messen, um sich zu vergewissern, dass der Ladestrom einigermaßen proportional zu der jeweiligen Ladespannung steht. Wenn sich dabei herausstellt, dass dieser zu niedrig ist, sollte die Modulenspannung erhöht werden. Dies kann notfalls auch mit einem einfachen kleinen Eigenbau-Modul geschehen, das mindestens für denselben Nennstrom wie das „Hauptmodul" ausgelegt ist.

Im Zusammenhang mit diesen Beispielen ist nochmals darauf hinzuweisen, dass der Anlagen-Akku vom Solarzellenmodul über einen passenden Laderegler (*nach Abb. 7.17*) geladen werden soll. Wir wissen in-

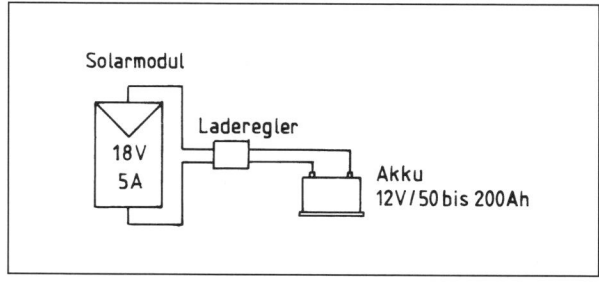

Abb. 7.17: Vollständigkeitshalber: die in vorhergehender Abbildung eingezeichneten Akkus werden normalerweise über einen Laderegler „schonend" geladen

7

85

7

zwischen, dass ein Laderegler weder die Solarspannung noch den Ladestrom erhöhen kann, sondern nur den Ladestrom drosselt, wenn am Ende des Ladens die Akkuspannung in die Nähe eines vorgegebenen Maximums (von z.B. 13,6 V) steigt. Damit soll verhindert werden, dass der Akku am Ende des Ladevorgangs zu kochen anfängt und gewährleisten, dass das Laden optimal verläuft. Allerdings nur in Abhängigkeit von der Solarspannung, Solarleis-tung und von dem Innenwiderstand des An-lagen-Akkus.

Mit der zunehmenden Größe (Kapazität) des Anlagen-Akkus sinkt sein Innenwiderstand. Somit ermöglicht ein „größerer" Akku eine bessere Nutzung der Solarleistung. Anderseits steigen mit der Akku-Kapazität auch seine Selbstentlade-Verluste, was wiederum dagegen spricht, dass die Akku-Kapazität unangemessen groß gewählt wird.

Solarprodukte und Solarverbraucher

Für die Anwendung in solarelektrischen (photovoltaischen) Anlagen eignen sich vor allem solche Produkte und Verbraucher, die als „Solarprodukte" bzw. energiesparende „Solarverbraucher" angeboten werden. Auch viele der gängigen Geräte, Werkzeuge, Lampen und Materialien, die als Autozubehör, als Campingartikel oder als „kabellose" Haushaltsgüter im Handel erhältlich sind, eignen sich mehr oder weniger für Solaranlagen. Weniger dann, wenn sie (als Verbraucher) nicht gezielt energiesparend ausgelegt sind oder wenn sie als Netzgeräte nur über einen zusätzlichen Wechselrichter betrieben werden können.

8.1 Solarlampen

Am preiswertesten sind hier natürlich normale Glühlampen, die es für Spannungen ab ca. 1,2 V im Handel gibt. Als Mini-Glühlampen, Skalenbeleuchtung, Fahrrad-, Motorrad- und Autolampen, usw. Sie haben jedoch einen niedrigen Wirkungsgrad (von 4–7%) und eignen sich daher bestenfalls nur für Anwendungen, bei denen eine Beleuchtung von sehr kurzer Dauer vorgesehen ist.

Einen *etwas* besseren Wirkungsgrad als die „normalen" Glühlampen haben Halogenlampen. Sie sind auch als Mini-Lampen für Spannungen ab ca. 2,8 V erhältlich. Der Wirkungsgrad ist bei kleineren Halogenlampen nicht immer angegeben und liegt ca. 50% bis 100% höher als bei vergleichbaren Glühlampen (was markenabhängig variiert).

Den mit Abstand besten Wirkungsgrad haben energiesparende Leuchtstofflampen, worunter auch die speziellen Solar-Neonlampen. Sie geben – markenabhängig – bei demselben Stromverbrauch ca. drei- bis sechsmal so viel

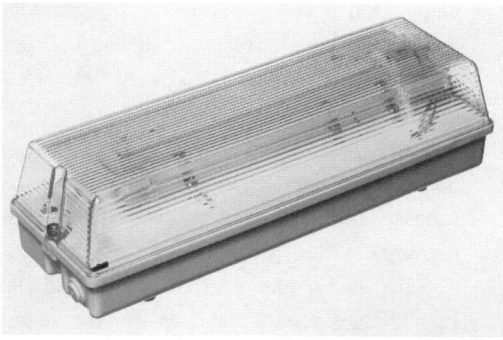

Abb. 8.1: Ausführungsbeispiel einer handelsüblichen energiesparenden 12 V-Solarlampe

8

Licht wie die herkömmlichen Glühbirnen bzw. Autolampen.

Leuchtstofflampen benötigen ein Vorschaltgerät, das entweder als separater Baustein erhältlich oder direkt in dem auswechselbaren Leuchtkörper (Energie-Sparlampe) untergebracht ist.

Diese energiesparenden Leuchtkörper haben drei gemeinsame Merkmale: einen hohen Wirkungsgrad (der oft mit der Lampenleistung steigt), eine wesentlich längere Lebensdauer als Glühbirnen und unsympathisch hohe Preise.

Wer diesen Verlockungen aus dem Weg gehen will, der kann oft im Autohandel energiesparende 12 V-Leuchtstofflampen als kostengünstige „Montagelampen" erhalten. Allerdings ohne Angabe des Wirkungsgrades und somit ohne eine Garantie, dass sie optimal energiesparend ausgelegt sind.

Eine „gute" 4 Watt-Leuchtstofflampe hat *beispielsweise* eine Lichtleistung von 120 Lumen, eine 8 Watt-Leuchtstofflampe von 430 Lumen und eine **16 Watt-Leuchtstofflampe** von **1300 Lumen** (zum Vergleich: eine gute 230 V/**100 W-** herkömmliche **Glühbirne** bringt **ebenfalls nur 1300 Lumen** an Lichtausbeute). Dieses Beispiel hat zwar keine Allgemeingültigkeit, aber in den meisten Fällen haben leistungsstärkere Leuchtstofflampen einen höheren Wirkungsgrad als kleine Leuchtstofflampen.

Wo viel Licht benötigt wird, sollte deshalb bevorzugt eine einzige größere Leuchtstofflampe anstatt mehreren kleineren Leucht

stofflampen verwendet werden. Wenn gelegentlich weniger Licht genügt, kann auf zusätzliche kleine Lampen umgeschaltet werden, die „daneben" installiert sind. Ein Lichtdimmer ist nicht zu empfehlen, denn der funktioniert nicht energiesparend (bei halber Lichtintensität liegt z.B. der echte Energieverbrauch noch bei etwa 82%).

Nebenbei: Einen sehr hohen Wirkungsgrad weisen auch „superhelle" Leuchtdioden (LEDs) auf. Achten Sie jedoch beim Vergleich der Leuchtstärkeangaben auf den Abstrahlwinkel! Je kleiner er ist, desto höher ist natürlich die Leuchtstärke.

LEDs eignen sich z.B. gut vor allem für diverse Solar-Warnsysteme. Sie begnügen sich mit einer Spannung zwischen ca. 1,6 V bis 2,7 V und lassen sich auch in Reihenschaltungen an 12 V-Akkus direkt anschließen.

Solarleuchten als Fertigprodukte gibt es im Handel oft in der Form von Gartenlampen bzw. Außenleuchten, die entweder für den Anschluss an eine externe Stromquelle (Akku) ausgelegt sind oder eigene Solarzellen im Lampenkörper haben.

Bei den meisten handelsüblichen Solar-Außenlampen mit „eigenen" Solarzellen reicht die viel zu kleine Solarzellenfläche und der viel zu kleine interne Akku in unserem Breitengrad nicht aus.

Sie sind in der Regel mit einem Dämmerungsschalter ausgestattet, schalten bei Dämmerung ein und leuchten dann einfach solange, bis der Akku leer ist. Die tägliche Leuchtdauer hängt jeweils davon ab, wie gut sich der Akku tagsüber wetterbedingt aufladen konnte. Als Außenbeleuchtung kommen derartige Lampen eigentlich nur dann in Frage, wenn sie mit einem infraroten Bewegungsmelder kombiniert werden.

8.2 Elektromotoren für Solarbetrieb

Als Elektromotoren für Solarbetrieb eignen sich im Grunde genommen alle Gleichstrommotoren, die im Fach- und Versandhandel erhältlich sind.

Die meisten Gleichstrommotoren werden als universale Grundbausteine – mit oder ohne Getriebe – gehandelt. Es gibt jedoch auch Spezialmotoren, die gezielt für vorbestimmte Funktionen – wie Pumpen, Kinderfahrzeuge, Modellbau, usw. – ausgelegt sind.

Die kleinsten Solarmotoren *(Abb. 8.2)* arbeiten bereits bei einer Versorgungsspannung von ca. 0,45 V (eine Solarzelle). Die größten handelsüblichen Gleichstrommotoren benötigen Versorgungsspannungen von bis zu 100 V und ihr Leistungsbereich erstreckt sich gegenwärtig bis zu etwa 10 kW.

Für individuelle Spezialkonstruktionen eignen sich oft Gleichstrommotoren, die in Akkuwerkzeugen verwendet werden oder als Kfz-Zubehör erhältlich sind. Für die Erstellung einfacher Solarantriebe lassen sich in vielen Fällen auch komplette Akkuschrauber, Akkubohrmaschinen, elektrische Autofensterheber oder andere Antriebe aus dem

Abb. 8.2: Die kleinsten „Solar-Elektromotoren" sind für Spannungen von 0,45 V ausgelegt und können somit bereits mit einer einzigen Solarzelle betrieben werden

Autozubehör wie auch aus dem Modellbauzubehör nutzen.

Auch hier ist der Wirkungsgrad ein wichtiger Parameter. Es gibt einige spezielle Solarmotoren, die einen wirklich hohen Wirkungsgrad haben. Andere Solarmotoren schmücken sich nur mit diesem Namen und weisen Parameter auf, die schon vor einigen Jahrzehnten ihre Vorgänger hatten, welche man schlicht nur als Standard-Gleichstrommotoren deklarierte.

Hier lässt sich nur durch den Vergleich von technischen Daten ermitteln, wie es mit dem Wirkungsgrad konkret aussieht. Entweder an der eigentlichen Leistung des Solarmotors oder an der Leistung des Endprodukts – wie z.B. an der Fördermenge einer Solarpumpe in Bezug auf den Leistungsverbrauch.

Im Vergleich zu einem Wechselstrommotor arbeitet ein Gleichstrommotor oft in einem breiten Spannungsbereich. Manche Hersteller geben den vollen Spannungsbereich – z.B. als

8

5 bis 16 V – an, andere führen nur eine einzige Nennspannung auf, bei der die Leistung den besten Wirkungsgrad ergibt. Hier handelt es sich manchmal um konstruktiv bedingte Daten, manchmal nur um empfehlenswerte Angaben.

Für die praktische Anwendung dürften anstelle komplizierter Diagramme folgende Hinweise ausreichen:

* Ein Gleichstrommotor, dessen „Arbeitsspannung" im Datenblatt mit breitem „Von-bis-Bereich" angegeben wird, hat bei niedrigerer Spannung eine entsprechend niedrigere Drehzahl wie auch eine niedrigere Leistung (bei halber Spannung sinkt die Leistung auf nur ca. 25%).
* Der optimale Wirkungsgrad liegt bei den meisten Gleichstrommotoren unterhalb der obersten Leistungsgrenze in einem vom Hersteller definierten Gebiet (z.B. durch Angabe der optimalen Spannung).
* Wenn die dem Motor zugeführte Spannung oberhalb der erlaubten Spannungsgrenze liegt, wird seine Lebensdauer strapaziert oder er verbrennt; wenn dagegen die Spannung derartig niedrig wird, dass der Motor ganz zu drehen aufhört, wärmt bzw. heizt ihn der zugeführte Strom weiterhin auf und kann ihn – abhängig von seiner Konstruktion und der Belastung – sogar vernichten.

Soweit man einen Elektromotor als „Baustein" kauft, sind in dem Datenblatt üblicherweise die vom Hersteller empfohlenen Spannungsgrenzen angegeben (z.B. als Betriebsspannung von 4,8 bis 15 Volt). Mit steigender Versorgungsspannung steigen normalerweise kräftig auch die Drehzahl und die Leistung.

Etwas fraglicher kann es mit den zulässigen Grenzen der Versorgungsspannung bei einem Fertigprodukt sein. Bei einem Ventilator oder Akkuschrauber ist nur eine einzige Betriebsspannung angegeben. Es kann dabei vorkommen, daß z.B. in einem 9 Volt-Ventilator ein Gleichstrommotor eingebaut ist, der laut Hersteller für eine Betriebsspannung von 4,5 bis 15 Volt konstruiert wurde. Es kann sich hier aber auch um einen Motor handeln, der sich nur für einen Spannungsbereich von 3 bis 9 Volt eignet. Soweit man also bei einem solchen Motor nicht weiß, welche Maximumspannung für ihn noch zumutbar ist, sollte die vom Hersteller angegebene Spannung nicht überschritten werden.

Mit dem Unterschreiten der Spannung ist es dagegen etwas einfacher, denn hier lässt sich probeweise ermitteln, wann der Motor nicht mehr bereit ist mitzumachen.

Bemerkung

Im technischen Datenblatt diverser Gleichstrommotoren gibt der Hersteller manchmal nur eine Drehrichtung an. Dabei ist ja allgemein bekannt, dass die entgegengesetzte Drehrichtung eines Gleichstrommotors einfach durch Änderung der Spannungspolarität zu erreichen ist.

In der Praxis ist es folgendermaßen: Auch wenn der Hersteller für den einen oder anderen Motor nur *eine* Drehrichtung angibt, darf der Motor dennoch auch in der anderen Richtung betrieben werden. Allerdings werden dann die angegebenen Leistungsdaten und die Lebensdauer nicht ganz erreicht.

Abb. 8.3: Spezielle „Solarpumpen" weisen einen hohen Wirkungsgrad auf und können bei relativ niedriger Stromabnahme hervorragende Förderleistungen erbringen.

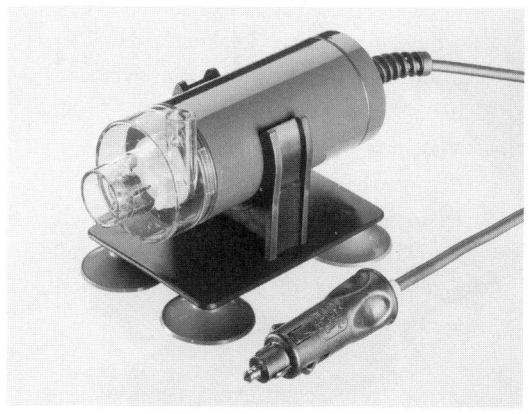

8

Fast alle Gleichstrommotoren der Akku-Handwerkzeuge – worunter auch die in beide Richtungen drehenden Akkuschrauber – sind eigentlich nur für eine Haupt-Drehrichtung konzipiert. Wenn also ein Motor dieser Bauart für einen Antrieb mit zwei Drehrichtungen eingesetzt wird, sollte seine angegebene (bzw. seine anwendungsorientierte Haupt-Drehrichtung) ebenfalls bevorzugt als Haupt-Drehrichtung genutzt werden.

8.3 Solar-Ventilatoren

Als Solar-Ventilatoren (Lüfter) eignen sich die meisten Gleichstrom-Ventilatoren, soweit es mit ihren technischen Daten stimmt. Anhand von technischen Daten lassen sich hier die Förderleistungen (Luftleistungen) in m^3/h bei einzelnen Produkten vergleichen.

Ventilatoren laufen üblicherweise bereits bei einer ziemlich niedrigen „Unterspannung" an und wärmen sich dabei in den meisten Fällen nicht derartig auf, dass es zu einer Beschädigung des Motors kommen könnte.

8.4 Solar-Pumpen

Ähnlich wie bei Elektromotoren ist auch hier die Bezeichnung „Solar" nicht unbedingt dafür bestimmend, ob sich das eine oder andere Erzeugnis für den Solarantrieb eignet.

Prinzipiell spricht nichts dagegen, dass anstelle einer echten Solarpumpe eine beliebige Gleichstrompumpe verwendet wird, die nicht als „Solar" bezeichnet ist. Bei derartigen „normalen" Pumpen muss jedoch auf Folgendes geachtet werden:

* Einige dieser Pumpen eignen sich nicht für Dauerbetrieb und benötigen Arbeitspausen. Bei diesen Pumpen findet sich dann unter den technischen Daten ein entsprechender Hinweis. Der kann im einfachsten Fall nur z.B. „50% ED" lauten. Das bedeutet 50% Einschaltdauer. So eine Pumpe arbeitet eigentlich in einem Flip-Flop-Rhythmus und muss abwechselnd jeweils nach einer kurzen Laufzeit abgeschaltet werden und abkühlen.

8

Manchmal gibt der Hersteller zu der Einschaltdauer einen konkreten Hinweis. Zum Beispiel: „50% ED; Einschaltdauer max. 90 Sekunden."

- Viele der einfacheren (preiswerteren) Pumpen benötigen für dieselbe Förderleistung bis zu doppelt so viel elektrische Energie als „echte" Solarpumpen. Somit eignen sie sich oft nur für gelegentliche oder sehr kurzfristige Einsätze.

Unter den technischen Daten befinden sich bei Pumpen u.a. immer Angaben über Fördermenge in Liter pro Minute (oder pro Stunde), max. Förderhöhe bei Tauch- und Brunnenpumpen bzw. Wassersäulen-Höhe bei Springbrunnenpumpen.

Hiermit können die Leistungen und der Verbrauch diverser Produkte verglichen werden. Es ist nicht schwierig auszurechnen, wieviel Wasser man wohin pumpen möchte und welche Pumpe sich aus den Angeboten dafür am besten eignet.

Solarpumpen gibt es inzwischen in vielen Ausführungen. Für kleinere Fördermengen bzw. Förderhöhen gibt es diverse kleine Springbrunnen- oder Weiherwasserfall-Pumpen, zu denen auch das übliche Zubehör (Sprinkler, Filter) erhältlich ist.

8.5 Elektrogeräte und Elektrowerkzeuge

Elektrogeräte und Elektrowerkzeuge gibt es zwar selten als echte Solarprodukte, aber als „solartauglich" kann hier im Grunde genommen alles betrachtet werden, was für Batteriebetrieb konstruiert wurde, bzw. als Autozubehör erhältlich ist.

Besonders vorteilhaft eignen sich hier 12 V-Akkuwerkzeuge. Statt über das übliche netzabhängige Ladegerät können diese Werkzeuge beispielsweise über den Anlagen-Laderegler oder direkt vom Anlagen-Akku (z.B. über einen Schutzwiderstand von 47 Ohm) geladen werden. Akkuwerkzeuge, die für niedrigere Spannungen ausgelegt sind, können einfach über einen einstellbaren Spannungsregler direkt vom Solarzellenmodul oder vom Akku geladen werden.

Bei der Anwendung von Netzgeräten, die für die 230 V-Wechselspannung ausgelegt sind, sollte man darauf achten, dass sie nicht als ausgesprochene „Stromfresser" den Energievorrat einer Solaranlage im Handumdrehen leersaugen.

Wer sich z.B. im Caravan einen 230 V~/**1000 Watt**-Staubsauger (anstelle eines kleinen Auto-Staubsaugers) auf die Reise mitnimmt, sollte darüber Bescheid wissen, dass es sich bei dieser Leistung *nur* um die *Aufnahmeleistung* des Staubsauger-Motors handelt. Diese wird bei manchen Produkten aus „marketingtechnischen" Gründen einfach dadurch erhöht, dass man den Motor billig konzipiert: Eine große Luftspalte zwischen Rotor und Stator, schlechte Lagerung und zu große Saugverluste sind die bekanntesten Ursachen dafür, dass so mancher 1000 Watt-Sauger nicht einmal die doppelte Leistung eines „uralten" 100 W-Staubsaugers aufbringt.

Dasselbe kann unter Umständen auch bei diversen elektrischen Kochgeräten – wie Wasserkocher, Kaffeekocher oder Eierkocher – vorkommen. Bei Wasserkochern sind die Wärmeverluste prinzipiell dann am niedrigsten, wenn die Heizspirale direkt (sichtbar) vom Wasser umschlungen ist. Bei Wasserkochern, bei denen die Heizspirale unsichtbar unter dem Boden des Kochers untergebracht ist, geht logischerweise ein wesentlich größerer Teil der Wärme verloren. Denselben Nachteil weist auch eine jede normale elektrische Kochplatte auf.

Elektrische Kaffeekocher verbrauchen generell mehr Strom als Wasserkocher. Daher eignen sich Wasserkocher auch zum Kaffeekochen besser (Wasser kochen – übergießen – fertig). Auf die Art geht es zudem auch schneller und der Kaffee ist genauso gut).

Bei der Suche nach einem speziellen 12 V-Reise-Eierkocher wird man in unserem Lande meistens keinen Erfolg haben. Hier sollte dann zumindest nach einem möglichst kleinen Netz-Eierkocher (mit niedrigem Stromverbrauch) Ausschau gehalten werden. Dieser muss jedoch über einen zusätzlichen Wechselrichter betrieben werden, dessen Stromverbrauch nicht nur von seinem offiziellen Wirkungsgrad, sondern auch von *dem* Wirkungsgrad abhängt, der z.B. bei einer kleinen Belastung eines größeren Wechselrichters ausgesprochen ungünstig sein kann.

Das Hauptproblem eines Wechselrichters besteht ja darin, dass er einen gewissen Eigenverbrauch hat, der markenabhängig ohne Rücksicht auf die jeweilige Abnahmeleistung ziemlich hoch sein kann. Dies unabhängig

davon, ob der Wechselrichter automatisch auf Standby umschaltet, sobald keine Stromabnahme stattfindet.

Wer an weiterer themenbezogener Literatur interessiert ist, dem empfehlen wir folgende Literatur vom Franzis Verlag (Autor Bo Hanus):

„Solaranlagen richtig planen, installieren und nutzen"/300 Seiten

„Das große Anwenderbuch der Solartechnik"; 2. Auflage/367 Seiten

„Wie nutze ich Solartechnik in Haus und Garten?"; 3. Auflage/97 Seiten

„Das große Anwenderbuch der Windenergie-Technik"/319 Seiten

„Wie nutze ich Windenergie in Haus und Garten?"/97 Seiten

„Drahtlos schalten, steuern und regeln in Haus und Garten" (mit solarbetriebenen Garagentoren u.v.a.)/270 Seiten

**Oder zum „Auffrischen"
der Elektronik-Kenntnisse:**

„Der leichte Einstieg in die Elektronik"; 2. Auflage/363 Seiten

„Das große Anwenderbuch moderner Elektronik"/334 Seiten

„So steigen Sie leicht in die Elektronik ein"/97 Seiten

Lieferantenhinweis
(auch für Katalog-Anforderung):
Conrad Electronic, Klaus-Conrad-Straße 1
92240 Hirschau

Tel. 0180/531 2111, Fax 0180 / 531 2110

Internet: www.conrad.de

8

Sachverzeichnis

Sachverzeichnis

Sachverzeichnis

Teil 3

Ulrich E. Stempel

Das kleine
Solar-Werkbuch

FRANZIS

Vorwort zu Teil 3

Am meisten Freude und Befriedigung empfinde ich beim Basteln immer dann, wenn irgend etwas, das von anderen weggeworfen wird, nutzlos erscheint und in den Müll wandern soll, obwohl es wieder verwendet werden kann und dadurch für die Bastelei ein wertvolles und nützliches Teil wird.

Abgesehen davon, dass es Geld spart, Ressourcen schont und die Müllmenge dadurch reduziert wird, hat es auch was mit Respekt und Achtung vor der Materie und damit unserer Umwelt zu tun.

Etwas wieder zu reparieren und damit weiter nutzen zu können, geht in die gleiche Richtung

Viele meiner Basteleien wurden dadurch befruchtet!

Es ist eine verbindende Resonanz, die da schwingt. Es bedeutet – kein Bekämpfen der Wegwerfgesellschaft sondern eine Unterstützung der Gesellschaft, welche die Welt liebt .

Andererseits ist es auch kein Dogma für mich, jetzt nur Müll verwenden zu müssen.

Auf der Suche nach realisierbaren Konzepten behelfe ich mir so auch immer wieder z.B. mit Restposten. Teile die einmal für einen bestimmten Zweck produziert wurden, die dann aber nicht zur Ausführung kamen oder sich nicht verkauften.

Auch da ist diese oben erwähnte Freude wieder da.

Daher sind die in diesem Teil des Buches aufgeführten Themen und Bastelwerke oft eine Mischung aus Weggeworfenem, Wiedergefundenem, Restposten und ein wenig Luxus (neuen Teilen).

Manche denken, damit etwas gut funktioniert, muss es total aufwendig sein, so nach dem Motto viel hilft viel.

Meine Philosophie ist eher, das richtige Teil sparsam am richtigen Platz zu verwenden – und auch, je weniger Teile zur Verwendung kommen, desto weniger können kaputt gehen.

Es gibt 7 Themenschwerpunkte

1. Zustandsanzeigen für solare Ladeeinrichtungen preiswert selbst gebastelt
2. Allerlei Taschenlampen. Direkt solar geladene und andere, die an der „grossen" Solar- oder Windanlage geladen werden können
3. Solare Direktladegeräte für kleine Akkus
4. Solare Ladestationen „Im Koffer und für die Reise"
5. Solare Audiostromversorgung
6. Zubehörteile und Extras
7. Solaranwendungen im Direktbetrieb

Dieser Buchteil versteht sich bildlich gesprochen als Werkzeugkasten, in dem es Werkzeuge wie einfache Ladeüberwachungssysteme, Ladeeinrichtungen, Anregungen und Beispiele gibt. Beispiele, wie die Werkzeuge anzuwenden sind und damit ein eigenes, neues Produkt zu schaffen ist. Die vorgestellten Schaltungen lassen sich auch in vielen Kombinationen verwenden.

Was ich mir wünsche, ist, dass jeder für sich und nach seinen eigenen Bedürfnissen und Möglichkeiten diese Werkzeuge nutzt und seine ganz eigene Kreation daraus entstehen lässt.

So z.B. seine ganz eigene Taschenlampe oder seine ganz eigene mobile Solarstation entwickelt. Oft ergibt sich dies schon aus den zur Verfügung stehenden Komponenten.

In meinen Vorträgen und Workshops über regenerative Energien kam immer wieder der Einwand – Solarenergieversorgung sei nur was für den Hauseigentümer wegen der ganzen Installationen usw. Ich hatte dann angefangen, Konzepte zu entwickeln, um die Solarversorgung in meiner Mietwohnung zu realisieren.

Zuerst kam ein kleines Solarpaneel am Fensterbrett, zum Laden von Akkus und dann hat es sich immer weiter ausgebreitet. Zuletzt wurde die ganze Wohnungsbeleuchtung und im Sommer auch der Kühlschrank damit versorgt.

Auch die ganzen Kleingeräte wie Anrufbeantworter, drahtloses Telefon usw. arbeiten mit Niederspannung und werden über ein Steckernetzteil beitrieben. Wenn ihr an das Gehäuse des Steckernetzteiles fasst, ist es warm, d.h. durch die Energieumwandlung

von 230 V auf den Niederspannungsbereich entsteht Wärme. Die Trafosteckernetzteile verbrauchen so im Jahr ca. 20 – 30 kWh ohne dass diese Energie genutzt wird. Habt ihr eine Solar- oder Windanlage lohnt es sich, all diese Geräte direkt mit Niederspannung zu versorgen.

Selbst in einer Mietwohnung könnt ihr mit einer ganz einfachen Solarversogung anfangen, z.B. mit der in diesem Teil des Buches beschriebenen regelbaren Spannungs-/Stromquelle und einem – aussen an Fensternähe angebrachten Solarpaneel – oder einfach damit die immer wieder benötigten Kleinakkus zu laden.

Ulrich E. Stempel

Inhalt

Inhalt

Ausstattungsvoraussetzungen

Was sind die Grundvoraussetzungen für die Solarbasteleien? Grundsätzlich braucht ihr dazu relativ wenig. Jeder Mensch, ob weiblich oder männlich, der Lust dazu hat, kann es angehen. Durch die kleinen Spannungen und Ströme ist es auch nicht gefährlich, sollte mal was falsch gepolt sein, d.h. Plus – oder Minuspol verwechselt werden, passiert nicht viel – das Ganze funktioniert halt nicht. Schlimmstenfalls geht ein Elektronikbauteil dabei kaputt – das kann aber wieder leicht ersetzt werden. Trotzdem sollte darauf geachtet werden, dass sich die Drähtchen der unterschiedlichen Polaritäten nicht berühren um die Funktion nicht zu gefährden. Die Schaltungen sind einfach gehalten und damit auch leicht nachzuvollziehen, wenn es dann nicht gleich funktioniert, ist zuerst einmal alles abklemmen, eine Pause machen und dann mit neuer Lust und Geduld wieder daran gehen. Die verwendeten Teile sind meist sehr preiswert und Allerweltsteile, die leicht zu beschaffen sind (siehe auch im Anhang – Liefernachweise). Alles was in diesem Buch aufgeführt wird, habe ich selbst gebaut und in zahlreichen Fällen erprobt und optimiert.

1.1 Grundausstattung an Werkzeugen

Lötkolben mit mind. 20 W bis max. 30 W und einer schmalen Spitze, am besten mit einer Dauerlötspitze – Kupferlötspitzen korrodieren sehr schnell.
Feinlötzinn – Elektronik – Lötzinn mit mindestens 60% Zinnanteil.
Kein zusätzliches Lötflussmittel und Lötwasser verwenden, das führt zu schlechten Kontakten (kalte Lötstelle)
Kleiner Seitenschneider
Einfaches Digitalmessgerät (gibt's schon ab 15 DM)
Bohrmaschine, gut mit Bohrständer, muss aber nicht sein
Bohrer von 1,5 mm bis 10 mm
Allerlei Schraubendreher
Flachzange
Metallsäge mit feinem Sägeblatt oder eine Stichsäge mit verschiedenen Sägeblättern ist ganz prima
Ein Schraubstock ist klasse z.B. um Metallteile zu biegen
Dritte Hand, mit schwerem Standfuss und Klemmen zum Halten von Solarzellen, Drähtchen und kleinen Bauteilen
Regelbare Spannungs – und Stromquelle (hier im Buch als Bauplan) oder ein Labornetzgerät
Bastelkiste mit Teilen vom Sperrmüll, alten Radios, Fernseher, Bleche von Waschmaschine und Antennenteile usw.

1

1.2 Umgang mit dem Lötkolben

Wenn der Lötkolben heiß ist und auch immer wieder zwischendurch beim Löten sollte die Lötspitze mit einem weichen Baumwolltuch abgewischt werden – ich mache das mit einem alten Taschentuch – wische ganz kurz darüber, so ist die Spitze sauber.

Dann etwas Lötzinn an die Spitze am besten mit silberhaltigem Lötdraht Sn95 Ag3 oder auch umweltfreundlichem Lötdraht wie z.B. Sn 60 Pb32 Cu2, es gehen aber auch andere Lötdrähte, mindestens jedoch Elektronikzinn Sn60 Pb d.h. mit wenigstens 60% Zinnanteil! Gut ist es, einen dünnen Lötdraht d.h. mit 0,8 mm bis 1,0 mm Durchmesser zu verwenden, es lötet sich damit leichter.

Die Lötdrähte haben eine Kolophoniumseele, die zugleich als Flussmittel dient, also brauchen wir kein weiteres Flussmittel mehr.

Beim Löten ist es gut, zugleich Bauteiledraht oder Kabel, Leiterbahn und Lötzinn zu berühren und zwar so, daß sich auf der einen Seite der Lötkolben, in der Mitte der Bauteiledraht und auf der anderen Seite der Lötdraht befindet und das ganze möglichst zügig. Wenn das Lötzinn schmilzt, kann der Lötdraht entfernt werden und solange weiter gelötet werden bis das Lot an der Lötstelle gut verlaufen ist (in der Regel 1-2 sec.). Während des Lötvorganges das zu lötende Teil still halten – d.h. nicht wackeln und zwar so lange bis das Lötzinn erkaltet ist – sonst gibt es keinen guten Kontakt. Eine gute Lötstelle glänzt und eine Schlechte ist matt.

Solarzellen und Halbleiter sind besonders empfindlich, auch was die Hitze anbelangt und sollten nicht mehr als max. 5 sec. gelötet werden, sonst sind sie hin! Ist die Lötstelle auf Anhieb nicht gelungen – etwas warten – und dann nochmals löten.

Bei Dioden und Transistoren ist auch darauf zu achten, dass die Lötstellen nicht zu dicht am Bauteil sind, d.h. dass die Anschlussdrähte wenigstens einen halben cm lang sind.

1.3 Messen an der Solarzelle

Für Messungen an der Rohsolarzelle, d.h. ohne Abdeckung und Gehäuse ist es vorteilhaft, eine leitende Platte, am besten eine Kupferplatte (z.B. die Kupferseite einer Pertinaxplatte), eine Messingplatte oder zur Not auch ein Stück Alufolie als Messanschluss für den Pluspol (unten an der Solarzelle) zu benutzen. Die Solarzelle kann dann einfach darauf gelegt werden und mit der anderen Messspitze am oberen Minuspol gemessen werden. Ansonsten ist es etwas umständlich, beide Pole gleichzeitig zu messen, da ja die Solarzelle bei der Messung zu dem noch vom Sonnenlicht beschienen werden sollte.

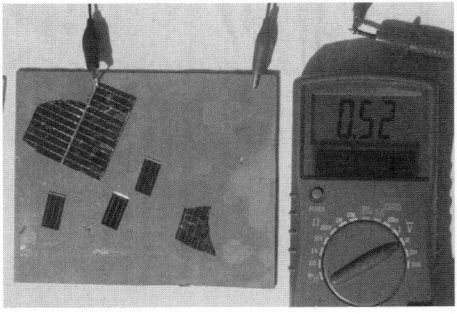

Abb. 1.3.1 Messen von Solarzellen

1.4 Prüfen von gebrauchten Dioden und Transistoren

Gerade bei Teilen aus der Bastelkiste ist es sinnvoll, vor dem Einbau die Funktionstüchtigkeit zu prüfen. Bei neu gekauften Teilen ist dies nicht notwendig. Die meisten Digitalmultimeter besitzen eine Prüfmöglichkeit zum Abprüfen von Dioden und eine Steckfassung für Transistoren – es geht aber auch ganz einfach – mit jedem Messinstrument im Bereich Durchgangsprüfung bzw. im Messbereich KOhm.

Auch bei der Prüfung sind die Grenzwerte der Halbleiter zu beachten!

Mit dem Durchgangsprüfer messen wir die Diode in der Sperrrichtung und in der Durchlassrichtung. Wie die Namen schon sagen, sperrt die Diode in der einen Richtung und in der anderen leitet sie.

Wenn in der Sperrichtung ein Wert angezeigt wird, ist die Diode kaputt

Transistorprüfung:
Der Transistor ist im Prinzip wie zwei Dioden aufgebaut , wir sollten nur wissen, ob es sich um einen sog. PNP (pos. neg. pos.) Typen oder um einen NPN (neg. pos. neg.) Typen handelt. Dann können wir auch hier die Durchgangsprüfmethode anwenden. Zunehmend werden in neueren Geräten nur noch NPN Transistoren verwendet.

Beim Umpolen d.h.. Basis des NPN an Minuspol und Kollektor/Emitter an Pluspol – muss die Anzeige unendlich anzeigen, da dies die Sperrrichtung wie bei der Diode ist. Das gleiche gilt quasi spiegelverkehrt für den PNP Typ.

Treffen beide Messungen für den Transistor zu, so ist er in Ordnung.

Wer öfters Transistoren prüfen möchte, für den lohnt es sich, ein einfaches Prüfgerät für

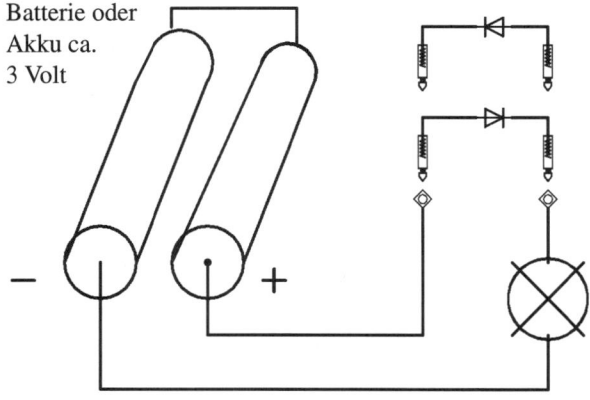

Batterie oder
Akku ca.
3 Volt

Abb. 1.4.1 Diodenprüfung

Diodenprüfung:

Sperrichtung:
Lampe ist dunkel

Durchgangsrichtung:
Lampe brennt

Birnchen (z.B. 3 V) darf nicht mehr Strom brauchen, als Diode aushält, d.h. für eine 100mA Diode wie z.B. die 1N 4148 darf die Stromangabe des Birnchens nicht mehr als 0,07 A sein.

1

Analoges oder digitales Messinstrument mit Messbereich KOhm

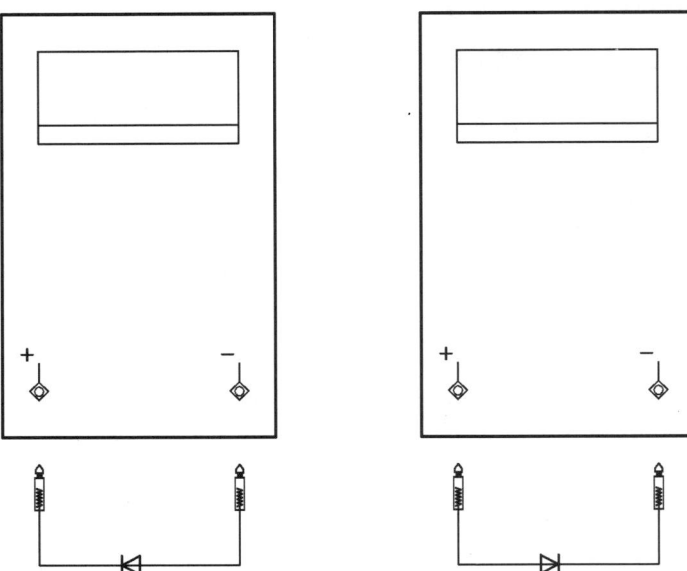

Sperrichtung: Anzeige unendlich   Durchlassrichtung: Anzeige z.B. 300-500 KOhm

Abb. 1.4.2 Diodenprüfung mit Messinstrument

Transistorprüfung:

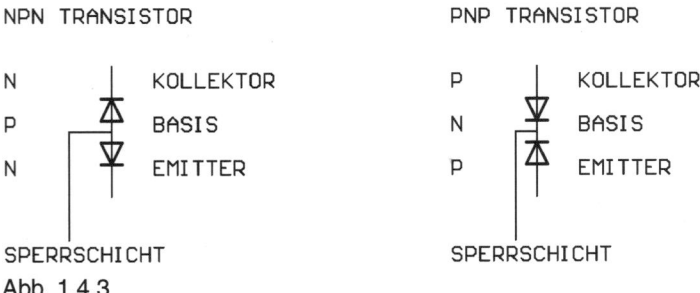

Abb. 1.4.3

wenig Geld als Bausatz vom Elektronikhandel zu kaufen. Mit dem im Bild gezeigten können Dioden und Transistoren geprüft werden und es zeigt auch durch Leuchtdioden an, ob der Transistor in Ordnung ist und ob es sich um eine PNP oder NPN Type handelt (Liefernachweis Conrad – Electronic).

Analoges oder digitales Messinstrument mit Messbereich KOhm

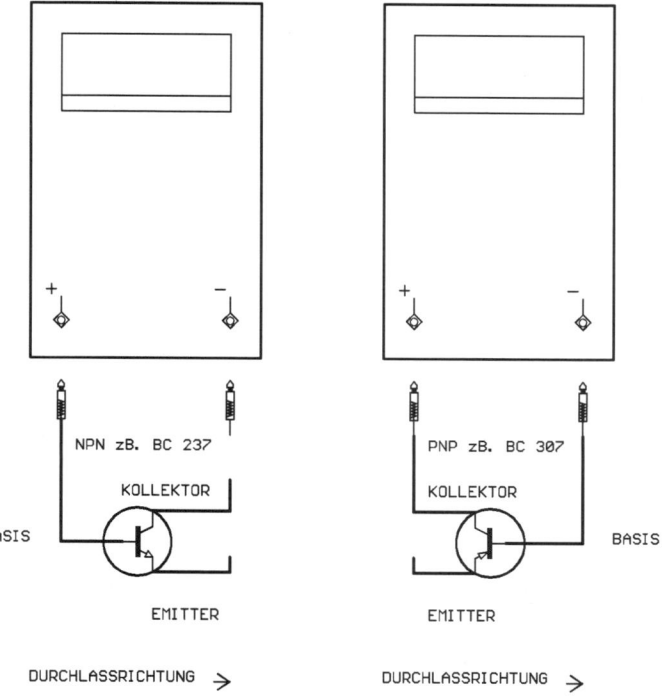

Abb. 1.4.4

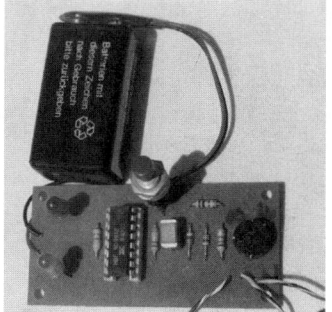

Abb. 1.4.5 Transistortester

1.5 Regelbare Spannungs- und Stromquelle

Um Messinstrumente und Ladeeinrichtungen zu eichen und abzugleichen benötigen wir zumindestens eine regelbare Spannungsquelle. Oft ist es sinnvoll, auch den Strom einstellbar vorzuwählen – dann können wir auch Ladestromanzeigen damit eichen und überprüfen und Akkus mit definierten Ladeströmen laden.

Wer nicht schon ein Labornetzgerät in seinem Fundus hat, oder wer Lust hat sich ein ener-

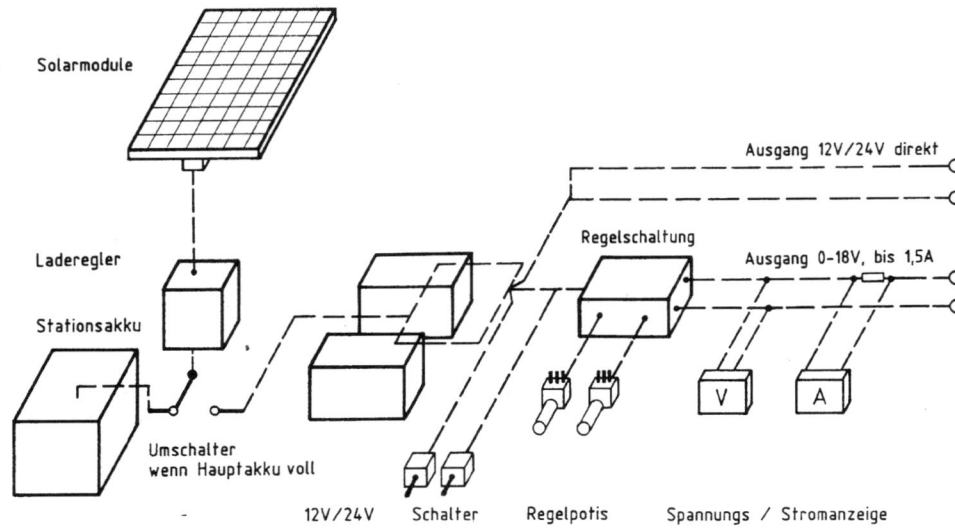

Solarmodule

Ausgang 12V/24V direkt

Laderegler

Regelschaltung

Ausgang 0-18V, bis 1,5A

Stationsakku

Umschalter
wenn Hauptakku voll

12V/24V   Schalter   Regelpotis   Spannungs / Stromanzeige

V   A

Abb. 1.5.1 Prinzipschaltbild

gieunabhängiges zu basteln, dem nachfolgend eine Bauanleitung mit einer einfachen Schaltung – mit einem Regel IC. Die Schaltung kann gut z.B. mit zwei 12 V Gelakkus in Reihe (24 V) betrieben werden. Natürlich geht es auch mit Trafo und Gleichrichter – wobei ich die Akkuvariante bevorzuge – da die Energie bei mir von Sonne und Wind kommt. Die weiteren Vorteile der Akkuvariante sind auch absolute Brummfreiheit z.B. bei dem Betrieb von Musikanlagen sowie die Unabhängigkeit von jeglicher Steckdose.

Meine Anforderung an diese Regelbare Spannungs-Stromquelle war es auch, einen Spannungsregelbereich in Richtung bis herunter zu 1,5 Volt zu erhalten.

Normalerweise ist es mit dem Regel-IC L 200 möglich, bis etwa 2-3 V abwärts zu regeln, da die Referenzspannung des IC 2-3 V positiv ist. Eine Möglichkeit wäre den Fus-

spunkt des IC um diesen Spannungsbetrag quasi ins Negative herunterzudrücken.

Hier für unsere Anwendung um minus 3 Volt.

Die negative Spannung wird üblicherweise bei Labornetzgeräten durch einen zusätzlichen Abgriff am Trafo bereitgestellt.

Der Einfachheit halber verwenden wir 2 Siliziumdioden, um die Ausgangsspannung auf ca. 1,5 V bis 1,6 V herunterzubringen.

Für die Spannungs- und Stromanzeige ist es sinnvoll, Digitalinstrumente zu verwenden, da es beim Eichen auch wirklich auf 1/10 Volt und Ampere ankommt. Im Elektronikhandel gibt's da sowohl Instrumente, deren Stromversorgung direkt an die zu messende Quelle angeschlossen werden können (weniger Schaltungsaufwand aber dafür teurer) oder andere, die eine extra Stromversorgung benötigen. Die mit der extra Stromversorgung sind sehr viel günstiger, leider braucht jedoch jedes Instrument seine eigene getrennte Stromversorgung. Ich habe für die vorgestellte Schaltung der einfacheren Beschaltung zuliebe, Instrumente verwendet, die direkt zu betreiben sind. Durch entsprechende (wie nachfolgend angegeben) Beschaltung erhalten wir den für uns passenden Anzeigebereich.

Zur Verwendung kommen:
IC 1 L 200 Spannungsregler
IC 2 L 7805 CV Spannungsregler für die Instrumentenversorgung
R1   47 Ohm
R2   750 Ohm
R3   Potentiometer 5 K lin. + Knopf
R4   22 Ohm für 20 mA   Strombegrenzung
R5   4,7 Ohm für 90 mA   Strombegrenzung
R6   0,8 Ohm für 380 mA Strombegrenzung
R7   0,45 Ohm für 680 mA Strombegrenzung

R8   0,3 Ohm für 1,2 A Alternativ: Drahtbrücke für 1,8 A   Strombegrenzung
Alternativ zu R4 bis R8 Draht- Potentiometer 25 Ohm Messwiderstände als Widerstandsteiler für den Bereich 20 Volt, Toleranz mind. 0,5 % mind. ½Watt
R9   10 k
R10 990 K
Strommesswiderstand für den Bereich 2 A, 4 Watt
R11 0,1 Ohm
D1   Schottkydiode SB 530 bis 5 A
D2   Siliziumdiode, z.B. 1 N5400
D3,D4 Siliziumdiode, z.B. 1 N5400 um die Ausgangsspannung zu reduzieren
S1   Hauptschalter 1x EIN
S2   Umschalter 1xUM
S3   Umschalter 2 x UM
S4   Messumschalter 1x 5
B   2 Gelakkus 12 V 7 Ah
M1   Messinstrument für Spannung 0-20 V (durch Spannungsteiler)

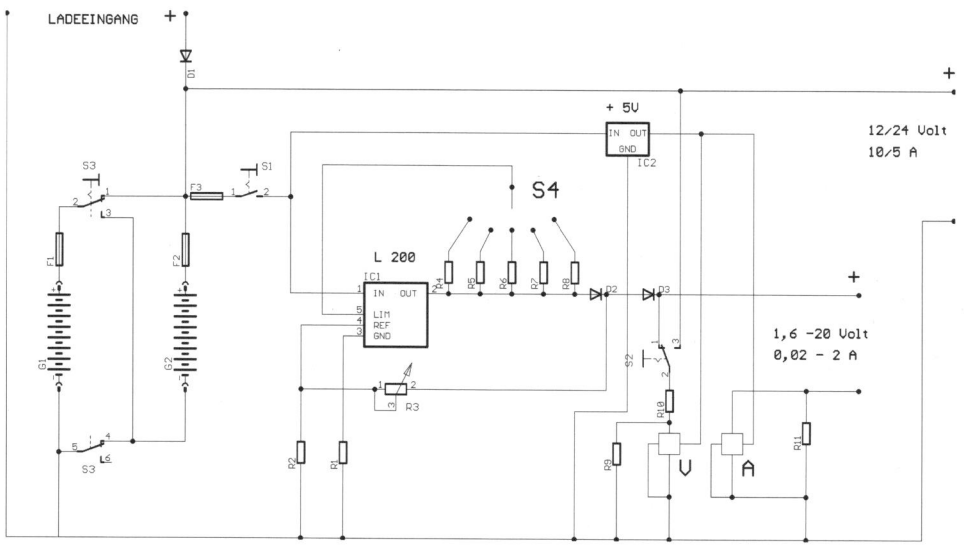

Abb. 1.5.2 Schaltplan Regelbare Strom- und Spannungsquelle

M2   Messinstrument für Strom 0-2 A (durch Shunt)

Si1,Si2   Sicherung 5 A

Si3   Sicherung 2 A

Wenn wir das digitale Einbaumessinstrument mit LCD – Anzeige kaufen, wird es mit den Grunddaten geliefert:

Eingangswiderstand:100 MOhm

Messbereich: 200 mV Endausschlag

Auflösung: ca. 0,1 mV

Für unsere Anwendung ist es damit noch nicht einsetzbar und muss zuerst entsprechend der Instrumentenbeschaltung des Herstellers konfiguriert werden.

Bei den Instrumenten für die Spannungsanzeige wird der Dezimalpunkt mit DP 2 durch Lötbrücken gewählt, die Auflösung beträgt damit 0,01 V.

Den Spannungsbereich für 0 –20 V erreichen wir durch den Spannungsteiler mit R9 und R 10.

Bei dem digitalen Messinstrument für die Stromanzeige wird der Dezimalpunkt mit DP 3 gewählt und zur Messung des Stromes an den Widerstand R 11 angeschlossen. Hierfür die Berechnungsgrundlage :

Nach der Formel:

$U = R \times I$ nach R umgewandelt

$R = U / I$

$R = 0,2 \text{ V} / 2 \text{ A} = 0,1 \text{ Ohm}$

Der L 200 muss ausreichend gekühlt werden, am besten an der Gehäuserückseite mit einer Glimmerscheibe an einem Kühlkörper befestigt.

Alublech für Gehäuse:

Es gibt zwar wundervolle Gehäuse zu kaufen, aber meistens passen sie nicht so recht für unsere Anwendung, außerdem sind sie auch ganz schön teuer!

Die Gehäuseab-messungen werden am besten in Bezug auf die Akkuabmessungen gewählt . Für die von mir verwendeten Bleigel – Akkus, 12 V, 7 Ah, mit den Abmessungen: L = 15 cm, B = 6,5 cm und H = 9,5 cm. Die Gehäuseabmessungen sind, wenn die Akkus liegend eingebaut sind, ca. Tiefe 26,0 Breite 17,0 Höhe 9,0 cm. Gut zu bearbeiten und ausreichend stabil ist ein Alublech mit einer Dikke von 2-3 mm. Die Aussparungen und Bohrungen werden am besten vor dem Biegen (im Schraubstock) angebracht.

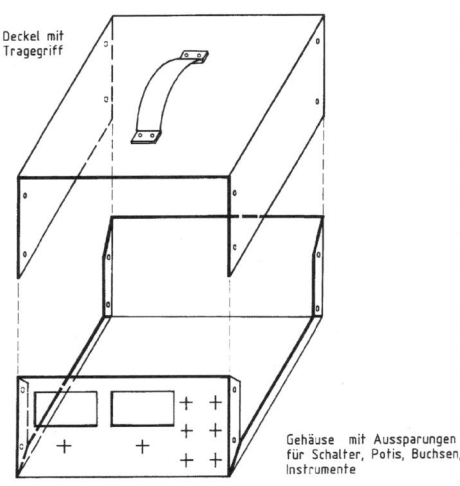

Deckel mit Tragegriff

Gehäuse mit Aussparungen für Schalter, Potis, Buchsen, Instrumente

Abb. 1.5.3 Gehäuseabmessungen

Die Einheit – Regelbare Spannungs- Stromquelle – kann z.B. mit einem Laderegler an

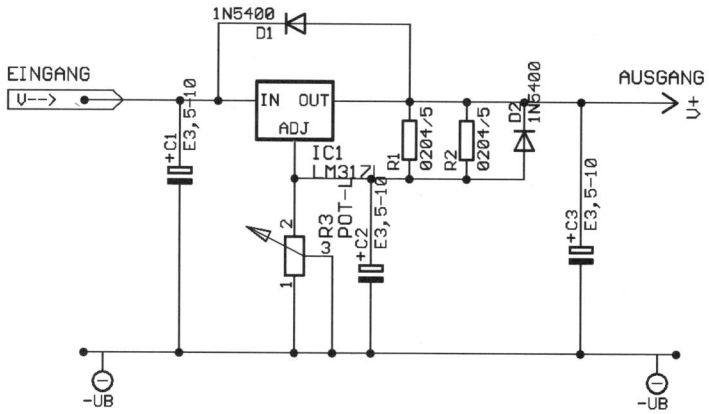

Abb. 1.5.4 Schaltplan Spannungsreglerschaltung

der Solar/Windanlage geladen werden, vorzugsweise dann, wenn die Stationsakkus voll sind. Entweder mit einem gekauften Solarladeregler oder auch entsprechend der Bastelvorschläge hier im Buch.

Auch im KFZ, Wohnmobil oder im Garten an der Autobatterie oder mit einem mobilen Solarmodul ist der Betrieb und die Ladung möglich.

Im Betriebsbereich von 1,5-10 V ist es sinnvoll, die beiden Akkus parallel zu schalten (weniger Wärme- und damit Leistungsverlust am Regler).

Das „Werkzeug" Regelbare Spannungs-Stromquelle sollte im Regelmodus, wegen des Leistungsverlustes, in der Hauptsache als Abgleich- und Eichhilfe eingesetzt werden

Wem die Stromeinstellungs – Variante immer noch zu aufwendig erscheint oder weiß, diese nicht zu brauchen, dem sei hier noch eine Spannungsregler-Schaltung mit dem IC LM 317 gezeigt, die es als ähnlichen Schaltungsaufbau auch als Bausatz im Handel gibt (Liefernachweis, Conrad – Electronic).

Zur Verwendung kommen:

R 1 = Poti 5 K lin.

R 2 = 2,2 K

R 3 = 270 Ohm

C 1 = 10 uF 35 V

C 2 = 2,2 uF 35 V

C 3 = 4,7 uF 35 V

D 1 = 1 N 4148

D 2 = 1 N 4148

IC = Spannungsregler LM 317 T oder K

Zustandsanzeigen beim solaren Laden von Akkus

Das solare Laden von Akkus ist eine feine Sache, schön und gut – aber woher wissen wir – wieviel reingeladen wurde, ob der Akku voll ist? – oder nur halbvoll?

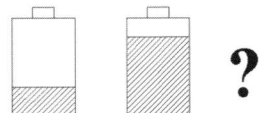

Abb. 2.1 Akkuzustand

Bei 230 V Netzbetriebenen Akkuladegeräten geht's oft nach Zeit, d.h. mit 1/10 der Akkuladekapazität und es gibt total aufwendige, ausgetüftelte Mess-und Überwachungsmethoden mit Mikrochips usw.

Beim direkten solaren Laden könnte dies auch realisiert werden, wir wollen jedoch die einfacheren, preiswerten und nachvollziehbaren Systeme nutzen. Da mal mehr und mal weniger Sonne scheint, sind Kontrollanzeigen nützlich und sinnvoll.

Folgende Kriterien und Überlegungen ergeben sich dabei:

• Die Zustandsanzeige der Akkus erfolgt grundsätzlich unter Last d.h. der Akku wird entsprechend der angegebenen Kapazität – z.B.. in mAh – mit einem Verbraucher bzw. einem Widerstand belastet und gleichzeitig die Spannung gemessen. Die

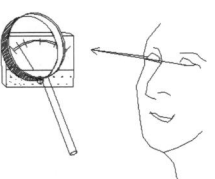

Abb. 2.2 Anzeigebereich mit Lupe?

meisten Batterieprüfgeräte messen nur die Spannung ohne Belastung.

• Der für uns interessante Anzeigebereich bewegt sich bei Spannungen von 1/10 Volt, also brauchen wir die Lupe oder... Eine andere Möglichkeit ist die Messung mit einem Digitalvoltmeter – muss aber nicht sein! eine andere, von mir bevorzugte Vorgehensweise ist die, preiswerte und optisch passende Messwerke (Analoginstrumente) entsprechend des benötigten Messbereiches umzugestalten.

• Oft genügt auch die Information Akku ist leer – gut – voll und es ist im Grunde unwichtig ob die Akkuzelle jetzt 1,25 oder 1,32 Volt hat.

• In der Regel werden Zeigerinstrumente für einen bestimmten Spannungs-oder -Strombereich konfektioniert, so z.B. 0-15 V , 0-30 V, 1-5 A usw. die sind dann aber auch nicht ganz billig

• Bei 12 Volt-Solaranlagen ist der Bereich von 9,5 – 16 V von besonderem Interesse, da spielt die Musik d.h. bei einem Instrument von 0 – 15 V werden mehr als die Hälfte des Anzeigeweges verschenkt

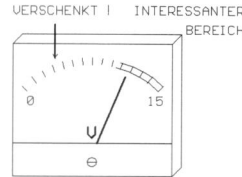

Abb. 2.3 Anzeigebereich

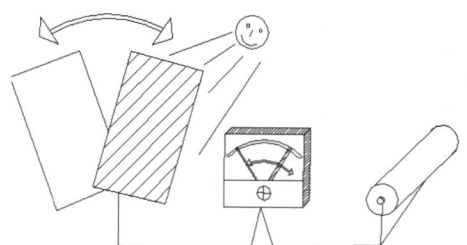

- Desweiteren sind oft Restposteninstrumente wie z.B. für Aussteuerungsanzeigen,Wasserstandsanzeigen, Belichtungsanzeigen, usw. viel günstiger als die konfektionierten
- Die Eckdaten der Instumente werden in der jeweiligen Empfindlichkeit,
- meist in uA, mA und mit dem entsprechenden Innenwiderstand angegeben

Abb. 2.4 Ladestromanzeige

- Ebenso verhält es sich mit dem Ladestrom. Beim Sonnenladen ist in der Regel von Interesse – ist das Paneel optimal zur Sonne ausgerichtet, d.h. schlägt der Zeiger mehr oder weniger aus. Quasi als Zusatzinfo können wir dann noch ablesen ob der Akku mit 50 mA oder 100 mA geladen wird und ob der Ladevorgang überhaupt funktioniert!

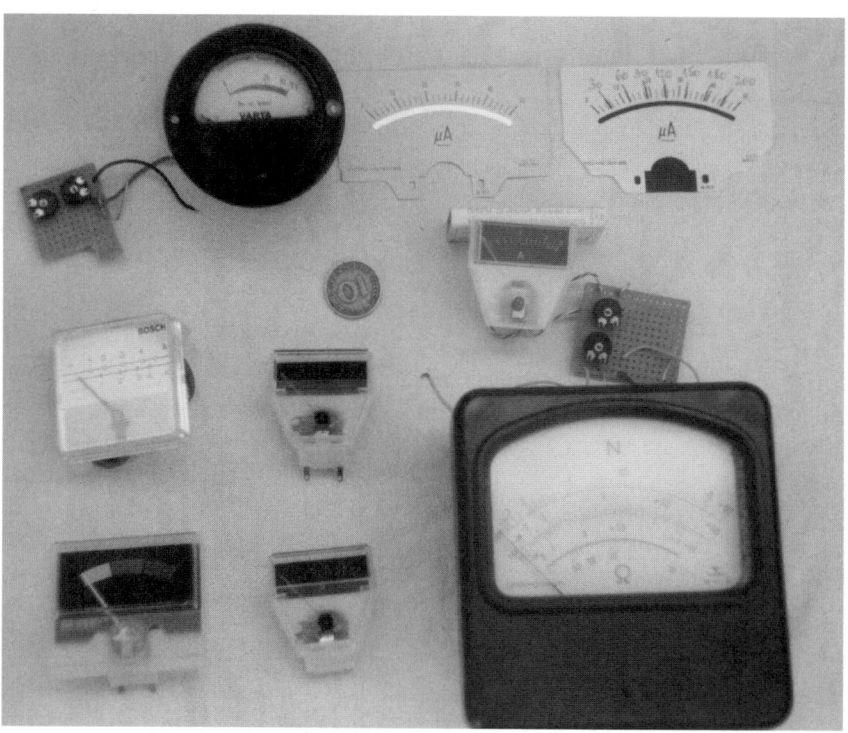

Abb. 2.5 Foto Zeigerinstrumente

2

- Daher lassen sich mit wenig Aufwand die Restposteninstrumente für uns prima nutzen!

Verschiedene Zeigermessinstrumente und ausgebaute Skalenblättchen.

2.1 Einfache Umgestaltung von Zeigerinstrumenten

Was wir brauchen:
Analoge Messinstrumente, Widerstände und Zenerdiode, eine regelbare Spannungsquelle und ein Digitalmultimeter, um die neue Anzeige zu eichen.

Spannungsanzeige:
Die Z-Diode liegt in Reihe zum Messinstrument. Ein Strom fließt erst wenn die Zenerspannung (Spannung der Zenerdiode) überschritten wird. Da gegen Ende der Ladung die Akkuspannung nur noch geringfügig ansteigt, ist z.B. bei einer 12 -V Anlage der Bereich von 10 – 14 V von besonderem Interesse, also wählen wir bei einer 12 V Anlage eine Z-Diode von z.B. 9,1 V d.h. ZPD 9,1.

Der „Nullpunkt„ des Messinstrumentes liegt somit bei einer Spannung von ca. 9,5 V. Mit

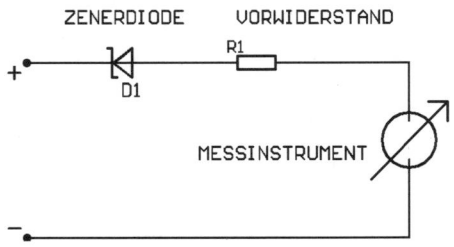

Abb. 2.1.1 Prinzipschaltbild

einem Vorwiderständ oder Trimmpoti erreichen wir die Anpassung an das jeweilige Instrument.

2.2 Zeigerinstrumente eichen

Beispiel für eine 12 V Lade- und Vorratsanzeige

1. Trimmpoti P 1 und P 2 ganz zum Punkt „x" drehen.
2. Anstatt Akku, regelbare Spannungsquelle (siehe auch Bauanleitung im Buch) anschließen und auf 10,5 V einstellen.
3. P 2 langsam Richtung „y" drehen, bis der Zeiger des Instrumentes sich   im ersten linken Drittel befindet.
4. Regelbare Spannungsquelle auf 16,5 V einstellen und mit P 1 Richtung „y" drehen bis der Zeiger sich kurz vor dem Maximalanschlag befindet.
5. Dann nochmals nachjustieren wie 2. + 3.
6. Evtl. nochmals wie 4. nachjustieren
7. Mit regelbarer Spannungsquelle versch. Zwischenwerte einstellen, wie z.B.   12,2 V – 12,5 V – 13,8 V und Zwischenwerte auf vorhandener Skala ablesen und damit neue Skala erstellen
8. Natürlich lässt sich die Skala auch in Prozent Akkuladezustand eichen, wobei darauf zu achten ist, ob die Akkuspannung unter Last gemessen werden soll.

Das Gehäuse des Instrumentes lässt sich in der Regel auseinandernehmen, Vorsicht beim Zeigerchen! Die angefertigte, neue Skala mit einem Kleber wie z.B. Fixo-gumm fixieren und einkleben.

2

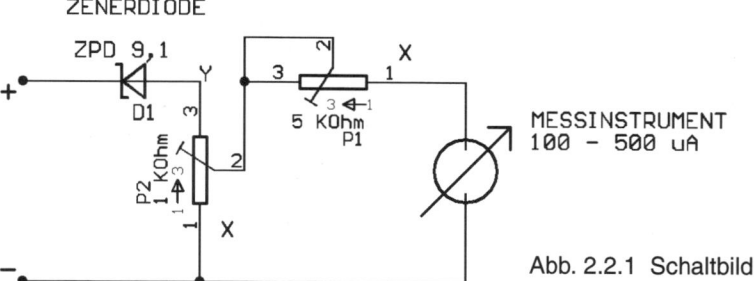

Abb. 2.2.1 Schaltbild

Oben vorhandene, unten neue Skala.

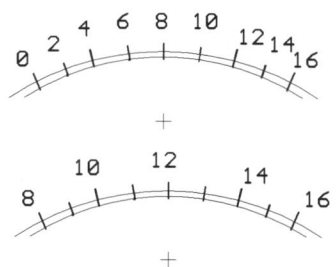

Abb. 2.2.2: Skalendarstellung

Soll der Ladezustand von nur einer Akkuzelle (1,2 oder 1,5 V) erfasst werden, reichen normalerweise 2 – 3 Siliziumdioden in Reihe „vor" dem Instrument. Bei einem NiCd Akku spielt sich alles – ob voll oder halbvoll – zwischen 1,1 V und 1,4 V ab, also ist es gut, die ganze Skala für diesen Bereich zu nutzen!

2.3 Ladestromanzeige, Beschaltung und Skala

Das Prinzip zeigt die Zeichnung. Ein Teil des Stromes fließt über den sog. Shuntwiderstand am Instrument vorbei, d.h. das Instrument misst eigentlich die Spannungsdifferenz am Widerstand.

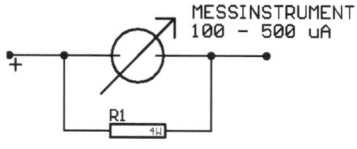

Abb. 2.3.1 Prinzipschaltbild

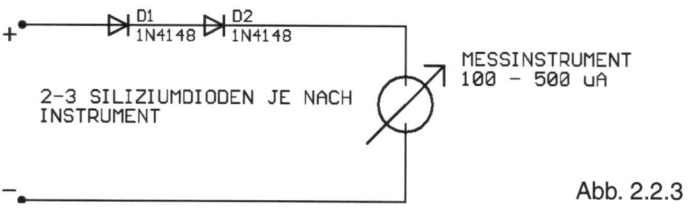

Abb. 2.2.3 Anzeige für 0,9 V – 1,5 V

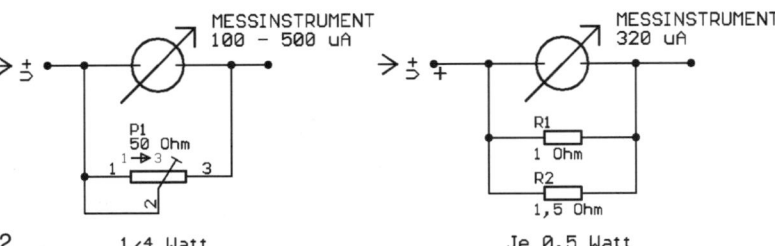

Abb. 2.3.2

Konkret: Anzeige für 100 mA und 300 mA Ladestrom.

Schaltbilder:

Durch Parallel – oder Reihenschaltung der Widerstände erhalten wir den exakten Widerstandswert oder wir verwenden einen Trimmpotentiometer. Auf jeden Fall muß der Widerstand für die Strombelastung ausreichend bemessen sein. Spannung mal Strom = Watt des Widerstandes. Beispiel: 13 V x 0,3 A = 0,39 W d.h. es ist ein Widerstand von ½ Watt erforderlich.

Berechnung bei Parallelschaltung von zwei oder mehreren Widerständen:
Rges = 1/ (1/ R1) + (1/ R2) + (1/ Rn)

Strom-Durchflussanzeige mit Leuchtdiode

Wenn es auf die Spannungsdifferenz zwischen Eingangs- und Ausgangsspannung von 1 – 2 V nicht ankommt, eignet sich die folgende Schaltung als Kontrollanzeige dafür, ob überhaupt Ladestrom fließt.

Bei einer Siliziumdiode fällt 0,5 bis 0,9 V (Schwellenspannung) je nach Typ, Temperatur und Durchlasstrom ab. D.h. wir haben eine Spannungsdifferenz ähnlich wie beim Widerstand. Je nach Anzahl der Dioden erhalten wir so eine Spannung, die zur Versorgung einer Leuchtdiode ausreicht.

Eine rote LED leuchtet schon schwach bei 1,4 V. Eine gelbe oder grüne LED ab 1,8 V. So ist es möglich, eine Ladestromanzeige oder eine Verbrauchsanzeige entsprechend folgendem Prinzipschaltbild anzufertigen:

Schaltbild:

LED = Leuchtdiode

D 1 – D 3 Dioden entsprechend des zu erwartenden Stromflusses. Beispiel: Siliziumdiode P 600 für bis zu 6 A.

Die Schaltung ist geeignet für einen Stromfluss von 20 mA (Leuchtdiodenstrom) mit entsprechenden Dioden bis weit über 10 A. Bei höheren Strömen reichen zwei Dioden.

Große Ströme lassen sich einfach am Kabel messen, wie in Abb. 2.3.4 dargestellt, da der Leiter (das Kabel) im Prinzip auch einen Widerstand hat bzw. ist. Beispiel: Kabel, 1m lang, Querschnitt 2,5 mm² = 0,0072 Ohm *100 A

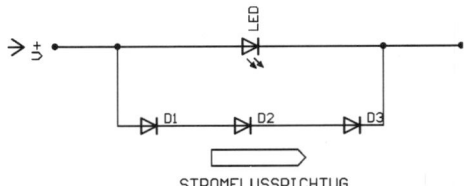

Abb. 2.3.3 Strom-Durchflussanzeige mit Leuchtdiode

2

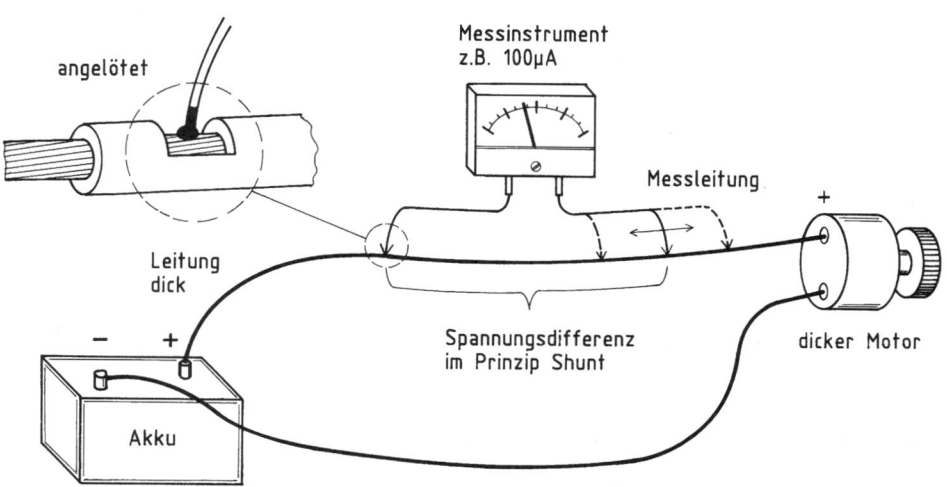

Abb. 2.3.4 Messung großer Ströme am Kabel

= 0,72 V Spannungsdifferenz. Je nach Empfindlichkeit des Instrumentes wählen wir die Kabellänge. Weiter im Beispiel: Instrument 100 uA, Innenwiderstand 1000 Ohm = Vollausschlag bei 0,1 V ergibt ca. 14 cm Kabel.

Weitere Kabelwiderstände: 4 mm² = 0,0045 Ohm; 6 mm² = 0,003 : 10 mm² = 0,0018; 25 mm² = 0,00072 Ohm.

Die Skala des Instruments wird mit einem Multimeter geeicht. Oft kann die vorhandene Skaleneinteilung weiter verwendet werden, da die Anzeige weiterhin linear ist.

Sehr schön ist auch die Skalenbeschriftung mit sog. Abreibebuchstaben zu realisieren. Die

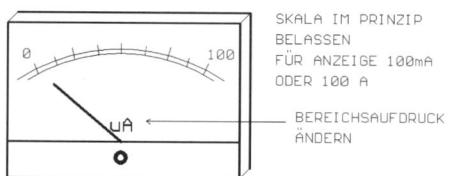

Abb. 2.3.5 Skalenbeschriftung

Bögen mit entsprechenden Zahlen und Buchstabengrössen gibt es in guten Schreibwarenhandlungen. Die Zahlen werden mit einem weichen Bleistift auf die Skala aufgerieben.

2.4 Anzeige von Strom und Spannung mit einem Instrument

Mit einem zweiebenen Umschalter (2 x UM) können wir aus Kosten- oder Platzgründen Strom und Spannung mit einem Instrument messen. Dies hat außerdem den Vorteil, dass die Spannungsanzeige bei Stellung Strom ausgeschaltet ist. Die Spannungsanzeige verbraucht zwar wenig Energie – das ist aber alles eine Frage der Zeit!

D 1:   Schottkydiode, z.B. SB 130
Trimmpoti: R1+R2 1K-5K
Z: ZD 9,1
R3:   1 Ohm
R4:   1,5 Ohm

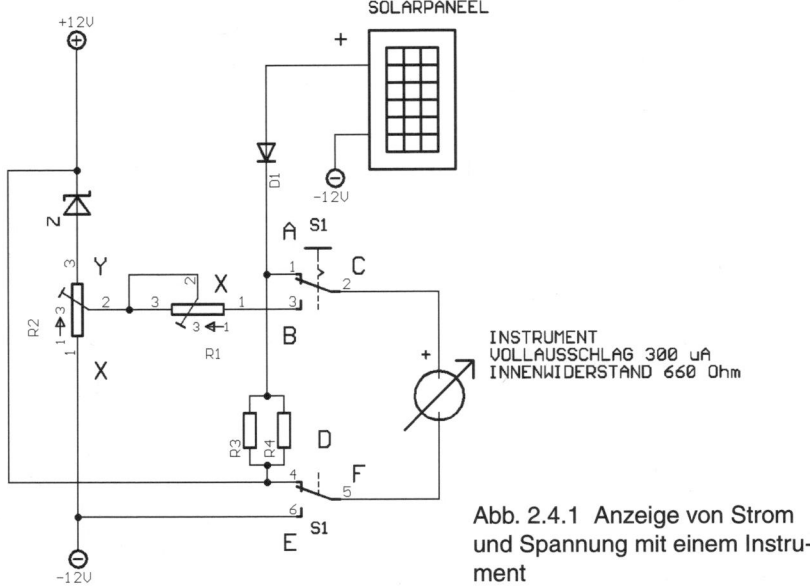

Abb. 2.4.1 Anzeige von Strom und Spannung mit einem Instrument

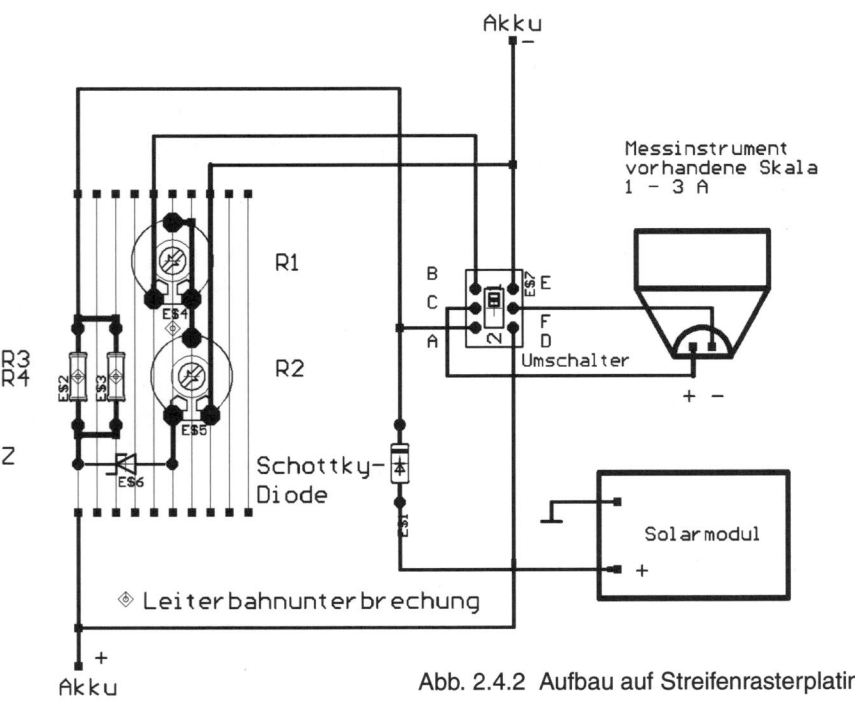

Abb. 2.4.2 Aufbau auf Streifenrasterplatine

Angabe für Messinstrument mit 300 uA Vollausschlag. Getestet mit Instrumenten von 100 uA – 300 uA und verschiedenen Innenwiderständen.

Die Schaltung ist für ein Solarpaneel mit 1 – 2 Watt und einem Ladestrom von bis zu max. 500mA ausgelegt.

Um solche Schaltungen wie vor vorgestellte zu realisieren, verwende ich meistens Streifenrasterplatinen. Die elektronischen Bauelemente wie Widerstände, Dioden, Transistoren usw. passen in die gerasterten Leiterbahnen und brauchen nur noch verlötet zu werden. Als Beispiel und zum Aufbau der Anzeigeschaltung nachfolgend die Zeichnung (Abb. 2.4.2).

Bei den Widerständen R3 und R4 müssen die Leiterbahnen unterbrochen werden. Dies geht am besten mit einem 3 – 4 mm Bohrer. R3 und R4 werden durch eine Drahtbrücke verbunden, da sie parallel geschaltet sind. Der Mittelanschluss von R1 wird etwas nach rechts in die Leiterbahn Nr. 6 gebogen und gesteckt. Die Schottkydiode kann auch noch auf der Leiterplatte untergebracht werden. Das Messinstrument hatte bereits eine Skala von 1 – 3 A, die für die Stromanzeige genutzt werden kann (hier 1 – 300 mA Ladestrom). Nur für die Spannungsanzeige muss die Skala neu erstellt werden.

Die Fotos (Abb. 2.4.3) zeigen eine kombinierte Spannungs – Stromanzeige realisiert im Solarkoffer für den Akkuschrauber. Die Bananensteckerbuchsen und die KFZ-Buchse sind für zusätzliche Stromverbraucher eingebaut.

Das Gehäuse stammt von einem Steckernetzteil. Für die Verbindung zum Akkuhalter wurde eine Chinchsteckverbindung benutzt, die für die relativ kleinen Ströme gut geeignet ist, da verpolungssicher. Durch die Steckverbindungen ist die Anzeigeeinheit sehr variabel und kann auch für andere Geräte benutzt werden.

2

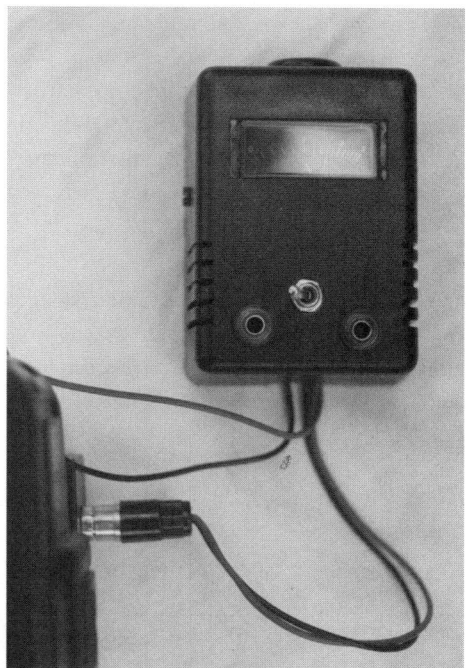

Abb. 2.4.3 Im Einblick in das Gehäuse sind die Lochrasterplatine und die beiden Trimmpotis sowie die Instrumenten – Unterseite zu sehen

25

2.5 Belastungswiderstand für große Ströme

2

Wollen wir Ströme ab mehreren Ampere messen, so ist es günstig, diese mit einem definierten Belastungswiderstand abzugleichen. Eine Anordnung mit mehren KFZ – Biluxbirnen bei denen z.B. ein Glühfaden durchgebrannt ist – und die im KFZ nicht mehr verwendet werden können – hilft dabei sehr.

Die Autobirnen werden auf einen stabilen Winkel montiert, indem je nach Anzahl Bohrungen im Winkelblech, entsprechend des unteren Durchmessers des Lampensockels, angebracht werden. Die Leuchten können dann einfach mit Zwei-Komponenten-Kleber befestigt werden.

Des weiteren wird der Winkel mit Bananensteckerbuchsen ausgestattet und so verschaltet, dass entweder eine, zwei, drei oder vier Lampen durch Umstecken angeschlossen werden können. Damit haben wir einen variablen Belastungswiderstand.

Die Verschaltung der Birnen und Buchsen habe ich so gemacht, dass die einzelnen Birnen durch kräftige Dioden verbunden sind – somit ist es durch einfaches Umstecken möglich – eine, zwei oder ...... Birnen zu wählen und damit den Belastungswiderstand in diesen Schritten zu erhöhen.

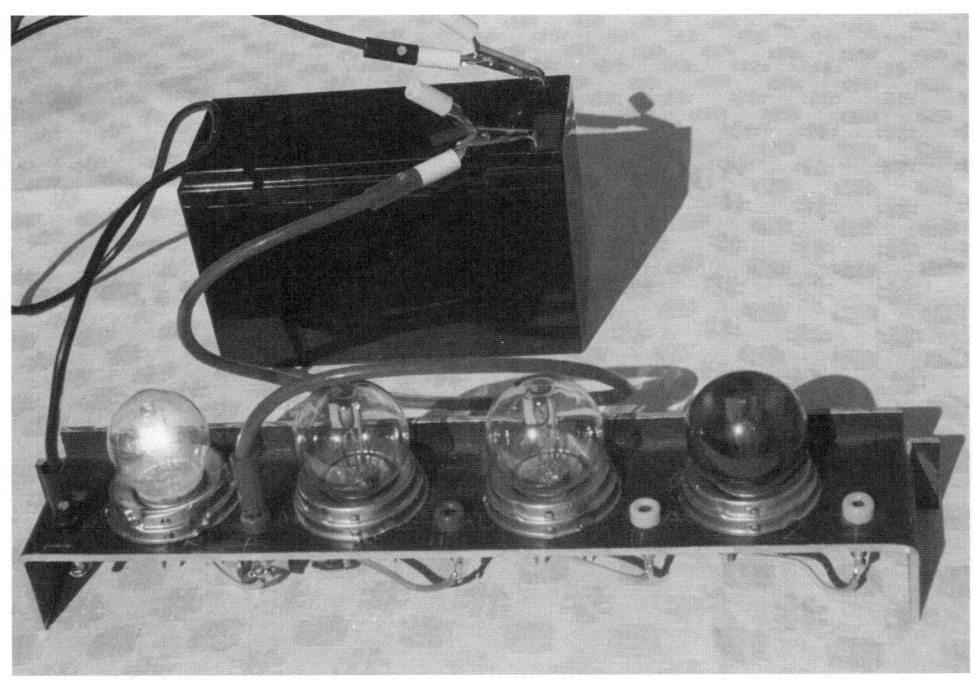

Abb. 2.5.1: Aufbau Belastung Widerstand

26

2

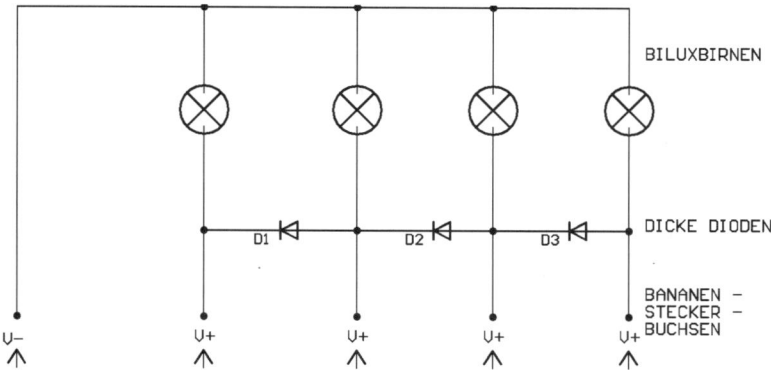

BILUXBIRNEN

DICKE DIODEN

D1 D2 D3

BANANEN –
STECKER –
BUCHSEN

U–   U+   U+   U+   U+

Abb. 2.5.2: Schaltbild Belastungswiderstand

2.6 Kapazitätsprüfeinrichtung für große Akkus

Mit Hilfe des Belastungswiderstandes einer Autouhr oder eines Betriebsstundenzählers und einer Unterspannungsabschaltung (siehe Kapitel Extras) können wir auf einfachste Weise die zur Verfügung stehende Kapazität des Akkus ermitteln.

Je nach zu prüfender Belastung wählen wir die Anzahl der Birnen, schließen das Ganze

an den Akku an – schauen auf die Uhr – und los geht's. Die Unterspannungsabschaltung trennt dann Akku und Uhr bei Erreichen der Unterspannung, z.B. bei 10,8 V, wir lesen die Zeit ab und können anhand der Zeit und des Belastungswiderstandes die aus dem Akku verfügbare Kapazität berechnen. Beispiel:

3 h mit 90 W = 270 Wattstunden (Wh)/ Akkuspannung z.B. 12 V ergibt 22,5 Ah Akkukapazität.

Spannend ist es dann auch festzustellen, welche Kapazität der Akku bei welcher Belastung hat. Prinzip:

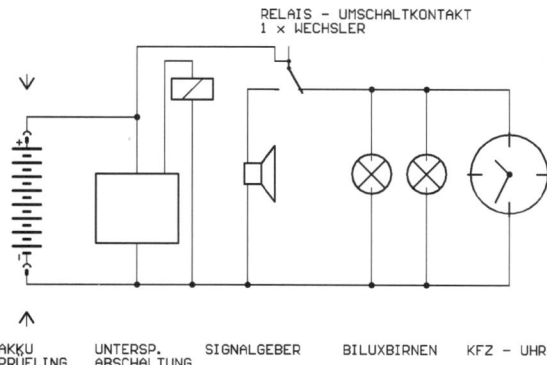

RELAIS – UMSCHALTKONTAKT
1 x WECHSLER

AKKU   UNTERSP.   SIGNALGEBER   BILUXBIRNEN   KFZ – UHR
PRÜFLING   ABSCHALTUNG

Abb. 2.6.1: Prinzipschaltbild Kapazitätsprüfeinrichtung

27

Solar- und Akkutaschen-lampen

3

Es gibt einige Gründe warum ich immer wieder alle möglichen Arten von Taschenlampen konstruiere und bastle. Ich liebe es, unabhängiges Licht bei mir zu haben. Viele Taschenlampen liegen nutzlos herum, sei es, weil die Batterien leer sind oder das Batterieformat nicht mehr passt. Ein weiterer Grund ist der, dass ich die bewegungsaktiven Außenleuchten hasse – ich gehe irgendwo vorbei und klack das Licht geht an.

Wenn die Leute wüssten, wieviel Energie für diese wachsame Bereitschaft dahintröpfelt – so gut 60 – 100 KWh pro Jahr!

Da gibt's doch so schöne, pfiffige Taschenlämpchen, die tagsüber in der Sonne liegen – und nachts – satt vor Energie – ein wenig Licht auf unseren Weg bringen.Und vor allem – das Licht ist genau dort, wo ich es brauche!

Auch beim Basteln! sonst musst du die Kabeltrommel suchen, wo ist die Steckdose? durchs Fenster oje und die Birne ist kaputt. Da schnapp ich mir doch meine 6 V Powertaschenlampe – und schon geht's los ruck – zuck und die Sonne lacht noch in der Nacht.

Für mich wichtig ist, nachladbar sollten die Taschenlampen sein. Entweder direkt mit einem Minisolarmodul oder mit einer Steckverbindung zu einem anderen Energiesystem.

Im Prinzip geht das bei allen Taschenlampenformen. Für den Umbau zur Solartaschenlampe eignen sich flache Formen besonders gut wie z.B. die Blocktaschenlampe und der Handscheinwerfer. Stabtaschenlampen eignen sich eher für die Variante mit Steckverbindung.

3.1 Solartaschenlampe mit Direktladeeinrichtung vom Minimodul

Zuerst ist es gut, folgende Punkte abzuprüfen:

1. Hat die Taschenlampe ebene Flächen zur Montage des Minimoduls?

2. Wie groß ist die Fläche, d.h. welche Anzahl von Minimodulen können montiert werden –danach richtet sich die Akkuspannung

3. Sind gute Voraussetzungen am Gehäuse da, um die Taschenlampe zur Sonne aufzustellen bzw. aufzuhängen

4. Gibt es günstige Restpostenakkus, die ins Gehäuse passen mit entsprechender Kapazität und Spannung? Gut eignen sich Restpostenakkus mit Lötanschlüssen. Ansonsten normale Akkus mit Akkuhaltern.

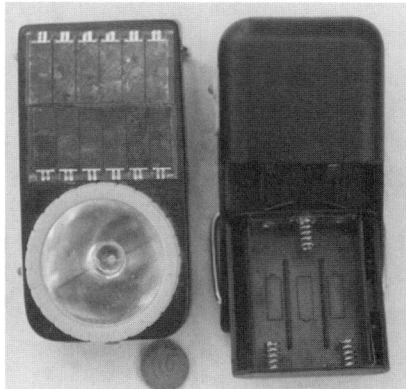

Abb. 3.1.1 Umbau zu Solartaschenlampen

3

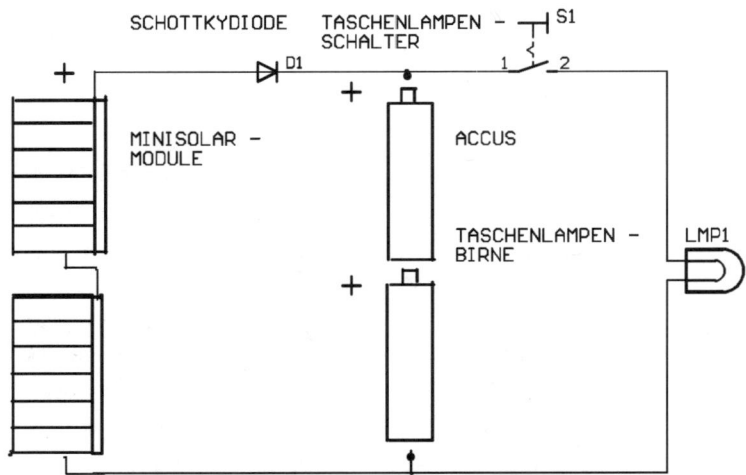

Abb. 3.1.2 Das Prinzip der Beschaltung ist einfach: Minisolarmodul, Schottkydiode und Akkus

Bei der Verwendung von 2 Minimodulen – entsprechend der Bauanleitung von Kapitel „Anfertigen von Solar- Minimodulen" sind 2-3 Akkus der Größe Mignon gut geeignet. die Kapazität der Akkus sollte für Dauerladung mindestens 500 mA sein. Bei dieser Dimensionierung kann man eine weitere Überwachung der Akkus getrost vergessen. Bei höheren Kapazitäten verlängert sich die Ladedauer dementsprechend.

Ganz besonders geeignete Akkus für die oben aufgeführten Taschenlampen sind nachladbare Alkali – Mangan Batterien. Einzelheiten hierzu im Kapitel „Ladegeräte"

3.2 Akkutaschenlampen mit Ladeschluss

Im Prinzip kann jede Batterietaschenlampe zur Akkulampe werden, indem die Batterien durch Akkus ersetzt werden. Komfortabler ist es jedoch, wenn die Akkus nicht mehr jedes Mal gewechselt werden müssen und die Taschenlampe einfach eingesteckt wird.

Der Handscheinwerfer rechts im Bild war mit einer sog. Laternentrockenbatterie (6 V) ausgestattet. Diese Form gibt es nicht als Akku. Aber wie der Zufall wollte, gab es einen Restpostenbleigelakku mit 6 V, 4 Ah für unter 10 DM, der ganz prima reingepasst hat. Die Leuchte ist mit einer integrierten Ladeschaltung ausgestattet und kann in einer 12 V – Zigarettensteckdose eingesteckt und aufgeladen werden.

Der andere Handscheinwerfer war mit 6 Monozellen bestückt – diese sind als Akku sehr teuer. Also wurde hier ebenfalls der 6 V, 4 Ah Akku reingebastelt und das Lämpchen gegen eine bewährte 6 V Fahrradbirne getauscht.

3

Abb. 3.2.1 Akkutaschenlampe mit Ladeanschluss

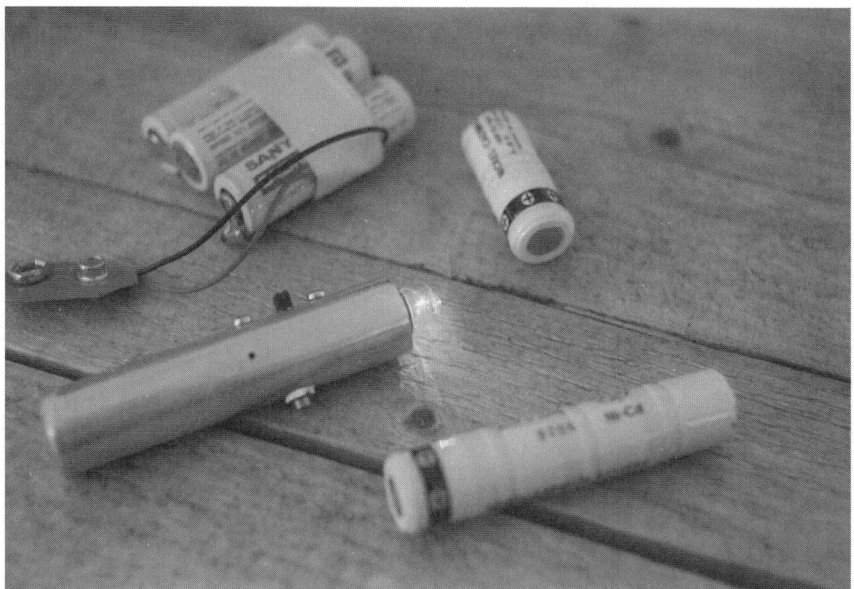

Abb. 3.2.2 Akkutaschenlampe und Restpostenakkus

3

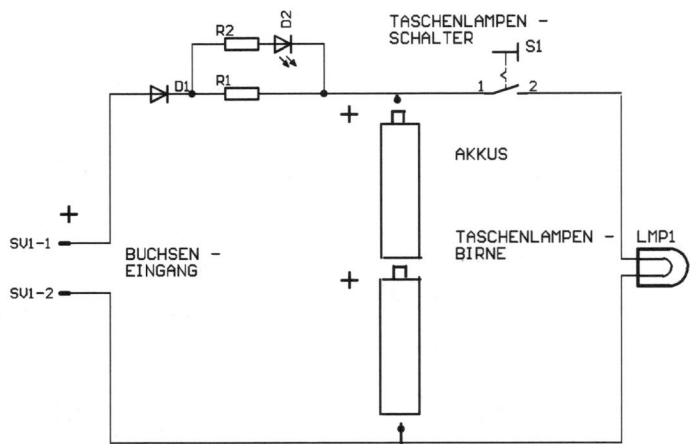

Abb. 3.2.3 Prinzip mit integrierter Ladeüberwachung

Das kleine Lämpchen unten im Bild besteht aus einem Minirestpostenakku mit 2,4 V, das Ganze in eine Aluhülle reingebastelt und mit Birnchen, Schalter und Ladebuchsen versehen – eine echte Taschen – Lampe!

Entscheiden sollten wir uns hierbei, ob die Ladeüberwachung gleich mit in das Taschenlampengehäuse integriert wird oder die Ladeelektronik außerhalb ist.

Teile und Dimensionierungen:

D 1 = BAT 43 bis zu einem maximalen Ladestrom von 100 mA , sonst z.B. SB 130 (bis 1 A)

Durch die Diode wird Falschpolung vermieden und es ist auch, ausser an einem 12V Akku, der direkte Anschluss eines Solarmodules möglich.

Anzahl Akku-zellen	Spannung Volt	R 1 in Ohm Ladestrom 20 mA	R 1 in Ohm Ladestrom 50-60 mA	R 1 in Ohm Ladestrom 100-120 mA	R 2 in Ohm Vorwiderst. LED, 10 mA
1	1,2	470	180	82	820
2	2,4	390	150	82	680
3	3,6	330	120	68	560
4	4,8	270	120	56	470
5	6,0	220	82	39	390
6	7,2	150	56	27	270
7	8,4	82	33	15	220

D 2 = LED
R 1 = Ladestromregelung
R 2 = Vorwiderstand für LED

Werte für 12 V Ladespannung. Widerstandswerte der Widerstandsreihe angepasst.

Akku Voll-Anzeige
Um zu erkennen, wann der Akku voll ist, hier noch eine einfache Anzeigeschaltung mit einer Leuchtdiode:

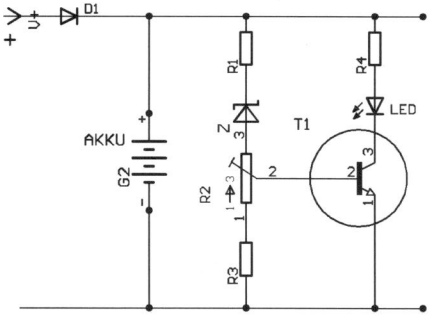

Abb. 3.2.4 Akku Voll-Anzeige

Teile und Dimensionierungen:
R 1 = 0,5 – 1 KOhm
R 2 = Trimmpoti 10 KOhm
R 3 = 0,5 – 1 KOhm
R 4 = je nach Akkuspannung: V Akku
–2,4 V / 0,01

T = Transistor, z.B. BC 237 B
Z = Zenerdiode: ca. 2 Volt unter dem Spannungswert der Akkus. Beispiel: bei einer Akkuspannung von 7,2 Volt wird eine ZD 5,6 verwendet.

Mit dem Trimmpoti R 2 und einer regelbaren Spannungsquelle sowie einem Digitalmulti-meter wird die Anzeigeschaltung wie folgt geeicht:

Regelbare Spannungsquelle mit Hilfe des Digitalmultimeters auf die Akkuendspannung einstellen – Anzeigeschaltung ohne Akkus polrichtig anschließen – Trimmpoti so einjustieren, dass LED gerade anfängt zu leuchten.

3.3 Alternativvariante – Ladeschaltung (very simple)

Anstatt des Vorwiderstandes verwenden wir ein Birnchen, welches den Ladestrom begrenzt und gleichzeitig als Ladeanzeige fungiert. Siehe auch Ladestrombegrenzung im Kapitel: Solare Ladeverfahren.

Diese Variante eignet sich besonders gut für Ladung von Akku zu Akku, mit großer Kapazität, z.B. Motorradakkus oder Bleigelakkus, da der Ladestrom schon fast in den Amperebereich geht und ein Widerstand ziemlich heiß werden würde.

Da Glühbirnen meist in Watt (W) angegeben sind, berechnen wir den Ladestrom mit der Formel: $I = W : V$
I = Ladestrom
W = Leistung der Glühbirne in Watt
V = Akkuspannung in Volt
Beispiel: Akku 12 V, 7 Ah; Birne 5 W : 12 V = 0,416 A Ladestrom bzw. 416 mA.

3

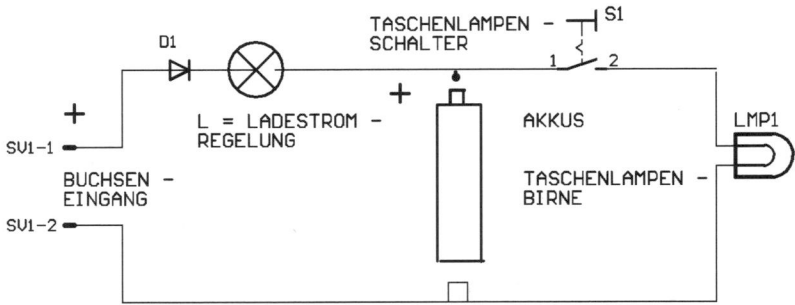

Abb. 3.3.1 Prinzipschaltbild: Ladeschaltung very simple

3.4 Taschenlampen-dimmer

Zu guter Letzt in diesem Kapitel noch ein Bonbon – ein – nein – sogar zwei Taschenlampendimmer!

Ein Dimmer ist deshalb nützlich und sinnvoll, da er erstens die Betriebszeiten des Akkus und zweitens die des Lämpchens erhöht. Außerdem wird ganz oft die volle Leuchtkraft der Taschenlampe eigentlich gar nicht gebraucht, im Gegenteil – manchmal ist es sogar störend wenn die Taschenlampe zu hell ist. Man denke nur an die Situation – nachts im Zelt – wenn die Mitschläferinnen nicht gestört werden sollen!

In einem alten Elektorheft von 1975 hatte ich folgende Schaltung entdeckt. Sie ist problemlos und kostengünstig mit Bastelkistenteilen nachzubauen und funktioniert klasse!

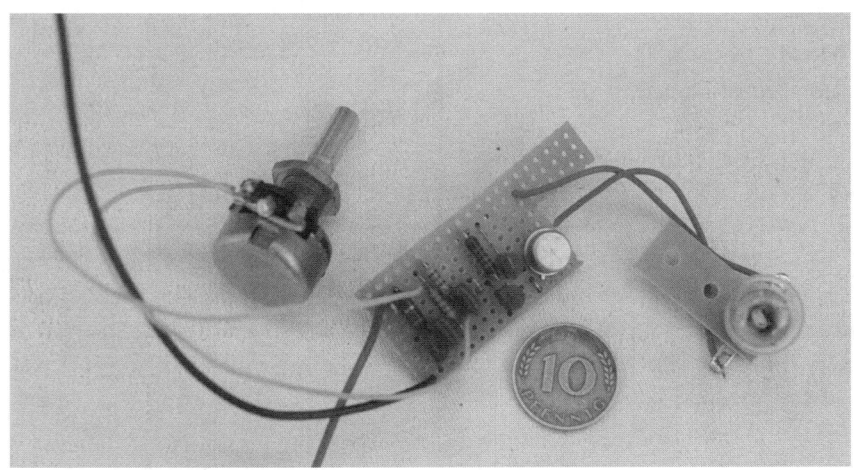

Abb. 3.4.1 Taschenlampendimmer

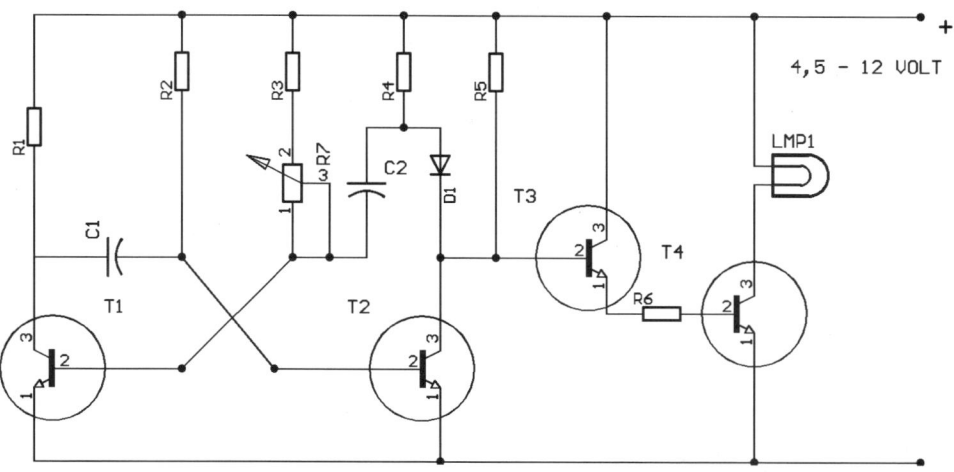

Abb. 3.4.2 Schaltbild Taschenlampendimmer

Die Schaltung ist als astabiler Multivibrator aufgebaut. Die Frequenz und damit die Helligkeit des Lämpchens wird mit dem Drehpoti R7 eingestellt.

Der Transistor T 4 muss nicht gekühlt werden, da er als Schalter arbeitet, d.h. mit Impulsen. Somit wird bei gedimmter Helligkeit keine Energie verbraten! Die Schaltung funktioniert von 4,5 – 12 Volt – ich habe sie in dem 6 V Handscheinwerfer mit Fahrradbirne – eingebaut.

Zur Verwendung kommen:

R1 = 8,2 K
R2 = 33 K
R3 = 4,7 K
R4 = 8,2 K
R5 = 5,6 K
R6 = 390 Ohm
R7 = 100K lin. (Poti)
C1 = 47 nF
C2 = 47 nF

D1 = 1 N 4148 oder eine andere Siliziumdiode
T1 = BC 237, BC108
T2 = wie T1
T3 = wie T1
T4 = BC 141
L = Lämpchen entspr. Spannungsquelle

Damit ihr auch diese , etwas aufwendigere Schaltung, problemlos hinkriegt, auch hier der Aufbau mit Lochrasterplatine:

Dimmerschaltung 12 V / bis 24 W

Die zweite Dimmerschaltung ist auch sehr simpel zu realisieren – allerdings weniger aus der Bastelkiste sondern mit einem integrierten Schaltkreis; trotzdem liegen die Materialkosten des gesamten Dimmers unter 10 DM. Diese Schaltung ist für stärkere Leuchten bis 24 Watt Leistung und 12 Volt Betriebsspannung sehr gut geeignet. Sie kann z.B. in eine 20 W Halogen – Tischleuchte eingebaut werden.

3

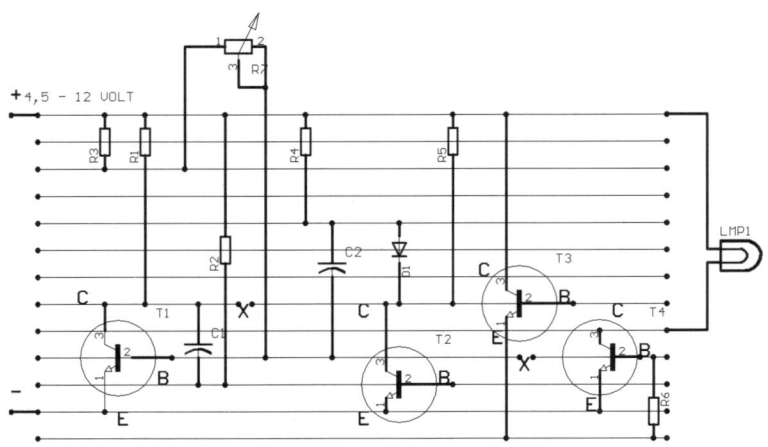

X Leiterbahnunterbrechung

Abb. 3.4.3 Aufbau auf Streifenrasterplatine

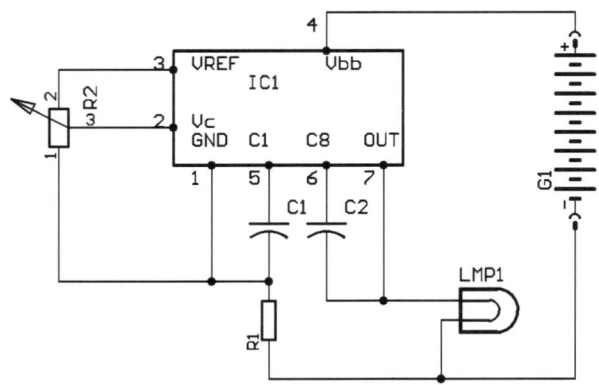

Abb. 3.4.4 Dimmerschaltung 12 V/24 W

Zur Verwendung kommen:

IC = BTS 629 A

R1 = 150 Ohm

R2 = 2,2 – 2,5 K lin. (Poti)

C1 = 68 – 100 nF

C2 = 22 nF

L = z.B. Halogenbirne bis max.   24 W

Die Schaltung habe ich der Einfachheit halber auf einer Lochrasterplatine aufgebaut. Ansonsten ist es ein wenig kompliziert, die sieben Beinchen des ICs anzuschließen.

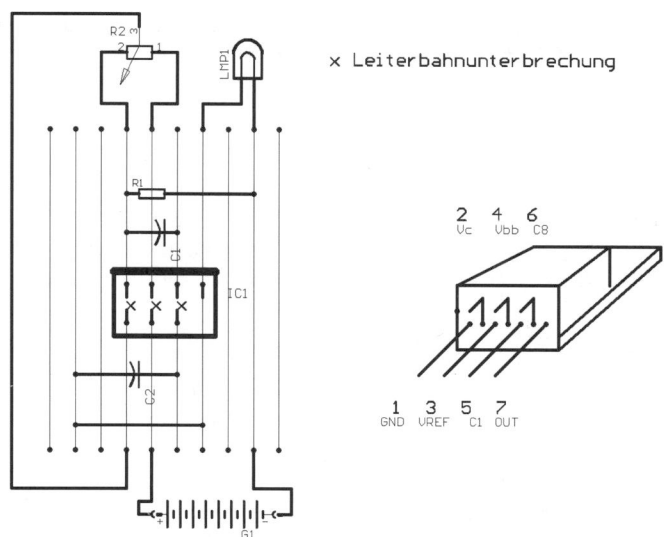

Solar- und Akkutaschenlampen

x Leiterbahnunterbrechung

Abb. 3.4.5 Dimmerschaltung 12 V/24 W auf Streifenrasterplatine

37

Solare Ladeverfahren

4

Heimstation

Ohne Zweifel ist es optimal, eine zentrale Energiespeicherung aus Solar- und Windenergie zu haben und dann die „kleinen" Akkus daraus zu laden.

Die Vorteile hiervon sind, dass die Akkus dann geladen werden können, wenn sie leer sind, d.h. auch über Nacht. Auch kann mit großem Strom und entsprechenden Ladesystemen sehr schnell geladen werden.

Im Bereich meiner solaren Heimstation mache ich das auch so. Die Mignonakkus werden innerhalb von 1-2 Stunden mit Ladeimpulsen vollgeladen.

Dazu habe ich mir ein Restposten – Handyladegerät (2,50 DM), vorgesehen für das La-

den des Handys im Auto – mit Akkuhaltern ausgestattet und den im Gehäuse befindlichen Trimmpoti zur Einstellung der Ladespannungsgrenze, an einen neu am Gehäuse eingebauten Poti mit Skala angeschlossen. Es können jetzt 4 – 7 Zellen im Impulsladeverfahren geladen werden.

Mobile, solare Direktladegeräte

Das folgende Kapitel befasst sich vorwiegend mit kleinen, kompakten, direkten, mobilen Solarladegeräten. Für unterwegs oder für Akkuzellen, die im Moment nicht gebraucht werden. Sie liegen da so rum. Genauso kann ich sie in ein kleines Solarladegerät stecken und das liegt oder hängt am Fenster, die Sonne scheint drauf, der Akku wird entweder

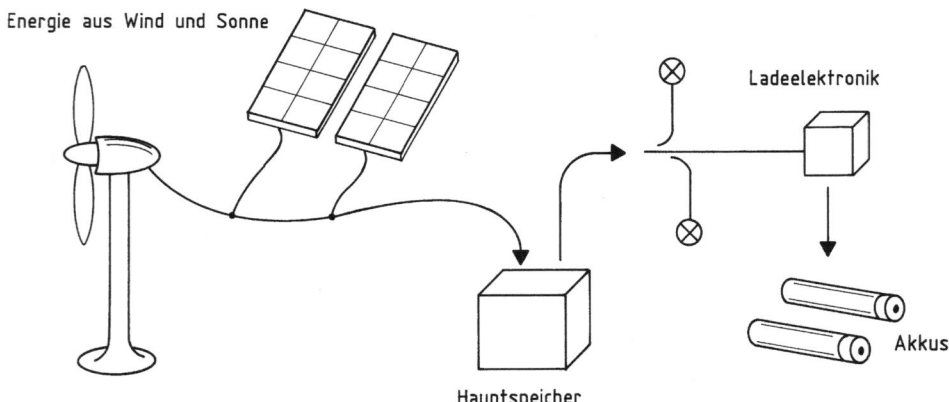

Abb. 4.1 Symbolische Darstellung Heimstation

Abb. 4.2 Handyladegerät, umgebaut

langsam aber sicher geladen oder die Ladung bleibt erhalten.

Die Dimensionierung der Solarzellen ist gerade so gewählt, dass eine schonende Dauer- und Erhaltungsladung stattfindet.

Was viele nicht wissen, die Selbstentladung der Akkus wird mit zunehmender Kapazität (Energiedichte) größer, d.h. ein 1000 mAh Mignonakku entlädt sich schneller als ein 500 mAh Mignonakku. Nach meiner Erfahrung ist die Selbstentladung von NMH (Metallhydrid) Akkus noch größer als die von NiCd Akkus. Durch das Solarladegerät habe ich also in dem Moment, in dem ich den Akku brauche, einen der voll geladen ist.

Außerdem auf Reisen: mit 2 oder mehr Akkusätzen kann ich die geladenen mit den verbrauchten Akkus immer wieder tauschen.

Aber auch Menschen, die keine zentrale solare Heimstation haben, müssen so nicht an die Steckdose.

Bei mir sind ein paar Saugnapfhaken am Fenster – daran hängen Solarladegeräte und genauso hängen da die Solartaschenlampen – allzeit bereit für den nächsten Leuchteinsatz und alles wird immer dann, wenn die Sonne scheint, geladen.

Links oben im Bild (Abb. 4.3) ist das Miniladegerät zu sehen, daneben die auf Solarbetrieb umgebaute Dulux Taschenlampe, dann rechts eine weitere Taschenlampe mit Direktladeeinrichtung und unten das Schindelmodul der solaren Ladestation Typ 4.

4

Abb. 4.3 Solares Laden am Fenster

4.1 Enttäuschung bei gekauften Solarladegeräten, warum?

Vielleicht besitzt der eine oder andere ein gekauftes Solarladegerät und ist nicht so recht zufrieden damit?

Tja, es gibt da so manche Typen, die sind ein bisschen problematisch. Dies liegt oft daran, dass zum einen minderwertige Solarzellen verwendet wurden – oft sind's nur Solarzel-

lensplitter und der Rest ist unter der wenig durchsichtigen Abdeckung dazugemalt.

Zum anderen liegt es an der Sperrdiode. Hier wollten die Hersteller sparen und haben anstatt der wirkungsvolleren Schottkydiode eine etwas billigere Siliziumdiode eingebaut, mit dem Erfolg, dass mindestens 0,4 V weniger Ladespannung zur Verfügung stehen!

Sollte dies der Fall sein, so könnt ihr die Diode einfach austauschen und das Ladegerät funktioniert besser. Was die Leistung der So-

4

ist es besser. Auch deshalb, weil die Gefahr besteht, dass durch die Parallelschaltung schlechte Akkus die besseren herunterziehen. Alle vier Akkuhalter sind nämlich parallel geschaltet und so muss die schon schwach dimensionierte Solarzelle leisten, was sie gar nicht kann.

4.2 Anfertigung von Mini-Solarmodulen

Für die hier vorgestellten Bastelwerke verwende ich eine Größe, die sowohl für die kleinen Ladegeräte wie auch für Taschenlampen, Messgeräte usw. eingesetzt werden kann. Der Vorteil, das Minisolarmodul passt ladetechnisch ideal zu einer Mignonzelle. Der Ladestrom beträgt 22 mA, sodass Dauerladung möglich ist. Ausserdem gibt es auch das fertige Teil preiswert als Restposten. (Bezugsquelle: Lemo-Solar Adr. Im Anhang)

Jede Solarzelle, die irgendwo rumliegt ohne im Einsatz zu sein, nützt nichts! Und selbst

Abb. 4.1.1 Gekauftes Solarladegerät

larzellen anbelangt, so kann man angeblich in diesen Ladegeräten z.B. 4 Akkus gleichzeitig laden – wenn ihr nur einen zum Laden reintut

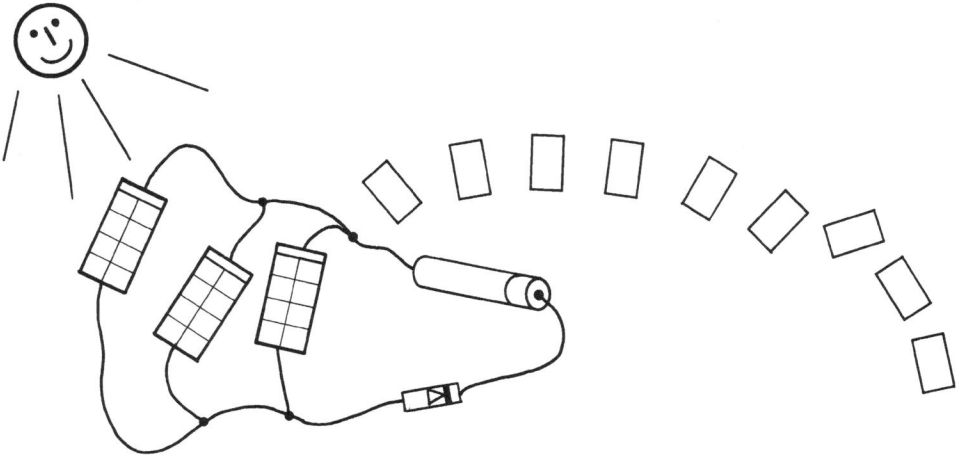

Abb. 4.2.1 Symbolische Darstellung

4

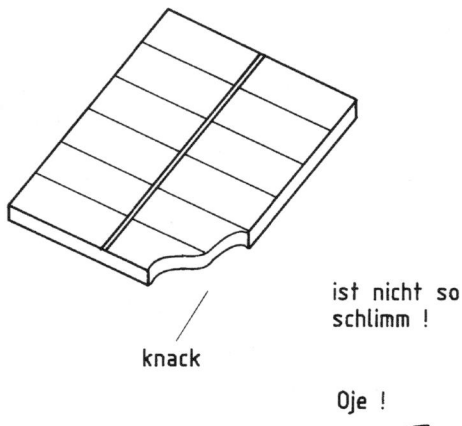

knack

ist nicht so
schlimm !

Oje !

Abb. 4.2.2

wenn sie im Laden rumliegt ...... auf den Basteltisch damit!! Nach dem Motto: Restposten, die nicht viel kosten... her damit.

Solarzellen können mit Spiritus, Alkohol oder destilliertem Wasser, vorsichtig gereinigt werden. Vorsicht! Sie sind sehr dünn und etwas bruchempfindlich. Anfassen am besten nur am Rand wie ein Foto oder eine CD.

Die Oberfläche sollte entweder mit Klarlack, Glas oder Plexiglas für den Gebrauch geschützt werden. Bei Aussenbetrieb ist die Randausbildung luft- und wasserdicht mit Acrylmasse zu verschließen. Die Größe der Zellen bestimmt den Strom. Die Spannung ist unabhängig von der Größe 0,45 – 0,5 Volt pro Zelle.

Beim Zusammenstellen des Minimoduls sollten die einzelnen Zellen also alle gleich groß sein. Die kleinste Zelle bestimmt den Strom.

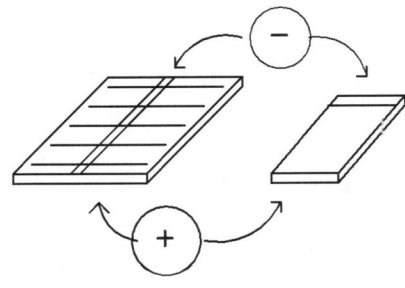

Abb. 4.2.3

Wenn aber mal irgendwo ein Eckchen fehlt, so ist das nicht so schlimm.

An der dem Licht zugewandten Fläche (dunkelblau) ist der Minuspol. Der Strom wird durch einen dünnen Rechen aus der Fläche oder einem schmalen Streifen am Rand abgenommen. Es gibt da etwas breitere, verzinnte Bahnen, an denen vorsichtig und möglichst kurz gelötet werden kann.

Die Unterseite ist voll flächig silizium-silbern und kann überall, entsprechend vorsichtig und möglichst kurz, gelötet werden.

Zum Verbinden und Anschließen der einzelnen Zellen eignen sich verzinnte, hochflexible Kupferbandstreifen 1-2 mm breit, sog. Lötverbinder, die mit der Lötkolbenspitze kurz auf die Kontaktfläche gedrückt werden.

Für unsere Ladegeräte und Taschenlampen brauchen wir 5-6 Solarzellen, ca. 10 x 25 mm oder größer, in Reihenschaltung verbunden und auf eine Unterlage wie Pertinax, Epoxyd oder Kunststoffplättchen geklebt. Am besten mit einem Graphikkleber wie z.B. Fixogumm – der kann auch wieder gelöst werden – zur Not geht's auch mit dickerem doppelseitigem

4

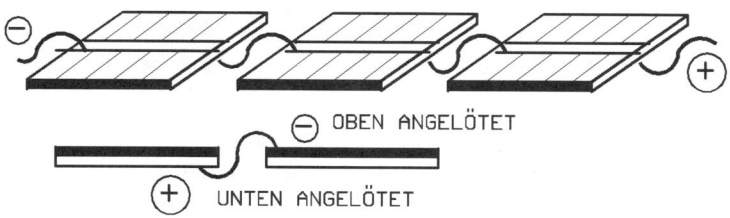

OBEN ANGELÖTET

UNTEN ANGELÖTET

Abb. 4.2.4

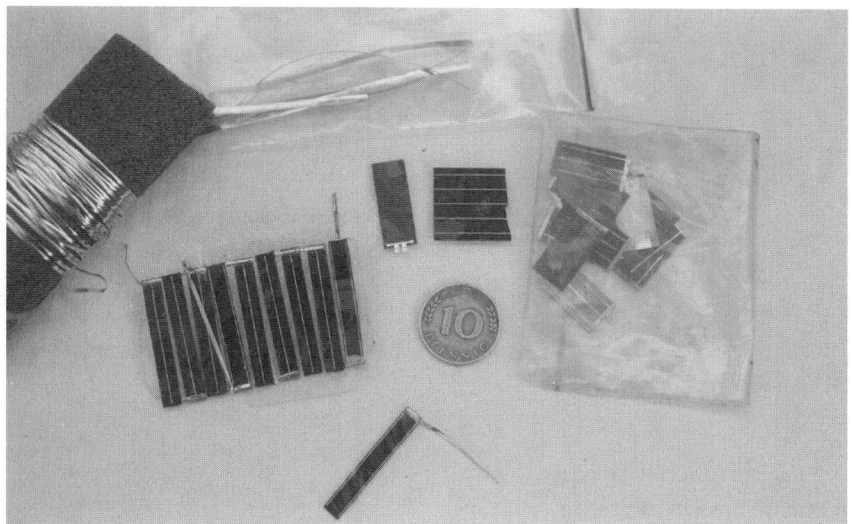

Abb. 4.2.5 Lötverbinder und Solarzellen

Klebeband aber Vorsicht – wenn es einmal klebt, ist es gelaufen!!

Bevor die Zellen aufgeklebt und versiegelt werden – noch einmal nachmessen ob die Kontaktierung in Ordnung ist.

Das Foto zeigt links die Kupferbandstreifen, daneben Solarzellenblättchen und zu einem kleinen Modul zusammengelötete Solarzellen.

4.3 Solares Miniladegerät

Es folgt: Das kleinste Solarladegerät der Welt, Ich nenne es so, weil es auf ein Minimum an Teilen und Aufwand beschränkt ist. Einfach das doppelseitige Klebeband auf den Akkuhalter geklebt, den Akkuhalter etwas außer der Mitte auf die Rückseite des Minimodules geklebt, um die Sommer- Winterstellung möglich zu machen – Minuspol vom Minimodul mit dem Akkuhalter verbunden. Pluspol des Ak-

43

4

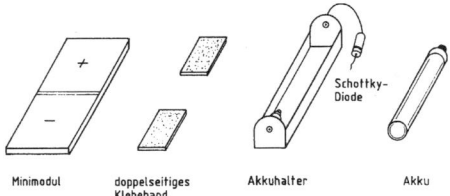

Minimodul | doppelseitiges Klebeband | Akkuhalter | Akku

Für Winkelanpassung zur Sonne

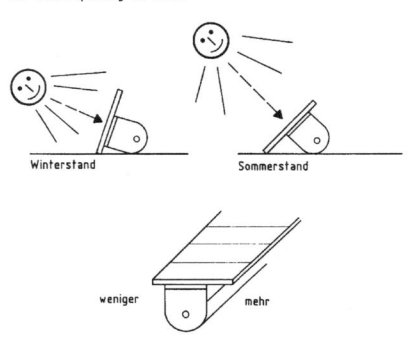

Winterstand | Sommerstand

weniger | mehr

Abstand des Akkuhalters

Abb. 4.3.1 Solares Miniladegerät

kuhalters mit einer Schottkydiode (z.B. BAT 43) mit dem Minimodul verbunden – Achtung, Strich der Diode beim Akkuhalter, damit sich der Akku bei Nacht nicht wieder entlädt und vielleicht noch eine Schlaufe zum Aufhängen angelötet – und fertig ist es! Nun an ein sonniges Plätzchen stellen oder an das Fenster hängen und der Akku wird geladen!

4.4 Komfortladegerät mit Ladekontrolle

Lader ähnlich wie vorher, jedoch mit Akkuzustandsanzeige unter Last.

Das Ladegerät können wir in ein würfelförmiges Sperrholzgehäuse einbauen. Die Kantenlänge richtet sich nach den Abmessungen der Mimimodule. Mein Prototyp hat eine Kantenlänge von 6,5 cm x 6,5 cm x5,5 cm, eine Seite ist kürzer für die Sommer-Winterstellung.

Bei beiden Stellungen können wir mit den Tastschaltern jeweils den Akkuzustand des linken oder rechten Akkus abfragen. Die Akkuhalter werden am besten auf das Gehäuse geschraubt. Die Minimodule können

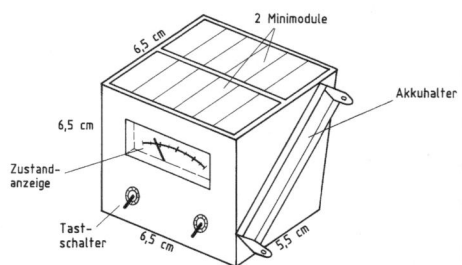

Abb. 4.4.1 Komfortladegerät

Sommer/Mittag   Winter/Morgen/Abend

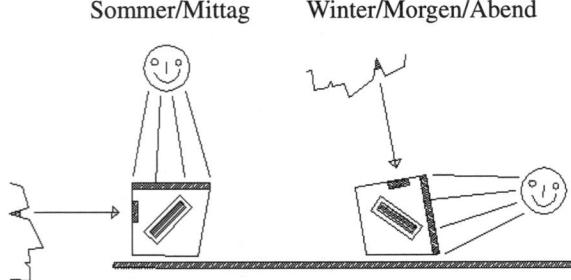

Abb. 4.4.2

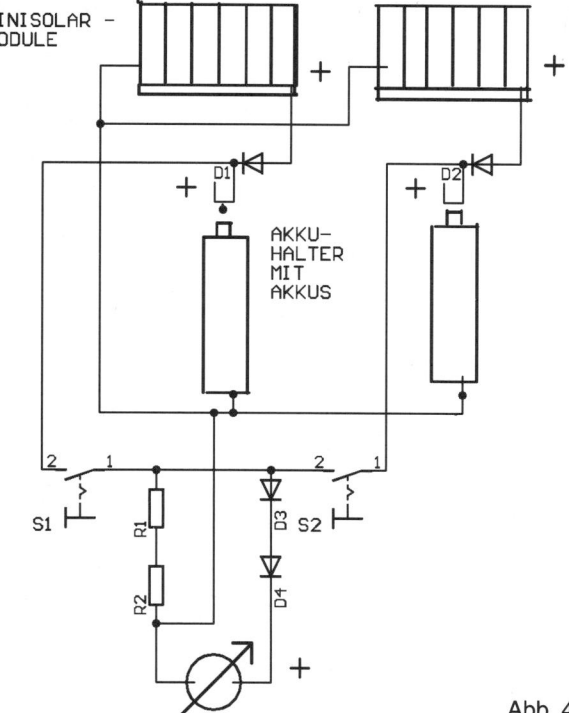

MINISOLAR -
MODULE

D1

D2

AKKU-
HALTER
MIT
AKKUS

S1   R1   D3   S2

R2   D4

Abb. 4.4.3 Schaltplan Komfortladegerät

mit doppelseitigem Klebeband montiert werden. Das Sperrholzgehäuse kann bis auf die Vorderseite verleimt werden. Die Vorderseite mit dem Messinstrument und den zwei Tastschaltern schrauben wir nach der Verdrahtung auf das Gehäuse.

Zur Verwendung kommen:
Sperrholz
2 Minimodule
2 Akkuhalter
D1 + D2 Schottkydiode, z.B. BAT 43
Messinstrument, hier 300 uA
Belastungswiderstände in Reihe je 1 Watt
R1 = 2,2 Ohm
R2 = 0,22 Ohm

D3 + D4, 2-3 Dioden zur Anpassung des Messinstrumentes an die Akkuspannung, z.B. 1N4148
Drahtbrücke für den Fall, dass öfters nur ein Akku geladen wird (dann laden beide Minimodule den einen Akku)
Ta 2 Taster (Schließer)

Beim Drücken der Taster wird der Akkuladezustand unter Belastung (durch die Widerstände R1 und R2) gemessen mit einem Strom von ca. 500 – 600 mA. Damit wird der Ladezustand realistisch angezeigt. Der zusätzliche Komforteffekt: mit den Tastern können die Akkus auch vollständig entladen werden, um den Memoryeffekt zu vermeiden.

4

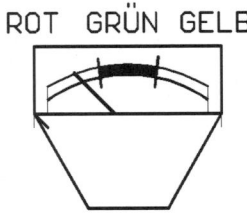

ROT GRÜN GELB

Abb. 4.4.4 Skalengestaltung

Akkus die nach dem mehrtägigen solaren Laden beim Drücken des Tasters sofort abstürzen, sind unbrauchbar geworden. Unter Umständen hilft es dann noch, die Akkus mit einem Impulsladegerät aufzufrischen.

Die Skala des Messinstrumentes wird noch entsprechend neu geeicht und eine neue Skala angefertigt, z.B. mit den Bereichen: leer (rot), gut (grün) und voll (gelb).

4.5 Ladeeinrichtung für zentrale Energiesysteme

Die in der Folge beschriebenen Ladeeinrichtungen sind für ein 12 Volt – System konzi-

piert, nach dem Motto – ganz einfach und zuverlässig!

Aus der Bastelkiste ein kleines Gehäuse – ein paar Bananensteckerbuchsen und Birnchen sowie eine Diode als Verpolungsschutz. Der Vorteil, die Birnen regeln den Ladestrom sehr konstant und zeigen gleichzeitig den Ladevorgang an.

Anwendungsbeispiel:

Birnchen		Ladestrom
L1	= 18 V 0,1 A	60 mA
L2	= wie L1	60 mA
L3	= 19 V 3 W	90 mA
L4	= 7 V 0,1 A	110 mA
L5	= 10 V 0,2 A	170 mA
D1	= SB 130	

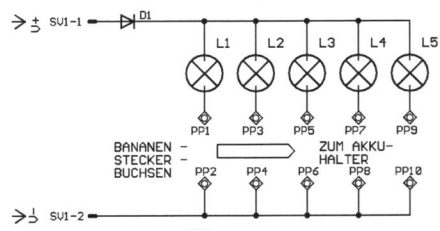

Abb. 4.5.2 Beschaltung

Gemessen an 12 V und bei der Ladung von NiCd – Mignonakkus. Im Prinzip können wir den Ladestrom anhand der Glühlampenwerte errechnen, muss aber nicht sein. Die oben beschriebene Box genügt, mit ein paar Birnenfassungen bestückt – und einfach die Birnchen ausprobiert. Mit einem Digitalmultimeter messen wir den Ladestrom direkt und wählen die entsprechenden Birnen aus. Dann das Ganze beschriften und in Zukunft nur noch einstecken und die Akkus laden.

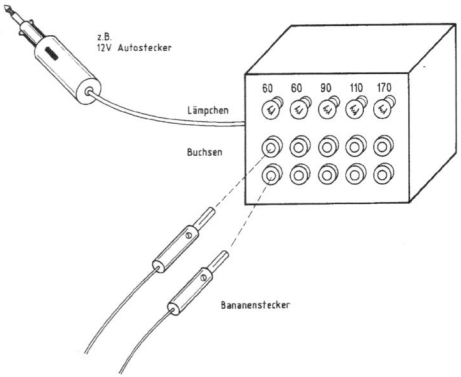

Abb. 4.5.1

4

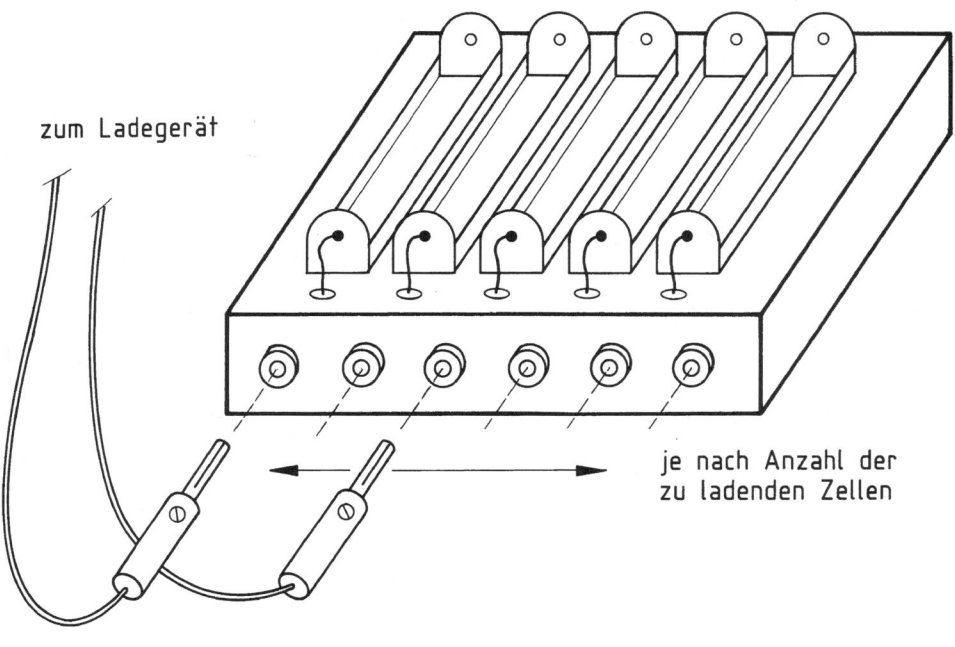

zum Ladegerät

je nach Anzahl der
zu ladenden Zellen

Abb. 4.5.3

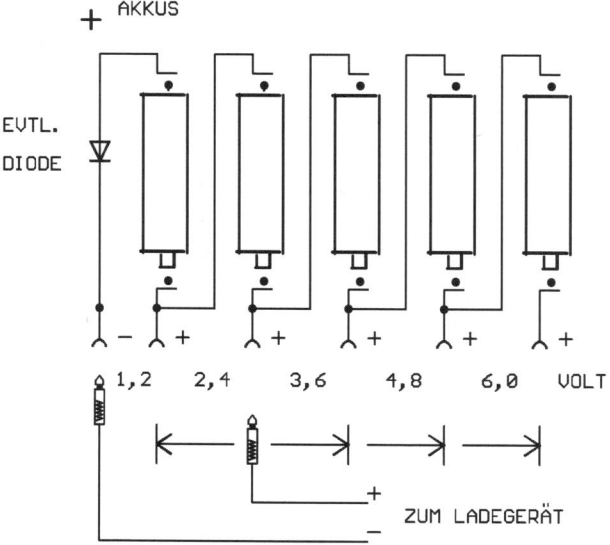

Abb. 4.5.4 Beschaltungsprinzip

47

4

Um mehrere Akkus zu laden, ist es praktisch, mehrere Batteriehalter auf eine Platte zu montieren und auch mit den 4 mm Bananensteckerbuchsen zu verbinden. Die Batteriehalter werden, wie in der Zeichnung dargestellt angeschlossen, dann kann gewählt werden, wieviel Akkus gleichzeitig geladen werden sollen. Des weiteren kann diese Akkubox zur Stromversorgung von Kleingeräten wie z.B. Walkman benutzt werden.

4.6 Verstellbarer Akkuhalter

Für das Laden von einzelnen Akkuzellen eignet sich sehr gut ein selbstgemachter, verstellbarer Akkuhalter, für Mono – Baby – Mignon – Mikro- und Sonderzellenformate.

An ein 4mm starkes Sperrholzbrettchen werden zwei 10x10 mm Leisten und an der einen Seite ein stabiler Messingwinkel befestigt. Auf der anderen Seite wird ein Langloch ebenfalls mit einem Messingwinkel mit langem unteren Schenkel und 2 Bohrungen mit Abstandsröhrchen 4 mm lang an einem Winkel unter der Sperrholzplatte befestigt, sodass der Winkel leicht verschiebbar ist.

Eine Feder aus der Bastelkiste wird unten am Winkel eingehängt und an der anderen Seite an einer Schraube befestigt. Zwei Dreiecksleisten werden oben auf das Sperrholzbrett aufgeleimt und dienen zur Führung der Akkus. Lötpunkte, Kerben oder Messingschrauben sind im Bereich der Akkukontakte so angebracht, dass sie zu Mini- Mignon- Baby- und Monoakkus passen.

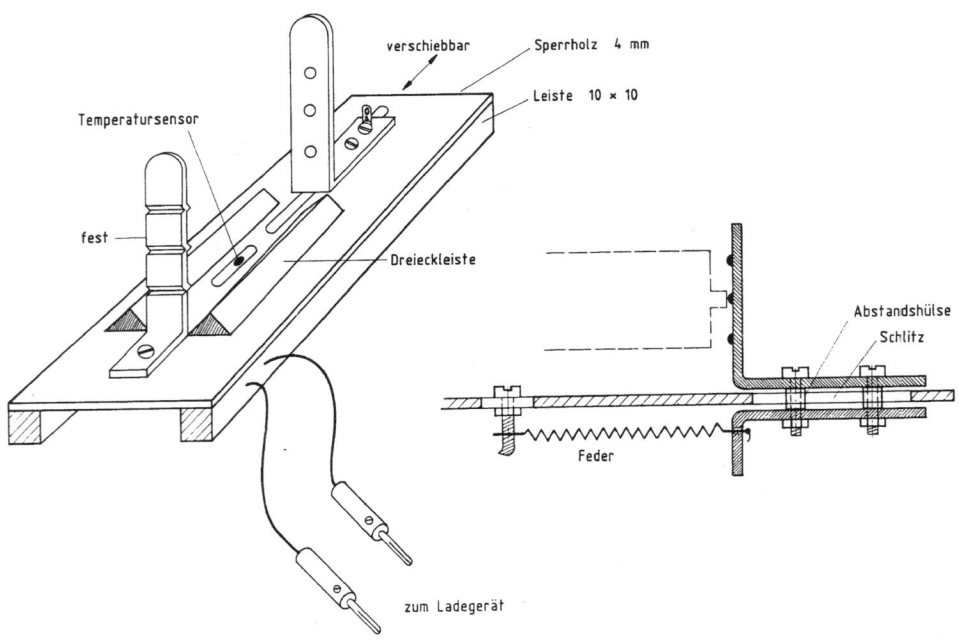

Abb. 4.6.1 Verstellbarer Akkuhalter

4

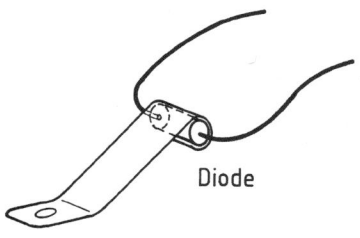

Diode

Metallfähnchen

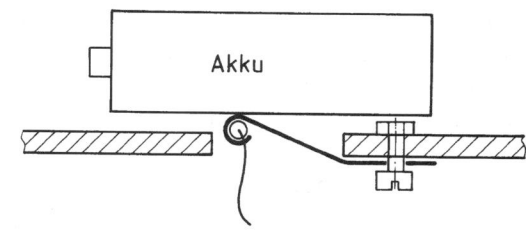

Abb. 4.6.2 Diode als Temperatursensor im Akkuhalter

Sinnvoll ist es, den Akkuhalter zusätzlich mit einer Temperaturabschaltung auszustatten.

Gerade wenn Akkus sehr schnell, d.h. mit höheren Strömen (1/5 – 1/2 der Kapazität) geladen werden, sollte das Warmwerden der Akkus vermieden werden.

Die Abschaltung kann mit einem Bimetallthermostat erfolgen, wobei es nach meiner Erfahrung schwierig ist, diesen für einen Temperaturbereich von 30 – 50 ° zu bekommen.

4.7 Elektronische Temperaturüberwachung

Hier wird eine einfache Elektronikschaltung eines Temperaturschalters beschrieben. Eine ordinäre Siliziumdiode wie z.B. die 1 N4148 eignet sich hervorragend als Temperatursensor (fast jede Siliziumdiode eignet sich als Temperatursensor). Die Schwellenspannung beträgt ca. 600 mV bei einem Durchlasstrom von 1 mA. Bei konstantem Strom verringert sich die Schwellenspannung um ca. 2 mV je 1 °C Temperaturerhöhung.

Die Diode wird mit einem kleinen Metallfähnchen umwickelt und im Akkuschacht montiert, sodass das Akkugehäuse beim Laden darauf liegt.

Mit der Temperaturschaltung kann ein Relais angesteuert werden, welches die Ladestromzuleitung unterbricht.

Auch ein Warnsummer und eine LED zur Anzeige des Temperaturzustandes können angeschlossen werden.

Zur Verwendung kommen:

R1 = 1,2 K
R2 = 4,7 K
R3 = 1 K, Trimmpoti
R4 = 4,7 K
R5 = 1,2 K
R6 = 2,7 K
Z = Zenerdiode ZD 5,6
D1 = 1 N 4148, Temperatursensor
D2 = 1 N 4001
IC = IC 741, Anschlussbelegungen siehe
        auch im Anhang
T = BC 177 oder BC 307
Rel. Relais 12 V mind. 120 Ohm
1 Wechsler

49

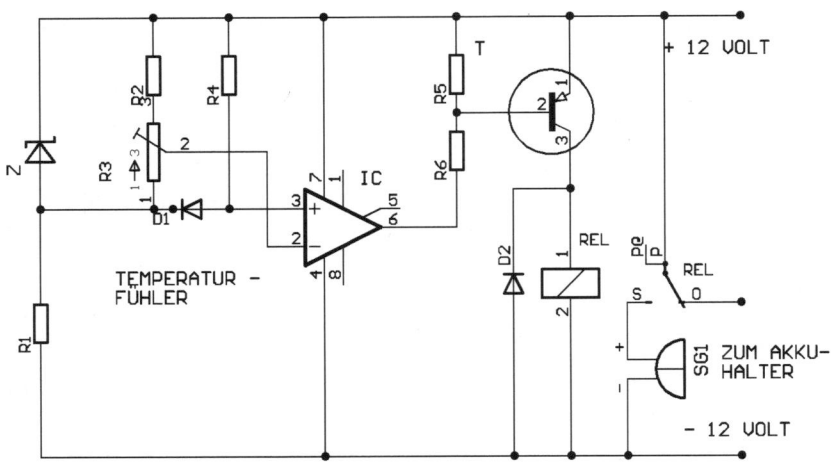

Abb. 4.7.1 Schaltplan Temperaturüberwachung

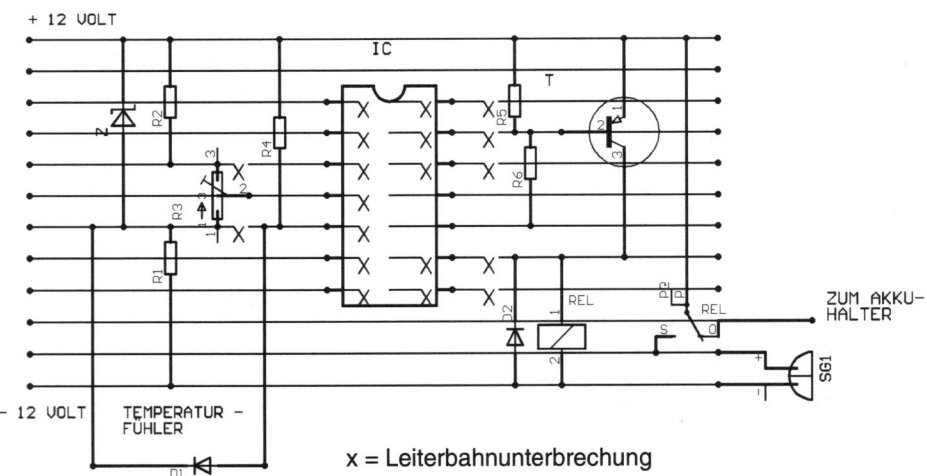

x = Leiterbahnunterbrechung

Abb. 4.7.2 Aufbau der Temperaturüberwachung auf einer Streifenrasterplatine

Eichen: auf ca. 40°C z.B.. mit Warmwasser und Fieberthermometer.

Vor dem Anschließen der Schaltung Trimmpoti in Mittelstellung bringen. Zum Ausprobieren den Trimmpoti Richtung R 2 drehen, bis Relais anzieht, dann wieder ein Stück zurückdrehen, bis das Relais gerade abfällt. Jetzt die Wärmequelle in die Nähe von der Diode bringen z.B. den unteren Teil der Lötkolbenspitze (ohne die Diode zu berühren), das Relais muss jetzt anziehen und wenn die Wärmequelle wieder entfernt wird, wieder abfallen. Die Stromaufnahme (Ruhestrom/ Bereitschaft) beträgt ca. 6 mA, bei angezogenem Relais (abhängig von Relaistyp) ca. 20 – 50 mA.

Das IC 741 gibt es in verschiedenen Gehäuseformen (siehe auch im Anhang), es empfiehlt sich, nur die Beinchen anzulöten, die gebraucht werden. Zum einen ist die Orientierung beim Anlöten auf der Kupferseite der Platine leichter, zum anderen erleichtert es ein eventuell erforderliches Wiederauslöten.

4.8 Solares Laden von wiederaufladbaren Alkali-Manganbatterien

Wiederaufladbare Batterien machen groß von sich reden. Sie sollen überhaupt das Tollste sein – was ist denn nun wirklich dran ?

Schön ist, dass 1,5 V pro Zelle zur Verfügung stehen, auch die Energiedichte im Verhältnis zum Gewicht ist schon ganz gut. Kein Memoryeffekt und je nach Entladetiefe eine ganze Reihe von Ladezyklen. Wobei das mit den Ladezyklen so eine Sache ist. Ich finde es irgendwo logisch – wenn man einen Akku nur zu einem ganz kleinen Teil entlädt – dass es dann viel öfter möglich ist. Aber mal Hand aufs Herz. Gehen wir denn nicht davon aus – der Entladezyklus bedeutet, den Akku so ziemlich ganz zu entladen? Falsch – die Hersteller der wiederaufladbaren Batterie sagen – wenn die Batterie nur ganz, ganz wenig entladen wird, kann sie über tausende von Zyklen geladen werden.

Eigentlich doch ideal für die solare Anwendung – da wird ja ständig nachgeladen. Wenn diese Teile nur nicht so teuer wären .....

Doch nun zur konkreten Anwendung. Beim Hersteller und auch im Elektronikversand gibt es inzwischen Ladegeräte speziell für diese Batterien mit Impulsladeverfahren und allerlei Überwachungselektronik.

4

Das ist für unsere Low – Tech – Bastelfreude eigentlich nichts.

Letztendlich ist es bei den Alkali-Manganbatterien auf jeden Fall wichtig, die obere Grenze der Ladespannung einzuhalten.

Der Ladestrom sollte nicht mehr sein als C 1/10 bis max. C 1/5 d.h. 10 – 20 % der angegebenen Batteriekapazität.

Den Ladestrom zu begrenzen ist problemlos – da wählen wir einfach die entsprechende Solarzellengröße und damit das maximale Stromangebot aus.

Die Ladeendspannung können wir bei den geringen Strömen einfach mit einer Zenerdiode begrenzen. Sie sollte max. 1,65 bis allerhöchstens 1,7 V pro Batteriezelle sein.

Wird diese obere Ladungsspannungsgrenze (vor allem mit höheren Strömen), überschritten, so wird die Zelle zerstört. Am Minuspol tritt eine ätzende Flüssigkeit aus und das war es dann!

Zur Verwendung kommen:
Minisolarmodul oder Solarzellen entsprechend der Batteriekapazität (z.B. bei einer Batteriekapazität von 1800 mAh bis max. 90 mA Ladestrom)

D 1 = Schottkydiode, z.B. BAT 43 bis max. 100 mA Ladestrom

4

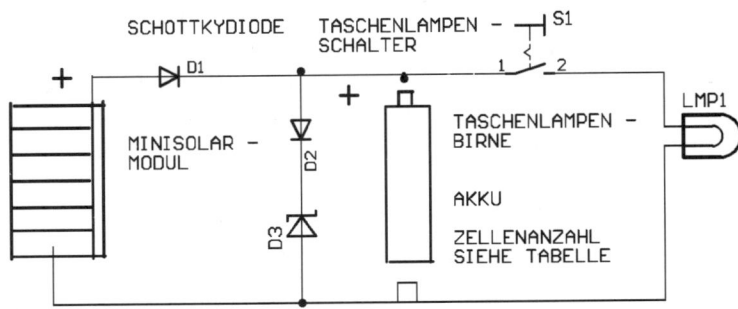

Abb. 4.8.1 Prinzipschaltbild

D 3 = Zenerdiode da wird's bei nur einer Batteriezelle etwas schwierig, da es keine Z 1,7 gibt. Daher der Trick mit der Diode D 2, z.B. einer 1 N 4001 welche die Zenerspannung von 1 V auf ca.1,6 V erhöht.

Wenn wir nur eine Zelle verwenden, können wir jede beliebige Zenerdiode anders herum verwenden, da die Sperrspannung von ca. 0,7 bis 0,8 V + die Diode D2 eine Spannungsbegrenzung von ca. 1,5 bis 1,6 V ergibt. Sinnvoll z.B. bei alten Zenerdioden von denen wir den Wert nicht kennen.

Bei 2 Batteriezellen in Reihe ist es schon einfacher. Wir verwenden dann eine ZPD 3,3 (passt genau).

Ein Solar- Minimodul ist dann aber von der Spannung her zu wenig, da sollten es schon 2 Module sein. Bei 3 Batteriezellen in Reihe reichen zwei der hier im Buch beschriebenen Solar- Minimodule aus und wir verwenden die ZPD 5,1 (geht gerade noch so).

Durch dieses einfache Ladeverfahren wird zwar die Leistungsfähigkeit der wiederaufladbaren Alkali-Manganzelle nicht zu 100 % ausgenutzt, wie beim Impulsladeverfahren, doch immerhin zu 80 % und dies ganz mitweltfreundlich!

Hinweis: Um die Alkali-Manganzelle möglichst lange nutzen zu können, ist es gut, nur bis max. 1,2 V zu entladen.

Tabelle für Ladeendspannungsregelung wiederaufladbare Alkali-Mangan

Zellenanzahl	Ladeendspannung	Zenerdiode	Zusatzdiode
1 1,5 V	1,65-1,7 V	ZPD / ZPY 1	1N 4001
2 3,0 V	3,3 V	ZPD / ZPY 3,3	-
3 4,5 V	3 * 1,7 = 5,1	ZPD / ZPY 5,1	-
4 6,0 V	4 * 1,7 = 6,8	ZPD / ZPY 6,8	-
5 7,5 V	5 * 1,65 =8,2	ZPD / ZPY 8,2	-

ZPD bis max. 0,5 Watt Modulleistung   ZPY bis max. 1,0 Watt Modulleistung

4

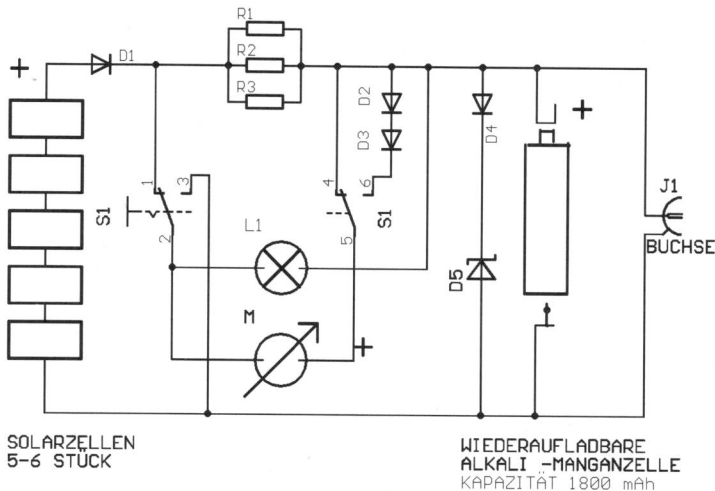

SOLARZELLEN
5-6 STÜCK

WIEDERAUFLADBARE
ALKALI -MANGANZELLE
KAPAZITÄT 1800 mAh

Abb. 4.8.2 Ladestrom – und Zustandsanzeige für eine wiederaufladbare Alkali – Manganzelle

Zur Verwendung kommen:

D1	= Schottkydiode, z.B.. SB 130 (bis 1 A Ladestrom)
D2 , D3	= Siliziumdiode 1 N 4148
D4	= Siliziumdiode + N 4001
D5	= Zenerdiode ZPY 1 (1 W)
R1	= 1 Ohm
R2	= 1,5 Ohm
R3	= 1,5 Ohm R1+R2+R3 = 0,43 Ohm
L1	= Birnchen, 1,5 V; 0,3 A

Durch das Birnchen wird die Zellenspannung unter Last angezeigt

S1a + S1b = Umschalter 2x UM
M = Messinstrument ca. 300 uA
Solarzellen ca. 300 – 500 mA
Buchse, z.B. Chinchbuchse
Akkuhalter, Metallblech für Solarzellen und Teilemontage, Scharnierchen

Die Dioden D 3/ D4 sollten mit der Regelbaren Spannungs- Stromquelle vor der Ladean-

wendung auf die praktische Spannungsbegrenzung hin abgeprüft werden, da die Zenerspannung u.U. abweichen könnte.

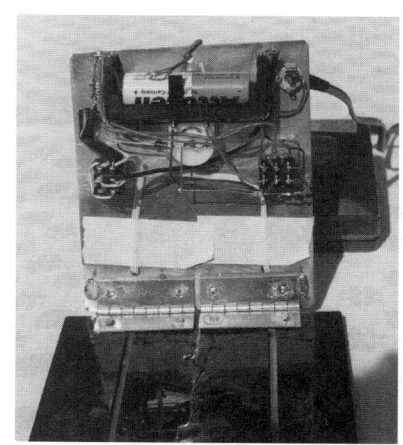

Abb. 4.8.3 Foto von der Rückseite des Ladegerätes

Auf dem Foto ist zu sehen:
Unten die Rückseite der Solarzellenplatte, die Scharnierchen, Umschalter (im Mustergerät

4

Abb. 4.8.4 Foto Solarer Alkali-Manganlader

gibt es noch einen zweiten Umschalter, der die Solarzellen in Reihe und parallel schaltet – dies hat sich aber nicht bewährt), Rückteil vom Messinstrument, Akkuhalter mit der aufladbaren Alkali-Manganzelle und rechts oben die Buchse für die Stromversorgung eines Kleingerätes.

Durch diesen Aufbau kann das Ladegerät mit verschiedenen Winkeln zur Sonne aufgestellt und zum Transport zusammen geklappt werden. Die Solarzellen wurden relativ groß (vom Strom her gesehen)gewählt, sodass die Zelle an 1 bis 2 Tagen locker geladen werden kann.

4.9 Mobile Solarsysteme

Im Anschluss sind einige Typen von mobilen Solarsystemen aufgeführt. Es stellt sich die Frage, warum so viele verschiedene Teile? Der Grund ist, ich bin viel unterwegs. Auf meinen Reisen im südlichen Europa gab es immer wieder unterschiedliche Situationen. Einige Male war ich mit der Bahn und mit dem Flugzeug unterwegs. Da musste das Gepäck von der Menge und dem Gewicht stimmen. Dann gab es Situationen im Süden, bei denen kein elektrischer Strom vorhanden war. Alle 4 Typen lassen sich entsprechend der jeweiligen Bedürfnisse nachbauen. Die Messeinrichtungen sind im Detail im Kapitel – Zustandsanzeigen beim solaren Laden von Akkus, und die Ladeeinrichtung ist im Kapitel über Ladegeräte beschrieben.

Abb. 4.9.1 Foto v. l. n. rechts: Solarkoffer Typ 1, Typ 2 und Typ 3 (Powerbox)

4.10 Solarkoffer Typ 1

Für die erste Stromlieferung war der Solarkoffer Typ 1 eine praktische und ausreichende Stromversorgung. Auch ist da noch genug
Platz für Kleingeräte, Werkzeuge und Unterlagen. Der Koffer ist ausgestattet mit 2 Solarmodulen, einem 12 Volt, 7 Ah Bleigelakku,
Akkuspannungs und Ladestromanzeige und
einer Unterspannungsabschaltung sowie verschiedenen Buchsen zum Anschluss von Geräten.

Der Akku und die Ladeüberwachung können
aus dem Koffer herausgenommen werden, so
dass der Koffer zum Laden auch ins Freie gestellt werden kann und sich die Akkus und
die Ladeüberwachung im Zelt oder Haus befinden können.

4.11 Solarkoffer Typ 2

Typ 2 ist eine etwas reduzierte Ausführung
für den schnellen Einsatz unterwegs, auch gut
geeignet für die Baustelle. Ich habe da einen

Sperrmüllkoffer genommen – ein Solarpaneel mit doppelseitigem Klebeband draufgeklebt und eine umschaltbare Spannungs –
Stromüberwachung mit weiteren Buchsen
eingebaut, das Ganze mit einer Steckverbindung an den Akkuladehalter der Akkubohr-
maschine angeschlossen und zwar so, dass
der Akku auch für andere Verbraucher genutzt
werden kann. Jetzt ist es möglich, auf der
Baustelle zu arbeiten, den Schrauberakku mit
Hilfe der Sonne aufzuladen, und auch andere
Verbraucher wie z.B. eine Lampe oder ein Radio zu betreiben. Auch ist noch genügend
Platz für Werkzeuge und Kleinteile im Koffer.

4

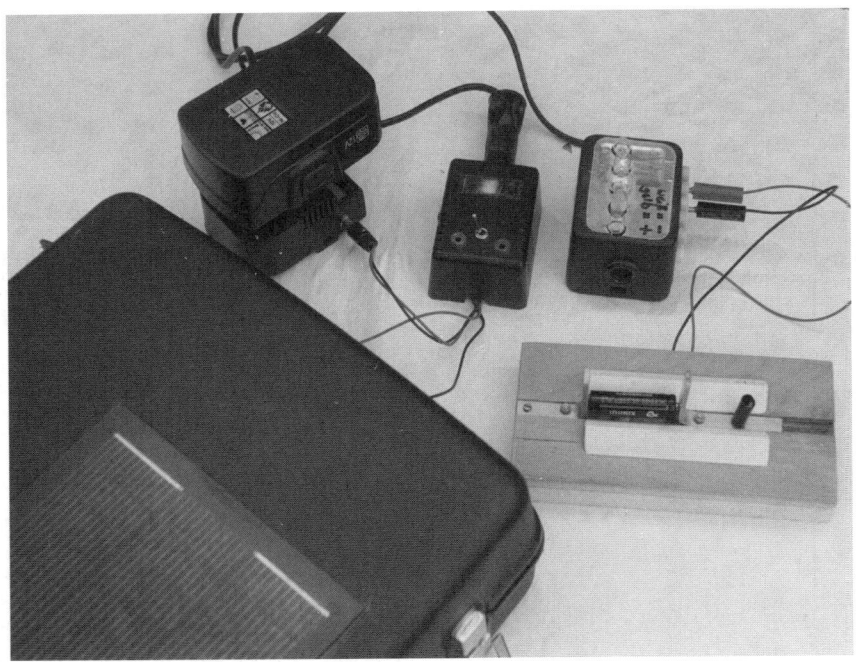

Abb. 4.11.1 Solarkoffer Typ 2 mit Ladeeinrichtungen

4.12 Powerbox

Typ 3, die Powerbox, war eines meiner ersten Produkte der solarmobilen Stromversorgung mit der Motivation, eine vom Stromnetz unabhängige Energiequelle zu haben, die von der Sonne nachgeladen wird. Ich hab sie für einen Baukurs – für Jugendliche – entwickelt und zwar für die solare Schreibtischlampe zu Hause, für das Zeltlager, für die Geschirrhütte und den Garten. Die Powerbox kann ständig am Fenster stehen und der Akku wird geladen bzw. voll gehalten. Sie kann wie das Komfortladegerät in Sommerstellung (flach) und in Winterstellung (steil) aufgestellt werden. Bestückt ist sie mit einem 12 V, 7 Ah Bleigelakku, einem 3,5 Watt Solarmodul, umschaltbarer Lade – und Akkuüberwa-

Abb. 4.12.1 Solarpowerbox

chung, 12 V KFZ und Bananensteckerbuchsen und einem 20 W Scheinwerfer mit Schalter.

4.13 Ladestation

Typ 4 das neueste Bastelwerk, ist ganz leicht und klein, auf das Nötigste reduziert. Ein System für Fuß – und Fahrradreisende und Wanderungen.

Die Ladestation ist mit einem herausnehmbaren Solarmodul ausgestattet, welches z.B. hinten am Rucksack oder am Zugfenster oder am Fahrrad aufgehängt werden kann. Sie ist mit 5 Mignonakkuhaltern bestückt, die über 2 mm Buchsen flexibel verschaltet werden können. Außerdem mit 2 Messinstrumenten zur Ladestrom- und Akkuzustandsanzeige

und mit verschiedenen Adapterkabeln für den Betrieb und zum Laden von Kleingeräten wie z.B. Walkman, Taschenlampe, Fahrradlampe, Rasierapparat, Wecker, Radio, Funkgerät usw.

Auf dem Foto ist zu sehen: links das herausnehmbare Solarmodul in Schindeltechnik (6 V, 180 mA; Liefernachweis Fa Lemo-Solar), d.h. die einzelnen Solarzellen sind wie ein Schindeldach übereinandergelötet. Abgedeckt mit einer Plexiglasscheibe und Randabdichtung.

Oben am Modul ist ein Scharnier mit Druckknopf angebracht – zum einen als Verschluss an der Ladestation – zum anderen zum Aufhängen z.B. mit einem Saugnapf am Fenster.

Das Gehäuse wurde aus 0,5 mm dickem Sperrholz (erhältlich in Modellbaugeschäf-

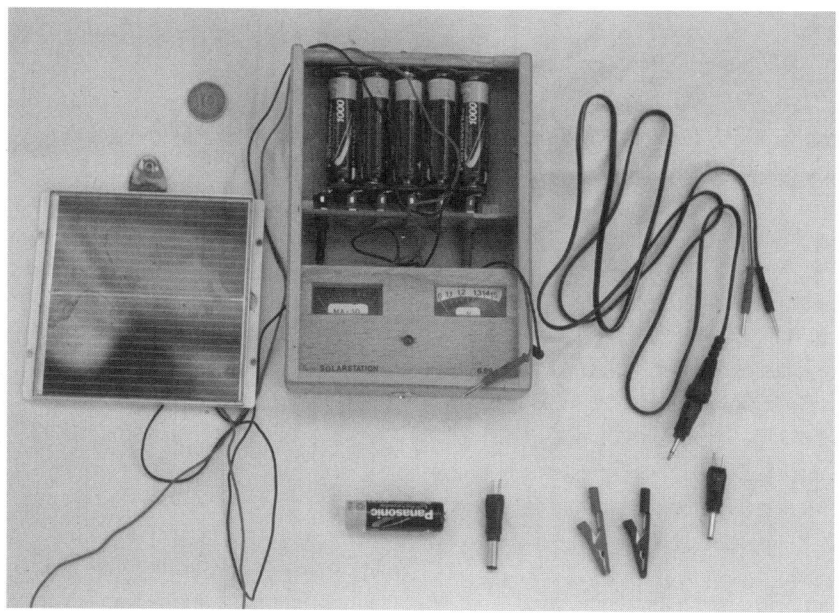

Abb. 4.13.1 Solarstation Typ 4 mit Adapterkabel

4

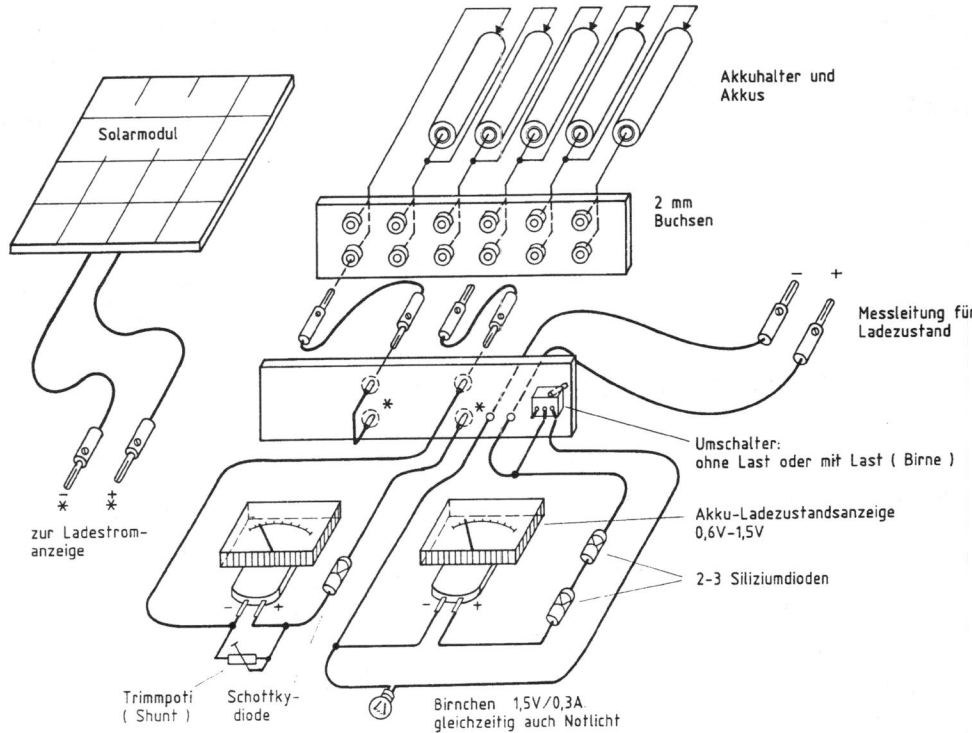

Abb. 4.13.2 Isometrisches Schaubild der Anschlußverdrahtung

ten) – mit 5x5 mm Leisten verstärkt, die zugleich als Führungsschiene für das Solarmodul dienen, zusammengeleimt. Es ist dadurch sehr leicht und stabil.

Die Abmessungen sind: 3,5 cm x 12 cm x 16 cm. Weiterhin zu sehen sind die 2 mm Buchsen, die Akkuhalter mit 1000 mA NiCd Akkus. Es sind immer jeweils 2 Buchsen pro Akkupol, um gleichzeitig zu laden und einen Verbraucher betreiben zu können. Auch kann dadurch jeder einzelne Akku von der Spannung her überwacht werden.

Weiterhin sind die Adapterkabel und Adapterstecker im Bild zu sehen. Damit ist es z.B.

auch möglich das Solarmodul direkt in eine Taschenlampe einzustecken. Zwischen den Buchsen und den Messinstrumenten ist noch genügend Platz, um das Solarmodulkabel und das Adapterkabel unterzubringen.

Das eingebaute Birnchen mit 1,5 V / 0,3 A dient zum einen zur Ladezustandsanzeige unter Last und kann auch als Notlicht verwendet werden.

Die Verdrahtung ist in Form einer Isometrie dargestellt. Ladestrom- und Spannungsmesseinrichtung sind im Kapitel Zustandsanzeigen ausführlich beschrieben.

Audioanlagen, solarstrom-betrieben

Auch vor der Musik macht die Sonne nicht halt!

Im Handel gibt es inzwischen auch schon einige kleine Solarradios mit eingebauten Solarzellen, die aber meist etwas zu schwach dimensioniert sind, um die Radios wirklich praxisgerecht betreiben zu können.

Also, so finde ich, gibt es da auch noch ein Aufgabenfeld.

Im Prinzip ist es das gleiche wie bei den Taschenlampen. Jede Anlage, die mit Batterien oder am Autoakku betrieben werden kann, kann auch für den solaren Betrieb durch den Einbau von Akkus verwendet werden.

Wie bei den Taschenlampen könnten wir unterscheiden zwischen Direkt- Solarbetrieb und Akkubetrieb mit Anschlussmöglichkeit an ein zentrales System.

5.1 Solarradios

Nachfolgend eine einfache Schaltung eines kleinen, direkt solarbetriebenen Radios, ein Detektorempfänger mit nachgeschalteter Verstärkerstufe.

Zur Verwendung kommen:

Spule = HF Spule für Mittelwelle mit Kern
R 1 = 100 K
C 1 = Drehkondensator 500 pF mit Dreknopf
C 2 = 3,3 uF 15 V

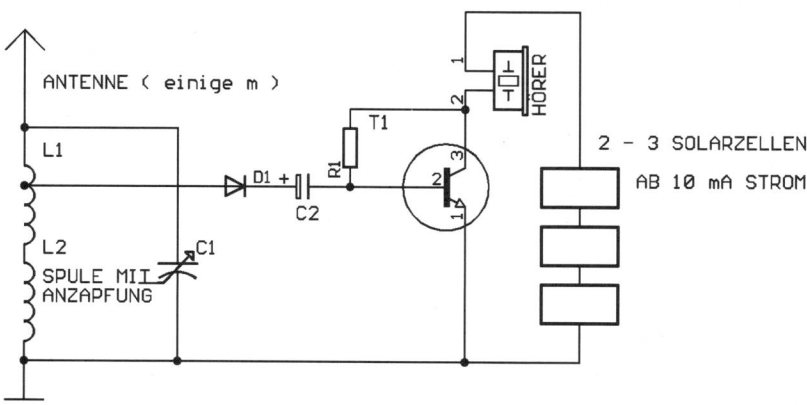

Abb. 5.1.1 Dedektorenempfänger mit Solarstromversorgung

5

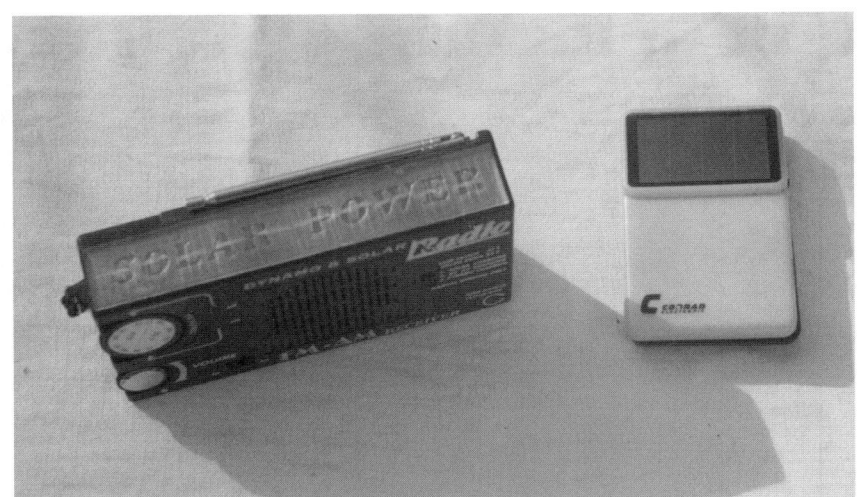

Abb. 5.1.2 Käufliche Solarradios

D 1 =   Germaniumdiode, z.B. OA 80, OA
          81, OA 180
T 1 =   Transistor BC 237
Hörer = Telefonkapselhörer
Solarzellen: 2-3 Stück, Stromlieferung ab 10 mA

Mit dem einfachen Radio könnt ihr 1-2 starke Mittelwellensender in guter Lautstärke empfangen.

Mit der Antenne muss etwas experimentiert werden, um den besten Empfang zu erhalten, ich hab sie bei mir einfach an einen Pol der Heimsolaranlage angeschlossen.

Links im Bild der Abb. 5.1.2 ein ziemlich witziges Teil. Es ist mit Solarzellen und einer aufklappbaren Handkurbel ausgestattet, womit die eingebauten Akkus aufgeladen werden können. Ansonsten bietet es UKW und Mittelwelle mit Lautsprecher.

Das rechte hat mich viele Jahre auf Reisen begleitet und hat auch wirklich gut und ausschließlich mit Sonnenladung funktioniert. Es ist ausgestattet mit UKW Stereo und Mittelwelle über Kopfhörer.

Die Antenne funktioniert über das Kopfhörerkabel.

5.2 Heimanlage mit 12 Volt Betrieb

Das letzte Mal, als ich von einer Reise aus dem Süden heimkam, hatte ich keine Stereoanlage mehr um Musik zu hören und ich wollte mir auch keine mehr kaufen . Was ich noch hatte, war ein alter Autoendverstärker, ein sog. Booster und einen Walkman mit eingebautem Radio. Mit Lautsprecherboxen vom Sperrmüll und ein paar Teilen hab ich mir dann daraus folgendes gebastelt.

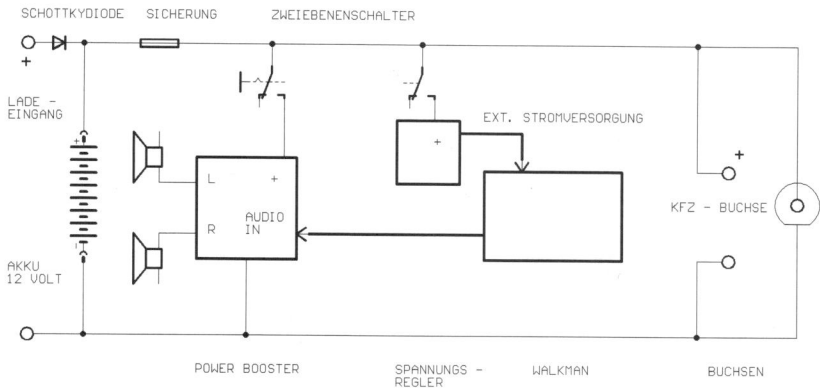

Abb. 5.2.1 Prinzip Heimstereoanlage

In eine Holzkiste hab ich den Autoverstärker und einen Bleigelakku gestellt sowie ein senkrechtes Brettchen mit Anzeigeinstrument, Schalter und Buchsen. Der Walkman steht außerhalb, da er auch öfters anderswo benutzt wird, ist aber über Steckbuchsen mit der Anlage verbunden. Die Stromversorgung wird mit dem gleichen Schalter wie die Anlage über einen Spannungsregler geschaltet.

Weiterhin sind da noch Bananensteckerbuchsen und eine KFZ – Buchse für diverse Verbraucher.

Abb. 5.2.2 Heimstereoanlage mit Solarstromversorgung

5.3 Stereoanlage für unterwegs mit Akkubetrieb

Die solar betriebene Heimanlage hat mir soviel Spaß gemacht, dass ich gleich darauf noch was Leichtes zum mitnehmen haben wollte. In einer Sonderliste habe ich total günstige, sog. Aktivlautsprecher zum Anschließen an den Computer, entdeckt.

Ich habe einen 7,2 V Restpostenakku eingebaut, obwohl am Gleichrichter 12 V zu messen waren und das Gerät hatte unverändert gute Leistung. Im Gegensatz zu vorher war der deutlich hörbare Brumm jetzt verschwunden, .d.h. die Musikqualität war nach dem Umbau deutlich besser!

Für den Fall, dass ein werkseitiger Batterie- bzw. Akkubetrieb nicht vorgesehen ist, ist es möglich, wie im Beispiel aufgeführt, hinter dem Gleichrichter die Ladebeschaltung und einen Akku anzuschließen.

5

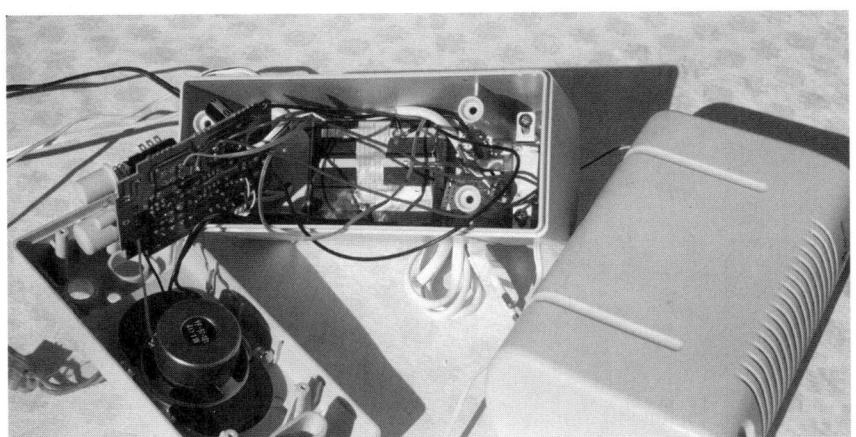

Abb. 5.3.1 Innenansicht der Aktivboxen mit Akkuversorgung

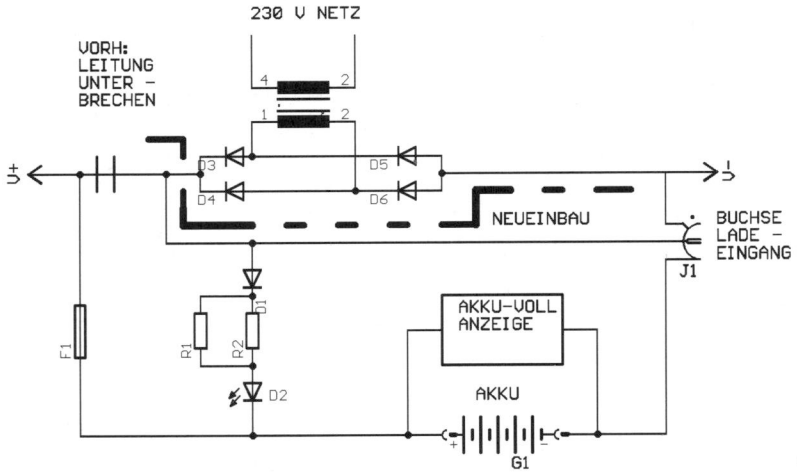

Abb. 5.3.2 Beschaltungsprinzip des „Eingriffs" bzw. Umbaus

Es ist zu beachten: beim Eingriff in das Gerät erlischt ein eventuell bestehender Garantieanspruch!

Achtung: Vorsicht im Umgang mit Netzspannung ist geboten – so einen Eingriff sollten nur Fachleute vornehmen. Vor dem Ausein-anderbau des Gerätes ist unbedingt der Netzstecker auszustecken.

Nach dem Umbau kann der Akku sowohl anhand des eingebauten Netzteiles als auch über die 12 V Ladebuchse geladen werden.

Der obere Teil des Beschaltungsprinzipes zeigt den im Gerät vorhandenen Einbau. Unterhalb der gestrichelten Linie ist der Neueinbau dargestellt. Die Ladeschaltung des Akkus ist mit Widerständen und Leuchtdioden realisiert.

Zur Verwendung kommen:
D 1 = Siliziumdiode wie 1 N 4001 (bis 1 A Ladestrom)
LED = Leuchtdiode
Sicherung je nach Betriebsstrom 0,5 A ist meist o.k.
R 2 = Vorwiderstand für die LED 10 mA
R 1 = Ladestrombegrenzung

Tabelle für die Dimensionierung von R 1 und R 2 und die Bauanleitung für die Akku-voll-Anzeige, siehe Kapitel Akkutaschenlampen – integrierte Ladeschaltung.

Die beiden Leuchtdioden für die Anzeigen und die 12 V Ladebuchse können im hinteren Teil des Gehäuses in der Nähe des neu eingebauten Akkus montiert werden.

5.4 Drahtloses Telefon mit Solarladeausstattung

Die Idee, das Mobilteil des drahtlosen Telefons mit Solarzellen auszustatten, kam daher: Freunde von mir hatten so ein Teil, waren aber gar nicht damit zufrieden, da immer wenn sie längere Zeit im Garten waren, die Akkus leer waren und das Telefon der Aufgabe im Garten erreichbar zu sein nicht gerecht wurde!

Also was liegt näher – als die Akkus für die Gartenanwendung solar zu puffern.

Abb. 5.4.1 Drahtloses Telefon mit Solarladeausstattung

5

Abb. 5.4.2 Minisolarmodule
am drahtlosen Telefon

Das Gehäuse bot sich dafür an, zwei Minimodule (wie im Buch beschrieben) auf die schräge Rückseite aufzukleben und über eine Schottkydiode an die Akkus anzuschließen. Das Gerät ist mit drei Akkuzellen ausgestattet, sodass der Aufwand sehr gering ist.

Bei all den Geräteumbauten ist zu bedenken, dass eine evtl. noch zu erwartende Garantieleistung bei einem Eingriff in das Gerät verfällt. Dies spielt natürlich bei Restposten, die sehr preiswert sind, nicht die Rolle. Speziell bei dem kabellosen Telefon, bei denen kein Eingriff vorgenommen werden sollte, ist es gut vorstellbar, einen zweiten Ladehalter mit Solarzellen ausgestattet, beispielsweise für die Gartennutzung, aufzubauen.

5.5 Walkman und CD-Player, solarbetrieben

Bei Walkman und CD-Player gibt es in aller Regel eine Ladebuchse, an der die Solarladeeinrichtung angeschlossen werden kann. Dummerweise schaltet, sobald der Ladestecker eingesteckt wird, die Ladebuchse die interne Batterie ab. Aber auch da ist es möglich, eine extra Einheit – bestehend aus – Akkus und kleinen Solarmodulen extern aufzubauen und in den Walkman einzustecken, um dann einen Betrieb zu haben, bei dem der Walkman von den Akkus versorgt wird und die Akkus gleichzeitig von der Sonne aufgeladen werden können.

Hierzu eignen sich ganz besonders gut die schon beschriebenen wiederaufladbaren Alkali – Manganbatterien, siehe Kapitel „Solare Ladeverfahren"

Abb. 5.5.1 Gleichzeitiger Betrieb und Solarladung für den Walkman

Zubehör und Extras

6

6.1 Solarzellenexperimentierbrett

Gerade bei Solarzellen aus Restposten ist es spannend, welche Leistung herauszuholen ist. Dazu habe ich mir eine Einrichtung gebastelt und mit verschiedenen Solarzellen bestückt. Die Zellen sind an der Unterseite mit den ebenfalls auf dem Brett montierten Bananensteckerbuchsen verdrahtet. An der Frontseite können z.B. Messinstrumente, auch an Bananensteckerbuchsen angeschlossen, montiert werden, sodass durch Umstecken die verschiedenen Zellen bei gleichen Lichtverhältnissen getestet und geprüft werden können. Mit dem hier vorgestellten Akkuhalter können auch Akkus geladen werden. Klasse ist es z.B. auch, unterschiedliche Kleinmotoren in Verbindung mit den Solarzellen zu testen. Wir können schnell ermitteln, welcher Motor bei welchen Lichtbedingungen anläuft, usw.

Durch die Steckverbindungen ist es möglich, auch die vorhandenen Zellen parallel oder in Reihe zu verschalten, um damit einen höheren Strom oder eine höhere Spannung zu erhalten.

Abb. 6.1.1 Solarzellenexperimentierbrett

6.2 Solarstromversorgung für Fahrradtacho und Messgeräte

Fahrradtacho

Fahrradtachos gibt es schon total preiswert, wenn dann allerdings die kleine Knopfzellenbatterie leer ist, zeigt sich, dass eine Ersatzbatterie in etwa soviel kostet wie der Fahrradtacho (vielleicht war er deshalb so preiswert ?). So ist es mir ergangen und ich hatte keine Lust, wieder eine neue Batterie zu kaufen. Zudem es eine Spezialbatterie mit 3 V sein sollte. Mit dem Fahrrad bist du viel in der Sonne – also was liegt näher, als eine dauerhafte Solarstromversorgung zu basteln. Im Prinzip ist es möglich, einfach ein Minimodul direkt an den Fahrradtacho anzuschließen – dann sind eingegebene Daten wie Uhrzeit oder Gesamtstrecke aber spätestens am nächsten Morgen entschwunden! Um die eingefangene Energie zu puffern, ist es eine gute Lösung den Fahrradtacho mit einem Kondensator – am besten mit einem Gold Cap – auszustatten. In meinem Fall ist der Batterieschacht groß genug, um einen 1 F Gold Cap unterzubringen. Das Minimodul habe ich direkt am Fahrradlenker befestigt, möglich wäre auch eine Befestigung seitlich am Fahrradtacho. Oder besonders schön, Solarstromversorgung über extra Schleifkontakte zum Halter.

Damit sich der Gold Cap nicht über die Solarzellen entlädt, braucht es noch eine kleine Schottkydiode dazwischen.

Für den, der die Überbrückungszeit des Gold Cap für den Fahrradtacho oder andere Messgeräte berechnen möchte, hier die Formel:

$$T = \frac{(U1 - U2) \times C}{I}$$

T   = Überbrückungszeit in sec.
U1 = Ladespannung in Volt
U2 = Zulässige Minimalspannung des Gerätes in Volt
I   = Stromaufnahme des Gerätes in Ampere
C   = Kapazität des Gold Cap in Farad (F)

Beispiel für den Fahrradtacho:
Stromaufnahme Fahrradtacho: 0,05 mA
Minimalspannung: ca. 1 V
Ladespannung mit Minisolarmodul: ca. 3 V
Kapazität von Gold Cap: 1F

Wir errechnen: Differenz von U1 und U2 = 2 V x 1 F / 0,00005 = 40.000 sec.

Um auf die Stunden zu kommen, teilen wir durch 3600 und erhalten damit 11,11 Stunden Überbrückungszeit.

Steht das Fahrrad mit dem solarbetriebenen Fahrradtacho im Freien, so reicht diese Zeit aus, um den Gold Cap über Tag wieder aufzuladen:

Digitalmessgerät

Dasselbe Thema hatte ich bei einem sehr preiswerten kleinen Digitalmessgerät. Dieses war mit zwei 1,5 V Knopfzellen ausgestattet, die relativ zügig leer waren!

Da war es aber so, dass die 2 x 1,5 V extra gebraucht wurden (Dual-Stromversorgung). Mit einem einfachen IC wie z.B. mit dem IC

6

6

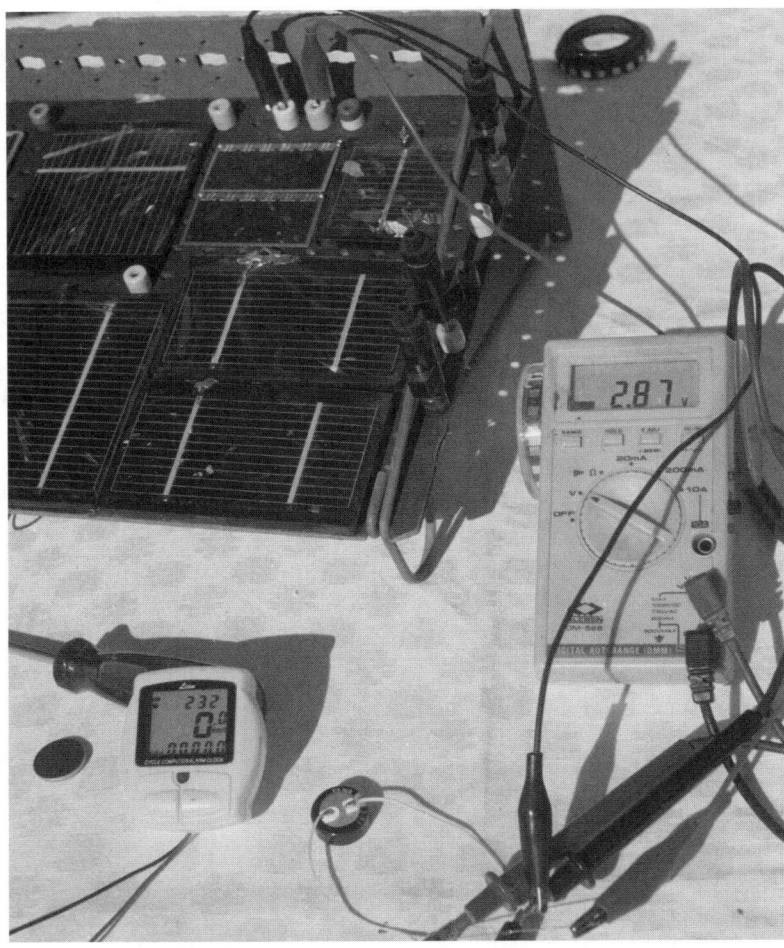

Abb. 6.2.1 Fahrradtacho – Zu sehen ist hier das Solarzellen – Messbrett, mit deren Hilfe der Gold Cap im Versuch geladen wurde, ganz links die Originalbatterie, daneben der Fahrradtacho und der noch nicht eingebaute Gold Cap, rechts der digitale Multimeter mit Anzeige der momentanen Ladespannung

741 hätte ich da was basteln können aber ich habe zwei Minimodule dran gemacht – dafür ohne Energiespeicher. Das Messgerät arbeitet, sobald das Licht an ist – schon mit der Arbeitsplatzbeleuchtung – so muss es auch nie mehr aus- und eingeschaltet werden!

Die Leistung des Minimoduls ist sehr üppig für den geringen Stromverbrauch des Messgerätes, d.h. es könnten auch kleinere Zellen oder auch amorphe Solarzellen verwendet werden.

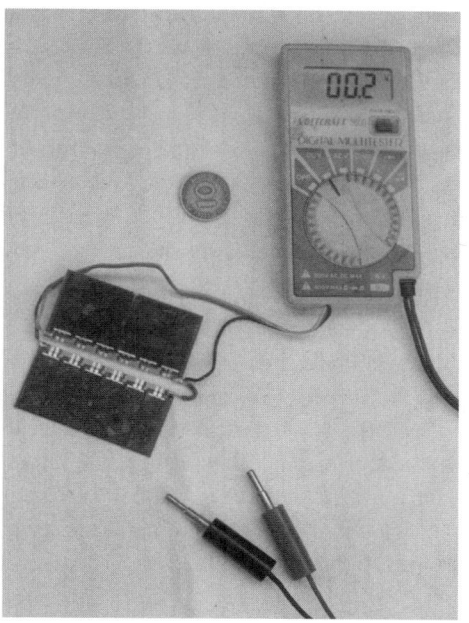

Abb. 6.2.2 Solarstrombetriebenes Digital-messgerät

6.3 Sonnennachführung Marke einfach und billig

6

Zum einen gibt es ja die raffinierten Nachführungen mit einem Solargetriebemotor und zwei antiparallelen Solarzellen, der Motor dreht sich dann so lange, bis beide Solarzellen direkt zur Sonne stehen.

Was ich hier beschreiben möchte, ist jedoch eine andere Idee.

Ich hatte ein elektrisches Einbauuhrwerk und dachte, damit müsste sich doch was machen lassen. Dummerweise dreht sich der Stundenzeiger zwei Mal in 24 Stunden.

Also habe ich nach 2 Zahnrädern aus der Bastelkiste geschaut, die eine Untersetzung von 2

Abb. 6.3.1 Sonnen-nachgeführtes Komfortladegerät

6

zu 1 bewirken. Auch dachte ich an eine Poti-untersetzung, die untersetzt jedoch meist mehr. Das eine Zahnrad (20 Zähne) hab ich soweit aufgebohrt, dass es auf die Stundenachse des Uhrwerkes passt und es mit 2-Komponentenkleber draufgeklebt. Das andere Zahnrad (40 Zähne) wurde auf eine 4 mm Achse montiert und diese wiederum in eine Bananensteckerbuchse gesteckt. Die Buchse ist in einer Aluplatte montiert und die Aluplatte, mit einem Loch versehen, auf das Zentralgewinde des Uhrwerks geschraubt. Durch die Untersetzung hat sich jetzt aber die Drehrichtung geändert d.h. die Achse dreht sich links herum. Wenn die Bananensteckerbuchse unten, wo normalerweise das Kabel angelötet wird, abgesägt wird, können wir die Achse durchstecken und den Drehteller auf der anderen Seite befestigen d.h. das Uhrwerk wird mit der Rückseite nach oben aufgestellt! Dann noch ein rundes Holzbrettchen an die 4 mm Achse geklebt, mit einer Unterlegscheibe zwischen Uhrwerksrückseite und Drehteller damit das Zahnrad unten nicht rausrutscht, etwas Unterbau damit das ganze gut steht und fertig ist die

Sonnennachführung (dreht sich in 24h einmal um die Achse wie die Erde um die Sonne, d.h. das Ladeteil ist immer genau zur Sonne ausgerichtet). Wenn die Sonne scheint einmal danach ausrichten. Mit der Batterie des Uhrwerkes läuft das Ganze 1-2 Jahre. Wer möchte, kann einen Akku ins Uhrwerk einlegen und den mit einem Minisolarmodul an der Sonne laden lassen.

Quasi als Funktionsanzeige für die Nachführung wurde der Sekundenzeiger noch auf die Sekundenachse aufgesteckt. Das obere Zahnrad an der Holzplatte dient der besseren Befestigung und Zentrierung. Die beiden Untersetzungszahnräder brauchen nur ganz leicht ineinander einzugreifen.

6.4 Laderegler für 12 Volt Bleigelakkus

Bleigelakkus sind sehr empfindlich, was Überladung anbetrifft. Daher sollte dafür ge-

Abb. 6.3.2 Nachführungsmechanik von der Seite

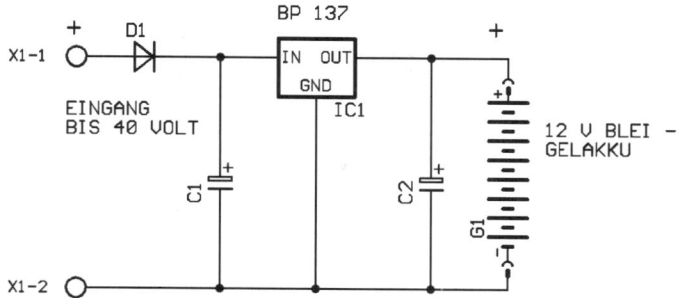

Abb. 6.4.1 Ladereglerschaltung für 12 V Bleigelakku

sorgt werden, dass die Endspannung beim 12 V Akku nicht mehr als 13,8 V beträgt. Hier nun ein einfach aufzubauender Laderegler:

Das IC PB 137, eine Schutzdiode als Verpolungsschutz und zwei Elkos.
Zur Verwendung kommen:
IC = PB 137
C1 = 1 uF, 40 V
C2 = 10 uF, 40 V
D1 = Schottkydiode, z,B. SB 550

Technische Daten des IC
Ausgangsspannung: 13,7 V
Max. Eingangsspannung: 40 V
Ladestrom max.: 1,5 A
Bei Vollast Kühlkörper verwenden!

6.5 Unterspannungs-abschaltung für 6 V und 12 V Akkus

Damit beispielsweise 12 V Blei-Akkus beim Entladen nicht zerstört werden, sollten sie ab einer Spannung von 11 V bzw. minimal 10,5 V vom Verbraucher getrennt werden. Die meisten käuflichen Solarladeregler sind daher mit einer Unterspannungsabschaltung ausgestattet. Eingebaut z.B. im Solarkoffer Typ 1.

Nachfolgend eine einfache Schaltung:
Vorteil der Schaltung ist, dass sie in Ruhestellung sehr wenig Strom verbraucht und das Relais erst anzieht, wenn die Abschaltung des Verbrauchers durch Erreichen der Unterspannungsschwelle erforderlich ist.

Die Schaltung ist mit zwei verschiedenen Spannungsbereichen realisierbar:

A. Unterspannungsabschaltung: 6 V bis 10 V
B. Unterspannungsabschaltung: 10 V bis 12 V

Zur Verwendung kommen:
C 1 = 5-10 uF 15 V
R 1 = 10 K
R 2 = Poti 10 K lin.
R 3 = 3,3 K (A) und 50 K (B)
R 4 = 100 Ohm
R 5 = 1,5 K
R 6 = 4,7 Ohm
R 7 = 330 Ohm (A), 680 Ohm (B)
D 1 = ZD 5,6 V (A) und ZD 10 V (B)
D 2 = 1N 4001

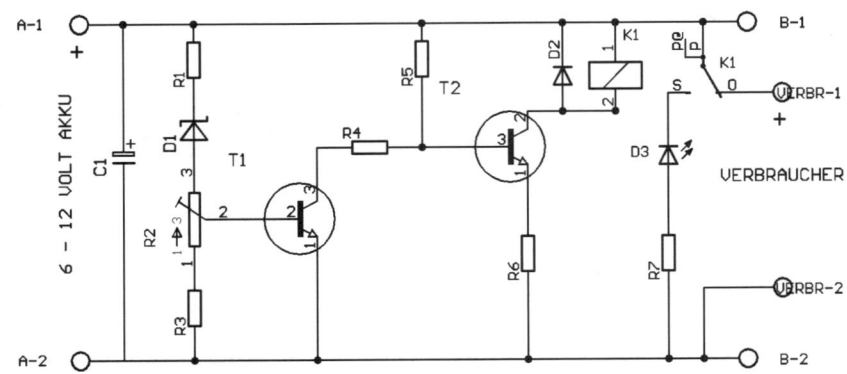

Abb. 6.5.1 Schaltplan Unterspannungsabschaltung

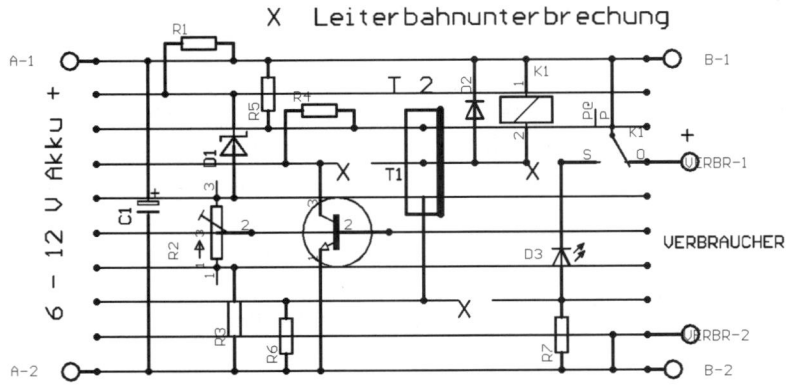

Abb. 6.5.2 Aufbau der Unterspannungsabschaltung auf einer Streifenrasterplatine

T 1 = Transistor BC 108 (Vergleichstypen siehe Anhang)

T 2 = Transistor BD 137

LED = Leuchtdiode

R = Relais 6 V (A) und 12 V (B) 1 Wechsler

Auch hier ist der Aufbau auf einer Lochrasterplatine sinnvoll und praktisch:

Die LED und der dazu erforderliche Vorwiderstand sind hier als Beispiel eingezeichnet, es könnte aber genauso ein Warnsummer sein. Die Wechsleranschlüsse des Relais sind im Platinenaufbau nicht exakt eingezeichnet, da diese je nach Relaistyp unterschiedlich angeordnet sind.

Die Schaltung wird wie folgt geeicht:

Trimmpoti in Mittelstellung bringen, regelbare Spannungsquelle auf die Abschaltspannung einstellen z.B. 10,5 Volt, mit Schraubendreher Trimmpoti Richtung Zenerdiode bringen, bis Relais gerade anzieht. Dann durch Verändern der Spannung abprüfen, ob die Schaltschwelle bei der gewählten

Spannung ist – evtl. nochmals nachjustieren.

Niedrigere Spannung d.h. zu 6 V (A) bzw. 10,5 V (B) hin, Trimmpotischleifer Richtung Zenerdiode.

Höhere Spannung d.h. zu 10 V (A) bzw. 12 V (B) hin, Trimmpotischleifer Richtung R 3.

Die Unterspannungsabschaltung ist sehr empfehlenswert bei Akkugeräten die unbeabsichtigt angelassen werden können und ideal für die im Kapitel „Zustandsanzeigen" beschriebene Kapazitätsprüfeinrichtung.

6.6 Zangenakkumess-gerät de Luxe

Mit einem Zeigermessinstrument, 2-3 Dioden, einem Birnchen mit Fassung sowie 2 Blechteilen und einem Stück Pertinaxplatte, lässt sich ein praktisches Akku – und Batteriemessgerät basteln.

Zusatzeffekt – eine Falschpolung ist nicht möglich, da ja durch die Dioden das Instrument nur anzeigt, wenn der Akku polrichtig gemessen wird. Ein roter Aufkleber hilft den Akku gleich polrichtig zu prüfen. Ein Stück Fahrradschlauch hält die Polzangen für einen Dauertest am Akku. Sollte die Akkuspannung sehr schnell abfallen, ist der Akku nicht richtig vollgeladen oder kaputt.

Ein gut geladener Akku bleibt unter Last des Birnchens lange Zeit bei 1,05 – 1,1 V also etwa in der Mitte unserer Anzeige.

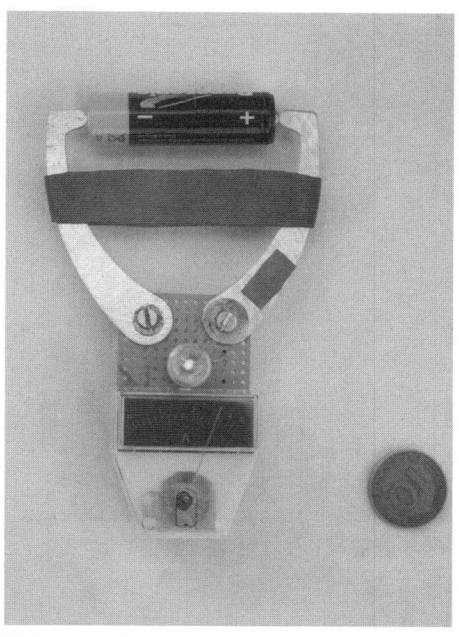

Abb. 6.6.1 Zangenakkumessgerät im Messeinsatz

Eichen wie folgt:
Voll geladenen Mignonakku und Digitalmultimeter polrichtig anschließen. Vorhandene Skala des Messinstrumentes und Werte des Digitalmultimeters bei abfallender Akkuspannung ablesen und notieren. Danach neue Skala anfertigen und in das Instrument kleben, oder ein Klebeetikett unterhalb des Meßinstrumentes anbringen wo die vorhandenen Skalenwerte und die abgelesenen notiert sind.

Im Prinzip reicht es oft auch zu sehen, wie weit der Zeiger ausschlägt und er bei Belastung konstant stehen bleibt. Wenn das Birnchen ein Stück rausgeschraubt wird und ausgeht – zeigt sich, wie schnell der Zeiger weiter ausschlägt. Da ist gut zu sehen, wie unsinnig eine Messung ohne Last ist! Bei-

6

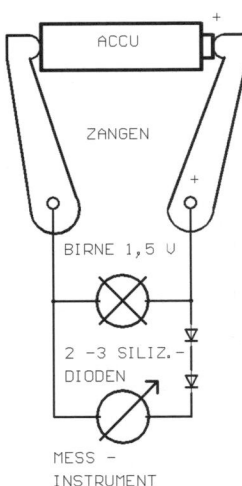

Abb. 6.6.2 Prinzipschaltbild Zangenakkumessgerät

0 = 0,6 V
1 = 0,95 V
2 = 1,1 V
3 = 1,16 V
4 = 1,23 V
5 = 1,4 V

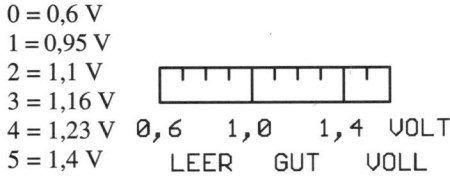

Abb. 6.6.3 Beispiel Skalengestaltung

spiel: mit Last 0,7 V, ohne Last 1,1 V.

6.7 Batterieprüfer mit LCD-Balken

Ein neueres Produkt mit einer exakten teil-
graphischen Anzeige für 0,7 bis 1,5 V und
1,8 bis 9,0 V. Das Teil lässt sich durch Vor-
schalten einer Zenerdiode z.B. auch zum Prüfen von 12 V Akkus verwenden (mit neuer
Skala).

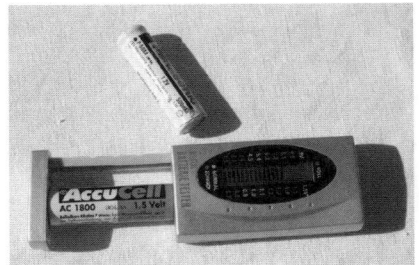

Abb. 6.7.1 Batterieprüfer mit LCD-Balken

6.8 Ladeeinrichtung mit einem Peltier-element

Vor einiger Zeit habe ich zufällig eine sog.
Campingkühlbox auf dem Sperrmüll gefun-
den. Das Gehäuse war ziemlich unappetitlich
und auch mechanisch kaputt, sodass ich das
ganze Teil auseinandergenommen habe. Zum
Vorschein kam ein Peltierelement und ein
Lüfter.

Üblicherweise ist die Kühlbox mit einem
Umpolschalter ausgestattet, sodass sie auch
als Warmhaltebox verwendet werden kann.
Was viele nicht wissen, das Peltierelement
wandelt nicht nur Strom in Kälte/Wärme um,
sondern das Ganze geht auch umgekehrt! Das
Peltierelement über einer Wärmequelle angeordnet und mit entsprechender Kühlvorrich-
tung liefert Strom!

Ganz schnell hab ich mir ein Teil gebastelt,
das – auf einem Kaminrohr eines Holzofens
aufgesteckt – Strom liefert, um z.B. Akkus zu
laden.

Auch mit einem Teelicht lässt sich so Strom
erzeugen. Die Anordnung wurde so konstru-

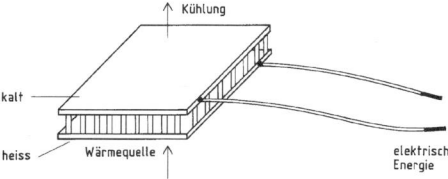

Abb. 6.8.1 Peltierelement

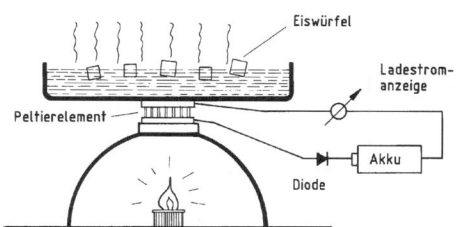

Abb. 6.8.2 Ladeeinrichtung mit Peltierele-ment

iert, dass unten ein Teelicht stehen kann und oben eine Verdunsterschale mit Wasser und einem Duftoel gefüllt – für die nötige Tempe-raturdifferenz sorgt – und auch gleichzeitig als Duftlampe arbeitet. Am besten ist es, in die Verdunsterschale Eis einzufüllen, da die Temperaturdifferenz zwischen unten und oben entscheidend ist. So z.B. an kalten licht-armen Winterabenden an denen es das Eis draußen umsonst gibt.

Bei meinem ersten Versuch mit einer Teeker-ze brachte die Anordnung ab einer 10-minüt-lichen Aufwärmzeit einen Ladestrom von 80 mA und eine Spannung von 1,45 V, Ten-

denz steigend bis das Eis geschmolzen war – dann ging es wieder zurück – aber immerhin!

Das Teil auf dem Foto (Abb. 6.8.3) hab ich für den Kachelofen gebaut und zum Laden von Akkus benutzt.

Für einen richtig guten Peltiergenerator braucht es natürlich mehrere solcher Ele-mente. Im Prinzip könnte man die Peltierele-mente selbst herstellen. Es ist zumindestens einfacher, als eine Solarzelle selbst anzuferti-gen.

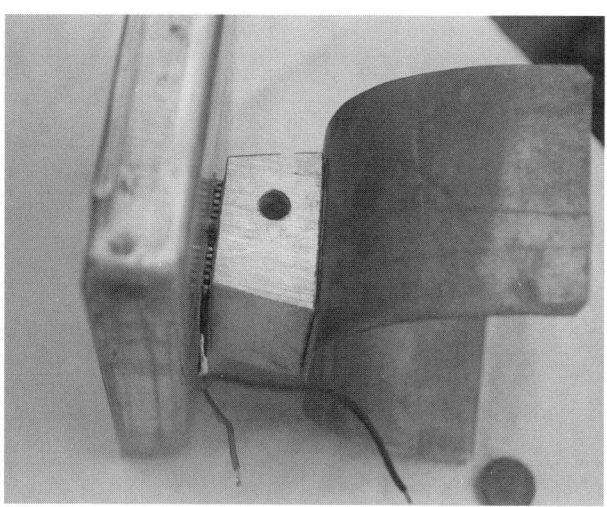

Abb. 6.8.3 Peltierelement mit Verdunsterschale, Alublock und Kupferadapter fürs Ofenrohr

6

Links im Bild ist die Verdunsterschale zu sehen, daneben, das ganz dünne mit den kleinen Querstiften, ist das Peltierelement mit den Anschlussdrähten, dann kommt weiter rechts ein dicker Alublock und das gebogene Kupferblech zum Aufstecken auf das Ofenrohr.

6.9 Anregungen zum Experimentieren mit dem Peltier/ Thermoelement

Nachfolgend einige experimentelle Aussichten und Beispiele.

Grundsätzlich geht es beim Thermoelement darum, zwei unterschiedliche Metalle zu verbinden. Durch den Spannungsunterschied fließt Strom. Je weiter die Metalle in der Reihe des Thermofaktors auseinander sind, desto größer ist der Effekt. Anbei einige Metalle sowie deren Werte:

Thermofaktor, bezogen auf Platin in mV/ 100°C (Temperaturbereich 0 – 100 °C)

Beispiel:
Konstantan – 3,5 (negativer Pol) und Messing + 1,1 (positiver Pol) ergibt 4,6 mV/100 °C

Schön wäre das Paar mit Konstantan und Silizium, für uns einfacher realisierbar sind eher Konstantan / Kupfer und Konstantan /Messing, da sie sich auch verlöten lassen.

Mit einem Konstantandraht und einem Kupferdraht, die zusammen gedrillt oder verlötet sind, können wir den Effekt selbst nachvollziehen.

Ein einzelnes Thermoelement liefert zwar nur eine sehr kleine Spannung, doch dafür verhältnismässig hohe Ströme.

Die in Abb. 6.9.1 und 6.9.2 aufgezeigte Versuchsanordnung könnt ihr ohne Probleme

METALL	THERMOFAKTOR	METALL	THERMOFAKTOR
Wismut	- 6,5	Zink	+ 0,7
Konstantan	**- 3,5**	Gold	+ 0,7
Nickel	- 1,5	**Kupfer**	**+ 0,75**
Natrium	- 0,2	Wolfram	+ 0,8
Quecksilber	0,00	Kadmium	+ 0,9
Platin	**0,00**	**Messing**	**+ 1,1**
Blei	+ 0,4	Eisen	+ 1,8
Aluminium	+ 0,4	Nickelchrom	+ 2,2
Manganin	+ 0,6	Antimon	+ 4,8
Silber	+ 0,7	**Silizium**	**+ 45,0**

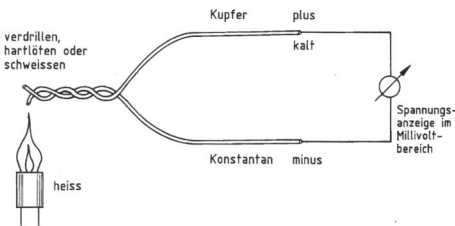

Abb. 6.9.1

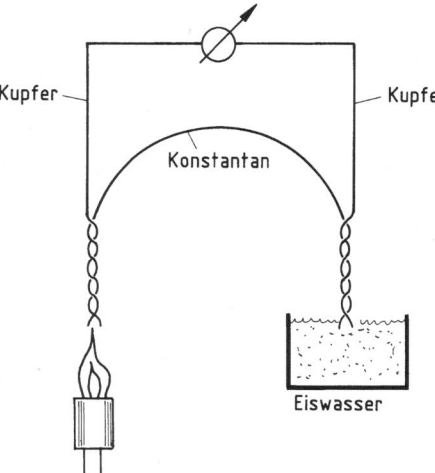

Abb. 6.9.2

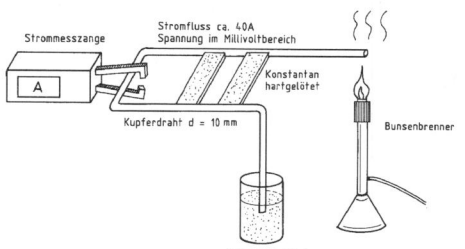

Abb. 6.9.3

Der Strom lässt sich durch die magnetische Kraft oder mit einer Strommesszange nachweisen (Abb. 6.9.4).

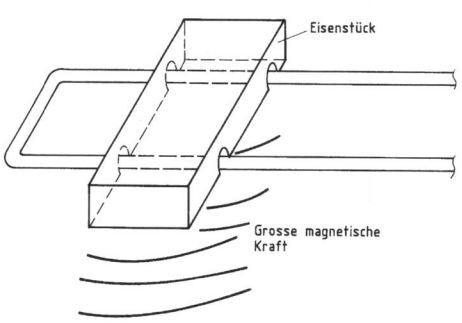

Abb. 6.9.4

nachbauen. Der Konstantandraht lässt sich von einem alten, dicken Widerstand abwickeln. Was ihr noch dazu braucht, ist ein empfindliches Messinstrument mit Anzeigebereich: Millivolt.

Die Anordnung wie in Abb. 6.9.3 mit einem 10 mm dicken Kupferdraht und dazwischen hartgelötete Konstantanstreifen bringt es immerhin zu einem Stromfluss von an die 40 Ampere – nein, kein Druckfehler!

Denkbar wäre z.B. eine Anordnung dieser Vorrichtung mit einem Parabolspiegel, zur Sonne hin ausgerichtet.

Ein Freund von mir hat mit einer Spirale abwechselnd mit Konstantan und Kupfer experimentiert, wobei die eine Seite in einem Parabolspiegel (zur Sonne ausgerichtet) und die andere in einer Wasserschale eingetaucht war.

Die Spirale wechselt mit jeder halben Windung in den Materialien Kupfer und Konstantan.

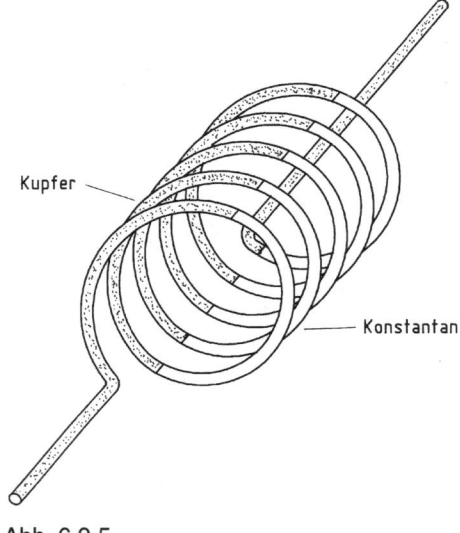

Kupfer

Konstantan

Abb. 6.9.5

6.10 Übersicht Akkutypen

Die Werte wurden ermittelt für tragbare Akkus. Die Berechnung berücksichtigt die tatsächlich entnehmbare Energiemenge, ohne dass der Akku bei der Entladung geschädigt wird bzw. die Zyklenhäufigkeit darunter leidet. Dies ist bei der wiederaufladbaren Alkali – Manganzelle ganz besonders und auch bei den Bleiakkus zu beachten.

Im Grunde ist es sehr schwierig zu pauschalieren und zu vergleichen. Abgesehen davon, dass die Parameter durch die Größe des einzelnen Akkutyps stark variieren, sind die äußeren Einflüsse sehr vielfältig wie z.B. wie weit und wie tief wurde entladen, mit welchem Strom bei welcher Temperatur usw. Dasselbe nochmals beim Laden, beim Lagern usw.

Die eigene, verantwortliche Entscheidung ist auf jeden Fall gefragt und auch die eigenen Erfahrungen!

AKKUTYPE / EIGEN-SCHAFT	BLEI-SÄURE Bis Gr. 10 Ah	BLEI-GEL Bis Gr. 10 Ah	NiCd Bis Gr. 5,5 Ah	NiMh Bis Gr. 7 Ah	Alkali-Mang. wiederaufladbar bis 8 Ah
Akkuspannung Pro Zelle	2 Volt	2 Volt	1,2 Volt	1,2 Volt	1,5 Volt
Ladeendspannung	2,35 Volt	2,3 Volt	1,52 Volt	?	1,65 Volt
Wirkungsgrad	80 %	80 %	65 %	?	?
Selbstentladungsrate 21°C / Monat	12-15 %	2-5 %	Ca. 20 %	20-25 %	Ca 0,2 %
Stromfähigkeit über Nennkapazität	Sehr gut	Sehr gut	Sehr gut	Nicht gut	Nicht gut
Ladezyklen	200 bis über 500	200 bis über 500	500 bis über 1000	100 bis über 500	25 bis über 100
Kapazität bezogen auf 100 Gramm	1,90-2,95 Wh	1,70-2,45 Wh	2,0-3,75 Wh	3,5-5,5 Wh	4,5-5,6 Wh
Kapazität bezogen auf Blei-Säure	100 %	86 %	118 %	185 %	208 %
Ladeart Mindestanforderung	Spannungsbegrenzung	Spannungsbegrenzung	Strom- Begrenzung	Impulsladung	Spannungsbegrenzung
Temperatur Eigenschaft kalt	Problematisch	gut	Sehr gut	?	Problematisch
Temperatur Eigenschaft warm	gut	gut	Problematisch	?	Sehr gut
Mitweltverträglichkeit	Wenn recycelt gut	Probl. bis gut	Sehr problemat.	Sehr gut	Sehr gut
Entladetiefe	0,7	0,7	0,9	0,9	Max. 0,5
Solar ladefähigkeit	gut	Sehr gut	gut	Problemat.	Sehr gut
Memory-Effekt	keiner	keiner	ja	gering	keiner

7 Solaranwendung im Direktbetrieb

Bisher wurden die Anwendungen mit Solarladung immer in Verbindung mit einem Energiespeicher wie Akku oder Gold Cap beschrieben. Besonders praktisch ist es, wenn der Energiespeicher entfallen kann.

Ein Beispiel: der Solarventilator. Ein ganz einfaches und sehr praktisches Prinzip. Immer wenn es heiß ist und die Sonne scheint, gibt es auch viel Strom von der Solarzelle, um den Ventilatormotor anzutreiben.

7.1 Solarventilator

Der Solarventilator besteht aus einer oder mehreren Solarzellen einem Kleinmotor und einem Ventilatorflügel. Entscheidend für den Wirkungsgrad ist vor allem der Kleinmotor:

Im Handel gibt es spezielle Solarmotoren die sich durch niedrige Anlaufspannung (0,3 V) und niedrigen Anlaufstrom (30 – 50 mA) auszeichnen.

Ganz besonders effektiv sind die Glockenankermotoren mit eisenlosem Rotor und freitragender Wicklung. Dadurch ergibt sich ein geringes Massenträgheitsmoment. Anlaufspannungen von 0,1 Volt und Leerlaufströme von ab 1mA sowie hoher Wirkungsgrad von bis zu 90 % sind die weiteren Vorteile. (Liefernachweis : Fa. Lemo – Solar im Anhang).

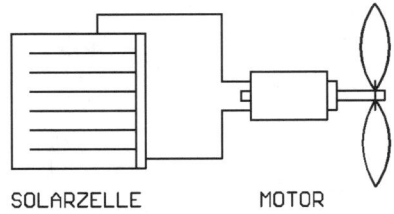

Abb. 7.1.1 Prinzipschaltbild Solarventilator

Der Ventilatorflügel kann aus dünnem Alublech ausgeschnitten und auf die Motorachse mit Zweikomponenten Kleber befestigt werden, wichtig ist dabei eine gewichtsmäßige Symmetrie, um keine Unwucht zu erhalten. Beim Anschließen die Drehrichtung beachten, damit der Propeller den Wind in die richtige Richtung bringt.

Der Solarventilator eignet sich z.B. total gut in einem Gewächshaus zur Luftumwälzung und für all die anderen energieautarken Ent- und- Belüftungsmaßnahmen im Wochenendhaus, Wohnwagen und Garten.

7.2 Solarpumpe

Das gleiche Prinzip ergibt sich auch bei einer kleinen Pumpe. Die Solarzellen müssen nur so dimensioniert werden, dass die Solarzelle genügend Strom zur Überwindung des Anlaufwiderstandes der Pumpe und damit des

Im Bild sind zu sehen, links oben ein Solarventilator aus Restpostenmaterial, links unten, eine Restpostensolarzelle mit einer Kolbenpumpe kombiniert und rechts ein Solarventilator mit einer 10 x 10 cm monokristallinen Solarzelle und einem Solarmotor mit selbst angefertigtem Alupropeller.

Abb. 7.2.1 Solarventilatoren und Pumpe

Anlaufdrehmomentes des Motors liefern kann.

Hier ist die Kopplung ein bisschen schwieriger. Eine Möglichkeit ist die Verwendung einer kleinen Kolbenpumpe und der Antrieb mittels eines Exzenters, der über ein Untersetzungsgetriebe auf die Motorachse montiert wird. Eine andere Möglichkeit sind Membranpumpen oder die Kopplung mit Magne-

ten. Die eigentliche Pumpe ist dabei in einem wasserdichten Gehäuse, versehen mit zwei Magneten – der Motor befindet sich außerhalb des Gehäuses mit magnetisch anders herum gepolten Magneten.

Solarpumpen sind gut geeignet für all die Bewässerungsaufgaben im Garten, für Teichbelüftung, Springbrunnen und Umwälzeinrichtungen.

Verwendete Bauelemente

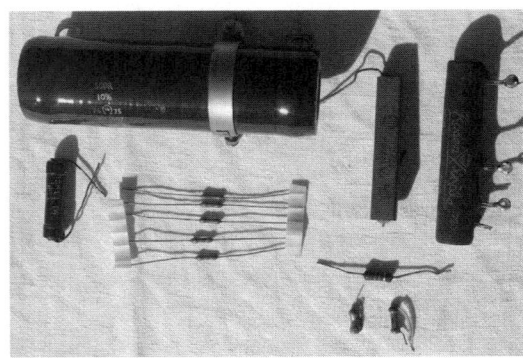

Abb. 8.1 Widerstände

Widerstandswert	1. Farbring	2. Farbring	3. Farbring	4. Farbring = Toleranz
0,1 Ohm	braun	schwarz	silber	silber 10% gold 5%
0,22 Ohm	rot	rot	silber	
1 Ohm	braun	schwarz	gold	
1,5 Ohm	braun	grün	gold	
2,2 Ohm	rot	rot	gold	
150 Ohm	braun	grün	braun	
390 Ohm	orange	weis	braun	
470 Ohm	gelb	violett	braun	
1K (Kilo-Ohm)	braun	schwarz	rot	
1,2 K	braun	rot	rot	
2,7 K	rot	violett	rot	
4,7 K	gelb	violett	rot	
5,6 K	grün	blau	rot	
8,2 K	grau	rot	rot	
10 K	braun	schwarz	orange	
33 k	orange	orange	orange	
100 K	braun	schwarz	gelb	

Widerstände

In den Schaltungen mit R bezeichnet. In der Regel sind es vier Farbringe, die den Widerstandswert angeben. Der erste und zweite geben den Wert in 0-9, der dritte den Multiplikationsfaktor und der vierte die Toleranz des Widerstandes an. Die Fertigungstoleranz ist für unsere Bastelwerke mit Silber = 10 % und Gold = 5 % gut und ausreichend. In der Praxis ist es sinnvoll, den Farbcodeschlüssel mit einem Vitrohmeter oder einer sog. Widerstandsuhr zu ermitteln. Das ist ein Pappteil für 2,50 DM mit drei oder vier Rädchen, an dem die Farben eingestellt werden können und der dazugehörende Wert angezeigt wird.

Nachfolgend die Farbcodes für die im Buch verwendeten Widerstände:

Potentiometer, kurz auch Poti

Der Poti ist ein stufenlos veränderbarer Widerstand, mit Alu- oder Kunststoffachse, die auch entsprechend unseren Erfordernissen abgesägt werden kann.

Abb. 8.2

Trimmpotis lassen sich mit dem Schraubendreher einstellen und werden für Justierungen, z.B. für die Messeinrichtungen verwendet.

Kondensatoren

In den Schaltungen mit C angegeben. Die Werte sind meist durch Aufdruck angegeben, selten auch durch Farbringe.

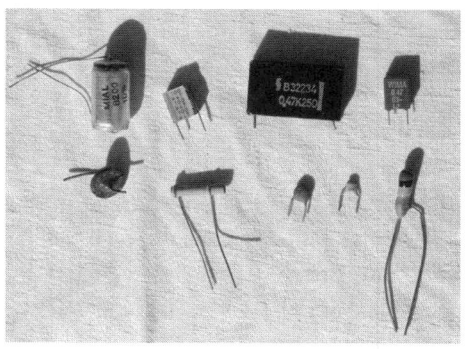

Abb. 8.3

Beispiel für den Aufdruck:
Des weiteren ist die Spannungsfestigkeit aufgedruckt, sie sollte ca. 20% über der Betriebsspannung liegen.

Aufdruck	Angabe in uF (micro- Farad)	mal 1000 = nF (nano-Farad)	mal 1000 = pF (pico-Farad)
n22		0,22 nF	220 pF
2n2		2,2 nF	
0,01	0,01 uF	10 nF	10.000 pF
0,022	0,022 uF	22 nF	
0,047	0,047 uF	47 nF	
0,068	0,068 uF	68 nF	
0,22	0,22 uF	220 nF	
0,47	0,47 uF	470 nF	
0,68	0,68 uF	680 nF	680.000 pF

Elektrolytkondensatoren, kurz Elko

In der Schaltung auch mit C angegeben. Wert durch Aufdruck. Zu beachten ist hier die Polung, meist angegeben durch Pfeil und Minus –Symbol, bei liegender Ausführung durch eine Einkerbung beim Pluspol und bei Tantalelkos durch + Zeichen und längerem Anschlussdraht beim Pluspol.

Auch hier sollte die Spannungsangabe 20% über der Betriebsspannung liegen.

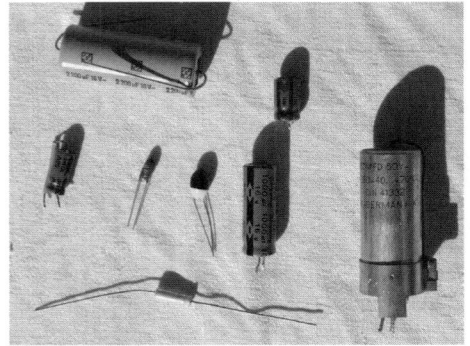

Abb. 8.4

Gold-Caps

Kondensatoren mit sehr hoher Kapazität. Aufdruck wie bei den Elkos, Werte im Handel von 0,1 uF bis 50 F !! (Farad), Spannungsbereich jedoch nur von ca. 2 V-5,5 V. Eignen sich hervorragend als Pufferelement im Solarbereich und zwar dort, wo niedrige Verbrauchsströme zu erwarten sind – benötigt keinerlei Laderegelung, da der Gold–Cap nicht überladen werden kann und den Ladestrom automatisch durch seinen internen Widerstand begrenzt, auch Tiefentladung und Kurzschluss sind unproblematisch.

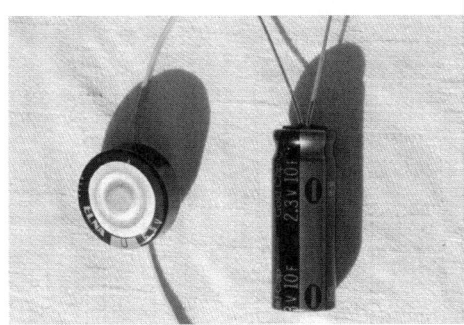

Abb. 8.5

Die als Aufdruck angegebene Spannung darf allerdings nicht überschritten werden! Es ist aber problemlos Reihen- und Parallelschaltung möglich.

Die Teile werden z.B. in Solaruhren, Programmspeichern und solarbetriebenen Messgeräten verwendet – in Japan läuft sogar ein Versuchsbus damit!

Leider zur Zeit noch um einiges teurer als ein Akku mit gleicher Kapazität, dafür aber von der Lebensdauer her unschlagbar.

Dioden

In der Schaltung mit D angegeben. Aufdruck der Typenbezeichnung, damit können anhand der Listen die Werte für den max. zulässigen Strom und die Spannung ermittelt werden. Es gibt verschiedene Arten von Dioden, z.B. Silizium- und Germaniumdioden und andere, die sich in den charakteristischen Eigenschaften unterscheiden.

Dioden arbeiten im Prinzip wie ein Ventil, sie lassen den Strom in der einen Richtung durch und in der anderen Richtung sperren sie.

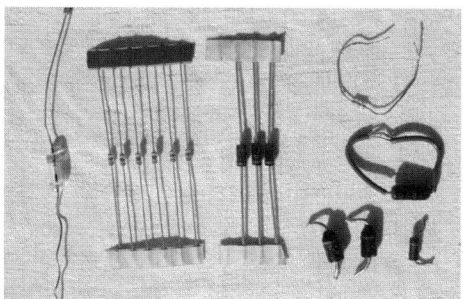

Abb. 8.6

Für die Schalt- und Messmethoden, wie sie in diesem Buch beschrieben sind, verwenden wir die Siliziumdiode. In der Durchlassrichtung beträgt die Schwellenspannung der Siliziumdiode 0,6 – 0,7 Volt, d.h. wenn wir die Eingangsspannung und die Ausgangsspannung der Diode messen, kommt 0,6 V weniger raus.

Die beiden Anschlussseiten werden im Schaltbild Anode (beim Pfeil) und Kathode (beim Querstrich) genannt. Der Kathodenanschluss ist am Gehäuse der Diode durch einen Ring oder ein Farbring markiert. Fehlt ein Hinweis auf die Durchlassrichtung, so können wir diese mit einem Durchgangsprüfer ermitteln (siehe am Anfang des Buches: Prüfen von Dioden).

Schottkydioden

Schottkydioden unterscheiden sich nicht in Gehäuseart, Aufdrucksart, Markierung und Symbol von den oben beschriebenen Dioden, aber in den Eigenschaften.

Die Durchlass- bzw. Schwellspannung beträgt nämlich nur 0,3 Volt. Daher sind sie für Solaranwendung besser geeignet als die Siliziumdiode da mindestens 0,3 V mehr hinten rauskommen!

Das heißt, überall dort, wo es auf jedes bisschen der Energie ankommt, ist die Schottkydiode sehr willkommen.

Leuchtdioden, kurz LED

In der Schaltung mit LED bezeichnet. Anschlussdrähte sind Anode und Kathode, die

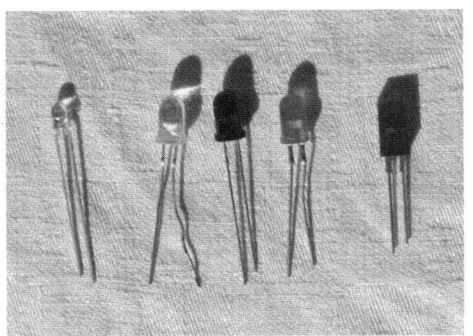

Abb. 8.7

Kathode ist an einem kürzeren An-schlussdraht und einem sichtbar größeren Dreieck in der Leuchtdiode zu erkennen.

Die Werte für die Spannung liegen bei 1,4 bis 2,0 Volt (rote LED) und 1,8 bis3,4 Volt (gelbe –grüne LEDs) und der Stromverbrauch bei 2 mA bis 30 mA je nachdem ob es sich um eine sog. Low current LED (niedriger Strom) oder um eine ordinäre Leuchtdiode handelt.

Die Leuchtdioden gibt es in unterschiedlichen Farben wie beispielsweise rot, gelb, grün und inzwischen gibt es sogar blaue LEDs. Es gibt auch Duo – LEDs mit drei Anschlüssen und mehreren Farben in einer LED und noch viele andere Arten von LEDs.

Beim Experimentieren mit der LED muss darauf geachtet werden, daß sie zum einen beim Einlöten sehr hitzeempfindlich ist, zum anderen, dass sie immer mit einem Vorwiderstand betrieben werden sollte, sobald die Spannung höher als 2,4 V ist.

Zenerdioden

In der Schaltung mit D angegeben. Der Aufdruck auf dem Gehäuse gibt die Sperrspannung an und die Ringmarkierung ist wie bei den Dioden. Zenerdioden sperren ab der angegebenen Spannung, wenn sie entgegen der Stromflussrichtung verwendet werden. Je nach Leistungsklasse gibt es verschiedene Typen z.B. für 0,5 W, 1,0 W, 10 W usw. Im Buch werden Zenerdioden in Verbindung mit Messinstrumenten und Spannungsbegrenzung beim Laden, verwendet.

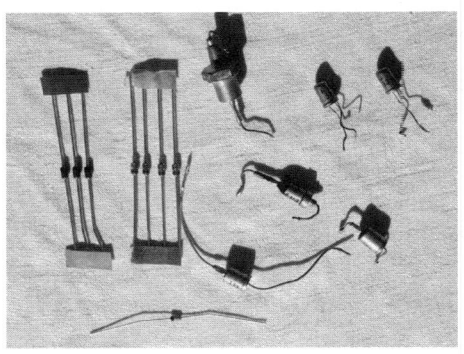

Abb. 8.8

Transistoren

In der Schaltung mit T bezeichnet. Aufdruck der Typenbezeichnung, damit können in den Listen die Daten herausgelesen werden. Grundsätzlich werden PNP und NPN Typen unterschieden. Die drei Anschlüsse werden mit Kollektor, Basis und Emitter bezeichnet. Bei PNP Typen liegt der Emitter an +, bei NPN Typen der Emitter an -. Der kleinere Basisstrom beeinflusst den größeren Stromfluss vom Emitter zum Kollektor bzw. beim NPN vom Kollektor zum Emitter. Je nach Vorgaben an den zu re-

Abb. 8.9

gelnden Strom gibt es kleinere Transistoren bis hin zu dicken Leistungsbrummern. Auch unterscheiden sich die Typen hinsichtlich Verstärkungsfaktor und Spannungsbereich.

Integrierte Schaltkreise, kurz IC

In der Schaltung als IC bezeichnet. Typenbezeichnung auf dem Gehäuse, das in entsprechenden Listen Auskunft über die Eigenschaften und Leistungsdaten gibt. In integrierten Schaltkreisen sind komplette Schaltungsteile auf kleinstem Raum zusammengefasst. Es gibt unzählige Typen von ICs und damit auch unzählig viele verschiedene Gehäuseausbildungen und Anschlussbelegungen. Grundsätzliches Prinzip: Die erste oder letzte Ziffer der Pins ist mit einer Markierung oder Kerbe versehen und die Zählrichtung ist – von unten auf die Beinchen gesehen – im Uhrzeigersinn.

Solarzellen

Die im Handel erhältlichen Solarzellen lassen sich in drei Hauptgruppen unterteilen:

Amorphe Solarzellen, meist rötlich homogen schimmernde Solarzellenfläche, zu finden in Taschenrechnern, Solaruhren und Messeinrichtungen. Einfachere Herstellung im Vergleich zu den zwei anderen Typen. Direktes Aufdampfen auf Trägermaterial wie z.B. Glas und Kunststoff.

8

Guter Wirkungsgrad auch bei diffusem Licht. Gesamtwirkungsgrad liegt unter dem von den poly- und monokristallinen Zellen bei ca. 10%.

Leistungsfähigkeit nimmt im Laufe der Jahre ab – Haltbarkeit und Leistungsgarantie 5-10 Jahre. Aufgrund des geringeren Wirkungsgrades sind größere Einzelmodule erforderlich. Meist intern auf Betriebsspannung verschaltet.

Abb. 8.10

Abb. 8.11 Amorphes Solar Modul

8

Fertig konfektionierte Einheiten sind preiswert und für Bastelzwecke geeignet, vor allem als Restpostenangebote. Unter Umständen schwierig anzulöten (etwas Silberlack auf die Kontaktstelle hilft).

Energieamortisation, d.h. der Zeitraum, bis die zur Herstellung aufgewendete Energie wieder von der Sonne geerntet wurde, liegt unter einem Jahr.

Poly- oder multikristalline Solarzellen, bläulich, glimmerig mit willkürlichen Kristallstrukturen in den unterschiedlichsten Richtungen. Weitverbreiteste Zellenart, da vom Preis/Leistungsverhältnis am günstigsten. Herstellung aufwendiger als amorphe Zellen. Gießen in rechteckige Blöcke, die in 0,4-0,5 mm dicke Scheiben zersägt werden, auf der Oberfläche dotiert, d.h. gezielt verun-

reinigt werden, um die negative Schicht zu erhalten. Dann bedarf es noch der Leiterbahnen zur Abnahme des Stromes.

Wirkungsgrad ca. 11-15 %. Haltbarkeit über 30 Jahre, Leistungsgarantie 20-30 Jahre. Energieamortisation 1-5 Jahre.

Monokristalline Solarzellen, bläulich, homogen, die Kristalle liegen im Bereich von Tausendstel Millimetern und sind mit dem bloßen Auge nicht zu erkennen. Herstellung aufwendig, z.B. Tiegelziehverfahren mit inzwischen quadratischen Stangen (früher rund) dann weiter mit dem Zersägen usw. wie bei den polykristallinen Zellen. Haltbarkeit und Leistungsgarantie wie bei polykristallinen Zellen. Wirkungsgrad 13,5-18 %. Energieamortisation 2-8 Jahre.

Länge mm	Breite mm	Fläche cm²	U-Pmax V	I-Pmax mA	P-max mW	Wirkungsgrad	Art
9,6	6,5		0,46	14	6	10%	p
9,6	8,8		0,46	19	8	10%	p
20	10		0,46	49	22	11%	p
25	12,5		0,46	78	340	11%	p
40	20		0,5	240		Mf	m
50	25		0,46	328	148	11,8	p
51	25	12,7	0,5	420	210	16%	m
50	50		0,46	652	300	12%	p
50	50		0,5	500		Mf	m
51	51	26	0,5	840	420	16%	m
103	25	26	0,5	840	420	16%	m
100	50		0,5	950		Mf	m
103	51	52,6	0,5	1680	840	16%	m
100	100		0,46	2820	1300	13%	p
100	100		0,5	1800		Mf	m
103	103	106	0,5	3360	1680	16%	m

Abmessungen und Leistungsmerkmale von im Handel erhältlichen poly- und monokristallinen Solarzellen (Kyocera, Siemens usw.).

Liefernachweise siehe im Anhang.

Standardmessbedingungen: 1000 Watt/m²

U-Pmax = Spannung bei maximaler Leistung
I-Pmax = Strom bei maximaler Leistung
P-max = maximale Leistung
Art = p = Polykristallin / m = Monokristallin

Mf = mit leichten Fertigungsfehlern (billiger, da Restposten)

Darüberhinaus gibt es noch eine Reihe von Entwicklungen wie beispielsweise

Galium-Arsenidzellen, Tandemzellen, die Graezelzelle und noch einige andere, die entweder sehr teuer oder von der Praxistauglichkeit für unsere Basteleien nicht brauchbar sind.

8

Anschlussbilder und Vergleichstypen einiger gebräuchlicher Dioden, Transistoren und ICs

9

Diodentyp	Bezeichnung	Vergleichstypen	Bis Spannung	Bis Strom/Leistung
Silizium	1 N 4148		100 V	100mA / 500 mW
Silizium	1 N 4001	Alle der Reihe 4000	50 V	1 A
Silizium	1 N 5400	Alle der Reihe 5400	50 V	3 A
Silizium	BY 550 – 50	Alle der Reihe 550 -	50 V	5 A
Schottky	BAT 43	BAT 41, BAT 46	30 V	100 mA (0,1 A)
Schottky	SB 130	DQ 10 , 1 N5817	30 V	1 A
Schottky	SB 530	SB 550 , SB 560	50 V	5 A
Schottky	MBR 1645		45 V	16 A
Germanium	OA 182		80 V	150 mA

Dioden

Grundsätzlich können immer stärkere Typen für schwächere verwendet werden.

Transi-stortyp	Bezeichnung	Vergleichstypen	bis Spannung ca. für A-Typ	bis Strom ca. für A-Typ/P tot
NPN	BC 237, BC 238 BC 239	BC 107, BC 108 BC 109 ,BC 147 BC 148 BC 149 BC 547 ,BC 548 BC 549	30 –50 V	100 mA/220 mW
NPN	BC 141			
PNP	BC 177 , BC178 BC179	BC 557 , BC558 BC 559 , BC 307 BC 308, BC 309 BC 251 , BC 252 BC 253	25-50 V	100 mA / 300 mW
PNP	BD 138	BD 136, BD 140	45 – 80 V	1,5 A / 6,5 W
NPN	BD 137	BD 135, BD 139	45 – 80 V	1,5 A / 6,5 W
NPN	2 N 3055		60 V	15 A / 115 W

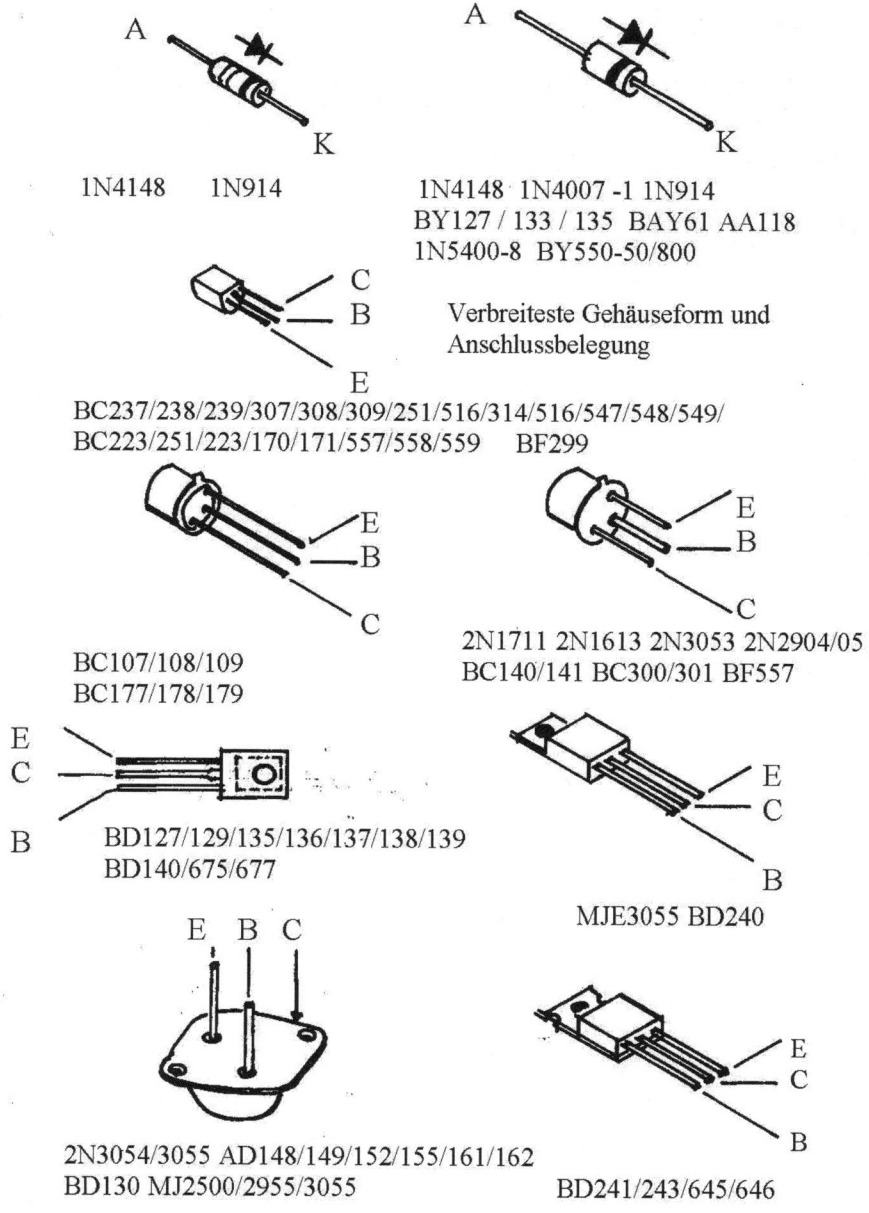

1N4148   1N914

1N4148 1N4007 -1 1N914
BY127 / 133 / 135 BAY61 AA118
1N5400-8 BY550-50/800

Verbreiteste Gehäuseform und
Anschlussbelegung

BC237/238/239/307/308/309/251/516/314/516/547/548/549/
BC223/251/223/170/171/557/558/559   BF299

BC107/108/109
BC177/178/179

2N1711 2N1613 2N3053 2N2904/05
BC140/141 BC300/301 BF557

BD127/129/135/136/137/138/139
BD140/675/677

MJE3055 BD240

2N3054/3055 AD148/149/152/155/161/162
BD130 MJ2500/2955/3055

BD241/243/645/646

Abb. 9.1 Anschlussbilder Dioden und Transistoren

9

Transistoren

Die A-, B- und C-Typen unterscheiden sich dadurch, dass der C-Typ leistungsstärker ist als der B-Typ bzw. der A-Typ.

Beispiel BC 237 B...... BC 237 C.

P tot ist die Leistung bzw. Belastung, bei dem der Transistor kaputt geht!

Integrierte Schaltkreise

Bezeichnung	Vergleichstyp	Verwendung für :	Anschlussbild
LM 741	uA 741 , MC 741, SN 42741	Temperaturschalter Regelbare Spannungs- Stromquelle	A
BTS 629 A		12 V Dimmer	D
PB 137		Laderegler für 12 V Gel-Akkus	B
L 200		Regelbare Spannungs- Stromquelle	C
L 317	L317 T	Spannungsregler variabel	B
L 7805 CT Bis 7824 CT		Spannungsregler fest: 1 A; 5, 6, 8, 9, 12, 15, 18, 24 V	B

Das IC gibt es in den unterschiedlichsten Ausführungen, was das Gehäuse anbelangt. Es ist aber eine total preiswerte und vielseitig einsetzbare Schaltung, sowohl als Verstärker- komponente wie auch für die unterschied- lichsten Schalt – und Regelanwendungen.

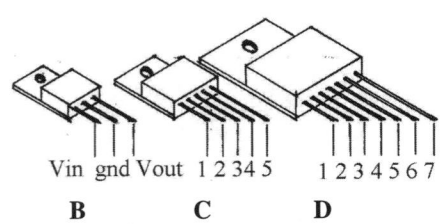

Vin gnd Vout 1 2 34 5   1 2 3 4 5 6 7

B   **C**   **D**

Abb. 9.2 Anschlußbilder Spannungsregler

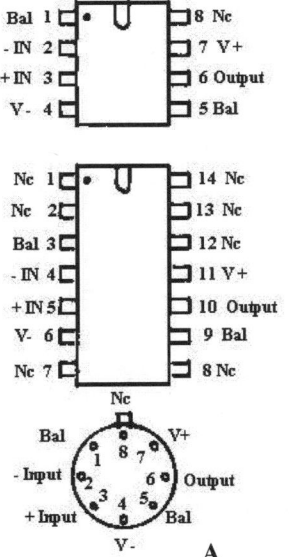

Abb. 9.3 Anschlußbild LM 741

Literaturverzeichnis

Ergänzende Literatur zum Thema:

Praxis mit Solarzellen, Urs Muntwyler, Franzis

Transistor Vergleichs Handbuch, S. Negsseog, Verlag für technische Literatur Conrad

IC Vergleichs Handbuch, S. Negsseog, Verlag für technische Literatur Conrad

So steigen sie erfolgreich in die Elektronik ein, Bo Hanus, Franzis

Lieferhinweise

Conrad elektronic GmbH Klaus – Conrad – Str. 1 92240 Hirschau Tel. 09604 /408988 Sonderliste!

Lemo –Solar Lehnert Modellbau Solartechnik GmbH Postfach 1231 74899 Bad Rappenau Tel 07264 /4248
Solar – Minimodul, Solarzellen (auch Restposten)

Pollin electronic GmbH Postfach 28 85102 Pförring Tel 08403 /920-920
Sonderliste! (Restposten)

Fa. AccuCell – Deutschland Wilhelmstrasse 36 73650 Winterbach Tel. 07181/46341
Wiederaufladbare Alkali – Manganbatterien

Sachverzeichnis

Teil 4

Bo Hanus

Wie nutze ich
Windenergie
in Haus und Garten

FRANZIS

Vorwort zu Teil 4

Dem Titel dieses Buchteils ist zu entnehmen, daß es sich hier um kleinere Windgeneratoren handelt, die sich „in Haus und Garten" nutzen lassen.

Die Anwendung von kleineren Windgeneratoren ist besonders dort von Vorteil, wo es keinen Netzanschluß gibt oder wo das Anlegen einer Zuleitung zu teuer und zu umständlich wäre.

Wer mit dem Gedanken spielt, einen kleineren netzgekoppelten Windgenerator zu installieren, findet in diesem Teil des Buches ebenfalls sehr viele nützliche und objektive Informationen über den Selbstbau solcher umweltfreundlichen Anlagen.

Ihr Bo Hanus

Inhalt

Brunnenpumpen – Stromversorgung
am Freizeitgrundstück

Windgeneratoren für kleinere Objekte –
auch in Kombination mit Solarzellen

Stromversorgung für Garagentorantrieb
und Beleuchtung

Wind- und Solaranlagen netzgekoppelt

Der Wind schickt keine Rechnung

1

Die Nutzung der Windenergie verzeichnet in den letzten Jahren weltweit einen großen Aufschwung. Die Berichterstattung widmet sich hier aber fast ausschließlich großen Windpark-Anlagen, die oft ein ganzes Städtchen oder einen Betrieb mit elektrischem Strom versorgen können.

Ein guter kleinerer Windgenerator kann jedoch seinem Inhaber auch sehr wertvolle Dienste leisten. Man sollte daher die Anwendung der Windenergie nicht nur im Zusammenhang mit Großprojekten sehen. Selbst ein ganz kleiner Windgenerator an einem ganz kleinen Schrebergartenhäuschen kann sehr viel Nutzen und viel Spaß bringen. Besonders dann, wenn so ein Objekt keinen Netzanschluß hat, wenn der Netzanschluß zu teuer wäre, oder wenn man wegen dem Verlegen des Kabels einen schön angelegten Garten umgraben müßte.

Gerade die kleineren Windgenerator-Anlagen (die meistens im Eigenbau erstellt werden) benötigen wesentlich mehr Aufklärung als große Anlagen, die in der Regel „schlüsselfertig" von Spezialfirmen entworfen, aufgestellt und gewartet werden.

Einen kleineren Windgenerator kann man sich im Laden oder bei einem Versand kaufen, selber installieren und warten. Man muß jedoch erst in Erfahrung bringen, worum es bei so einem Vorhaben geht, worauf es ankommt und wie sich alles am besten bewerkstelligen läßt. Dazu finden Sie, lieber Leser, in diesem Buchteil sehr viele Ratschläge, Bauanleitungen und andere nützliche Informationen, mit deren Hilfe Sie sich Klarheit über die ganze Materie verschaffen können.

Wie funktioniert ein Windgenerator?

Vom Prinzip her funktioniert der elektrische Windgenerator ähnlich, wie zum Beispiel der herkömmliche Fahrraddynamo: Wenn sich der Rotor des Dynamos dreht, erzeugt er elektrischen Strom. Bei einem Fahrrad ist die Welle des Rotors (Läufers) an der Oberseite des Dynamos mit einem kleinen Antriebsrädchen versehen, das gegen das drehende Rad angedrückt und somit angetrieben (gedreht) wird.

So ein kleiner Fahrraddynamo erzeugt eine elektrische Leistung von etwa 3 Watt und üblicherweise eine Spannung von ca. 6 Volt. Das reicht für den vorderen Reflektor und für das Hinterlicht des Fahrrades aus.

Man könnte also im Prinzip so einen kleinen Dynamo mit einem Windrad versehen, und ein kleiner Windgenerator wäre damit fertig. In der Praxis müßte hier der Dynamo (und damit auch sein Windrad) eine Drehzahl von etwa 40 Umdrehungen pro Sekunde erreichen, um eine brauchbare Leistung und Spannung aufbringen zu können. So etwas wäre bestenfalls bei einem starken Sturm erreichbar. Andernfalls wäre hier eine zusätzliche Übersetzung (Getriebe) zwischen dem Windrad und dem Dynamo-Rotor erwünscht.

Wen das Prinzip der eigentlichen Stromerzeugung interessiert, der wird eine kurze Erklärung begrüßen: Wenn in einem Magnetfeld zwischen zwei Polen (N und S) nach *Abb. 2.1a* eine Spule gedreht oder bewegt wird, entsteht in ihr durch die magnetische Induktion elektrischer Strom.

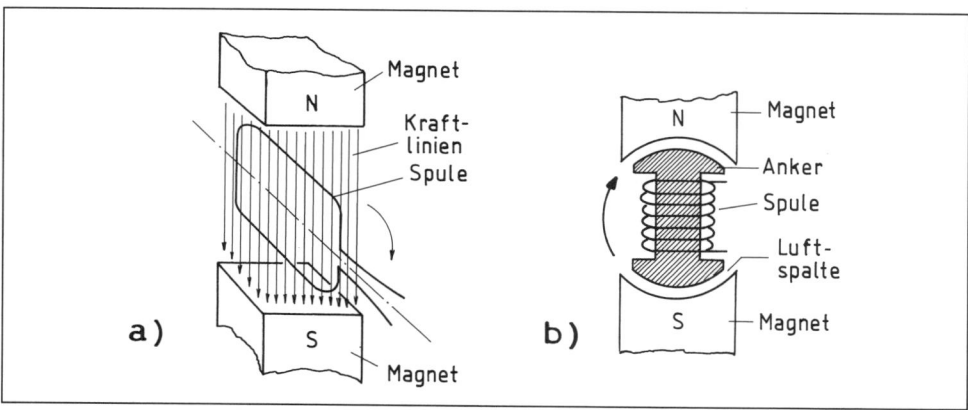

Bild 2.1   a) Funktionsprinzip eines elektrischen Generators; b) Konstruktionsprinzip eines Generators mit Ankerwicklung

2

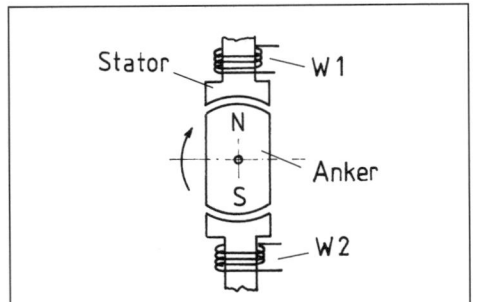

Bild 2.2   Konstruktionsprinzip eines Generators mit einem Permanentmagneten als Anker; die Wicklungen (W1 und W2) sind hier im Stator ausgelegt.

Die Stärke des magnetischen Feldes hängt von der Größe und der Qualität des Magneten (Permanentmagneten) ab. Die Stärke des magnetischen Flusses zwischen den zwei Polen **N** und **S** hängt zusätzlich noch von dem Abstand der Pole ab, wie auch von der magnetischen Leitfähigkeit des „Raumes", den der magnetische Fluß auf seinem Weg vom Pol **N** zum Pol **S** überbrücken muß.

Die magnetische Leitfähigkeit des Raumes zwischen den Polen läßt sich zum einen dadurch verbessern, daß die Spule auf einen magnetisch leitenden „Anker" (aus weichem Stahl) nach *Abb. 2.1b* gewickelt wird. Zum anderen ist es wichtig, daß die eigentliche Luftspalte zwischen dem eisernen Spulenkörper (ROTOR) und dem Magneten (STATOR) so klein wie nur möglich gehalten wird. Luft leitet ja bekanntlich Magnetismus nur sehr schlecht und bildet bei solch einem Generator eine unerwünschte „Verluststrecke".

Bei vielen Generatoren wird in der Praxis die Ankerwicklung (Rotorwicklung) nach *Abb. 2.2* auf den Stator verlegt. Den Rotor bildet dann

ein Permanentmagnet (anstelle dessen jedoch auch ein Elektromagnet angewendet wird).

In der Praxis haben die meisten Windgeneratoren mehrere Wicklungen (manchmal sowohl am Stator, wie auch am Rotor). An der eigentlichen Funktion ändert sich damit nichts.

Wer bereits mit dem Fahrraddynamo praktische Erfahrung hat, dem ist eines bekannt: Fährt man langsam, leuchtet das Fahrradlicht schwach, fährt man schneller, wird es heller. Ähnlich funktioniert auch jeder Windgenerator. Je schneller sein Rotor dreht, desto höher ist seine Ausgangsspannung, sein Ausgangsstrom und damit auch seine Ausgangsleistung.

Die Ausgangsspannung und die Ausgangsleistung des Windgenerators sind für die Planung einer Stromversorgung die zwei wichtigsten Parameter. Ähnlich wie der angesprochene Fahrraddynamo, ist auch jeder Windgenerator bereits vom Hersteller für eine Maximumleistung und Maximumspannung ausgelegt. Darauf ist bei der Anschaffung eines Windgenerators zu achten.

Wichtiger Planungsausgangspunkt ist die vorgesehene Nutzung dieser Energiequelle. Es gibt da drei Grundvarianten:

a) Direktantrieb eines „Verbrauchers" nach *Abb. 2.3*
b) Betrieb über eine Batterie (als Zwischenspeicher) nach *Abb. 2.4* und *2.5*
c) netzgekoppelter Betrieb nach *Abb. 2.6*

Ein Direktantrieb kommt nur dann in Frage, wenn es genügt, daß ein bestimmter elektri-

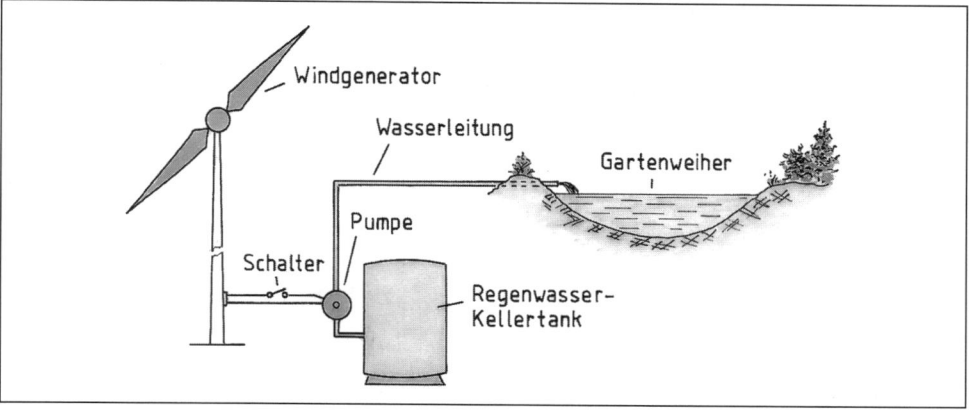

Bild 2.3 Direktantrieb einer Elektropumpe vom Windgenerator; aus einem Kellertank wird sporadisch Wasser in den Gartenweiher gepumpt.

scher Verbraucher nur „ab und zu" und ohne einen fest vorgegebenen Zeitpunkt betrieben werden darf. Bei einer kleinen Elektropumpe, die z.B. nach Abb. 2.3 sporadisch Regenwasser aus einem Kellertank in den Weiher nachfüllen soll, kann einfach nur dann gepumpt werden, wenn der Windgenerator dreht.

Mit der Dimensionierung ist es beim Direktantrieb relativ einfach: Der Windgenerator

muß die vom Verbraucher benötigte Versorgungsspannung und Leistung bei vorgesehenem Windaufkommen liefern können.

Bei den meisten kleineren Windgenerator-Anlagen wird in der Regel eine nachladbare Batterie (Akkumulator) als Zwischenspeicher nach Abb. 2.4 angewendet. Es spielt keine besondere Rolle, welche nachladbare Batterie hier eingesetzt wird. In den meisten Fällen wird aus Kostengründen ein Bleiakkumulator verwendet. Das kann z.B. eine preiswerte Autobatterie, wie auch eine wesentlich teurere (aber strapazierfähigere) „Solarbatterie" sein.

Für ein schonendes Nachladen der Batterie ist der eingezeichnete Laderegler zuständig. Dieser ist üblicherweise mit jedem Windgenerator erhältlich. Seine Aufgabe besteht darin, daß er die Batterie beim Nachladen vor Überschreitung der elektrischen Ladewerte schützt (siehe auch Kap. 7).

Die hier aufgeführte „Ladevorrichtung" ist identisch mit der eines Autos. Dort wird al-

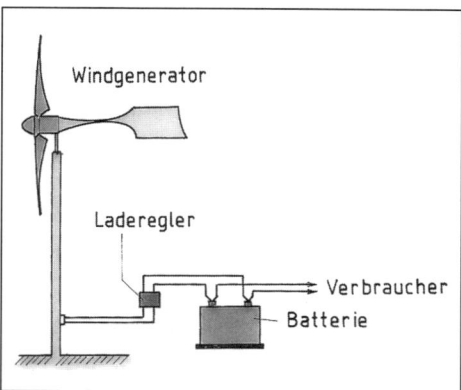

Bild 2.4 Schaltbeispiel eines Windgenerators, der über einen Laderegler eine Batterie (als Energie-Zwischenspeicher) nachlädt

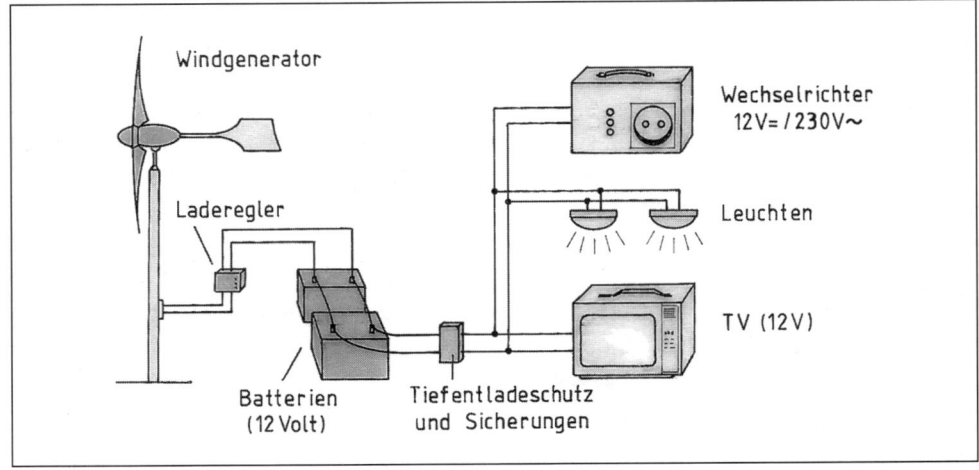

Bild 2.5   Schaltbeispiel eines Windgenerators mit zwei Batterien als Zwischenspeicher

lerdings der elektrische Strom nicht mit einem Windgenerator, sondern mit der sogenannten „Lichtmaschine" erzeugt – welche ja auch ein elektrischer Generator ist, der direkt vom Fahrzeugmotor angetrieben wird. Übrigens, so eine Lichtmaschine, die man samt Laderegler aus dem Auto demontiert, kann als Windgenerator eingesetzt werden. Allerdings mit einer zusätzlichen Übersetzung (von ca. 1:10 bis 1:15) zwischen Windrad und Generator, da der Generator eine wesentlich höhere Drehzahl benötigt, als das Windrad direkt aufbringen kann.

Wo mehrere Verbraucher vorgesehen sind, können nach Abb. 2.5 – der höheren Kapazität wegen – auch mehrere Batterien als „Zwischenspeicher" verwendet werden. Die Funktion des hier eingezeichneten Tiefentladeschutzes wird im Kap. 8 erklärt.

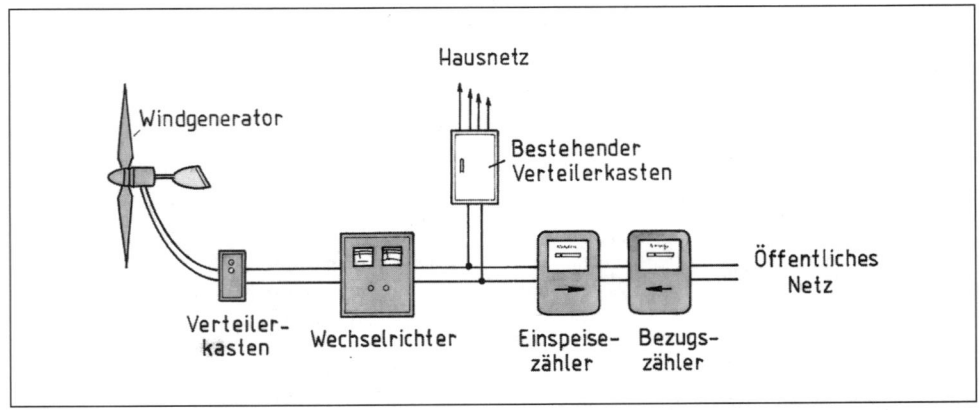

Bild 2.6   Schaltbeispiel einer netzgekoppelten Windgenerator-Anlage

Ein netzgekoppelter Betrieb nach *Abb. 2.6* kommt verständlicherweise nur dann in Frage, wenn ein Netzanschluß vorhanden ist. Zudem ergibt der ziemlich kostspielige Installationsaufwand nur dann einen tieferen Sinn, wenn ein leistungsfähiger Windgenerator (ab etwa 500 Watt) aufgestellt werden kann.

Netzgekoppelte Anlagen benötigen einen speziellen Wechselrichter, der die vom Windgenerator gelieferte Gleichspannung in eine netzsynchronisierte Wechselspannung umwandelt. Soweit es genügend Wind gibt, übernimmt der Windgenerator vorrangig die Stromversorgung des Hauses. Stromüberschüsse werden in das öffentliche Netz eingespeist und „zurückverkauft" (was z.B. auch nachts oder während der Abwesenheit der Hausbewohner der Wechselrichter vollautomatisch erledigt). An sich eine feine Sache!

Der „Anlagenbetreiber" bekommt hier normalerweise gar nicht mit, ob er gerade mit dem Strom aus seinem eigenen Windgenerator oder mit Netzstrom versorgt wird (es sei denn, er beobachtet die Stromzähler). Der zusätzliche „Einspeisezähler" wird in der Regel vom Elektrizitätswerk zur Verfügung gestellt (vermietet).

Nebenbei: Große Windgeneratoren (Windkraftanlagen) bzw. ein ganzer „Windpark" fungieren ebenfalls „netzgekoppelt" – als ein reines „Elektrizitätswerk", das den erzeugten Strom gegen Vergütung in das öffentliche elektrische Hochspannungsnetz einspeist.

Eine kombinierte Anlage: oben ein Savonius-Windgenerator, rechts unten Solarzellenmodule (Foto FÜW AG)

3 Windradtypen und ihre Eigenheiten

Abb. 3.1 zeigt einige Grundformen und Ausführungen der bekanntesten Windradtypen. Wozu kann so eine Typenvielfalt überhaupt gut sein? Die herkömmlichen Windmühlen hatten alle dieselben 4-Blatt-Windräder und man hat sich damit zufrieden gegeben.

Wer sich heutzutage eigenhändig sein Windrad bauen möchte, dürfte ohne weiteres „echte" Windmühlen-Flügel einplanen und würde dabei letztendlich gar nicht so schlecht abschneiden. Es wäre nur darauf zu achten, daß die Mühlenflügel bei einem kräftigen Wind nicht in einem benachbarten Fenster landen. Als eine technisch elegante, aber vom Aufwand her komplizierte Lösung kämen daher z.B. Windradblätter in Frage, die sich um ihre Achse windstärkegerecht automatisch drehen

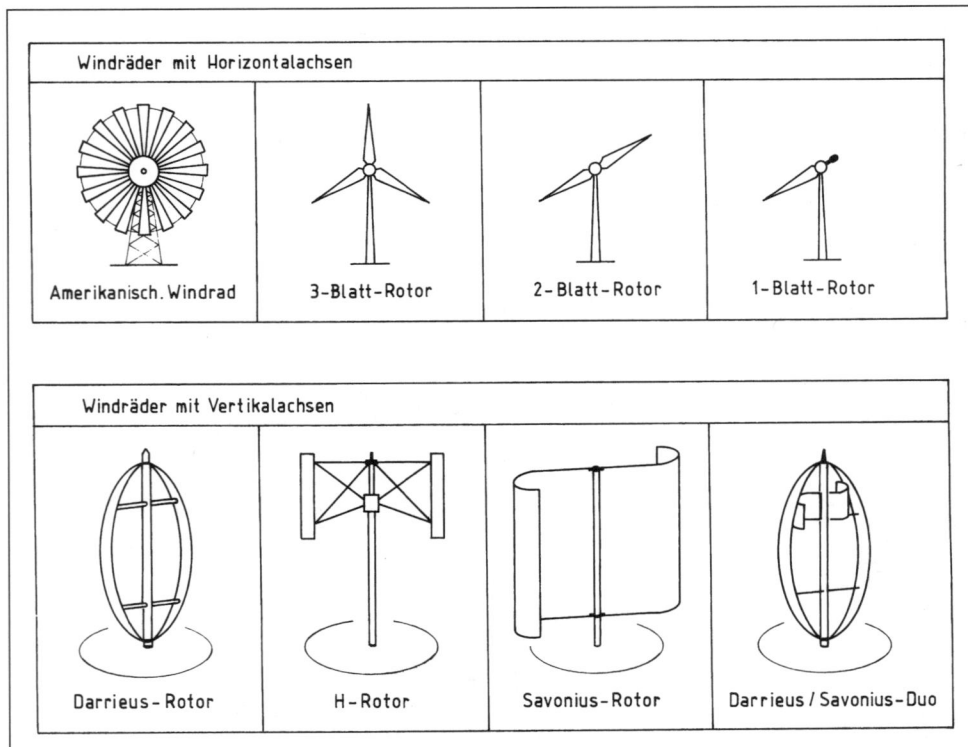

Bild 3.1   Konstruktionen der gängigsten Windradtypen

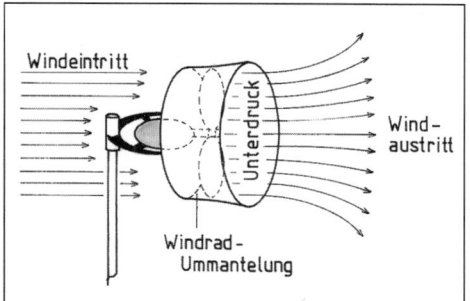

Bild 3.2   Konstruktionsprinzip eines „ummantelten" Windgenerators

können und die sich eventuell bei einem Sturm ganz abstellen lassen.

Die meisten Anwender werden aber sicherlich ein Windrad als Fertigprodukt bevorzugen. Das läßt sich einfach aufstellen, anschließen und betreiben. Offen bleibt nur die Frage, welche Windradkonstruktion sich für das Vorhaben am besten eignet.

Den wichtigsten Planungs-Ausgangspunkt bilden die standortbezogenen Windverhältnisse, wie auch die Ansprüche auf die Kontinuität der Energielieferung. Mit den Windverhältnissen ist die standortbezogene „häufig vorhandene Windstärke" gemeint (dieses Thema erläutert das nächste Kapitel näher).

Propellerartige Windradtypen eignen sich (als „Schnelläufer") bevorzugt für Standorte mit kräftigerer Windstärke. Je kräftiger die Windstärke, desto schmaler dürfen die Propellerblätter sein – und umgekehrt.

Für schwachwindige Standorte werden dagegen langsamlaufende großflächige Windräder präferiert, meist Savonius-Rotoren oder diverse abgeleitete Konstruktionen. Die technischen Möglichkeiten sind ja bei weitem noch nicht voll ausgeschöpft.

Allerdings muß man hier die Tatsache berücksichtigen, daß bereits seit ca. 4000 Jahren Windräder angewendet werden, sich die Menschen aber nicht allzuviel Umwerfendes auf diesem Gebiet haben einfallen lassen. Dennoch sucht man weiterhin nach wirkungsvolleren Lösungen oder neuen Wegen.

So haben beispielsweise Ingenieure in den USA und Neuseeland eine sehr hohe Windenergieausbeute mit Hilfe von „ummantelten" Windgeneratoren nach *Abb. 3.2* erzielt. Durch eine leicht trichterförmige Ummantelung des Propeller-Rotors entsteht hinter ihm durch die Windströmung ein Unterdruck, der die Geschwindigkeit des Luftstroms verdoppelt.

Diese Konstruktion soll eine bis zu sechsmal höhere Windenergieausbeute ermöglichen, als bisher bei herkömmlichen Windrädern erzielt wurde. Ein Problem bildet hier jedoch die Frage der Standhaltung bei stürmischem Wind. Ansonsten wäre dieses Prinzip auch für kleine „Garten-Windgeneratoren" an windarmen Standorten gut anwendbar.

Theoretisch hört sich das Ganze ziemlich gut an. Praktisch wird man jedoch für eine Eigenbau-Anlage aus Kostengründen einen einfacheren Propeller-Windgenerator nach *Abb. 3.3* oder *3.4* wählen, weil die Savonius-Windgeneratoren meistens viel zu teuer sind (sie lassen sich wiederum ziemlich leicht im Eigenbau erstellen).

Einige der Propeller-Windgeneratoren mit Leistungen ab etwa 500 Watt sind bereits mit einer

3

3

Bild 3.3 Kleiner Propeller-Windgenerator Type Rutland WG 500 mit einem Windrad-Durchmesser von nur 510 mm; seine Maximumleistung beträgt ca. 55 Watt (Anbieter: Conrad Electronic)

Bild 3.4 Dieser Windgenerator Type Rutland WG 913 ist für das Laden von 12 V- und 24 V-Batterien ausgelegt; sein Windraddurchmesser beträgt 910 mm; sein max. Ladestrom erreicht bei einer 12 V-Batterie ca. 18 A, bei einer 24 V-Batterie ca. 9 A (allerdings nur bei stürmischem Wind). Anbieter: Conrad Electronic

automatischen (drehenden) Rotorblattverstellung erhältlich. Das hat folgende Vorteile:

a) Der Rotor kann sich der Windstärke anpassen und somit einerseits auch bei einer niedrigeren Windgeschwindigkeit anlaufen, anderseits durch die Anpassung an die jeweilige Windstärke das Potential der Windenergie optimal ausnutzen.

b) Bei einem Sturm stellen sich die Rotorblätter automatisch derartig ein, daß die Drehzahl des Rotors eine technisch bedingte Sicherheitsgrenze nicht überschreitet.

Mit den Ansprüchen an die Kontinuität der Stromversorgung ist folgendes gemeint: Wenn der Windgenerator netzgekoppelt arbeiten soll (worauf wir noch im Kap. 12 zurückkommen), interessiert uns nur seine Jahresleistung. Eventuelle Versorgungslücken

(bei wenig Wind) spielen keine Rolle. Es steht ja gleichzeitig der Netzstrom zur Verfügung. Wenn dagegen der Windgenerator eine netzunabhängige Stromversorgung zu bewältigen hat, spielt der Anspruch auf eine möglichst ununterbrochene Stromlieferung eine wichtigere Rolle als der Aspekt der eigentlichen Energieausbeute pro Jahr.

Eine völlig ununterbrochene Stromerzeugung ist logischerweise naturbedingt nicht möglich. Bei absoluter Windstille dreht ja kein Windrad. Man kann bestenfalls ein Windrad anwenden, das bereits bei niedriger Windgeschwindigkeit Strom erzeugt. Ein gut dimensionierter Energie-Zwischenspeicher (Akkumulator) muß dann über einen ausreichenden Energievorrat verfügen, der windarme Perioden überbrücken kann (weiteres im Kap. 7 und in diversen praktischen Bauanleitungen).

Standortwahl und Windverhältnisse

Im Gegensatz zu der Sonnenenergie verteilt sich die Windenergie nicht allzu ausgewogen. In Küstenregionen oder auf den Berggipfeln gibt es wesentlich mehr Wind als im Landesinneren. Zudem variiert die Windstärke in Abhängigkeit von Luftströmungen, landschaftlichen Hindernissen, der geographischen Lage des Standortes. Letztendlich auch von der Höhe, in der das Windrad angebracht ist.

Bei der Standortwahl einer größeren Windkraftanlage, die z.B. als ein ganzer „Windpark" geplant ist, kann man sich unter Umständen ein optimales Gebiet aussuchen. Bei einer kleineren zweck- und ortsgebundenen Windanlage muß man sich üblicherweise mehr oder weniger mit dem zur Verfügung stehen den Standort abfinden.

Unter dem Begriff „mehr oder weniger" kann verstanden werden, daß in vielen Fällen die zur Verfügung stehende Grundstücksgröße etwas Spielraum bietet. Vielerorts können auch an einer relativ kleinen „Spielfläche" ziemlich große Unterschiede in den Windverhältnissen ermittelt werden. Besonders dann, wenn es sich um voll- oder teilbebaute Gebiete handelt, bzw. wenn natürliche Hindernisse (z.B. Bäume oder Hügel) dem Wind im Wege stehen.

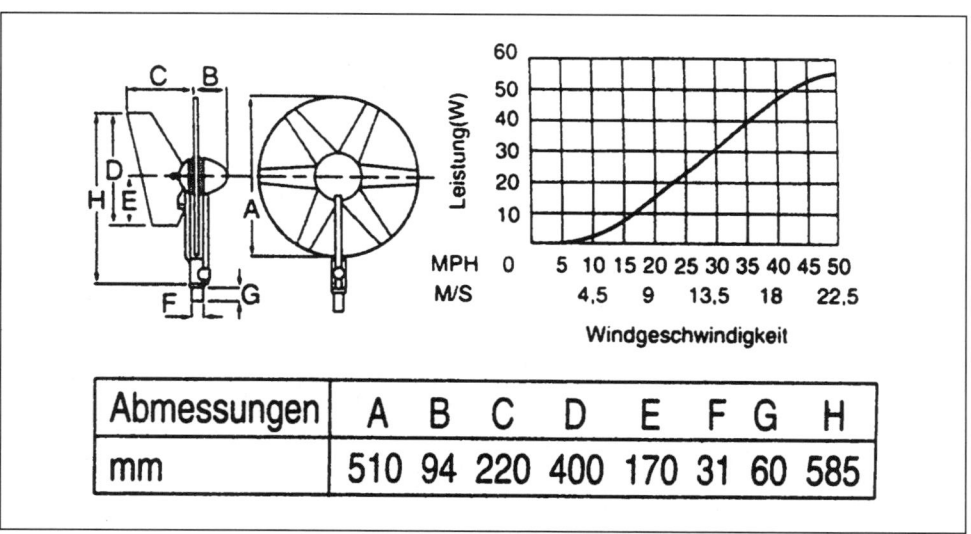

Abmessungen	A	B	C	D	E	F	G	H
mm	510	94	220	400	170	31	60	585

Bild 4.1 Leistungskurve eines kleinen Rutland Windgenerators mit einem Windraddurchmesser von ca. 0,5 m

4

Die örtlichen Windverhältnisse sind im allgemeinen – jedoch nicht standortbezogen – den Wetterämtern bekannt. Soweit es sich nur um die Frage der sogenannten „Hauptwindrichtung" handelt, weiß darüber auch jeder Hausbesitzer und jeder örtliche Architekt Bescheid. Das kann auf einem Gartengrundstück die Standortwahl für einen kleinen Windgenerator erleichtern, aber sagt nur wenig über die „brauchbaren" Windverhältnisse aus.

Wirklich wichtig sind in diesem Fall eigentlich nur zwei Eigenheiten des Windes: seine standortbezogene Windgeschwindigkeit und seine Häufigkeit.

Wir haben bereits erklärt, daß die Leistung und die Spannung eines jeden Windgenerators von der „Windstärke" abhängt. Bei den sogenannten „Leistungskurven" der Windgeneratoren wird – wie aus *Abb. 4.1* hervorgeht – üblicherweise nicht die „Windstärke", sondern die „Windgeschwindigkeit" (in Metern pro Sekunde bzw. Meilen pro Stunde) angegeben. *Tab. 1* zeigt, wie diese zwei Begriffe miteinander zusammenhängen.

Tabelle 1   Windstärken und Windgeschwindigkeiten

Wind-stärke	Bezeichnung	Windgeschwindigkeit			
		m/sec.	**Knoten**	**km/h**	**Meilen/h**
0	Windstille	0,1 bis 0,3	0,2 bis 0,6	0,4 bis 1,1	0,2 bis 0,7
1	leichter Zug	0,4 bis 1,5	0,9 bis 3,2	1,4 bis 5,4	0,9 bis 3,4
2	sanfte Brise	2,0 bis 3,5	4,3 bis 7,5	7,2 bis 12,6	4,5 bis 7,8
3	leichte Brise	4,0 bis 5,5	8,5 bis 11,7	14,4 bis 19,8	8,9 bis 12,3
4	mäßige Brise	6,0 bis 8,0	12,8 bis 17,1	21,6 bis 28,8	13,4 bis 17,9
5	mäßiger Wind	8,5 bis 11,0	18,1 bis 23,4	30,6 bis 39,6	19,0 bis 24,6
6	starker Wind	11,5 bis 14,0	24,5 bis 29,8	41,4 bis 50,4	25,7 bis 31,3

Tabelle 1   Windstärken und Windgeschwindigkeiten (Fortsetzung)

Wind-stärke	Bezeichnung	Windgeschwindigkeit			
		m/sec.	Knoten	km/h	Meilen/h
7	sehr starker Wind	14,5 bis 17,0	30,9 bis 36,2	52,2 bis 61,2	32,4 bis 38,0
8	stürmischer Wind	17,5 bis 20,5	37,3 bis 43,7	63,0 bis 73,8	39,1 bis 45,9
9	Sturm	21,0 bis 24,5	44,8 bis 52,2	75,6 bis 88,2	47,0 bis 54,8
10	heftiger Sturm	25,5 bis 28,5	54,4 bis 60,7	91,8 bis 102,6	57,0 bis 63,8
11	orkanartiger Sturm	29,0 bis 32,5	61,8 bis 69,3	104,4 bis 117,0	64,9 bis 72,7
12	Orkan/Hurrikan	33,0 bis 34,0	70,3 bis 72,5	118,8 bis 122,4	73,8 bis 76,1

Windgeschwindigkeit kann z.B. mit einem einfachen Handwindmesser nach *Abb. 4.2* ermittelt werden (er kostet an die 100 DM). Da ihn viele Segler, Modellflieger, Drachenflieger und Hobby-Meteorologen besitzen, kann man sich ihn auch evtl. nur leihen.

Über die Launen des Windaufkommens kann ein erfahrener Nachbargärtner oft sehr nützliche Auskünfte geben. Zumindest in der Form: „Eine Windstärke wie heute kommt hier häufig vor".

Die Messungen der Windgeschwindigkeit sollten an Tagen vorgenommen werden, an denen der Wind aus der Hauptwindrichtung kommt. Eine kleine Windfahne (evtl. nur als ein Papierstreifen an einem „Mast") erweist sich bei der Ermittlung der jeweiligen Windrichtung als sehr nützlich.

Beim Messen der Windstärke sollte die vorgesehene Höhe des Windrades berücksichtigt werden. Auf vielen Grundstücken verhält sich der Wind in der Nähe des Bodens wesentlich anders, als beispielsweise oben am Dach, wo das Windrad stehen sollte.

Der Standort des Windgenerators sollte so gewählt werden, daß er zu der Hauptwindrichtung möglichst offen (ohne Hindernisse) ist. Von Vorteil ist dabei, wenn das Windrad

4

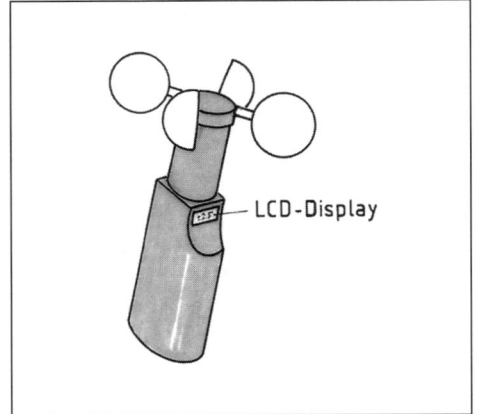

LCD-Display

Bild 4.2 Ein moderner Handwindmesser zeigt auf seinem Display die Windgeschwindigkeit in m/s an.

einige Meter oberhalb von Hindernissen bzw. oberhalb von einer relativ freien Fläche stehen kann.

In der Praxis wird es wohl nicht immer möglich bzw. nicht immer architektonisch vertretbar sein, daß das Windrad zu hoch aufgestellt wird. Bei einfacheren privaten Anwendungen – wie z.B. in einem Schrebergarten oder auf einem Freizeitgrundstück – spielt ohnehin der Aspekt einer maximalen Energieausbeute keine zu ausschlaggebende Rolle. Hier geht es ja in der Hauptsache darum, daß der Windgenerator z.B. einen Akkumulator nachladen kann, der oft nur eine bescheidene Stromversorgung zu bewältigen hat.

Sollte es mit dem Vorhaben nicht auf Anhieb hundertprozentig klappen, hat es auch keine schlimme Folgen. Es läßt sich ja notfalls nachträglich ein zweiter Windgenerator oder

ein zusätzliches Solarzellenmodul installieren (darauf kommen wir bei einigen Planungsbeispielen später noch zurück).

Soweit es bei einer solchen Anlage darauf ankommt, daß eine optimale „Wirtschaftlichkeit" (bei netzgekoppelten Generatoren) erreicht wird, sollte die durchschnittliche Windgeschwindigkeit mindestens 5 m/s betragen. Liegt die Windgeschwindigkeit bei ca. 4 m/s, handelt es sich auch noch um einen „relativ guten Standort", der allerdings nicht unbedingt rein rechnerisch als „wirtschaftlich" gelten muß (die standortbezogenen Windgeschwindigkeiten werden normalerweise für 10 m Höhe angegeben).

Bei einer „selbstversorgenden" Nutzung der Windenergie spielt der rein finanzielle Wirtschaftlichkeitsaspekt nur eine untergeordnete Rolle. Besonders dann, wenn es sich um eine kleinere Inselanlage handelt, mit der sich eine Stromversorgung auch dort realisieren läßt, wo es keinen Netzanschluß gibt.

Bemerkung: Die jeweilige Windgeschwindigkeit einer Brise läßt sich auch ohne einen Windmesser auf folgende Weise informativ feststellen: Ein kleines Stück Zeitungspapier wird über den Kopf gehalten, dann losgelassen und dabei wird geschätzt, wie lange sich das Papier in der Luft hält, bevor es auf der Erde landet. Bei einer Windgeschwindigkeit von etwa 3 m/s wird das Papier ca. 2 Sekunden lang ungefähr 6 m weit fliegen und auf der Erde landen. Allerdings nur „in etwa", aber das genügt, um sich ein Bild über die Sachlage zu machen.

Worauf ist beim Kauf eines Windgenerators zu achten?

Die elektrischen und mechanischen Eigenschaften werden bei kleineren Windgeneratoren herstellerseits oft nur in einer vereinfachten Form angegeben. Das erspart dem Anwender unnötiges Grübeln.

Die Leistung eines Windgenerators hängt bekanntlich von der Windgeschwindigkeit ab und läßt sich daher am einfachsten in der Form der uns bereits bekannten Leistungskennlinie nach *Abb. 5.1* darstellen.

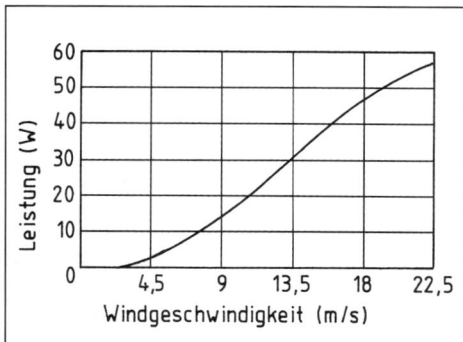

Bild 5.1   Leistungskennlinie (Leistungskurve) eines kleinen 50-W-Windgenerators

Die Abhängigkeit der jeweiligen Leistung (in Watt) von der Windgeschwindigkeit (in m/s) ist hier zwar leicht nachvollziehbar, aber es fehlen hier Angaben bzgl. der Ausgangsspannung. Manche Hersteller begnügen sich dann z.B. nur mit einem Hinweis, daß der Windgenerator für das Laden eines 12-Volt-Akkumulators ausgelegt ist.

So ein Hinweis vereinfacht zwar die Planungsüberlegungen, aber sagt wenig darüber aus, ab welcher Windgeschwindigkeit der Generator eine „brauchbare" Spannung liefern kann. Eine zusätzliche Spannungskennlinie nach Abb. 5.2 (links) ist da wesentlich aussagekräftiger. Wenn bei den technischen Daten auch eine Stromkennlinie – wie in *Abb. 5.2* rechts – aufzufinden ist, erspart es dem Anwender viel Kopfzerbrechen. Diesen zwei Kennlinien läßt sich z.B. schnell entnehmen, daß bei einer Windgeschwindigkeit von 4,5 m/s der Generator bereits eine „brauchbare" Ladespannung von ca. 16 V (linke Kennlinie) und einen Ladestrom von ca. 0,2 A liefert (rechte Kennlinie).

Wozu ist dies gut zu wissen? Wie noch im Kap. 8 näher erklärt wird, braucht man für das Nachladen eines Akkumulators eine Ladespannung, die höher ist, als die jeweilige Spannung des Akkumulators. Ansonsten kann von der „Ladequelle" in den Akkumulator kein Strom fließen (je mehr Ladestrom benötigt wird, desto höher muß die Ladespannung sein).

Ein gängiger Laderegler kann eine zu niedrige Spannung des Windgenerators nicht „auf-

5

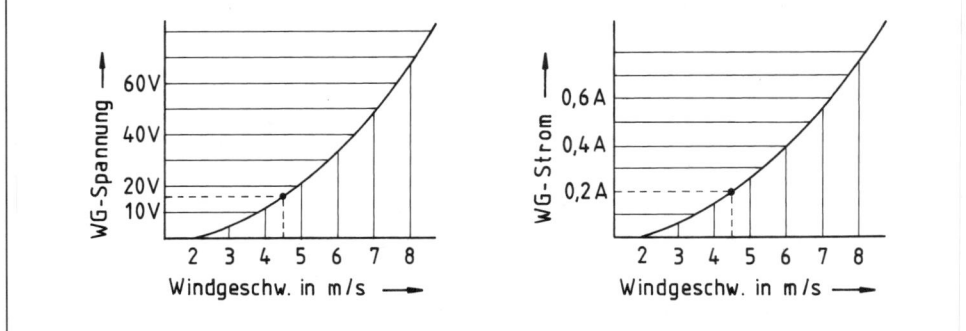

Bild 5.2   Spannungs- und Stromkennlinie eines Windgenerators (ein nicht produktbezogenes Beispiel)

wärtsregeln". Wenn der Windgenerator bei einer zu niedrigen Windgeschwindigkeit eine niedrigere Spannung liefert, als der Akkumulator zum Nachladen benötigt, wird dieser nicht geladen, weil – ähnlich wie bei fließendem Wasser – „von unten nach oben" kein Strom fließen kann.

Wenn dagegen der Windgenerator eine viel höhere Spannung liefert, als zum Laden (maximal) benötigt wird, dann regelt der Laderegler die überflüssige Spannung herab.

Bei manchen kleinen Windgeneratoren, die speziell zum Nachladen von 12-V oder 24-V-Batterien angeboten werden, findet der Kunde anstelle einer Leistungskennlinie nur eine anwendungsbezogene Strom-Kennlinie (Lade-Kennlinie) nach Abb. 5.2 rechts. In dem Fall ist beim Kauf darauf zu achten, für welche Batteriespannung (12 oder 24 V) der Generator ausgelegt ist.

Bei den meisten „Gartenstandorten" werden die Windbedingungen – wie bereits erwähnt – nicht gerade umwerfend sein. Daher ist es wichtig, daß da nach Möglichkeit ein Wind-

generator eingesetzt wird, der bereits ab einer relativ niedrigen Windgeschwindigkeit anläuft und Energie produziert.

Bei der Anschaffung eines kleineren Windgenerators sollte jedenfalls auf folgende Angaben geachtet werden:

- Für welche Batterie-Nennspannung er als „Ladegerät" ausgelegt ist, oder welche Spannung und Leistung er für einen Direktantrieb bzw. für den Wechselrichter einer netzgekoppelten Anlage liefern kann;
- Welchen Ladestrom er maximal oder optimal liefern kann;
- Bei welcher Windgeschwindigkeit läuft er an, bzw. beginnt er, eine brauchbare Spannung und Leistung zu liefern;
- Welche Anwendungsmöglichkeiten der Hersteller bevorzugt empfiehlt;
- Ob eine automatische Rotorblatt-Verstellung vorhanden ist und welche Funktionen sie erfüllt;
- Welchen Windraddurchmesser der Generator hat (oft werden auch alle weiteren wichtigen Abmessungen und das Gewicht angegeben);

- Welche zusätzlichen speziellen Eigenschaften der Generator aufweist;
- In einem Wohngebiet ist es zudem erforderlich, daß der Windgenerator möglichst leise läuft.

Die tatsächlich „*häufig vorkommende*" Windgeschwindigkeit am vorgesehenen Standort sollte bei Windanlagen im Landesinneren nicht allzu optimistisch eingeschätzt bzw. überschätzt werden. Sie liegt oft unterhalb von 3 m/s – wobei der Begriff „*häufig*" als solcher richtig verstanden werden sollte. Die meisten Propeller-Windgeneratoren bringen oft nur im Herbst eine brauchbare kontinuierlichere Leistung. Die *Leistungs-Kennlinien* aller Propeller-Windgeneratoren verlaufen ähnlich, wie im *Bild 5.1* dargestellt ist.

Dementsprechend weisen bei allen Windgeneratoren-Typen auch die *Spannungs- und Strom-Kennlinien (Bild 5.2)* darauf hin, daß bei einer niedrigeren Windgeschwindigkeit (im Landesinneren) die tatsächliche Energie-Ausbeute tief unter den theoretischen Parametern liegt.

Die Meinung mancher Laien, daß ein Windgenerator, dessen Windrad *sichtbar* dreht, automatisch auch einen brauchbaren Strom erzeugt, ist falsch. Hier bietet sich ebenfalls der bereits angesprochene Vergleich mit dem Fahrraddynamo an: Wenn das Fahrrad nur langsam fährt und der Dynamo-Rotor demzufolge nur langsam dreht, leuchten die Fahrradlampen nicht.

An einem windarmen Standort sollte daher bevorzugt ein langsam laufendes Windrad (ein „Langsamläufer") – z.B. nach *Bild 19.4 bis 19.6 / Kap. 19 – eingesetzt* werden. In Kombination mit drei oder vier preiswerten Fahrrad-Dynamos kann so ein Eigenbau-Windgenerator eine ausreichend hohe *Ladespannung* und einen *Ladestrom* von bis zu 0,5 A liefern (vorausgesetzt, das Windrad ist groß genug).

Ein solches „Mini-Kraftwerk" ist in Hinsicht auf die Kontinuität des Nachladens eines 12 V-Akkus oft effizienter, als so mancher teure „Kraftprotz", der beispielsweise für eine theoretische Leistung von 100 Watt ausgelegt ist, aber bei einer Windgeschwindigkeit von 4 m/s nur eine Spannung von etwa 10 Volt liefern kann. Dies dürfte evtl. nur für den Direktantrieb einer kleinen Wasserpumpe genutzt werden (oder zum Nachladen eines 6 V-Akkus).

Bemerkung: Vom Konstruktionsprinzip her gibt es sowohl Wechselstrom- wie auch Gleichstrom-Windgeneratoren. Die meisten Windgeneratoren sind als Wechselstrom-Generatoren ausgelegt. Der Gleichrichter ist da entweder im Generator selbst oder erst im Laderegler untergebracht. Daher ist darauf zu achten, daß zu dem Windgenerator ein passender Laderegler gekauft wird.

5

6 Aufstellen und Montage eines Windgenerators

Alle Windgeneratoren sind normalerweise so konstruiert, daß sie sich – wie eine Windfahne – automatisch nach der jeweiligen Windrichtung ausrichten, oder daß sie ohne Rücksicht auf die Windrichtung drehen und Strom erzeugen können.

Zu der ersten Kategorie gehören Windgeneratoren mit horizontaler Achse (mit propellerartigen bzw. windmühlenartigen Windrädern), zur zweiten Kategorie gehören Windgeneratoren mit vertikaler Achse (z.B. Savonius- oder Darrieus-Systeme).

Propellerartige Windgeneratoren werden üblicherweise auf einen Mast angebracht, der meistens auf dem Boden (*Abb. 6.1/6.2*), manchmal aber auch am Hausgiebel oder auf dem Dach eines Gebäudes montiert und verankert ist.

Das Windrad sollte im Optimalfall (theoretisch) so hoch aufgestellt werden, daß es alle Hindernisse um mindestens 10 Meter überragt. Diese Bedingung läßt sich jedoch bei kleineren Windgeneratoren nur selten erfüllen. Abgesehen von dem technischen Aufwand, der mit der Konstruktion eines entsprechend hohen (und dabei ausreichend stabilen) Mastes verbunden ist, kann auch der architektonische Aspekt von einer solchen Lösung abraten.

Oft gibt man sich daher mit einem Kompromiß zufrieden, und stellt den Windgenerator einfach so auf, daß er zufriedenstellend arbeiten kann. Kleinere Windgeneratoren können auch ohne Mast direkt am Giebel oder sogar im Dach integriert werden.

Windräder mit vertikaler Achse werden oft direkt auf der Erde aufgestellt oder am Dach eines Gebäudes (nach *Abb. 6.3*) angebracht und benötigen keinen Mast.

Bei der Verankerung eines Windgenerators sollte (bereits im Planungsstadium) die Windkraft nicht unterschätzt werden. Im Gegensatz zu einer Fernsehantenne ist z.B. bei einem Propeller-Windgenerator der aerodynamische Widerstand des Windrades wesentlich höher.

Um ein genaueres Bild darüber zu bekommen, mit welcher Kraft der Wind gegen so ein Windrad drücken wird, muß man sich den ganzen Kreis, den der drehende Propeller umschreibt, als eine volle Scheibe vorstellen. Der Vergleich mit einer Satellitenschüssel desselben Durchmessers liegt hier am nähesten.

Satellitenschüsseln werden jedoch nur selten erhöht auf einem Mast montiert und sind zudem üblicherweise von einer Mauer geschützt oder schmiegen sich eng an ein Dach an. Ein Windgenerator muß dagegen dem Wind gezielt so ausgesetzt werden, daß er „in guten wie in schlechten Zeiten" seine volle

6

Bild 6.1 Ein kleiner Windgenerator begnügt sich mit einem kleinen Mast, der mit einigen Stahlseilen verankert ist (Marlec Engineering Ltd./Conrad Electronic)

Kraft oder volle Wucht auffängt – was ja mehr oder weniger der Sinn der Sache ist.

Für das Aufstellen von kleineren Windgeneratoren im Freien (am Boden) werden in den meisten Fällen Stahlmaste nach Abb. 6.1 angewendet (sie sind auch bei vielen Bausätzen als Zubehör erhältlich). Diese relativ preiswerte Lösung hat jedoch den Nachteil, daß die Verankerungs-Seile ziemlich viel Platz beanspruchen und oft sehr im Wege stehen.

Abgesehen davon müssen die Stahlseile in der Erde sehr gut verankert werden. Bevorzugt an ausreichend tief einbetonierten Ankerhaken, deren Betonfundamente ihre Sohlen in frostfreier Tiefe (von ca. 1 m) haben.

Als ein gartenarchitektonisches Schmuckstück kann so eine Konstruktion nicht unbedingt angesehen werden. In der Hinsicht ist eine Mastkonstruktion nach Abb. 6.2 vorteilhafter (sie ist ebenfalls als Bausatz erhältlich).

Bild 6.2 Für größere Windgeneratoren liefern die meisten
Hersteller auch Bausatz-Ma-
sten, die sehr stabil sind und keine zusätzliche Verankerung –
bzw. nur eine Verankerung in der
Hauptwindrichtung – benötigen
(Foto Aero-Craft)

Wenn hier der Mast stabil genug (und nicht zu hoch) ausgelegt ist, benötigt er keine zusätzlichen Verankerungs-Seile, aber dagegen wiederum ein gutes Betonfundament, dessen Sohle ebenfalls in frostfreier Tiefe stehen muß.

So ein Betonfundament wird „professionell" einfach als ein massiver Betonblock erstellt, in dessen obere Hälfte der Mast (bzw. sein Unterteil) einbetoniert wird.

Der hierfür benötigte Erdaushub läßt sich leicht eigenhändig bewältigen (eine sehr gesunde Alternative zum Fitneß-Studio). Das eigentliche Betonieren gehört zu den einfachsten Arbeiten, für die man normalerweise keinen Fachmann benötigt.

Wenn der Beton direkt vom Betonauto eines Betonlieferanten in das Fundamentloch einfach hineingeschüttet werden kann, ist das ganze Betonieren ein Kinderspiel. Wenn das

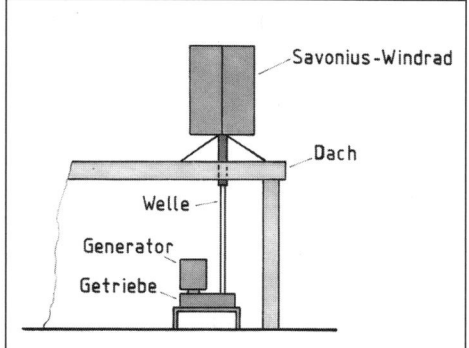

Bild 6.3　Wenn ein Savonius-Windrad am Dach montiert wird, kann sein Generator mit Getriebe unten im Gebäude (bzw. im Keller) leicht zugänglich und wettergeschützt untergebracht werden.

Fundamentloch für ein schweres Betonauto unzugänglich ist, kommt ein Schubkarren zum Einsatz.

Ein Fundament von „brutto" 1 m^3 (=1000 Liter) wird praktisch etwa 1100 l Beton brauchen (die zusätzlichen 100 l entfallen auf den Sockelteil, der noch ca. 10 cm über den Boden herausragen sollte). Das sind theoretisch 22 volle 50-Liter-Schubkarren mit Beton. Praktisch werden es etwas mehr sein; vor allem dann, wenn man den Beton bergaufwärts transportieren muß.

Wer sich mit Hilfe eines kleinen Betonmischers seinen Beton selber mischen kann, erleichtert sich die Sache erheblich. Er wird wohl Sand, Schotter und Zement auch mit dem Schubkarren zum Fundamentloch (an dem der kleine Betonmischer aufgestellt wird) transportieren müssen. Sand und Schotter können hier aber in beliebig kleinen körperschonenden Dosierungen auch etliche Tage vor der Betonierung (bzw. vor dem Fundamentaushub) langsam „angeliefert" werden. Wasser transportiert der Gartenschlauch.

Nebenbei: Fertigbeton ist auf Kundenwunsch mit einem chemischen Verzögerer des Härteprozesses erhältlich. Man kann sich dann beim Betonieren wesentlich mehr Zeit lassen. So steht man nicht während der Arbeit mit angeliefertem Fertigbeton unter Streß.

Hier wäre darauf hinzuweisen, daß Beton keinesfalls als eine Art Klebstoff zu betrachten ist. Daher sollte das Betonieren immer in einem Zug erledigt werden. Unterbrechungen, die länger als ca. 4 Std. im Sommer und ca. 16 Std. während der kühleren Jahreszeit dauern, können zur Folge haben, daß sich die einzelnen Betonschichten nicht gut miteinander verbinden.

Die eigentliche Montage des Windgenerators samt seines Windrades kann bei kleineren Windgeneratoren noch am Boden stattfinden. Erst danach wird der Mast mit Hilfe von Seilen und evtl. Seilwinden aufgestellt. Ein kleiner elektrischer Seilhebezug (der geleast werden kann) leistet bei so einem Vorhaben sehr wertvolle Dienste.

Bei einer Montage des Windgenerators an dem Hausgiebel entfällt das Problem des Fundamentes und die eigentliche Verankerung läßt sich bei etwas Glück bewerkstelligen – vorausgesetzt, der Giebel ist ausreichend stabil.

Das Anbringen eines Windgenerators auf einem Hausdach kann dagegen zu einer sehr komplizierten Angelegenheit werden, der

6

man – soweit es andere Alternativen gibt – lieber aus dem Wege gehen sollte. Insbesondere dann, wenn es sich um ein moderneres wärmeisoliertes Hausdach handelt, an dem jeder Seilhalter einen kostspieligen Eingriff in die kompakte Dachhaut bedeutet.

Jeder kleinste zusätzliche Eingriff in eine intakte Dachhaut hat üblicherweise zur Folge, daß danach Wasser und Schnee durch das Dach nach innen dringen. Oft auch dann, wenn es ein erfahrener Fachmann durchführt.

Die meisten Anbieter von Windgeneratoren können ihren Kunden alle benötigten Montagematerialien optional liefern bzw. Bezugsquellen mitteilen. Zudem gibt es auch in den Baumärkten eine ausreichende Auswahl an Montagewinkeln, Lochplatten, Balkenschuhen und anderem Montagematerial.

Elektrische Installation

Soweit eine Windgenerator-Anlage nur mit einer Gleichspannung von maximal 120 Volt oder einer Wechselspannung von höchstens 50 Volt arbeitet, fällt sie unter eine sogenannte „Kleinspannungsanlage" und unterliegt KEINEM Vorschriftszwang.

Kleinere „nicht netzgekoppelte" Windgeneratoranlagen (Inselanlagen) werden – ähnlich wie solarelektrische Anlagen – bevorzugt nur für eine 12-Volt- oder 24-Volt-Gleichspannung ausgelegt und fallen somit unter Kleinspannungs-Anlagen. Bei diesen dürfen für die Installations- und Montagezwecke im Prinzip beliebige Elektromaterialien und Geräte angewendet werden.

Hier wäre noch zu erwähnen, daß derartig niedrige Versorgungsspannungen zwar vom elektrotechnischen Standpunkt her relativ un-

günstig sind (weil da in den Leitungen zu große Energieverluste entstehen), sie jedoch den Vorteil haben, daß es viele handelsübliche 12-V- und 24-V-Gleichspannungsverbraucher auf dem Markt gibt (u.a. als Auto- oder Campingzubehör). Auch diverse spezielle energiesparende Leuchten oder andere Verbraucher, die für die Solarelektrik (Photovoltaik) angeboten werden, sind für eine Versorgungsspannung von 12 oder 24 Volt ausgelegt.

Auf drei wichtige Aspekte muß bei dieser „Kleinspannung" aber geachtet werden:

a) Niederspannungsverbraucher haben eien wesentlich höheren Strombedarf, als die gängigen Netzstrom-Geräte (bei 12-V-Verbrauchern ist der Stromverbrauch ca. 19mal höher, als bei vergleichbaren

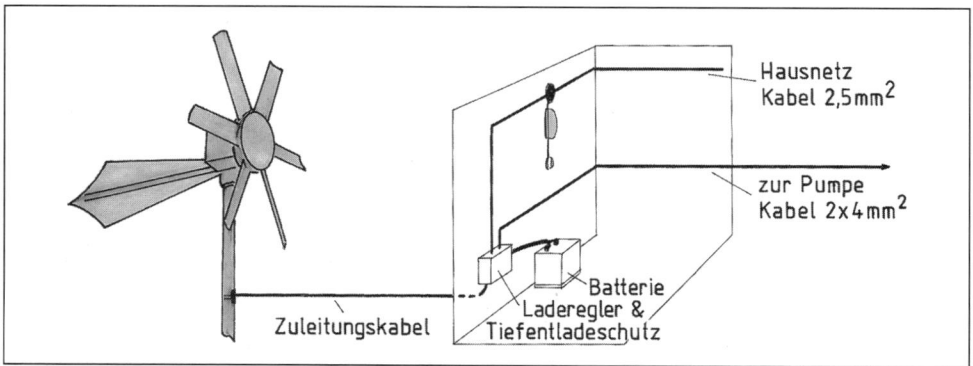

Bild 7.1 Installationsbeispiel einer kleinen Windenergie-Anlage mit Leitungsquerschnitten; Bei dem Leitungsquerschnitt des Zuleitungskabels kann bei Generatoren für Inselanlagen nur der erforderliche Ladestrom der Dimensionierung zugrunde gelegt werden. Hier wird bei kleineren Generatoren ein Querschnitt von 2,5 bis 4 mm^2 ausreichen.

230-V-Verbrauchern gleicher Leistung). Die Leitungsdurchmesser müssen daher entsprechend größer und die Kontakte der Schalter und Stecker müssen für angemessen hohe Strombelastung ausgelegt sein (gut eignen sich hier z.B. auch Autoelektrik-Bauteile, die ja denselben Anforderungen gerecht werden).

b) Für eine niedrigere Spannung sollte man auf keinen Fall Steckdosen oder Kabel-Steckverbindungen verwenden, die in 230 Volt-Wechselspannungs Installationen verwendet werden. Das hätte zu Folge, daß diverse Kleinspannungs-Verbraucher dieselben Stecker wie normale Netzgeräte bekämen und versehentlich irgendwann in eine 230-V-Steckdose eingesteckt werden könnten.

c) Auch eine Niederspannung kann Brand verursachen. Als Schwachstellen sind hier vor allem schlechte (lockere) Schraubverbindungen anzusehen. Alle Leitungen, die auf einem leichter entflammbaren Material – wie z.B. auf Holzbalken – liegen, dürfen daher nicht als lose liegende isolierte Drähte, sondern müssen als Kabel ausgelegt werden. Schraub- und Steckverbindungen müssen in Kunststoff-Abzweigdosen untergebracht sein. Nicht nur wegen der Brandgefahr, sondern auch um versehentliche Kurzschlüsse zu verhindern (die durch darauffallende Drähte, Nägel usw. entstehen können).

Für die Elektroleitungen der Windgeneratoren-Installation eignen sich alle gängigen Materialien, deren sich der Elektroinstalla-teur bei Hausinstallationen oder der KFZ-Elektriker bei den Autoelektrik-Installationen bedient.

Die Querschnitte der Installationsdrähte oder Kabel richten sich nach der vorgesehenen maximalen Stromabnahme und werden in mm^2 angegeben. Für kürzere Leitungen der Beleuchtung oder für Elektro-Kleingeräte (zu denen auch ein kleinerer Fernseher gehört) genügt ein einheitlicher Leitungsquerschnitt von 2,5 mm^2. Haupt-Zuleitungen, besonders lange Leitungen oder Zuleitungen zu evtl. „stromfressenden" Verbrauchern sollten mit etwas großzügiger gewählten Querschnitten durchgeführt werden.

Abb. 7.1 zeigt informativ, welche Querschnitte bei kleineren Anlagen empfehlenswert sind. Je größer der Durchmesser eines Leiters (Drahtes) ist, desto kleiner ist sein Ohmscher Widerstand und dadurch sind auch die Spannungs- und Leistungsverluste in der Leitung niedriger.

Wer sich schnell und einfach (mit dem Taschenrechner) ausrechnen möchte, wie groß der Energieverlust in einer Leitung ist, der kann dies mit Hilfe des folgenden Beispiels machen.

Um den Spannungsverlust einer elektrischen Leitung zu ermitteln, müssen wir erst ihren Ohmschen Widerstand kennen. Die folgende Tabelle (nächste Seite) zeigt, welchen Widerstand in Ohm die gängigsten genormten Kupferdraht-Querschnitte haben.

Diese Querschnitte beziehen sich sowohl auf Drähte, wie auf flexible Leitungen. Drähte und Kabel mit „festen Kupferleitern" sind

Kupferdraht-Querschnitt in mm²:	Ohmscher Widerstand pro 10 m Länge:
0,75	0,232 Ohm
1	0,178 Ohm
1,5	0,117 Ohm
2,5	0,07 Ohm

Kupferdraht-Querschnitt in mm²:	Ohmscher Widerstand pro 10 m Länge:
4	0,045 Ohm
6	0,03 Ohm
10	0,0175 Ohm
16	0,0112 Ohm

preiswerter als flexible Leitungen, und werden deshalb bei „unbeweglichen" Verbindungen bevorzugt angewendet.

Mit Hilfe des Ohmschen Gesetzes läßt sich bei den Planungsüberlegungen leicht und schnell ausrechnen, wie hoch der Spannungsverlust bei einer Leitung sein wird.

Das folgende Beispiel zeigt hier den ganzen rechnerischen Vorgang: Angenommen, die in Abb. 7.1 eingezeichnete Zuleitung zu einer 12 V/5 A-Brunnenpumpe ist 20 m lang. Der Strom fließt allerdings immer im Kreis von dem Akkumulator in die Pumpe und wieder zurück. Daraus ergibt sich eine Leitungslänge von 40 m (beide Leitungswege müssen hier berücksichtigt werden).

Die Betriebsspannung der Pumpe (12 V) hat für die Ermittlung des Spannungsverlustes in der Leitung keine Bedeutung. Nur der Nennstrom der Pumpe (5 A) und der Widerstand der Leitung (in Ohm) sind für den Spannungsverlust maßgeblich.

Wir haben in unserem Schaltbeispiel in Abb. 7.1 eine 4-mm²-Zuleitung eingezeichnet. Laut der vorhergehenden Tabelle beträgt der Widerstand einer 4-mm²-Leitung 0,045 Ohm

pro 10 m Länge. Unsere Leitung ist 40 m lang, also müssen wir den tabellarischen Widerstand mit 4 multiplizieren. Das ergibt einen Leitungswiderstand von 0,18 Ohm (0,045 Ohm x 4 = 0,18 Ohm).

Mit Hilfe des Ohmschen Gesetzes rechnen wir den Spannungsverlust folgendermaßen aus:

Strom in der Leitung in Ampere (A) x Leitungswiderstand in Ohm (¾)
= Spannungsverlust in der Leitung in Volt (V).

Das ergibt hier 5 A (Pumpen-Nennstrom) x 0,18 Ohm (Leitungswiderstand)
= 0,9 Volt (als Spannungsverlust in der Leitung)

Somit bekommt unsere Elektropumpe nicht die optimale 12-V-Spannung, sondern theoretisch nur 11,1 V – vorausgesetzt, die Spannung des Anlagen-Akkumulators beträgt genau 12 V. In Wirklichkeit bewegt sich die Spannung eines 12-V-Akkumulators zwischen ca. 13,6 (wenn er voll aufgeladen ist) und ca. 10,5 V, wenn er bis an seine zugelassene Untergrenze entladen ist. Man rechnet aber normalerweise nur mit der Nennspannung (in diesem Fall also mit den 12 V).

7

Der Spannungsverlust von 0,9 V ist hier in Hinsicht auf die niedrige 12-V-Versorgungsspannung relativ hoch.

Sehen wir uns aber einmal an, inwieweit sich der Spannungsverlust in einer 6 mm² Leitung verringert. Der Ohmsche Widerstand einer 10 m langen Leitung beträgt hier (laut vorhergehender Tabelle) nur 0,03 Ohm; das sind 0,12 Ohm pro 40 m. 0,12 Ohm x 5 A = 0,6 V. Hier ist also der Spannungsverlust etwas niedriger, aber – wie man so schön sagt – davon wird das Kraut nun auch nicht fett. Also könnten wir es ruhig bei den 4 mm² Leitern belassen.

Andererseits würde das Ergebnis sehr unbefriedigend ausfallen, wenn wir z.B. für die Pumpenzuleitung nur ein Kabel mit 1,5 mm² Leitern verwenden würden. Die Leitung hätte da einen Widerstand von (0,117 x 4 =) 0,468 Ohm; Multipliziert mit 5 A ergibt es einen Spannungsverlust von 2,34 V. Der Pumpenmotor würde hier eine zu niedrige Betriebsspannung erhalten und typenabhängig bestenfalls nur etwa die Hälfte seiner Nennleistung erbringen.

Der Leistungsverlust wird mit Hilfe folgender Formel ausgerechnet:
Spannung (in V) x Strom (in A) =
= Leistung in Watt (W).

In unserem Fall geht es um die Verluste, für die wir als „Spannung" die errechnete „Verlustspannung" einsetzen müssen. Das wären

0,9 V x 5 A = 4,5 Watt (an Verlustleistung bei einer 4 mm²-Leitung)
oder 0,6 V x 5 A = 3 Watt an Verlustleistung bei einer 6 mm²-Leitung

oder 2,34 V x 5 A =11,7 Watt an Verlustleistung bei einer 1,5 mm²-Leitung.

Auf diese Weise kann man sich selber ausrechnen, welcher Leitungsquerschnitt (auch in Hinsicht auf den Preisvergleich) jeweils Vorrang hat.

Wenn Sie Schalter, Stecker oder andere derartige Bauteile der Unterhaltungselektronik oder PC-Technik einsetzen, achten Sie darauf, mit welchen Strombelastungen zu rechnen ist. Die meisten dieser Produkte sind ja nur für eine niedrige Strombelastung ausgelegt (was an diversen Wippschaltern vom Hersteller angegeben ist).

Die gängigen Lichtschalter für „normale" Wohnungs-Elektroinstallationen sind für einen Strom (Wechselstrom) von 10 A ausgelegt und können daher auch als Lichtschalter in 12-V-oder 24-V-Hausnetzen eingesetzt werden.

Ein 12-V- oder 24-V-Stromstoßschalter nach *Abb. 7.2* hat den Vorteil, daß man ihn auch mit kleinen preiswerten Elektronik-Tastern von beliebig vielen Stellen aus schalten kann. Er arbeitet mit dem „Kugelschreiberprinzip": Jeder Impuls schaltet den Kontakt von dem einen in den anderen Betriebsstand um.

Sicherungen und Sicherungsautomaten:

An vielen Ladereglern ist bereits eine Hauptsicherung an den Verbraucher-Anschlußklemmen angebracht. Andernfalls muß sie zusätzlich zwischen den Ausgang vom Tiefentladeschutz und den angeschlossenen Verbraucher eingesetzt werden. Ansonsten würde die Batterie bei einem Kurzschluß

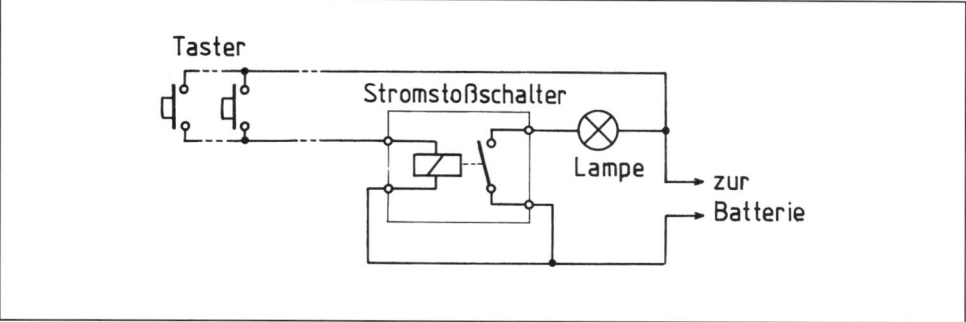

Bild 7.2 Ein Stromstoßschalter ermöglicht das Ein- und Ausschalten der Lampe(n) von beliebig vielen Stellen aus (mit beliebig vielen Tastern)

vernichtet. Bedarfsbezogen können einzelne Verbraucher oder einzelne Leitungs-Sektionen – ähnlich wie im Auto – mit separaten Sicherungen geschützt werden.

Zu diesem Zweck dürfen beliebige Sicherungen (auch Elektronik- oder Autosicherungen), wie auch Sicherungsautomaten verwendet werden. Sie sollen möglichst nahe an dem Akkumulator installiert werden.

Blitzschutz

Windgeneratoren benötigen einen Blitzschutz, mit dem alle elektrisch leitenden Konstruktionsteile gut verbunden sein sollten. Soweit es sich um einen kleineren Windgenerator handelt, der direkt am Haus bzw. in der Nähe des Hauses steht, kann er an die bestehende Blitzschutzleitung des Hauses angeschlossen werden.

Gesetzlich vorgeschrieben ist der Blitzschutz an privaten Anlagen nicht. Falls man ihn jedoch ganz unterläßt, kann der Blitz an der Anlage viel Schaden anrichten, bzw. das ganze Objekt in Brand setzen.

Einen Blitzschutz anzubringen, ist an sich kein Problem. Ein einfacher verzinkter Staberder wird wie ein Pfahl in den Boden eingeschlagen und mit dem Stahlmast (oder einer anderen Tragekonstruktion) leitend verbunden. Solche Staberder sind entweder als runde Stangen oder als Kreuzprofil-Erder (mit einem Profil von z. B. 50 x 50 x 3 mm), in Längen zwischen etwa 1 m und 3 m erhältlich (beim Elektro-Fachhandel).

Als Blitzableiterdraht (Runddraht) wird entweder ein feuerverzinkter Stahldraht, Aluminiumdraht oder ein Kupferdraht mit einem Durchmeser von 8 bis 10 mm verwendet (soweit bei einer netzgekoppelten Anlage der Stromlieferant nicht auf einen noch größeren Durchmesser besteht).

Für den Blitzschutz führt der Fachhandel eine Vielzahl von verschiedensten Montagematerialien wie Klemmen, Leitungshalter, Verbinder, Regenrohrschellen usw., die eine spielend leichte Montage ermöglichen.

Das einzige, worauf Sie bei der Montagearbeit achten sollten, sind die galvanisch richti-

7

gen Verbindungen unterschiedlicher Materialen – wie z. B. Kupfer mit Aluminium. Dafür gibt es spezielle Klemmen mit Potentialausgleichsflächen, in die z. B. an einer Seite der Kupferdraht und an der anderen Seite der Aluminiumdraht eingeklemmt wird.

Ansonsten würde zwischen Aluminium und Kupfer ein galvanischer Prozeß entstehen, der im Laufe der Zeit eine isolierende Schicht bildet und somit die Verbindung unterbricht. Wer hier von vornherein nur gleiches Verbindungsmaterial verwendet – z. B. nur feuerverzinkten Stahl – geht derartigen Problemen aus dem Weg.

Wenn die Zuleitung vom Generator nicht automatisch dadurch blitzgeschützt ist, daß sie z.B. durch das Innere des Stahlmastes nach unten geführt wird, sollte sie auch einen zusätzlichen Blitzschutzmantel (Stahlrohr) erhalten.

Bei netzgekoppelten Anlagen sollte man auf jeden Fall in Sache „Blitzschutz" den zuständigen Stromlieferanten konsultieren. Es könnte sein, daß er auf speziellen internen Verordnungen besteht (die nicht bundesweit einheitlich sind).

Akkumulatoren als Energie-Zwischenspeicher

Für Windgeneratorenanlagen, die „selbstversorgend" arbeiten sollen, ist ein Energiezwischenspeicher unumgänglich. Zu diesem Zweck werden meistens Bleiakkumulatoren verwendet. Ihre Kapazität muß groß genug sein, um längere windarme Perioden überbrücken zu können. Der vorgesehene Windgenerator muß wiederum ausreichend leistungsfähig sein, um den angewendeten Akkumulator auch zufriedenstellend nachladen zu können (in Kap. 11 bis 13 wird noch an praktischen Beispielen erklärt, wie man so etwas konkret erzielt).

Als die gängigsten Bleiakkumulatoren sind uns die Autobatterien und Motorradbatterien bekannt. Daneben gibt es auch noch Akkumulatoren für den Modellbau, Rollstuhlakkumulatoren, spezielle „Solar-Akkumulatoren", Akkumulatoren für Batterieräume in Krankenhäusern, Elektrozentralen usw.

Nebenbei: Die Bezeichnung „Akkumulator" (abgekürzt auch „Akku") oder „Batterie" bedeutet im Sprachgebrauch dasselbe. Strikt genommen wäre zwar die Bezeichnung „Batterie" nur dann angebracht, wenn es sich um mehrere Glieder in einer Umhüllung handelt. Da man aber diese Bezeichnung auch bei einer 1-Glied-Batterie verwendet, erübrigen sich weitere Überlegungen. Nur bei nicht wiederaufladbaren Wegwerfbatterien wird die Bezeichnung „Akkumulator" nicht benutzt.

Eine Autobatterie – die man also auch als einen Auto-Akkumulator bezeichnen darf – ist ein Bleiakkumulator, der für das Auto konstruiert wurde. Bleiakkumulatoren, die für andere Anwendungen ausgelegt sind, unterscheiden sich technisch und optisch von den Autobatterien – bis evtl. auf die Größe – nur geringfügig.

In Akku-Handwerkzeugen oder anderen Kleingeräten werden NiCd (NickelCadmium) oder die umweltfreundlicheren NiMH (Nickel-Metall-Hydrid)- und LiI (Lithium-Ion)-Akkumulatoren verwendet. Sie sind jedoch meistens nur für niedrige Kapazitäten – bis zu etwa 5 Ah – ausgelegt und in Hinsicht auf ihre zu hohen Preise kommen sie als Zwischenspeicher in Windgenerator-Anlagen nur ausnahmsweise in Frage. Somit bleiben für die Normalanwendungen als Zwischenspeicher der Windenergie nur die Bleiakkumulatoren übrig.

Den meisten Autobesitzern ist bekannt, daß Autobatterien auf zu tiefes Entladen sehr allergisch reagieren. Eine Entladung unterhalb von ca. 10,5 V bei einem 12-V-Bleiakkumulator, bzw. unterhalb von ca. 1,75 V bei einem einzelnen 2-V-Glied führt zu einer irreparablen Beschädigung (der Akku kann danach nicht mehr die Spannung halten). Die hier angegebenen „Tiefentladungs-Grenzen" weisen herstellerabhängig Unterschiede auf.

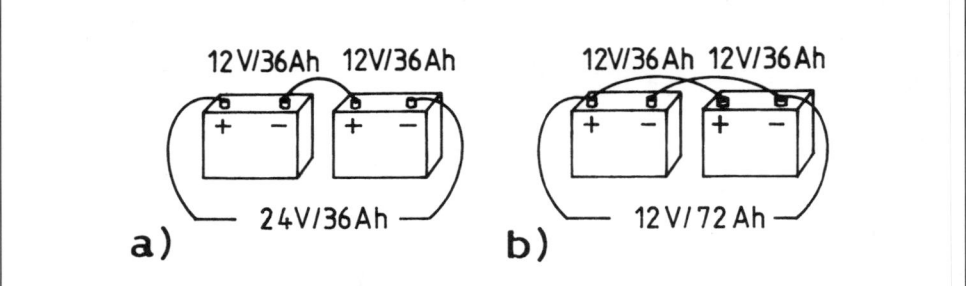

Bild 8.1 a) Wenn zwei oder mehrere Akkumulatoren in Serie (in Reihe) geschaltet werden, addieren sich ihre Einzelspannungen, aber nicht die Kapazitäten; b) Bei der Parallelschaltung addieren sich die Kapazitäten, aber nicht die Spannungen.

Diese Tiefentlade-Empfindlichkeit der Bleiakkumulatoren läßt sich zum Glück einfach und preiswert mit einem zusätzlichen Tiefentladeschutz auffangen. Er schaltet – ähnlich wie eine automatische Sicherung – alle Verbraucher ab, wenn die Spannung des Akkumulators in die Nähe der gefährlichen Minimumgrenze sinkt und schaltet sie automatisch erst dann wieder zu, wenn der Akkumulator wieder auf einen vorgegebenen Wert nachgeladen wurde.

Die meisten Bleiakkumulatoren sind für Spannungen von 6 Volt oder 12 Volt ausgelegt. Um eine beliebig hohe Spannung zu erhalten, können einfach mehrere Akkumulatoren seriell (nach *Abb. 8.1a*) geschaltet werden – wie es auch bei anderen Batterien üblich ist. Ist eine höhere Kapazität erwünscht, als ein einzelner Akkumulator bietet, können mehrere Akkumulatoren parallel (nach *Abb. 8.1 b*) verschaltet werden.

In beiden Fällen sollten nur Akkumulatoren derselben Marke und Ausführung verwendet werden (die natürlich auch dieselbe Spannung und Leistung aufweisen). Ansonsten kann es zu einer unausgewogenen Ladung kommen.

Wichtig: Bevor zwei oder mehrere Bleiakkumulatoren parallel miteinander verbunden werden, müssen ihre Spannungen möglichst gleich hoch sein. Bei kleineren Akkumulatoren (bis ca. 100 Ah) genügt es, wenn sie einfach beide (bzw. alle) gut aufgeladen sind. Andernfalls ist eine vorhergehende Spannungskontrolle (mit einem Voltmeter) notwendig, denn zu große Spannungsunterschiede verursachen beim Anschließen einen unerwünschten Stromstoß, der die Elektroden des Akkumulators beschädigen kann.

Die Kapazität der handelsüblichen Bleiakkumulatoren liegt im Bereich zwischen ca. 1 Ah und 400 Ah (die meisten Autobatterien weisen typenbezogen Kapazitäten zwischen ca. 36 Ah und 100 Ah auf).

Unter dem Begriff Kapazität versteht sich der energetische Inhalt des Akkumulators (der bis zum nächsten Nachladen zur Verfügung steht abzüglich der Selbstentladung). Kapazität wird in Ah (Amperestunden) angegeben und hat somit nur mit dem eigentlichen Stromverbrauch (nicht mit der Spannung) etwas zu tun.

Das „Ah" können wir uns einfach als einen Multiplikant von Ampere x Stunden vorstellen. Wenn ein Akkumulator zum Beispiel eine Kapazität von 50 Ah hat, bedeutet es, daß er beispielsweise:

*   50 Stunden lang einen Strom von 1 A (50 St. x 1 A = 50 Ah)
*   oder 100 Stunden lang einen Strom von 0,5 A (100 Std. x 0,5 A = 50 Ah)
*   oder 10 Stunden lang einen Strom von 5 A (10 Std. x 5 A = 50 Ah)

liefern kann, bevor er leer ist (etwas vereinfacht berechnet).

In der Praxis wird oft ein zusätzlicher elektronischer Tiefentladeschutz zur Sicherheit etwas eher alle Verbraucher abschalten, bevor die theoretische Kapazität des Bleiakkumulators voll verbraucht wird. Wann dies geschieht, kann herstellerabhängig bzw. abhängig von den Toleranzen der eingestellten Abschaltgrenze etwas variieren.

Unter Umständen kann die tatsächliche Nutzkapazität eines Bleiakkumulators mit Tiefentladeschutz bis zu 20% unterhalb seiner theoretischen Nennkapazität liegen. Bei der Anschaffung des Akkumulators sollte daher gleich einer dementsprechend größeren Kapazität Vorrang gegeben werden.

Bei einem normalen Bleiakkumulator, wie auch bei einer Autobatterie interessieren den Anwender oft nur vier Parameter: die Spannung, die Kapazität, die Abmessungen und der Preis. Die meisten anderen technischen Parameter bleiben üblicherweise ziemlich unberücksichtigt und gehen aus den normalen technischen Unterlagen nicht einmal hervor.

Wenn es sich dagegen um einen Energiespeicher für Windgeneratoranlagen (oder Solaranlagen) handelt, wird in der Fachliteratur fast ausschließlich über „Solarbatterien" geschrieben (die man genausogut als „Windgeneratorbatterien" bezeichnen könnte).

Man wird mit Recht die Frage stellen, weshalb nun ausgerechnet der Energiespeicher eines Windgenerators (oder einer photovoltaischen Anlage) nicht aus einer bzw. aus mehreren normalen Autobatterien bestehen kann.

Die Antwort ist einfach: Er kann es wohl und sogar völlig problemlos. Wir haben ja schon darauf hingewiesen, daß die ganze Anlage eines Windgenerators ziemlich identisch mit der elektrischen Anlage im Auto ist. Es spricht also absolut nichts dagegen, daß hier jede beliebige Autobatterie als Energiespeicher verwendet werden kann.

Wozu dann der Umstand mit speziellen (und teuren) „Solarbatterien"?

Solche speziellen Batterien weisen (mehr oder weniger) gegenüber den normalen Autobatterien einige Vorteile auf, die besonders bei professionellen Anlagen sehr willkommen sind:

*   Niedrigere Selbstentladung;
*   Höherer Wirkungsgrad;
*   Höhere Strapazierfähigkeit beim Laden bzw. Überladen;
*   Tiefer liegende Tiefentladeschwelle;

8

- Höhere Unempfindlichkeit gegenüber Einfrieren des Elektrolyten;
- Längere Lebensdauer.

Der technische Standard heutiger Autobatterien ist jedoch als „sehr ausgereift" zu bezeichnen. Sie sind leistungsfähig, strapazierfähig, weisen eine relativ lange Lebensdauer auf und werden zudem gegenüber den „echten" Solarbatterien für sehr günstige Preise angeboten (soweit man sich nicht zu einem Autohändler mit teuren Image-Automarken verirrt).

Echte „Solarbatterien" kosten im Schnitt etwa das Drei- bis Vierfache einer normalen Autobatterie. Es bleibt eine reine Ermessensfrage, ob man ihnen Vorrang vor normalen Autobatterien geben will.

Bei der Planung einer kleineren Windenergie-Anlage braucht man sich nicht unbedingt den Kopf über zu viele spezielle Parameter der Batterien zu zerbrechen. Anderseits sollte man einige der wichtigeren Eigenheiten dieses Energie-Zwischenspeichers zu verstehen lernen. Das erleichtert viele Planungsüberlegungen. Wir nehmen daher einige der wichtigeren technischen Parameter unter die Lupe.

Selbstentladung

Jede Batterie leidet unter einer sogenannten Selbstentladung. Sie beträgt bei guten Autobatterien etwa 4,5% bis 8% pro Monat, bei guten „Solarbatterien" weniger als 3% pro Monat (als Energieverlust). So sinkt z.B. die Kapazität einer voll aufgeladenen 100 Ah-Batterie nach einem Monat „automatisch" auf

92 bis 97 Ah herab, auch wenn sie nur im Regal stand. So schlimm ist diese Schwachstelle zwar nicht, aber bei der Planung sollte sie dennoch mitberücksichtigt werden (siehe hierzu Kap. 11 bis 13).

Ladeverluste

Beim Laden einer normalen Autobatterie bleiben bis zu 20% der zugeführten Energie als Ladeverluste „auf der Strecke". Bei einer guten „Solarbatterie" können die Ladeverluste unterhalb von 10% liegen (was allerdings herstellerbezogen unterschiedlich ist). Wir rechnen in unseren Planungsbeispielen einheitlich mit Ladeverlusten von 20%.

Strapazierfähigkeit beim Laden und Tiefentladen

Den benötigten Ladestrom (Gleichstrom) liefert direkt der Windgenerator (oder sein Gleichrichter) in exzellenter Qualität – allerdings nicht immer in der Höhe und Menge, die technisch erwünscht wären, denn hier hat der Wind Mitspracherecht.

Bei einem normalen Laden sollte der Ladestrom nicht 10% der vom Hersteller angegebenen Kapazität (in Ah) überschreiten. Eine 50-Ah-Batterie darf daher mit einem Strom von höchstens 5 A geladen werden. Es darf aber mit einem beliebig niedrigeren Ladestrom geladen werden. Je schwächer der Ladestrom ist, desto länger dauert allerdings das Aufladen oder Nachladen.

8

Eine völlig „leere" 50 Ah-Batterie muß beispielsweise 12 Stunden lang (wegen der Ladeverluste von 20%) mit einem Ladestrom von 5 A geladen werden, um wieder voll aufgeladen zu sein. Sie kann jedoch genausogut auch 24 Stunden lang mit einem Strom von nur 2,5 A oder 48 Stunden lang mit einem Strom von nur 1,25 A geladen werden, um wieder voll aufgeladen zu sein.

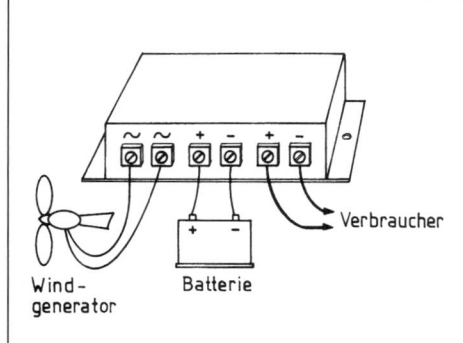

Bild 8.2   Ausführungsbeispiel eines einfachen Windgeneratoren-Ladereglers, der eigentlich nur als ein „Ladegerät" betrachtet werden kann

Im Prinzip geht es hier um einen ähnlichen Vorgang wie beim Einlassen einer Badewanne: je dünner der Wasserstrahl, desto länger dauert es, bis die Wanne voll ist.

Laderegler

Ein gängiger Laderegler nach *Abb. 8.2* kann zwar eine zu hohe Ladespannung, bzw. einen zu hohen Ladestrom auf vorgegebene Werte reduzieren, aber üblicherweise nicht anheben (technisch ist es zwar möglich, dies wird aber bei kleineren Ladereglern aus Kostengründen noch nicht angewendet).

Je höher die Nennspannung eines Generators ist, desto besser wird der angeschlossene Akkumulator auch bei etwas schwächerem Wind geladen.

Wenn die Nennspannung des Windgenerators wetterbedingt sinkt, sinkt auch der Ladestrom. Daher sollten auch die Nennstrom-Werte des Generators nach Möglichkeit etwas großzügiger dimensioniert sein (auch darauf kommen wir noch zurück).

Frostempfindlichkeit der Bleiakkumulatoren

Alle Bleiakkumulatoren (auch Autobatterien) sind frostempfindlich und ihre Frostempfindlichkeit steigt mit der sinkenden Batteriespannung. Bei einer ziemlich „leeren" Batterie friert der Elektrolyt leichter ein, als bei einer aufgeladenen Batterie. Beim Auftauen reißt das Akkugehäuse und der Akku ist damit vernichtet (manche „echte" Solarakkumulatoren sind wesentlich frostunempfindlicher als normale Autobatterien).

Erfahrungsgemäß kommt es in unserem Breitengrad bei einer Autobatterie nicht allzu oft vor, daß sie der Frost vernichtet. Das ist natürlich darauf zurückzuführen, daß eine Autobatterie auch im Winter laufend automatisch (vom Generator im Auto) nachgeladen wird. Bei einer Windgenerator-Anlage kann es manchmal mit dem Nachladen etwas länger dauern. Soweit man hier notfalls eine Batterie nicht an anderer Stelle mit Netzstrom nachladen kann, sollte sie zumindest ein wärmeisolierendes Gehäuse (z.B. aus Styropor) erhalten.

Wie wird richtig geladen?

8

Bleiakkumulatoren fangen zu gasen (zu kochen) an, wenn sich der Ladevorgang dem Ende nähert. Bei einem 12-V-Bleiakku fängt das Gasen an, sobald seine Spannung etwa 14,3 Volt überschreitet.

Ist ein Laderegler so eingestellt, daß er z.B. höchstens 13,6 V an den Akku durchläßt (was meistens der Fall ist), kommt es nicht zu der unerwünschten Gasentwicklung, die ansonsten zur Folge hat, daß ständig destilliertes Wasser nachgefüllt werden muß (soweit es sich nicht um einen ganz speziellen und teuren Bleiakkumulator handelt).

Rein theoretisch ist ein moderner 12-V-Blei-akku erst dann vollgeladen, wenn seine Spannung etwa 14,4 V erreicht hat. Ein Laderegler, der dem Akku bereits bei 13,6 V vorzeitig die Stromzufuhr unterbricht, verhindert damit, daß der Akku jemals in den Genuß eines vollgeladenen Zustandes kommt.

Das macht dem Akkumulator zwar nichts aus, aber dies hat zur Folge, daß seine echte Nutzkapazität in dem Fall nicht seine offizielle Nennkapazität erreicht (was typenabhängig variiert).

Ein 60-Ah-Akku wird dann beispielsweise (ladereglerabhängig) eine Nutzkapazität von z.B. nur ca. 55 Ah erreichen. Soweit man dieses Manko von vornherein bei der Planung mitberücksichtigt, läßt sich damit leben.

Man kann jedoch diesen Aspekt bei der Anlagenplanung auch einfach völlig negieren und dies mit großzügiger berechneten „Durststrecken" zu den vorgesehenen Ladestunden ausgleichen (was wir bei unseren Planungsbeispielen machen). Es handelt sich hier ohnehin nur um sehr grobe Schätzungen der Windverhältnisse oder Wetterbedingungen.

In der Praxis verläuft ja das Nachladen windabhängig und daher unregelmäßig. Es geht also nur darum, daß letztendlich „die Summe" stimmt.

Die meisten gängigen Laderegler sind gleich mit einem Tiefentladeschutz kombiniert. Dieser hat zwar mit der eigentlichen Laderegelung nichts zu tun, aber ist einfachheitshalber in demselben Gehäuse untergebracht – sozusagen als „Untermieter".

Tiefentladeschutz

Beim Kauf eines Ladereglers ist darauf zu achten, ob ein Tiefentladeschutz im Laderegler auch tatsächlich untergebracht ist. Andernfalls ist der Tiefentladeschutz auch als ein separates (kleines) Gerät erhältlich.

Die vom Hersteller eingegebene Spannungsschwelle, bei denen die angeschlossenen Verbraucher vom Tiefentladeschutz automatisch abgeschaltet werden, wird in Prospekten als Entlade-Endspannung oder Entlade-Schlußspannung bezeichnet. Der Tiefentladeschutz schaltet die Verbraucher automatisch erst dann wieder zu, wenn die Akkuspannung auf etwa 12,2 V nachgeladen wurde (das ist die sogenannte Rückschalt- oder Wiedereinschaltschwelle). Bei Ladereglern für 24 V-

Akkus liegen die Schwellen zwischen ca. 22,2 V und 24,4 V.

Zwischen der Abschalt- und der Wiedereinschaltschwelle liegt immer ein größerer Spannungsunterschied. Dies ist technisch dadurch bedingt, daß sich die Spannung eines Akkus nach Abschalten der Belastung immer automatisch etwas erholt und nach oben springt – auch wenn kein Nachladen erfolgte. Wenn der Spannungsunterschied zwischen den zwei Schaltschwellen zu klein wäre, würde der Tiefentladeschutz um die Schaltschwellen ständig hin und her schalten.

Ist der Tiefentladeschutz bereits direkt im Laderegler integriert, dann werden die Verbraucher nicht an die Batterie, sondern an die dafür vorgesehenen Klemmen am Laderegler angeschlossen. Den Anwender muß es da nicht interessieren, auf welche Weise hier die Schaltungen ausgeführt sind. Es ist nur darauf zu achten, daß der Stromverbrauch der

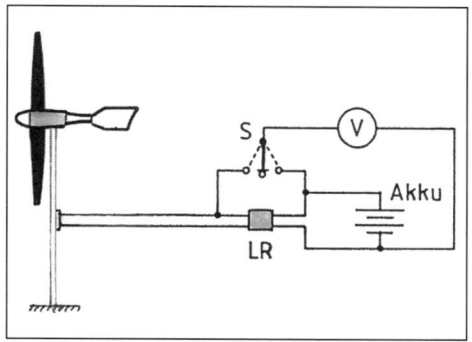

Bild 8.4   Ein zusätzlicher Paneelvoltmeter V ist für die Spannungskontrolle empfehlenswert; Mit Hilfe des Schalters S kann wahlweise die Spannung am Eingang des Ladereglers RL oder am Anlagen-Akku gemessen werden.

angeschlossenen Geräte nicht höher ist, als der Tiefentladeschutz (laut technischen Daten) verkraften kann.

Manchmal kann es von Vorteil sein, wenn der Laderegler über zwei Tiefentladeschutzausgänge verfügt – wie in *Abb. 8.3* dargestellt. Der eine Tiefentladeschutz schaltet etwas eher, der andere etwas später die an ihm angeschlossenen Verbraucher ab. So kann z.B. eine Notbeleuchtung länger eingeschaltet bleiben als die restlichen Verbraucher.

Manche speziellen Verbraucher – worunter z.B. einige „Solar-Kühlschränke" sind mit einem eigenen Tiefentladeschutz bereits vom Hersteller ausgestattet. Andere haben nur einen integrierten Tiefentlade-Alarm und fangen zu piepen an, wenn die Akkuspannung gefährlich gesunken ist.

Es ist von Vorteil, wenn man an die Anlagenbatterie einen Voltmeter (nach *Abb. 8.4*) zur Kontrolle anbringt.

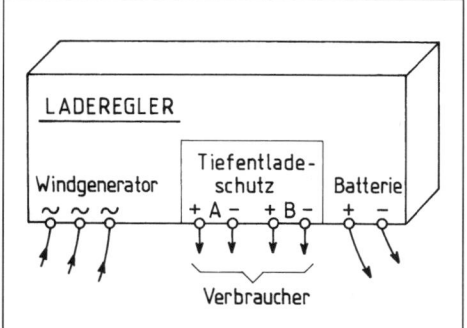

Bild 8.3   Beispiel der Klemmenanordnung eines Ladereglers mit zwei Tiefentladeschutzausgängen; Der Laderegler ist hier für einen Dreiphasen-Wechselstrom-Windgenerator ausgelegt (die von ihm gelieferte Wechselspannung wird im Laderegler gleichgerichtet).

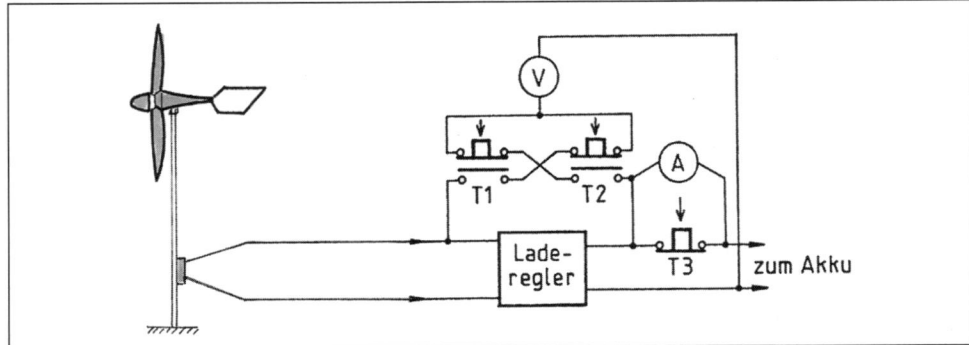

Bild 8.5 Mit Amperemeter A kann der jeweilige Ladestrom gemessen werden; Der Voltmeter V bedient sich hier nicht eines Umschalters, wie im vorhergehenden Beispiel, sondern einer Alternativlösung mit Tastern T1 und T2; sie sind elektrisch blockiert (wenn beide gleichzeitig gedrückt werden, entsteht kein Kurzschluß)

Eine noch bessere Übersicht über die laufenden Vorgänge ermöglicht ein zusätzlicher Amperemeter. Die Schaltung kann dann z.B. nach *Abb. 8.5* gestaltet werden. Ein (beliebiger) zusätzlicher Umschalter am Voltmeter ermöglicht wahlweise das Messen der jeweiligen Windgeneratoren-Spannung oder die Akkuspannung. Der Taster T3 unter dem Amperemeter kann entfallen, wenn der Innenwiderstand des Amperemeters derartig klein ist, daß der an ihm entstandene Energieverlust unbedeutend niedrig liegt.

Wartung der Bleiakkumulatoren und Sicherheitsmaßnahmen

Bleiakkumulatoren benötigen nur eine bescheidene Wartung, welche auch bei jeder Autobatterie üblich ist:

- Die Elektroden jedes einzelnen Akkus sollen mindestens etwa 5 mm unter dem Elektrolyt-Spiegel sein. Zum Nachfüllen der Batterie darf nur destilliertes Wasser verwendet werden.

- Wenn die Batterie-Anschlußklemmen an den Polen grüne Korrosionsansätze aufweisen, sollten sie mit warmen Wasser, in dem etwas Backsoda aufgelöst wurde, abgewaschen und danach neu eingefettet werden.

- Vergewissern Sie sich, ob die technischen Parameter Ihres Ladereglers mit dem übereinstimmen, was Ihre Batterie benötigt. Wichtig ist dabei, daß der Laderegler (bei einem starken Wind) in die Batterie nicht einen höheren Strom läßt, als sie verkraftet (also nicht mehr als 10% ihrer Nennkapazität in Ah).

- Bei Akkus, die älter als ca. 3 Jahre sind, sollte die Batteriesäure auf ihre Konsistenz überprüft werden. Bei Bedarf muß etwas Säure nachgefüllt werden (eine Autowerkstatt kann hier helfen).

- Die Batteriesäure ist eine giftige und ätzende Schwefelsäure, die beim Laden das explosive Wasserstoffgas erzeugt.

Schützen Sie hier bei der Arbeit Ihre Augen mit einer Schutzbrille. Vermeiden Sie offenes Feuer, Funken oder Rauchen in der Nähe der Batterie. Das Wasserstoffgas könnte beim Laden explodieren.

Je größer die Batterien sind, desto wichtiger ist es, daß der Raum, in dem sie untergebracht – bzw. geladen – werden, gut belüftet ist. Das beugt einer Explosionsgefahr und gesundheitlichen Schäden vor. Die Raumtemperatur sollte – soweit möglich – auch im Winter nicht unter den Gefrierpunkt sinken.

8

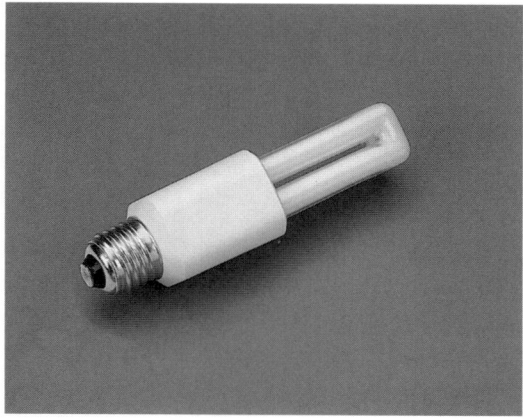

Energiesparende Lampen sind auch für 12- und 24V-Spannungen erhältlich

9 Welche Spannung und Kapazität muß ein Akkumulator haben?

Die handelsüblichen Spannungsregler sind (bis auf wenige Ausnahmen) nur für das Laden von 12-Volt- oder 24-Volt-Batterien erhältlich. Damit erübrigen sich Überlegungen bezüglich anderer Anlagenspannungen.

Wesentlich komplizierter ist es mit der optimalen Batteriekapazität. Worum es sich handelt, wurde im vorigen Kapitel erklärt. Offen bleibt jedoch die Frage nach der anwendungsbezogenen Dimensionierung.

Begonnen wird hier mit dem vorhergesehenen Verbrauch. Festzustellen ist dabei in erster Linie folgendes:

- Welchen Strom (in A) benötigt jeder der geplanten Verbraucher?
- Wie viele Betriebsstunden pro Tag, pro Woche oder pro Monat sind zu erwarten?
- In welchen Monaten des Jahres werden die einzelnen Verbraucher benutzt bzw. überwiegend benutzt?
- Wie kritisch sind die Folgen, die eine Versorgungslücke verursachen kann?

Der Stromverbrauch eines jeden Verbrauchers läßt sich seinen technischen Daten entnehmen. Soweit er – wie z.B. bei der Lampe in *Abb. 9.1* – nicht aufgeführt ist, läßt er sich leicht anhand der anderen Daten ausrechnen:

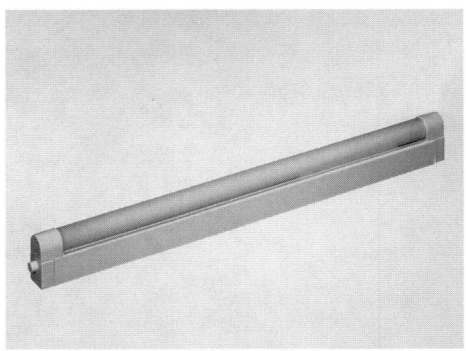

Bild 9.1 Ausführungsbeispiel einer 12 Volt/8 Watt-Leuchtstofflampe (Foto Conrad Electronic)

Leistung in Watt geteilt durch Spannung in Volt ergibt Strom in Ampere. Hier handelt es sich um eine 12-Volt/8-Watt-Lampe. Daraus ergibt sich:

$$8 \text{ Watt} : 12 \text{ Volt} = 0{,}666 \text{ Ampere}$$
(wir runden es auf 0,7 A auf).

Wie viele Stunden eine Lampe pro Tag oder pro Monat leuchten soll, hängt von der Anwendung ab. Als Beleuchtung eines kleinen Schrebergartenhäuschens wird sie wahrscheinlich höchstens 4 Stunden pro Woche benötigt. Dies zudem hauptsächlich während der Monate April, Mai, Oktober und November. Im Sommer braucht man selten Kunstlicht, im Winter selten das Schrebergartenhäuschen.

Den wöchentlichen „Kapazitätsverbrauch" der Anlagenbatterie rechnen wir einfach aus:

$$4 \text{ Stunden x } 0{,}7 \text{ Ampere} =$$
$$= 2{,}8 \text{ Amperestunden (Ah)}.$$

Mit dem Kapazitätsverbrauch läßt sich sehr leicht planen. Wenn der Anlagenbatterie in der Schaltung nach *Abb. 9.2* ein Teil ihrer Kapazität von 2,8 Ah entnommen wird, sinkt ihr „Kapazitätsvorrat" von den eingezeichneten 36 Ah auf 33,2 Ah. Da es sich hier bei den 2,8 Ah um einen Verbrauch pro Woche handelt, könnte hier die Lampe theoretisch bis zu etwa 10 Wochen lang betrieben werden, bevor die Batterie leer ist.

Der eigentliche Verbrauch der Lampe beträgt 28 Ah (10 Wochen x 2,8 Ah) und der monatliche Selbstentladeverlust (von 8% pro Monat) beträgt während der 10 Wochen ca. 20% der Batteriekapazität. 20% von 36 Ah sind 7,2 Ah (an Selbstentladung). Wenn wir nun diese 7,2 Ah zu dem Lampenverbrauch von 28 Ah dazurechnen, ergibt dies 35,2 Ah.

Nach dieser Berechnung dürfte also der Windgenerator annähernd bis zu 10 Wochen lang „streiken". So eine lange Durststrecke kommt in der Natur normalerweise gar nicht vor.

In Abb. 9.2 haben wir eine 36-Ah-Batterie deshalb eingezeichnet, weil sie trotz der relativ großen Kapazität sehr preiswert als Autobatterie erhältlich ist. In der Praxis könnte diese Batterie neben der Lampe auch noch andere Verbraucher versorgen.

Strikt genommen würde in so manchen Fällen der im Laderegler integrierte Tiefentladeschutz die Batterie etwas eher abschalten. Vielleicht sogar schon nach einem Kapazitätsverbrauch von ca. 30 Ah (was ja – wie bereits an anderer Stelle erwähnt wurde – herstellerabhängig ist). Das wäre aber auch nicht so tragisch und wir werden in unseren weiteren Rechenbeispielen diese herstellerbezogen variierende Abschaltschwelle einfach ignorieren. Das können wir uns schon deshalb leisten, weil wir erstens in den meisten Fällen

9

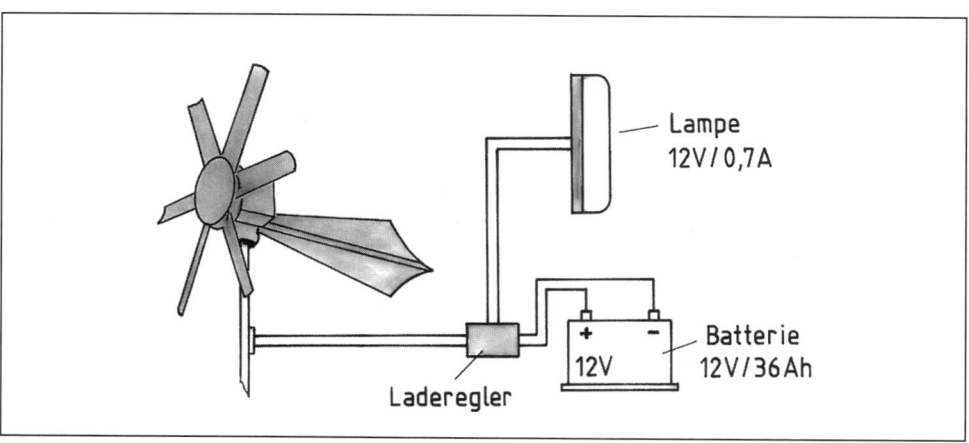

Bild 9.2   Schaltbeispiel einer einfachen Windgeneratoren-Stromversorgung

9

die errechnete Kapazität des Akkus ohnehin etwas großzügiger nach oben aufrunden; Zweitens ist das „Windangebot" nur geschätzt und der ganze Spielraum ist damit sehr dehnbar. Zugunsten, wie auch zuungunsten der Dimensionierung. Damit müssen wir uns jedoch bei diesen Naturgaben abfinden.

Daß der Energieverbrauch eines Anlagen-Akkus nachgeladen werden muß, dürfte wohl klar sein. Wir werden in unseren Planungsbeispielen jeweils den vorgesehenen Kapazitätsverbrauch aller Verbraucher ermitteln und daraus den Nachladebedarf der Anlagenbatterie ausrechnen. Für die Selbstentladung werden einheitlich 4% pro 14 Tage berechnet.

Als nächstes kommt nun die Frage nach der Nachlademöglichkeit eines Akkus vom Windgenerator. Wir wissen, daß es besonders im Herbst viel Wind gibt. Genauer gesagt, fängt es da mit dem Wind meist erst richtig an und dieser hält danach oft während der ganzen kühleren Jahreszeit bis zum Frühjahr durch. Allerdings nicht immer und nicht regelmäßig.

Die Ausgangsfrage jeder Planung lautet: „An wie vielen Tage pro Woche oder pro Monat ist der Wind kräftig genug, um einen Windgenerator betreiben zu können?". Natürlich ist es standortbezogen sehr unterschiedlich. Es gibt Gebiete (besonders in der Nähe der Nordsee), an denen der Wind fast ständig weht und es gibt Standorte, an denen er seltener ist. Zudem hängt es von den Windradtyp ab, bei welcher Windgeschwindigkeit der Generator eine brauchbare Leistung erbringt.

Bisherige Erfahrungen zeigen, daß man bei einer derartigen Planung an den meisten Standorten mit mindestens 4 bis 6 Tagen pro 2 Wochen mit einem Wind rechnen kann, der einen Windgenerator betreiben könnte. Von dem standortbezogenen Windaufkommen wird abhängen, ob der Anwender einen Windgenerator mit einem propellerartigen oder mit Savonius-Windrad für sein Vorhaben einplant.

Wir werden in den Planungsbeispielen einfach einheitlich mit einem standortbezogenen „brauchbaren" Windaufkommen von 96 bis 120 Stunden pro zwei Wochen rechnen. Hier handelt es sich um eine reine Erfahrungssache, bei der davon ausgegangen wird, daß die Kapazität der Anlagen-Batterie für 14 Tage ohne Nachladen ausreichen sollte. Für die meisten Anwendungen ist diese Zeitspanne angemessen. Nur dort, wo eine Unterbrechung der Stromversorgung unzumutbare Folgen haben könnte, sollte die Batteriekapazität etwas großzügiger dimensioniert werden.

Bei der Dimensionierung der erforderlichen Batteriekapazität gehen wir in folgenden Schritten vor:

Der Stromverbrauch eines jeden Verbrauchers (Lampe, Kocher usw.) wird notiert, anschließend wird geschätzt (oder errechnet), wieviele Betriebsstunden pro zwei Wochen anfallen und wie groß der daraus resultierende Kapazitätsverbrauch sein wird. Es spielt dabei keine Rolle, welche Anlagenspannung für das Projekt vorgesehen ist. Wir rechnen zwar mit einer Gleichspannung, die in den meisten Fällen 12 V oder evtl. 24 V betragen wird, aber auf den eigentlichen Kapazitätsverbrauch hat dies keinen Einfluß.

Wie wir bereits im Beispiel mit der Schrebergartenanlage zeigten, errechnet sich der Nachladebedarf aus folgenden Komponenten:

a) Nachladen der vom(n) Verbraucher(n) bezogenen Kapazitäts-Anteiles;

b) Nachladen des Kapazitätsverlustes durch Selbstentladung;

c) 20% Zugabe auf Ladeverluste.

Jetzt kommt eine weitere wichtige Frage an die Reihe: Wie groß muß der vom Windgenerator gelieferte Ladestrom sein und wie lange muß dieser Strom geliefert werden, um den Energieverbrauch (Kapazitätsverbrauch) nachzuladen, der der Anlagenbatterie entnommen wurde.

Vom Prinzip her ist es hier dasselbe, wie mit dem Nachfüllen eines jeden beliebigen Behälters. Daher ist es auch mit dem Rechnen völlig unkompliziert.

Wir gehen bei diesem Beispiel von „5 Ladetagen" (=120 Ladestunden) pro 14 Tage aus. Dies beinhaltet, daß der Windgenerator innerhalb von 120 Ladestunden den 14tägigen Energieverbrauch (den wir als „Kapazitätsverbrauch" bezeichnen) nachladen muß. Zumindest mehr oder weniger (das müssen wir der Natur überlassen).

Ein konkretes Planungsbeispiel ist aussagekräftiger als abstrakte Erklärungen. Wir geben uns vorerst mit einer bescheidenen Stromversorgung eines kleinen Objektes zufrieden und erstellen eine Übersicht der vorgesehenen Verbraucher und ihren 14tägigen Kapazitätsverbrauch in Ah:

Tabelle 9.1

Verbraucher	Strom-abnahme	Kapazitäts-verbrauch in 14 Tagen
Innenlampe	0,7 A	5 Ah
Außenlampe	1,1 A	2 Ah
El. Kaffee-kocher	12,5 A	50 Ah
Fernseher	2,9 A	<u>10 Ah</u>
		67 Ah

Der „Kapazitätsverbrauch" der Verbraucher ist hier nur als eine beispielsbezogene Angabe anzusehen. Wichtig ist hier für uns der errechnete „Verbrauch der Batteriekapazität" (von 67 Ah), den wir in allen Beispielen weiterhin einfachheitshalber als „Kapazitätsverbrauch" bezeichnen.

Wenn wir davon ausgehen, daß eine eventuelle Versorgungslücke wohl kaum zu schwerwiegende Folgen hätte, dürfte für eine solche Anlage eine 100-Ah-Autobatterie zunächst ausreichen. Damit will angedeutet werden, daß man später evtl. noch eine zweite 100-Ah-Batterie parallel zu der ersten Batterie zuschalten könnte, wenn es sich z.B. ergeben sollte, daß der Energieverbrauch höher ist, als vorgesehen war.

Der Windgenerator soll hier den Kapazitätsverbrauch, wie auch die Selbstentladeverluste der Batterie nachladen können. Der Kapazitätsverbrauch beträgt die bereits ermittelten 67 Ah. Auf die Selbstentladung entfallen weitere 4 Ah (als 4% der 100 Ah). Das ergibt 71 Ah.

Nun dürfen wir die Ladeverluste nicht vergessen. Sie betragen 20% des Nachladebedarfs (also 20% von 71 Ah). Das sind 14,2

9

Ah. Alles zusammen ergibt 85,2 Ah (71 Ah + 14,2 Ah = 85,2 Ah).

Diese 85,2 Ah sollte der Windgenerator innerhalb von 120 Betriebsstunden nachliefern können. 85,2 Ah geteilt durch 120 Betriebsstunden, ergibt einen Ladestrom von 0,71 A (85,2 Ah : 120 Std. = 0,71 A).

Wir brauchen also einen Windgenerator, der bei einer standortbezogenen „häufig vorkommenden Windgeschwindigkeit" im Durchschnitt mindestens einen Ladestrom von 0,71 A liefern kann.

Wenn man sich nun daran orientieren würde, daß bereits ein kleiner Fahrraddynamo einen Strom von stolzen 0,5 A (bei voller Fahrt) aufbringt, dürfte eigentlich ein ziemlich kleiner Windgenerator die vorgesehene Aufgabe bewältigen können. Leider ist es bei so einem Windgenerator mit der „vollen Fahrt" nicht so einfach, wie bei dem Fahraddynamo.

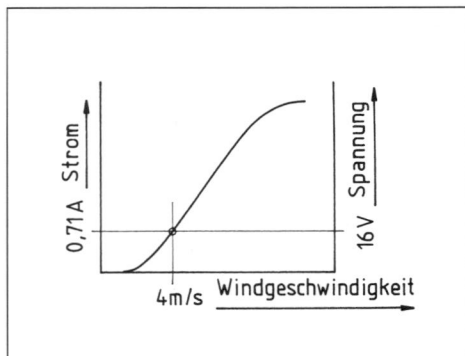

Bild 9.3 Strom/Spannungs-Kennlinie eines Windgenerators, der sich für das aufgeführte Planungsobjekt optimal eignen würde (vorausgesetzt, daß die häufige Windgeschwindigkeit am vorgesehenen Standort in der Nähe von 4 m/s liegt)

Die am Standort vorausgesetzte „häufige Windgeschwindigkeit" wird in den meisten Fällen aus dem Windgenerator nur einen kleinen Teil (z.B. nur 10%) seiner offizieller Nennleistung „herausholen" können.

Der Generator muß also mit anderen Worten etwa um das Zehnfache überdimensioniert werden, um die vorgesehene Arbeit einigermaßen kontinuierlich erbringen zu können. Er wird dann zwar bei einem kräftigen Wind annähernd seine volle Leistung liefern, aber der Bedarf wird wahrscheinlich gar nicht vorhanden sein, weil man mit dem Energie-Überschuß nichts anfangen kann (es sei denn, die Anlage arbeitet netzgekoppelt).

Abb. 9.3 zeigt eine Strom/Spannungs-Kennlinie (Ladekurve) eines kleinen Windgenerators, der sich für eine Anlage nach dem vorhergehenden Beispiel gut eignen würde. Wichtig ist hier vor allem, daß der Generator – bei der vorgesehenen Windgeschwindigkeit von 4m/s – neben dem erwünschten Ladestrom (von 0,71 A) auch eine ausreichend hohe Ladespannung liefern kann.

Wenn es sich beispielsweise um das Laden einer 12 V-Batterie handelt, sollte der Windgenerator (bei der vorgesehenen häufigen Windgeschwindigkeit) eine Gleichspannung von mindestens 16 Volt liefern können. Der Strom, der unter denselben Windverhältnissen geliefert wird, dürfte dann den errechneten Ladestrom nicht unterschreiten.

Für das Laden bzw. Nachladen einer 24 V-Batterie ist eine doppelt so hohe Spannung erforderlich – also mindestens 30 bis 32 V. Der errechnete Ladestrom wird dabei automatisch bei

9

demselben Verbrauch nur halb so hoch sein, wie bei einer 12-V-Anlage (was sich ohnehin bei der Berechnung der Stromabnahme von den 24-V-Verbrauchern automatisch ergibt).

Unter den zur Verfügung stehenden Angeboten werden wir in der Praxis leider nur selten einen Windgenerator finden, der haargenau unseren Anforderungen entspricht. Es ist dann ein etwas größerer Windgenerator anzuwenden, als theoretisch erforderlich wäre.

Das hat den Vorteil, daß die Anlage im nachhinein auch weitere Aufgaben übernehmen kann, an die vielleicht bei der Planung nicht gedacht wurde.

Man kann aber auch umgekehrt vorgehen und anfänglich einen etwas kleineren Windgenerator installieren. Wird dieser seiner Aufgabe nicht zufriedenstellend gerecht, kann z.B. ein zusätzliches Solarzellenmodul das Ladestromdefizit auffangen (siehe dazu Kap. 15).

Niedervolt-Verbraucher für kleine Windenergie-Anlagen

10

Es versteht sich von selbst, daß man bei Windenergie-Inselanlagen mit dem Stromverbrauch sparsam umgehen muß. Dafür stehen inzwischen auch viele energiesparende Verbraucher zur Verfügung.

Die größte Aufmerksamkeit verdient die Beleuchtung. Als wirklich energiesparend kommen nur Leuchtstofflampen oder spezielle Neonlampen in Frage, die oft als „Solarlampen" angeboten werden. Gute „Solarlampen" geben bei demselben Energieverbrauch fünf- bis sechsmal mehr Licht als Glühbirnen.

Maßgebend für den „Wirkungsgrad" einer Lampe ist der „Lichtstrom", den sie bei bestimmter Leistungsaufnahme erbringt. So geht beispielsweise aus der Tab. 10.1 hervor, daß eine 14-W-Leuchtstofflampe fast dieselbe Beleuchtung (annähernd denselben Lichtstrom) wie eine 75-W-Glühbirne (siehe Tabelle auf der nächsten Seite) bieten kann. Wir haben in dieser Tabelle den Lichtstrom von gängigen Standardglühbirnen aufgeführt, um den Vergleich in bezug auf den Lichtstrombedarf etwas „greifbarer" zu machen.

Tabelle 10.1 Technische Vergleichsdaten einiger energiesparender Lampen und der gängigen „Haushalts-Glühlampen" für 230-V-Wechselstromnetze

Energie-Sparlampen, die sich für 12-V- oder 24-V-Windgenerator-Anlagen gut eignen				
Marke/Typ	Versorgungsspannung	Leistungsaufnahme	Stromaufnahme	Lichtstrom in Lumen
Öko-Light 110-12	12 V	10,8 W	0,9 A	600 lm
Öko-Light 111-12	12 V	12,0 W	1,0 A	900 lm
Öko-Light 210-12	12 V	24,0 W	2,0 A	1800 lm
Öko-Light 110-24	24 V	10,8 W	0,45 A	600 lm
Öko-Light 111-24	24 V	12,0 W	0,5 A	900 lm
Öko-Light 210-24	24 V	24,0 W	1,0 A	1800 lm
Leuchtstoffleuchte	12 V	14,4 W	1,2 A	960 lm
Feuchtraumlampe	12 V	16,8 W	1,4 A	900 lm
Leuchtstoffleuchte „Twin-Light"	12 V	2 x 4,3 W	2 x 0,33 A	2 x 180 lm

Standard-Haushalts-Glühbirnen (für die normale 230 V-Wechselspannung – zum Lichtstromvergleich in bezug auf die Leistungsaufnahme):			
Leistungs- aufnahme	Lichtstrom in Lumen	Leistungs- aufnahme	Lichtstrom in Lumen
25 W	230 lm	60 W	730 lm
40 W	430 lm	75 W	960 lm

Bei der Planung kann man sich daran orientieren, was von Fall zu Fall erfahrungsgemäß als „ausreichende" Lichtstärke eingestuft werden dürfte: Auf der Toilette genügt eine 25-W-Glühbirne, die Nachttischlampe kommt mit einer 40-W-Glühbirne aus, über dem Eßtisch wäre eine Glühbirne von 75 W wünschenswert usw. Bei Zweifel läßt sich mit Hilfe von Glühbirnen praktisch ausprobieren, welche Leistung für das eine oder andere Anliegen erforderlich wäre. Somit kann man der Tab. 10.1 den entsprechenden Lichtstrom (der „Referenz-Glühbirne") entnehmen und nach einer energiesparenden Lampe mit vergleichbarem Lichtstrom Ausschau halten.

Bei anderen Verbrauchern ist das Verhältnis von Verbrauch zu Leistung leichter zu vergleichen und ein Optimum zu finden. Natürlich müssen dabei oft Kompromisse in Kauf genommen werden, an die wir „von Haus aus" eigentlich gar nicht mehr gewöhnt sind. Es kann z.B. schwerfallen, den Verbrauch eines Kühlschrankes mit dem Verbrauch des

Anwenders in einen befriedigenden Einklang zu bringen und das Beste aus der Sache zu machen. Das gemeine hierbei ist, daß z.B. ein doppelt so großer Kühlschrank nur 20% mehr Energie verbraucht ... (siehe auch Tabelle S. 96).

Relativ unproblematisch ist es bei der Planung von Pumpen. Hier werden einfach die Förderhöhen und die -leistungen (in Litern pro Minute) und die damit verbundenen Aufnahmeleistungen verglichen.

Unter den Fernsehern gibt es diverse kleinere tragbare Modelle, die für eine 12-V- und/oder 24-V-Batterieversorgung ausgelegt sind und einen Verbrauch von 35 bis 37 W haben.

Kleine Heiz- und Kochgeräte, worunter Wasser- oder Kaffeekocher, sind meistens als Autozubehör erhältlich und energiesparend ausgelegt.

Auch hier siehe Tabelle auf S. 96.

11 Stromversorgung von Schrebergartenhäusern, Garten- und Freizeitgrundstücken

Die Bausteine einer Windgenerator-Anlage sind uns inzwischen bekannt, die Stromabnahme einzelner Verbraucher geht aus ihren technischen Daten hervor und somit dürfte einem eigenen Entwurf nichts im Wege stehen:

Für die Stromversorgung eines kleinen Schrebergartenhäuschens nach Beispiel A (in der Tabelle unten) dürfte z.B. eine 12 V/60-Ah-Autobatterie optimal sein. Das Nachladen teilt sich hier in folgende Aufgaben: 37,4 Ah Kapazitätsverbrauch + 2,4 Ah (als 4% der 60-Ah-Batterie an Selbstentladung): Das ergibt 39,8 Ah (37,4 Ah + 2,4 Ah = 39,8 Ah). Dazu kommen noch 20% von den 39,8 Ah – das sind 7,96 Ah – als Ladeverluste.

Das ergibt einen Nachladebedarf von 47,76 Ah (39,8 Ah + 7,96 Ah = 47,76 Ah).

Bemerkung: wir runden bei unseren Beispielen die ermittelten Zahlen nicht auf – damit man es leichter zurückverfolgen kann.

Standortbezogen werden wir in diesem Fall davon ausgehen, daß hier die Nutzung während der etwas wärmeren Jahreszeit stattfindet. Der Planung legen wir hier nur vier windreiche Tage während eines Zeitraums von 14 Tagen zugrunde. Das sind 96 Arbeitsstunden (Ladestunden) des Windgenerators.

Daraus ergibt sich folgender Ladestrombedarf: 47,76 Ah : 96 Ladestunden = 0,5 A Ladestrom.

Soweit nur ein einziger Windgenerator als Energiequelle vorgesehen ist, muß er im Durchschnitt diesen Ladestrom aufbringen. Andernfalls kann er sich diese Aufgabe mit

Beispiel A – Kleineres Schrebergartenhäuschen (12-V-Spannung)			
Verbraucher	Stromverbrauch in A	im Zeitraum von 14 Tagen	
		Nutzungsdauer in Stunden	Kapazitätsverbrauch in Ah
Innenlampe	0,7	20	14,0
Außenlampe	1,1	2	2,2
Wasserkocher	12,5	1	12,5
Fernseher (35 W)	2,9	3	8,7
		insgesamt	37,4 Ah

einem zweiten kleinen Windgenerator oder mit einem kleinen Solarzellenmodul teilen (siehe Kap. 15 und 16).

Für die Anlage nach Beispiel B (siehe Tabelle) dürften z.B. zwei 12 V/60-Ah-Autobatterien im Parallelbetrieb eingesetzt werden. Das ergibt eine „Speicherkapazität" von 120 Ah.

Nachladebedarf: 94,7 Ah (Verbrauch) + 4,8 Ah (4% der Batteriekapazität) auf Selbstentladung = 99,5 Ah. Dazu kommen noch 19,9 Ah (als 20% auf Ladeverluste). Der gesamte Nachladebedarf beträgt dann 119,4 Ah.

Der Planung legen wir hier wieder 96 Ladestunden zugrunde. Der benötigte Ladestrom beträgt dann 1,25 Ah (119,4 Ah Nachladebedarf geteilt durch 96 Ladestunden).

Diesen Ladestrom muß entweder der Windgenerator alleine oder in einer der im vorherigen Beispiel angesprochenen Kombinationen aufbringen können.

11

Beispiel B – Größeres Schrebergarten-/Sommerhaus (12-V-Spannung):			
Verbraucher	**Stromverbrauch in A**	**im Zeitraum von 14 Tagen**	
		Nutzungsdauer in Stunden	**Kapazitätsverbrauch in Ah**
3 Innenlampen	2,1	6	12,6
Außenlampe	1,2	2	2,4
Wasserkocher	12,5	2	15,0
Fernseher	2,9	8	23,9
Kühlbox	3,6	8	28,8
Springbrunnen	1,2	10	12,0
		insgesamt	94,7 Ah

Stromversorgung von Garagen und Carports

Viele Garagen und Carports stehen derartig weit entfernt vom Haus, daß eine alternative Stromversorgung die beste Lösung darstellt. Sie ist zudem oft preiswerter als ein Netzanschluß. Es ist dabei sehr beruhigend, daß der Strom dann kostenlos z.B. für folgende Zwecke zur Verfügung steht:

- Der Garagentorantrieb kann per Fernsteuerung elektrisch bedient werden;
- Die Garage bzw. der Carport wie auch der Zufahrtsweg können elektrisch beleuchtet werden;
- Die Autositze können während der kälteren Jahreszeit elektrisch beheizt werden (dafür gibt es genügend preiswerte Autositzheizbezüge);

- Ein zusätzlicher Einbruchsschutz kann hier angeschlossen werden.

Für Garagentore gibt es gegenwärtig etliche elektrische Bausatzantriebe, die für eine Gleichspannung von 12 Volt ausgelegt sind. Einige von ihnen sind mit einem Solarzellenmodul und mit einer Solarbatterie erhältlich, können jedoch meistens auch ohne dieses Zubehör gekauft werden. Anstelle des Solarzellenmoduls wird dann ein kleiner Windgenerator eingesetzt. Die Solarbatterie könnte zwar – wie bereits erläutert wurde – auch für den Windgenerator verwendet werden, aber eine Autobatterie ist preiswerter.

Eine Garagenanlage mit Windgenerator zeigt *Abb. 12.1*. Bis auf den eigentlichen elektroni-

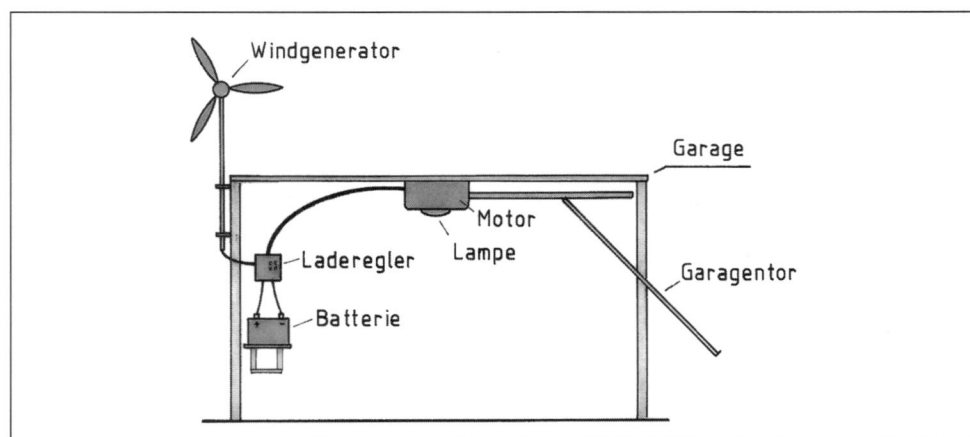

Bild 12.1 Stromversorgung einer Garage mit Hilfe eines Windgenerators.

schen Garagentorantrieb finden wir hier nur lauter bekannte Anlagenbausteine.

Planungsbeispiel C – Garage mit elektrischem 12 V-Gleichstrom-Torantrieb:

Die meisten Motoren solcher Kleinspannungs-Garagentorantriebe sind für Aufnahmeleistungen von ca. 100 bis 125 Watt ausgelegt und benötigen höchstens 10 Sekunden zum Öffnen oder Schließen des Tores. Daraus ergibt sich ein Verbrauch der Batteriekapazität von nur etwa 0,06 bis 0,075 Ah pro Torbetätigung (die angegebenen Werte berücksichtigen auch den erhöhten Stromstoß beim Einschalten des Motors).

Bei 20 Torbetätigungen pro Woche verbraucht somit der Motor nur bescheidene 1,2 bis 1,5 Ah der Batteriekapazität.

In den meisten Antriebseinheiten ist auch eine kleine Lampe integriert, die oft nach ca. 3 bis 5 Minuten automatisch abschaltet. Der Verbrauch liegt üblicherweise zwischen 6 und 9 W. Das ergibt umgerechnet (Leistung in W geteilt durch Spannung in V) einen Stromverbrauch von 0,5 bis 0,75 A.

Wenn nun angenommen wird, daß im Winter die Lampe bei jeder Torbetätigung aufleuchtet, verbraucht sie eine Batteriekapazität von ca. 0,025 Ah bis 0,063 Ah pro Torbetätigung. Das sind bei 20 Torbetätigungen 0,5 bis 1,26 Ah pro Woche (zusätzlich zu dem eigentlichen Motorverbrauch).

Als dritter Verbraucher im Bunde ist der „Standby-Betrieb" einzustufen. Bei guten Pro-

dukten verbraucht er etwa 2 mA (=0,002 A) – was bei dem Stand der heutigen Technik unnötig zu hoch ist. Fast jeder preiswerte Batterie-Funkwecker arbeitet mit ähnlichem Prinzip und begnügt sich mit einem Stromverbrauch, der etwa hundertmal niedriger ist.

Paradoxerweise gibt es gegenwärtig auf dem Markt etliche Garagentor-Antriebe (worunter auch sogenannte Markenprodukte), die als Solar-Antriebe angeboten werden und bei denen der Standby-Stromverbrauch in der Nähe von 10 mA (0,01 A) liegt (was viel zu hoch ist und damit zu viel Energie verbraucht).

Auf diesen „technischen Parameter" ist beim Kauf zu achten. Ein Standby, dessen Elektronik durchlaufend einen Strom von 10 mA verbraucht, bildet einen schlimmen Energiefresser. Eine kontinuierliche Stromabnahme von 10 mA summiert sich zu einem Verbrauch der Batteriekapazität von 1,7 Ah pro Woche.

Wenn dagegen der Standby-Verbrauch (bei einigen guten Torantrieben) nur tatsächlich bei 2 mA (= 0,002 A) liegt, ergibt es einen Verbrauch an Batteriekapazität von bescheidenen 0,34 Ah pro Woche. Hier gilt also beim Kauf der Slogan „Sehen ist Glauben". In diesem Fall handelt es sich um das Sehen aller benötigten technischen Daten.

Bis zu einem Standby-Stromverbrauch an Batteriekapazität (Kapazitätsverbrauch) von etwa 1 bis 2 Ah pro Woche dürfte man so einen Torantrieb notfalls dennoch akzeptieren (soweit es nach persönlichem Ermessen z.B. in Hinsicht auf den Kaufpreisvorteil – vertretbar ist).

12

12

Somit dürfte „typenbezogen" der wöchentliche Kapazitätsverbrauch insgesamt zwischen ca. 1,34 und 4,76 Ah (theoretisch) betragen. Die 4,76 Ah setzen sich zusammen aus den 1,5 Ah für den Elektromotor, den 1,26 Ah der Lampe und einem maximal annehmbaren Verbrauch von 2Ah der Standby-Elektronik.

Eine 36-Ah-Autobatterie würde hier als Zwischenspeicher mehr als ausreichen (das ist ohnehin die gängige kleinste und preiswerteste Autobatterie und daher dürften sich weitere Überlegungen erübrigen).

Das Nachladen besteht hier aus denselben Komponenten, wie beim Beispiel „A" im Kap. 11, nur die Zahlen sind anders. Um auch hier im Schema der 14tägigen Zeitspanne(n) zu bleiben, rechnen wir den vorhin ausgerechneten wöchentlichen Kapazitätsverbrauch von 4,76 Ah in 9,52 Ah um (4,76 Ah x 2 = 9,52 Ah). Dazu kommt noch die Selbstentladung (4% der 36-Ah-Batteriekapazität); das sind 1,44 Ah. Das ergibt 10,96 Ah (9,52 Ah + 1,44 Ah). Dazu letztendlich noch 20% von den 10,96 Ah – das sind 2,2 Ah – als Ladeverluste.

Das ergibt einen „Nachladebedarf" von 13,16 Ah (10,96 + 2,2 Ah = 13,16 Ah).

Wenn wir nun auch hier den Nachladebedarf durch 96 Ladestunden teilen, ergibt sich ein Ladestrom von 0,14 A (13,16 Ah : 96 Std. = 0,14 A), den bereits ein sehr kleiner Windgenerator bewältigen kann.

Es sollte nochmals darauf hingewiesen werden, daß der Windgenerator neben dem an sich sehr geringen Ladestrom noch eine Gleichspannung von mindestens ca. 16 V liefern müßte. Die benötigte Leistung liegt dann nur bei bescheidenen 2,24 W. Wie schon erwähnt wurde, ist sogar ein 10-Mark-Fahrraddynamo für eine Leistung von 3 Watt ausgelegt (die er bei schneller Fahrt liefert – allerdings bei einer Nennspannung von nur 6 Volt).

Der Hinweis auf den Fahrraddynamo dient hier einer greifbaren Vorstellung darüber, wie winzig in diesem Fall der Energiebedarf ist. Wir wissen jedoch, daß es in der Praxis nicht nur um die theoretische Nennleistung des Windgenerators geht, sondern darum, daß er standortbezogen bei den herrschenden Windverhältnissen, diese Leistung auch zu liefern bereit ist.

Eine höhere Leistung des Windgenerators wird benötigt, wenn die Garagenanlage auch noch zusätzliche andere Verbraucher mit Strom versorgen soll wie z.B. eine Außenlampe und einen Autositzheizbezug. Der Stromverbrauch der gängigen Heizbezüge liegt (typenabhängig) zwischen ca. 2,5 und 3,5 A.

Erfahrungsgemäß reichen hier ca. 5 bis 10 Minuten aus, um so einen elektrischen Sitzbezug angenehm aufzuwärmen – was u.a. von der jeweiligen Garagen- bzw. Außentemperatur (beim Carport) abhängt.

Folgendes Planungsbeispiel zeigt, mit welchem Energiebedarf ein solches Vorhaben verbunden ist. Wir rechnen für ein Heizkissen, das täglich 10 Minuten lang, 6 Tage pro Woche einen Strom von 3,5 A verbraucht:

Beispiel D – Garage/Carport mit beheiztem Autostuhl und Beleuchtung			
Verbraucher	Stromverbrauch in A	im Zeitraum von 14 Tagen	
		Nutzungsdauer in Stunden	Kapazitätsverbrauch in Ah
Elektr. Torantrieb	–	–	9,52
Autositzheizbezug	3,5	2	7,0
1 Außenlampe	1,1	3	3,3
			insgesamt 19,82 Ah

12

Um evtl. auch für weitere zusätzliche Verbraucher – worunter z.B. einen zweiten Autositzheizbezug – noch einen großzügigeren Stromversorgungsspielraum zu haben, planen wir hier eine 60-Ah-Autobatterie als Energiespeicher ein. Daraus ergibt sich folgende Berechnung:

Nachladebedarf: 19,82 Ah (Verbrauch) + 2,4 Ah (4% der Batteriekapazität) auf Selbstentladung = 22,22 Ah. Dazu kommen noch 4,36 Ah (als 20% auf Ladeverluste). Der Nachladebedarf beträgt: 26,58 Ah (22,22 Ah + 4,36 Ah).

Der benötigte Ladestrom beträgt hier 26,58 Ah : 96 Ladestunden = 0,28 A

Die beiden aufgeführten Beispiele bilden praxisorientierte Bauanleitungen, die unverändert übernommen werden können. Nur wenn der individuell vorgesehene Leistungsbedarf von dem einen oder anderen Beispiel zu sehr abweicht, kann hier alles bedarfsbezogen prozentual umgerechnet werden. Da sich das Windangebot ohnehin nicht genauer berechnen läßt, reicht eine grobe Schätzung des Unterschiedes im Verbrauch als Planungs-Ausgangspunkt aus.

Damit ist folgendes gemeint:

Wenn beispielsweise mehrere Leuchtkörper in der Garage bzw. als Außenbeleuchtung vorgesehen sind, die – im Vergleich mit Beispiel D – eine Erhöhung des Kapazitätsverbrauchs um 50% zufolge haben, wird auch eine entsprechend größere Autobatterie fällig (die natürlich auch einen höheren Ladestrom zum Nachladen beansprucht).

Ausgehend vom Beispiel D, käme hier (theoretisch) eine ca. 90 Ah-Autobatterie zum Einsatz und der benötigte Ladestrom würde dann ebenfalls um 50% auf ca. 0,42 A erhöht werden müssen.

Stromversorgung von kleineren Ferienhäusern

Einer Windgeneratoranlage ist es natürlich völlig egal, welche Objekte sie mit elektrischem Strom zu versorgen hat. Hauptsache, es stimmt die Leistung. Somit eignen sich die nun folgenden Planungsbeispiele genausogut für ein größeres Schrebergartenhäuschen, eine Berghütte, einen Caravan oder evtl. ein Boot. Im Vergleich zu den vorhergehenden Beispielen wird hier u.a. auch ein Kühlschrank eingeplant. Es handelt sich zwar um einen energiesparenden Kühlschrank, aber aus der nun folgenden Tabelle geht hervor, daß dieses nützliche Haushaltsgerät ein hungriger „Energiefresser" ist.

Der in Beispiel E (siehe Tabelle) eingeplante Kühlschrank hat laut Hersteller einen Tagesverbrauch von ca. 300 W an elektrischer Energie. Das sind umgerechnet die aufgeführten 1,1 A an kontinuierlichem Stromverbrauch. Die hier vorausgesetzte Betriebsdauer der restlichen Verbraucher wird in Hinsicht auf individuelle Ansprüche, wie auch auf die jahreszeitabhängigen Nutzungsperioden von Fall zu Fall sehr unterschiedlich ausfallen – was bei der Planung entsprechend zu berücksichtigen (und evtl. umzurechnen) ist.

Als ein preiswerter Energiespeicher dürften für diese Anlage sechs gleiche 12 V/100-Ah-Autobatterien im Parallelbetrieb (nach *Abb. 13.1*) eingesetzt werden. Das ergibt eine stolze Batteriekapazität von 600 Ah.

Nachladebedarf: 495 Ah Verbrauch (aufgerundet) + 24 Ah (4% der Batteriekapazität) auf Selbstentladung ergibt eine Zwischensumme von 519 Ah. Dazu kommen noch 120 Ah (als 20% auf Ladeverluste). Der Nachladebedarf beträgt:

$$519 \text{ Ah} + 120 \text{ Ah} = 639 \text{ Ah}$$

Beispiel E – Ferien-/Wochendhäuschen mit einem 12-V-Hausnetz			
Verbraucher	Stromverbrauch in A	im Zeitraum von 14 Tagen	
		Nutzungsdauer in Stunden	Kapazitätsverbrauch in Ah
3 Innenlampen	2,1	4	8,4
Außenlame	1,0	1	1,0
Kaffeekocher	12,5	7	87,5
Fernseher	2,9	10	29,0
Kühlschrank	1,1	336	369,0
			insgesamt 494,9 Ah

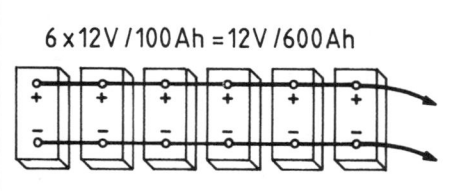

6 x 12 V / 100 Ah = 12 V / 600 Ah

Bild 13.1 Sechs 12 V/100 Ah Batterien ergeben im Parallelbetrieb eine 12 V/600-Ah-Batterie

Der Planung legen wir hier wieder 96 Ladestunden zugrunde, und rechnen nun den benötigten Ladestrom aus:

639 Ah : 96 Ladestunden = 6,66 Ah

Hier müßte ein wesentlich größerer Windgenerator zum Einsatz kommen als in den bisherigen Beispielen. Manchmal läßt sich jedoch der Energieverbrauch durch andere Maßnahmen verringern. In einem Wochenendhäuschen, das z.B. nur zwei Tage pro Woche bewohnt wird, muß der Kühlschrank nicht die ganze Woche laufen. Es genügt, wenn man mit einer zusätzlichen Kühlbox die kritischen Lebensmittel mit dem Auto mitbringt. Der Kühlschrank wird dann z.B. an-

stelle von 336 Stunden nur ca. 60 Stunden pro 14 Tage eingeschaltet sein (wir sehen uns im nächsten Beispiel an, wie sich dadurch der gesamte Energieverbrauch ändert):

Als ein preiswerter Energiespeicher dürften für die Anlage nach Beispiel F (Tabelle unten) zwei oder drei 12 V/100- Ah-Autobatterien im Parallelbetrieb eingesetzt werden. Das ergibt eine Batteriekapazität von 200 bzw. 300 Ah. Wir begnügen uns in diesem Beispiel mit einer Batteriekapazität von 200 Ah und begründen es damit, daß es sich um ein Objekt handelt, das nur ziemlich unregelmäßig benutzt wird.

Zu dem Nachladebedarf von 192,5 Ah (Verbrauch) kommen 8 Ah auf Selbstentladung (als 4% der Batteriekapazität), Das ergibt 200,5 Ah. Dazu kommen noch 40,1 Ah (als 20% auf Ladeverluste). Der gesamte Nachladebedarf beträgt dann 240,6 Ah (200,5 Ah + 40,1 Ah = 240,6 Ah).

Wir rechnen wieder mit 96 Ladestunden, woraus sich der folgende Ladestrom ergibt:

240,6 Ah : 96 Ladestunden = 2,5 Ah

13

Beispiel F – Ferien-/Wochendhäuschen mit einem 12-V-Hausnetz			
Verbraucher	Stromverbrauch in A	im Zeitraum von 14 Tagen	
		Nutzungsdauer in Stunden	Kapazitätsverbrauch in Ah
3 Innenlampen	2,1	4	8,4
Außenlame	1,0	1	1,0
Kaffeekocher	12,5	7	87,5
Fernseher	2,9	10	29,0
Kühlschrank	1,1	60	66,6
		insgesamt	192,5 Ah

13

Im Gegensatz zu dem vorhergehenden Beispiel sieht es diesmal mit dem Nachladebedarf wesentlich günstiger aus. Dennoch wäre auch hier in den meisten Fällen eine Kombination mit Solarzellen von großem Vorteil.

An anderer Stelle wurde bereits darauf hingewiesen, daß es gerade für diese Gleichspannung die größte Auswahl an energiesparenden Verbrauchern gibt. Es spricht jedoch nichts dagegen, daß stattdessen einer Versorgungs-Gleichspannung von 24 Volt Vorrang gegeben wird.

Dadurch, daß hier die Batteriespannung auf das Doppelte steigt, ändert sich an dem Berechnungsschema nichts. Der Ladestrom halbiert sich, aber die Ladespannung verdoppelt sich. Mit anderen Worten: der benötigte Windgenerator oder das benötigte Solarzellenmodul werden somit nicht kleiner (weder in der Leistung, noch in den Abmessungen); sie müssen nur ein anderes Spannungs/Ladestrom-Verhältnis aufweisen.

Soweit für eine 24-V-Anlage die gängigen 12-V-Autobatterien – oder alternativ 12-V-Solarbatterien angewendet werden, müssen sie bei größeren Kapazitätsbedarf seriell/parallel (z.B. nach *Abb. 13.2*) verschaltet werden.

In dem nun folgendem Beispiel G einer 24-V-Stromversorgung haben wir – wegen einer leichten Vergleichsmöglichkeit – dieselben Verbraucher und Betriebszeiten wie in der vorhergehenden Tabelle (F) übernommen.

In der Praxis wird es nicht immer gelingen, daß man eine Lampe oder ein Gerät wahlweise so-

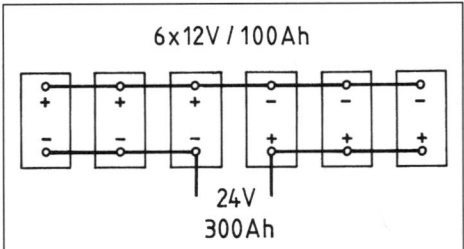

Bild 13.2 Für eine serielle/parallele Verschaltung dürfen nur baugleiche Batterien verwendet werden (dieselbe Spannung, Kapazität und Marke)

wohl für eine 12 V- als auch für eine 24-V-Versorgungsspannung erhält. Ziemlich unproblematisch ist dies bei Kühlschränken oder tragbaren Fernsehern (obwohl wenig bekannt).

Wir wenden – wie im vorhergehenden Beispiel – zwei 12 V/100-Ah-Autobatterien an. Diesmal jedoch in Serie. Zwei 12-V-Batterien in Serie ergeben eine 24-V-Batterie. Die Batteriekapazität beträgt 100 Ah (bei einer Serienschaltung summiert sich nur die Spannung, nicht die Kapazität).

Nachladebedarf: 96,25 Ah Verbrauch + 4 Ah (4% der Batteriekapazität) auf Selbstentladung (ergibt eine Zwischensumme von 100,25 Ah). Dazu kommen noch 20,05 Ah (als 20% auf Ladeverluste). Der gesamte Nachladebedarf beträgt hier 120,3 Ah (100,25 Ah + 20,05 Ah).

Der benötigte Ladestrom beträgt hier: 120,3 Ah : 96 Ladestunden = 1,25 A

Im Vergleich zum vorangegangenen Beispiel hat sich hier – wie erwartet der Ladestrom halbiert. Die Ladespannung muß jedoch doppelt so hoch sein.

Beispiel G – Ferien-/Wochendhäuschen mit einem 24-V-Hausnetz			
Verbraucher	Stromverbrauch in A	im Zeitraum von 14 Tagen	
		Nutzungsdauer in Stunden	Kapazitätsverbrauch in Ah
3 Innenlampen	1,05	4	4,2
Außenlame	0,5	1	0,5
Kaffeekocher	6,25	7	43,75
Fernseher	1,45	10	14,5
Kühlschrank	0,55	60	33,3
			insgesamt 96,25 Ah

Dies bedeutet, daß hier ein Windgenerator installiert werden muß, der für das Laden von 24-V-Batterien ausgelegt ist, bzw. der die benötigte Ladespannung (von ca. 32 V) bei der „häufig vorkommenden" Windgeschwindigkeit zuverlässig liefern kann (nebst dem benötigten Ladestrom).

Bemerkung: Wenn in einem Kleinspannungsnetz Geräte betrieben werden sollen, die für die gängige 230-V-Wechselspannung ausgelegt sind, kann – wie bereits aufgeführt – ein kleiner zusätzlicher Wechselrichter die zur Verfügung stehende 12-V- oder 24-V-Gleichspannung in die 230-V-Wechselspannung umwandeln.

Die Verluste der meisten Wechselrichter liegen jedoch gegenwärtig noch bei ca. 8 bis 10%. Die Anwendung eines Wechselrichters ist daher eigentlich nur dann sinnvoll, wenn spezielle Verbraucher betrieben werden sollen, auf die man nicht verzichten möchte. Als Beispiel kann hier eine elektrische Schreibmaschine dienen.

Die Aufgabe aller angeführten Beispiele besteht vor allem darin, daß der Leser ohne fremde Hilfe eine praktische Berechnung seiner Anlage leicht bewältigen kann.

In der Praxis wird standortbezogen die vorgesehene Nachlade-Zeitspanne des Windgenerators den örtlichen Windverhältnissen angepaßt werden müssen. Es wird windige Standorte geben, bei denen das Nachladen der Batterie im Durchschnitt wesentlich kürzere Zeitspannen als die vorgesehenen 96 Arbeitsstunden (pro 14 Tage) erlaubt. An einigen anderen Standorten wird es dem Wind wiederum nicht gelingen, den Nachladebedarf innerhalb der zwei Wochen zu bewältigen – wenigstens nicht während länger dauernder windarmer Perioden.

Da man aber eine jede solche Anlagen problemlos auch im nachhinein in beliebigem Umfang nachrüsten kann (mit einem Zweitgenerator, mit Solarzellen, wie auch mit weiteren Batterien), ist es nicht schlimm, wenn man bei der Planung Denk- oder Rechenfehler macht. Probieren geht hier oft über Studieren.

14 Kombination von Wind- und Solarenergie

Bei der alternativen Stromversorgung von netzunabhängigen Inselanlagen bietet die Nutzung der Kombination von Wind- und Sonnenenergie eine nahezu ideale Mischung. Hier handelt es sich ja um zwei Energiequellen, die sich naturbedingt ziemlich abwechseln und somit längere Lücken in der Energieversorgung sinnvoll füllen können.

An der eigentlichen Berechnung des Energieverbrauchs bzw. des Ladestromes – wie es in vorhergehenden Kapiteln gemacht wurde – braucht sich nichts zu ändern. Das Nachladen teilt sich dann nach Abb. *14.1* der Windgenerator mit einem Solarzellenmodul.

Es spielt dabei keine Rolle, wie sich diese zwei Ladestromlieferanten ihre Aufgaben untereinander einteilen. Hauptsache, sie bringen den erforderlichen Ladestrom per Saldo auf. Da es an vielen Standorten sehr oft entweder Wind oder Sonne gibt, verläuft das Nachladen der Anlagenbatterie ziemlich ausgewogen. Man kann dann so eine kombinierte Anlage (die in der Literatur oft als Hybridanlage bezeichnet wird) etwas risikofreudiger dimensionieren.

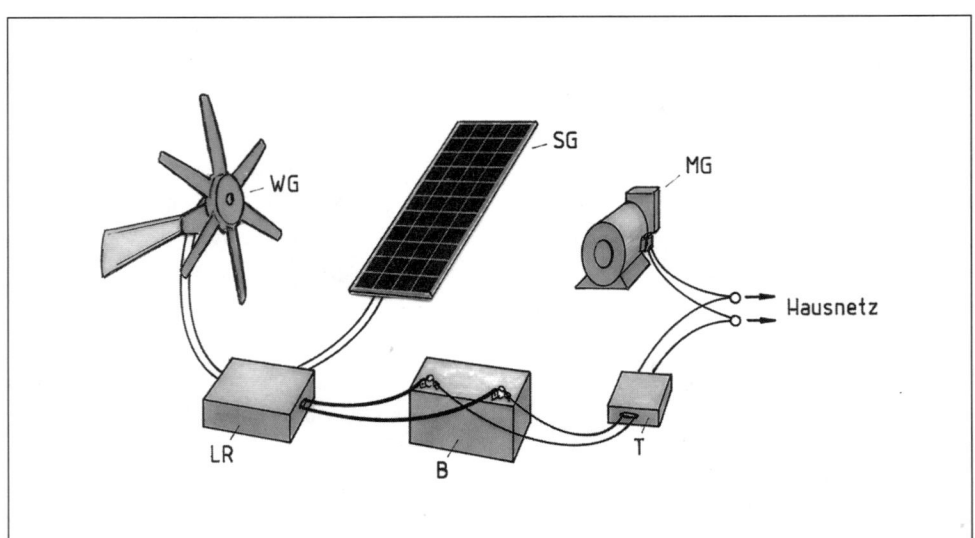

Bild 14.1 Schaltbeispiel einer kombinierten Stromerzeugung: der Windgenerator WG und das Solarzellenmodul SG laden über einen gemeinsamen Laderegler LR die Anlagenbatterie B, die über einen Tiefentladeschutz T das Hausnetz mit Energie versorgt. Es spricht nichts dagegen, daß ein zusätzlicher Motorgenerator MG die Anlagenausrüstung anfüllt.

Legt man bei der Anlage besonderen Wert darauf, daß es unter keinen Umständen zu Energieversorgungslücken kommt, kann ein zusätzlicher kleiner Motorgenerator einspringen. Kleine, mit Benzin oder mit Diesel betriebene Motorgeneratoren sind auch als 12-V- oder 24-V-Gleichspannungs-Generatoren erhältlich und können somit direkt an das Hausnetz angeschlossen werden.

Einige Windgenerator-Hersteller bieten mit ihren Windgeneratoren spezielle Laderegler an, die zwei Eingänge haben: Einen für den Windgenerator, den anderen für ein Solarzellenmodul – wie es auch in Abb. 14.1 eingezeichnet ist. Oft ist jedoch zu dem Windgenerator nur ein Laderegler mit einem einzigen Eingang erhältlich. In dem Fall muß das Solarzellenmodul einen eigenen Laderegler nach *Abb. 14.2* bekommen (den man problemlos als Zubehör von Solarzellenmodulen erhalten kann).

Hierbei sollten an beide Ausgänge der Laderegler – wie eingezeichnet – zwei zusätzliche „Schottky-Dioden" (als Schutzdioden D1, D2) eingelötet werden (soweit sich einem evtl. Schaltplan des Ladereglers nicht entnehmen läßt, daß dies nicht notwendig ist). Andernfalls könnten unerwünschte Fehlfunktionen bei der Laderegelung durch Spannungsunterschiede an den Laderegler-Ausgängen entstehen.

Es ist darauf zu achten, daß die Kapazität der Anlagenbatterie (in Ah) mindestens zehnmal höher ist, als die Summe der maximalen Ladeströme aller parallel arbeitenden Laderegler (soweit es sich nicht um spezielle Laderegler handelt, die nur einen eingeschränkten Ladestrom durchlassen).

Ist in einem der Laderegler-Gehäuse ein Tiefentladeschutz untergebracht, können die Verbraucher nicht an ihn angeschlossen werden, weil der Stromfluß über die eingelöteten Schottky-Dioden dann nur in Richtung vom Laderegler zu der Batterie (aber nicht mehr in der Gegenrichtung) fließen kann. Die Abhilfe ist hier jedoch einfach: Die Verbindung, über

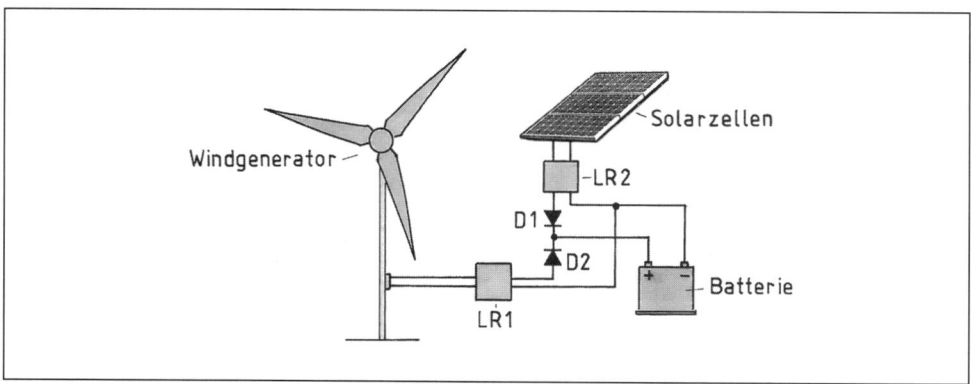

Bild 14.2 Schaltprinzip einer Hybrideanlage mit zwei unabhängigen Ladereglern (LR1 und LR2). D1, D2 = Dioden MBR 2045 CT oder MBR 2545 CT (erhältlich z.B. bei Conrad Electronic)

14

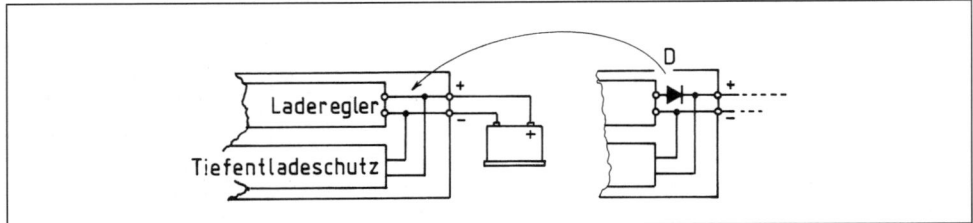

Bild 14.3 Wenn im Laderegler ein Tiefentladeschutz integriert ist, würde eine Schottky-Diode am Laderegler-Ausgang die Nutzung des Tiefentladeschutzes verhindern (siehe Text)

die der Tiefentladeschutz, an dem Laderegler-Ausgang im Inneren des Ladereglers angeschlossen ist, muß nach *Abb. 14.3* unterbrochen werden. Der Tiefentladeschutz wird danach über eine separate Leitung als ein selbständiges Gerät an die Batterie angeschlossen. Als eine technisch elegantere Lösung bietet sich hier das Einlöten der Schottky-Diode direkt im Gehäuse des Ladereglers an – soweit es der Raum im Gehäuse und das technische Know-how des Anwenders erlauben.

Es ist hier auf die max. zugelassene Belastung des Tiefentladeschutzes zu achten, die in den technischen Daten des Gerätes immer aufgeführt ist. Falls beide Laderegler über einen Tiefentladeschutz verfügen, dürfen ihre Ausgänge miteinander nicht parallel verbunden werden: Sie würden ja nicht gleichzeitig abschalten und damit wäre der noch eingeschaltete gebliebene Tiefentladeschutz durch die Verbraucher möglicherweise überlastet.

Die Sache mit dem Tiefentladeschutz dürfte für so manchen Leser mit Recht etwas zu kompliziert scheinen. Obwohl die gesamte Elektronik des Tiefentladeschutzes im Gehäuse des Ladereglers nur quasi als Untermieter sitzt, ist es nicht jedermanns Sache, die im

Bild 14.3 vorgeschlagene Modifikation vorzunehmen. Das ist auch nicht notwendig, denn es gibt genügend preiswerte Tiefentladeschutz-Geräte (Bild 14.4 und 14.5), die sich einfach nach Bild 15.2 (Seite 71) zusätzlich an die Anlagenbatterie anschließen lassen.

Bei der Wahl eines Tiefentladeschutzes ist darauf zu achten, welchen „maximalen Laststrom" das Gerät verkraften kann (den errechnen wir aus dem Strombedarf aller an ihm angeschlossenen Verbraucher, bei denen ein gleichzeitiger Betrieb vorkommen könnte). Der Tiefentladeschutz nach *Bild 14.4* kann höchstens einen Laststrom von 6,3 A verkraften, was nur für eine kleinere Anlage ausreicht. Das Model PTS1 nach Bild 14.5 ist für einen max. Laststrom von stolzen 20 A ausgelegt und somit wesentlich leistungsfähiger als sein „kleineres Brüderchen".

Man darf jedoch beliebig viele Tiefentladeschutz-Geräte nebeneinander an eine Batterie anschließen. Wenn evtl. die Entlade-Endspannung (die Abschaltschwellen) pro Gerät unterschiedlich eingestellt werden können – wie es z.B. auch bei dem Tiefentladeschutz PTS1 nach *Bild 14.5* möglich ist – kann gezielt ein abgestuftes Abschalten eingeplant werden. Wie bereits an anderer Stelle erwähnt wurde, kann z.B. eine Notbeleuchtung erst bei der niedrigsten Abschaltschwelle ausgeschaltet werden – was allerdings bei einer einigermaßen gut dimensionierten Anlage bei etwas Glück gar nicht vorkommen wird.

Die eigentliche Tiefentladeschutz-Elektronik, die evtl. bereits in einem der Laderegler (oder sogar in beiden Ladereglern) integriert ist, kann dann eventuell negiert werden.

Ordnungshalber sollte jedoch darauf hingewiesen werden, daß so ein elektronischer Tiefentladeschutz einen gewissen kontinuierlichen Stromverbrauch hat. Dieser liegt zwar typenabhängig meistens „nur" bei ca. 1 bis 5 mA, aber es ist immerhin ein „Energiefresser", der in dem Fall keine Gegenleistung erbringt. Getreu dem Motto „Füttere keine Pferde, die Du nicht reiten kannst" sollte man nach Möglichkeit im Inneren des Gerätes die Stromzufuhr zu diesem nutzlosen „Untermieter" unterbrechen (durchzwicken-) – oder von jemandem, der sich auskennt, durchtrennen lassen).

Eine Lösung nach Bild 15.2 (S. 71) ist allerdings nur dann notwendig, wenn an beiden (bzw. allen) Laderegler-Ausgängen zusätzliche Schutzdioden (D1 und D2 nach Bild 14.2) eingelötet wurden – was jedoch nicht bei jeder Laderegler-Type notwendig ist. Hier lohnt es sich also, daß man diese Frage mit dem Lieferanten der Laderegler konsultiert – oder dies zumindest versucht. Die Chancen auf Erfolg stehen aber in der Praxis erfahrungsgemäß auf etwas zu wackligen Füßen und somit bleibt die Lösung nach Bild 15.2 (S. 71) bei kombinierten Anlagen oft als der einzige gute Ausweg übrig.

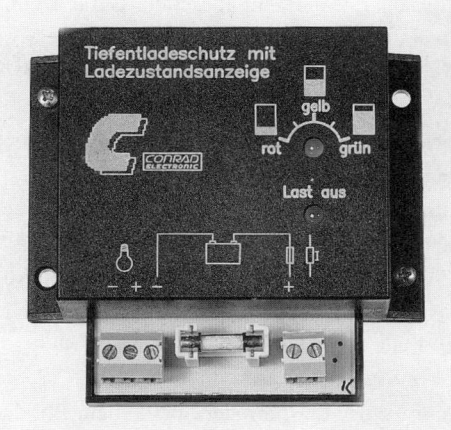

Bild 14.4 12 V-Tiefentladeschutz mit Ladezustandsanzeige: Dieses Gerät eignet sich optimal zum nachträglichen Einbau; die max. Strombelastung (der Laststrom) beträgt hier 6,3 A. Der Eigenstromverbrauch liegt hier bei ca. 4 mA; Abmessungen: 98 x 88 x 35 mm; informativer Preis: DM 49,95 (Anbieter: Conrad Electronic)

Bild 14.5 12 V-Tiefentladeschutz-Gerät „PTS1": Als Besonderheit können hier drei verschiedene Abschaltschwellen programmiert werden (wahlweise 10,5 V, 11 V oder 11,5 V); Rückschaltschwelle liegt bei 12,3 V; Eigen stromverbrauch ca. 1,5 mA; Abmessungen: 60 x 55 x 20 mm; informativer Preis: DM 59,95 (Anbieter: Conrad Electronic)

14

Ein separates Tiefentladeschutz-Gerät hat ohnehin meistens noch andere zusätzliche Vorteile, die ein im Laderegler integrierter Tiefentladeschutz nicht aufweist: So zeigt beispielsweise das Gerät nach Bild 14.4 über eine LED, die ihre Farbe stufenlos von rot über gelb nach grün ändert, den Ladezustand der Batterie an. Bei dem Gerät nach Bild 14.5 können wiederum drei verschiedene Abschaltschwellen programmiert werden (siehe tech. Daten unter der Abbildung).

Nun zu der Leistung der Solarzellen: Bei der Planung darf davon ausgegangen werden, daß moderne kristalline Solarzellen bei voller Sonnenbestrahlung ca. 1,4 bis 1,7 Watt pro Quadratdezimeter Zellenfläche an elektrischer Leistung liefern. In einem Solarzellenmodul sind allerdings zwischen einzelnen Solarzellen schmale Zwischenräume, wodurch bei der Modulenbruttofläche bestenfalls nur eine Maximumleistung von ca. 1,3 bis 1,65 Watt pro Quadratdezimeter zu erzielen ist.

Einen Quadratdezimeter (= eine Fläche von 10 x 10 cm) kann man sich leicht vorstellen, und es erleichtert eine grobe Schätzung der Leistung in bezug auf die Solarzellenfläche. So hätte beispielsweise ein Solarzellenmodul von der Größe dieses Buches eine Solarzellenfläche von ca. 3,68 dm^2. Die Maximumleistung eines derartig kleinen Modules würde demnach etwa 4,78 bis 6 Watt betragen (typenbezogen).

In der Praxis wird jedoch bei der Planung umgekehrt vorgegangen: Man sucht sich unter diversen Solarmodulen ein solches aus, dessen Parameter dem beabsichtigen Vorhaben am besten entsprechen und erst danach wird überlegt, ob – oder wo – sich so etwas anbringen läßt. In dem Zusammenhang sollte man bedenken, daß die Solarzellenfläche möglichst genau zum Süden hin ausgerichtet werden muß – wobei auch der optimale Neigungswinkel nach *Abb. 14.4* zu berücksichtigen ist).

Die Frage eines richtig gewählten Verhältnisses zwischen der Leistung des Windgenerators und der Leistung des Solarzellenmodules hängt vor allem davon ab, während welcher Monate des Jahres der höchste Energiebedarf beansprucht wird.

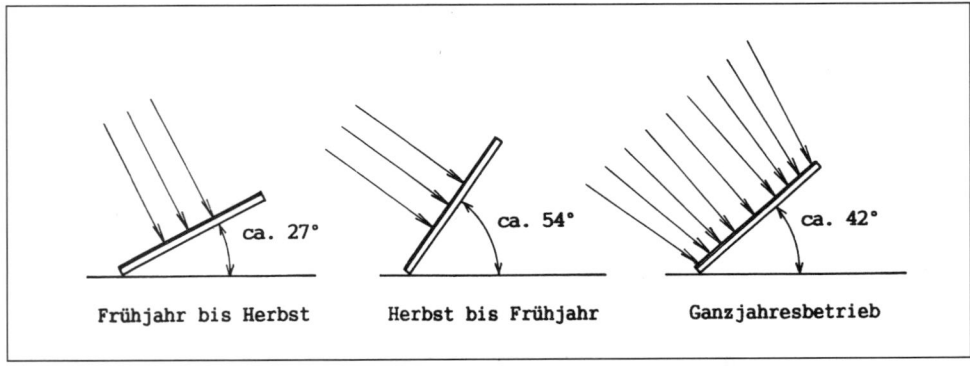

Bild 14.6 Optimale Neigung einer Solarzellenfläche, die zum Süden ausgerichtet ist.

Bei einem Schrebergartenhaus, das während der Wintermonate kaum bewohnt wird, könnte eine Leistungteilung von 1:1 am besten sein. Dabei dürfte berücksichtigt werden, daß der Wind wohl bis zu 24 Stunden pro Tag genutzt werden kann, aber die Sonne nicht. Die vorgesehene (auf die Windgeschwindigkeit bezogene) Leistung des Windgenerators kann daher auch bei einem angestrebten Kräfteverhältnis von 1:1 etwas niedriger sein, als die des Solarzellenmoduls.

Wenn dagegen auf eine jahreszeitunabhängige Stromversorgung Wert gelegt wird, ist davon auszugehen, daß es insbesondere im Dezember und Januar oft sehr wenig Sonne gibt und die Tage kurz sind. Hier wird vor allem der Windgenerator den Bedarf an elektrischem Strom decken müssen. Das Solarzellenmodul wird in manchen Wintern nur tröpfchenweise Strom liefern können. Der Windgenerator sollte daher so dimensioniert werden, daß er den größeren Teil der im Winter benötigten Energie liefern kann.

In der Praxis können die Ansprüche an Energieversorgung von Fall zu Fall sehr unterschiedlich sein. So kann z.B. in einem Wochenendhäuschen der größte Verbrauch an elektrischer Energie während der Sommermonate anfallen, wenn z.B. eine kräftige elektrische Kühlanlage (Klimaanlage) betrieben wird. Den Strom werden hier Solarzellen liefern müssen, denn wenn es heiß ist, weht kein Wind. In einem solchem Fall wird es sich lohnen, wenn die Leistung des Solarzellenmoduls wesentlich größer wird als die des Windgenerators.

Bei kleineren Inselanlagen können in der Regel zusätzliche Solarzellen auch erst nach-

träglich angebracht werden, falls sich herausstellt, daß der Wind die vorgesehene Aufgabe nicht zufriedenstellend bewältigen kann.

Eine derartige Nachrüstung setzt keine besonderen Vorsorgemaßnahmen im Planungsstadium des Windgenerators voraus. Nur die eigentliche Kapazität des Akkumulators darf – wie bereits erklärt – etwas bescheidener dimensioniert sein, da durch die zusätzlichen Solarzellen die eventuellen Versorgungslücken beim Ladestrom naturbedingt kürzer werden (da sich Sonne und Wind abwechseln).

Berechnung der Solar-Ladeleistung

Es gibt eine Unmenge an handelsüblichen Solarzellenmodulen: kleine, große, dicke, dünne usw. Bei der Wahl des Moduls ist auf folgendes zu achten:

- das Solarmodul sollte mit „kristallinen Solarzellen" bestückt sein. Die sogenannten amorphen Solarmodule (auch „Dünnschicht-Module" genannt) haben immer noch einen viel zu niedrigen Wirkungsgrad und – was noch schlimmer ist – sie „ermüden" zu schnell beim Betrieb im Freien.
- Die maximale Modulen-Ausgangsspannung bei Belastung (auch als Nennspannung bezeichnet) sollte das Nachladen der Batterie auch noch dann ermöglichen, wenn die Intensität der Sonnenstrahlen etwas bescheidener ist.

Bei einem Solarzellenmodul, daß z.B. nur während des Sommers eine 12 V-Batterie nachladen soll, darf man sich mit einer Nenn-

14

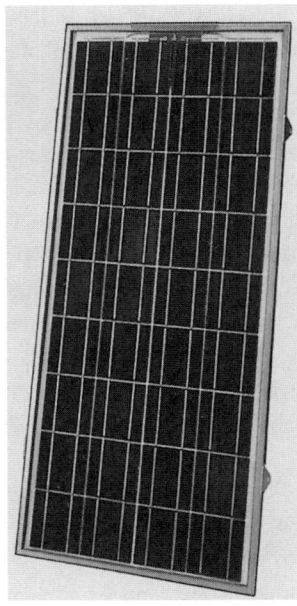

Bild 14.7 AEG-Solarmodul MQ 36/53:
Nennleistung 53 W, Nennstrom 3,1 A,
Nennspannung 17 V; Abmessungen
459 x 976 x ca. 11 mm

- Der Modulen-Nennstrom (Strom bei max. Belastung) sollte dabei etwas höher liegen, als der theoretisch benötigte Ladestrom („Nachladestrom") der Anlagen-Batterie.

Sehen wir uns nun interessehalber das AEG-Solarzellenmodul in Bild 14.7 an: Seine Nennleistung beträgt 53 Watt, sein Nennstrom 3,1 A und seine Nennspannung 17 V. Es handelt sich hier also um ein „Schönwetter-Modul", daß sich vor allem für die Anwendung während der Sommerperiode eignet.

Dieses Beispiel hat aber nur einen rein informativen Charakter. Soweit wir nur eine kleinere Anlage errichten möchten, wird ein wesentlich kleineres (und preiswerteres) Modul ausreichen. Bei einer netzgekoppelten Anlage müßten dagegen viele solcher großen Module miteinander verschaltet werden, um eine entsprechend große Solarzellenfläche bilden zu können.

spannung (nicht Leerlaufspannung!) von ca. 17 V zufrieden geben. Wenn das Solarmodul aber z.B. von April bis September gut funktionieren soll, wäre eine Nennspannung von etwa 18,5 bis 19 V vorteilhafter. Hier können die Solarzellen auch bei etwas schwächeren Sonnenstrahlen immer noch eine „brauchbare" Ladespannung liefern (damit ist eine Spannung gemeint, die höher ist, als die Spannung der Batterie). Falls so ein Solarmodul auch während der Wintermonate angewendet wird, sollte seine Nennspannung möglichst oberhalb von 20-V liegen. Für eine 24 V-Anlage sind selbstverständlich doppelte Nennspannungswerte angesagt (man schaltet da oft mehrere Solarzellenmodule in Serie, um die optimale Nennspannung zu erhalten).

Bei konkreten Planungsüberlegungen dürfte als Ausgangspunkt der Nachladebedarf der verbrauchten Batteriekapazität dienen, den wir u.a. in den Planungsbeispielen A bis G in Kap. 11 bis 13 jeweils ausgerechnet haben.

So haben wir z.B. im Planungsbeispiel A (11. Kapitel/Seite 52) einen Nachladebedarf von 47,76 Ah pro 14 Tage ermittelt. Wenn z.B. die Hälfte dieses Nachladebedarfs – also ca. 24 Ah – die Solarzellen aufbringen sollten, müßte man nach einer entsprechenden „Solarleistung" Ausschau halten.

Natürlich dreht sich nun alles um die „Preisfrage" von welcher Solarzellen-Leistung man jahreszeitbezogen ausgehen kann. Noch vorteilhafter wird es, wenn man anstelle des Begriffes „Leistung" gleich mit einer „Flächengröße" planen kann.

Mit der Flächengröße läßt sich erfahrungsgemäß am einfachsten planen, wenn man mit „Kästchen" von 1 dm^2 (10 x 10 cm) rechnet. 1 m^2 Solarzellenfläche teilt sich „nur" in 100 solche „Miniflächen"; Das erleichtert die Vorstellung.

Die nun folgende Tabelle zeigt direkt, wieviel von der verbrauchten Kapazität einer 12-V-Batterie innerhalb von 14 Tagen von einer 1 dm^2 Solarzellenfläche jahreszeitbezogen (statistisch) nachgeladen werden kann:

Monat:	Nachgeladene Kapazität pro 1 dm^2 Zellenfläche während 14 Tagen:
Januar	0,8 Ah
Februar	1,6 Ah
März	2,4 Ah
April	3,2 Ah
Mai	3,8 Ah
Juni	3,9 Ah
Juli	4,0 Ah
August	3,7 Ah
September	3,0 Ah
Oktober	1,9 Ah
November	0,9 Ah
Dezember	0,7 Ah

Zu beachten: Bei einer 24-V-Batterie halbieren sich die hier angegebenen Ah-Werte (pro 1 dm^2 Zellenfläche). Die Solarzellen müssen bei derselben Leistung (in Watt) eine doppelt so hohe Ladespannung aufbringen, womit sich mathematisch bedingt der Ladestrom halbiert (Leistung in W = Spannung in V x Strom in A).

Nun zurück zu unserem Planungsbeispiel A aus dem Kapitel 11: Bei einer Schrebergartenhäuschen-Anlage, die lückenlos auch während der Wintermonate arbeiten soll, wäre hier der Monat Dezember als der kritischste Monat einzustufen. Eine Solarzellenfläche von ca. 34 dm^2 (0,34 m^2) würde in diesem Monat etwa (34 x 0,7 Ah) 23,8 Ah nachladen können.

Falls wir uns damit begnügen, daß hier die Stromversorgung nur (oder zumindest „überwiegend") zwischen April und September voll beansprucht wird, bildet der Monat September „das schwächste Glied der Kette". Hier könnte eine Solarzellenfläche von ca. 8 dm^2 die volle Hälfte des Nachladebedarfs decken (3 Ah x 8 = 24 Ah).

Wenn es jedoch im Juni und Juli wenig Wind gibt, müßten unter Umständen die Solarzellen das Nachladen der Anlagenbatterie im vollen Umfang bewältigen. Der Begriff „voller Umfang" kann allerdings situationsbedingt sehr variieren. Einige Verbraucher – wie Leuchtkörper, Kühlschrank, Fernseher, Springbrunnen usw. werden ja jahreszeitbezogen unterschiedlich betrieben.

Viele Schwerpunkte des Energieverbrauchs werden sich ohnehin erst im Laufe der Zeit herauskristallisieren. Wie schon an anderer Stelle erwähnt wurde, läßt sich aber jede Anlage auch im nachhinein bedarfsbezogen nachrüsten und eventuelle Denk- oder Einschätzungsfehler können leicht behoben werden.

14

Mehrere Windgeneratoren im Parallelbetrieb

Ein Parallelbetrieb von zwei (oder mehreren) Windgeneratoren setzt keine besonderen Maßnahmen oder Berechnungen voraus. Es macht auch nichts aus, wenn es sich um unterschiedliche Generatoren handelt.

Im einfachsten Fall können zwei oder auch mehrere Einphasen-Windgeneratoren an einen gemeinsamen Laderegler nach *Abb. 15.1* über zusätzliche Schottky-Dioden angeschlossen werden – soweit sie (oder andere Halbleiter mit ähnlicher Funktion) nicht bereits direkt in den Windgeneratoren integriert sind. Andernfalls würde der Generator mit niedrigerer Ausgangsspannung den Strom des Generators mit höherer Ausgangsspannung verbrauchen.

Dies setzt allerdings voraus, daß die technischen Parameter des Ladereglers es erlauben: der Laderegler muß für eine Belastung ausgelegt sein, die etwas höher ist, als beide Windgeneratoren bei einem Sturm liefern können.

Andernfalls müssen einzelne Laderegler nach *Abb. 15.2* angewendet werden, die über zusätzliche Schottky-Dioden die Anlagenbatterie nachladen.

Das separat eingezeichnete Tiefentladeschutz-Gerät wurde bereits im vorhergehenden Kapitel beschrieben und in zwei Ausführungen abgebildet. Für evtl. Tiefentladeschutz-Elektronik, die direkt in einem der

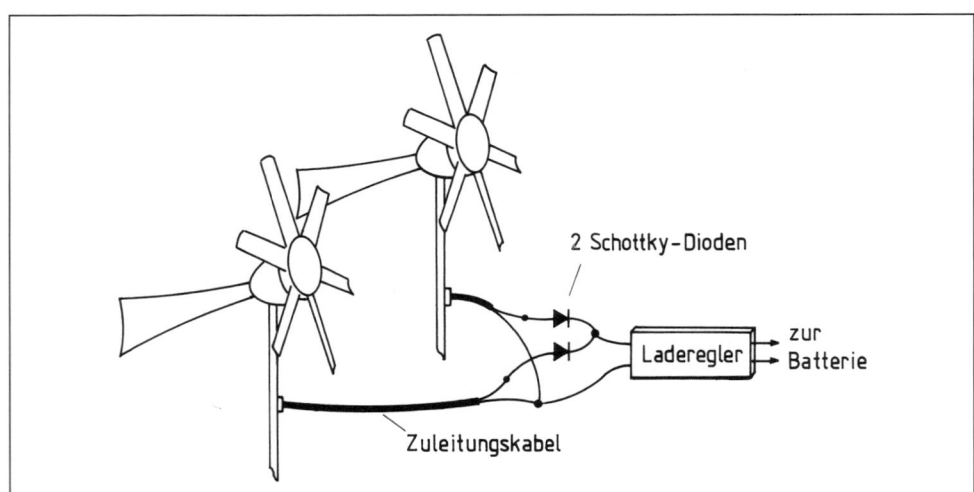

Bild 15.1 Wenn sich zwei oder mehrere Windgeneratoren eines gemeinsamen Ladereglers bedienen, sollten zusätzliche Schottky-Dioden eingelötet werden

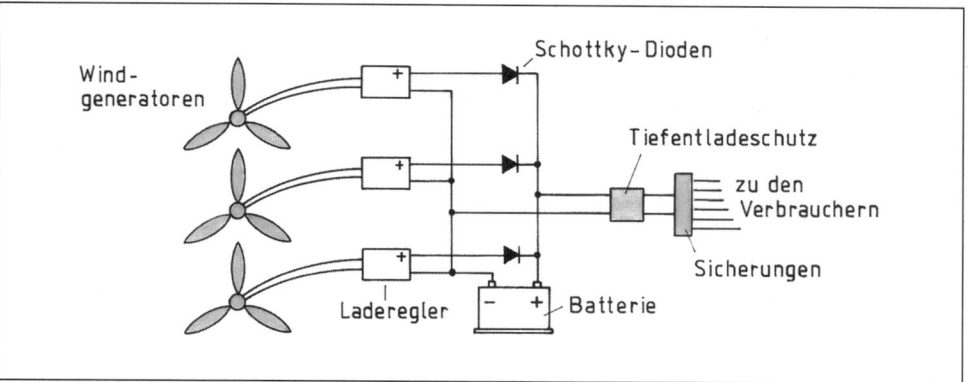

Bild 15.2 Windgeneratoren im Parallelbetrieb: Hier hat jeder Windgenerator seinen eigenen Laderegler; die eingezeichneten Schottky-Dioden verhindern, daß sich die unterschiedlichen Ausgangsspannungen gegenseitig „bekämpfen"

Laderegler (bzw. in mehreren Ladereglern nach Bild 15.2) integriert ist, gilt dasselbe, was über dieses Thema im vorhergehenden Kapitel geschrieben wurde: Nach Möglichkeit sollte also auch hier jeweils die Stromzufuhr zu der „ungenutzten Schaltung" der ganzen Tiefentladeschutz-Elektronik unterbrochen werden.

Die im Bild 15.2 eingezeichneten Sicherungen entfallen, wenn sie bereits im Tiefentladeschutz-Gerät integriert sind – es sei denn, man dimensioniert die im Tiefentladeschutz integrierte(n) Sicherung(en) nur als Hauptsicherung(en) und bringt noch weitere zusätzliche Sicherungen für einige der kritischen Sektionen an.

Netzgekoppelte Windgeneratoren

Ein netzgekoppelter „Haus und Garten Windgenerator" benötigt immer einen speziellen Wechselrichter (Wandler), um mit dem öffentlichen elektrischen Netz verbunden werden zu können. *Abb. 16.1* zeigt das Schaltbeispiel eines Dreiphasen-Windgenerators. Wenn das Haus weniger Energie verbraucht als der Windgenerator liefert, werden die Überschüsse in das öffentliche Netz eingespeist. Wenn dagegen mehr Energie benötigt wird, als der Windgenerator gerade erzeugt, wird sie aus dem Netz bezogen.

Bereits am Anfang der Planung einer netzgekoppelten Anlage sollten unbedingt zwei kompetente Stellen konsultiert werden:

a) Die zuständige Baubehörde: Um in Erfahrung zu bringen, bis zu welchem Windraddurchmesser es keine Probleme mit dem Baugenehmigungsverfahren geben wird und worauf sonst noch zu achten ist.

b) Den zuständigen Stromlieferanten: Er kann sehr hilfreiche Empfehlungen bzgl. der Wahl des optimalen Wechselrichters geben und informiert über Vorbedingungen, auf deren Einhaltung der Stromlieferant – der zugleich zum Stromabnehmer wird – besteht.

Beide aufgeführten Konsultationen sind kostenlos und erfahrungsgemäß ist mit einer freundlichen, partnerschaftlichen Zusammenarbeit zu rechnen.

Bei netzgekoppelten Anlagen ist der Stromlieferant (die zuständige Elektrizitätsgesellschaft) grundsätzlich berechtigt, ihre Anforderungen zu bestimmen. Sie hat auch das

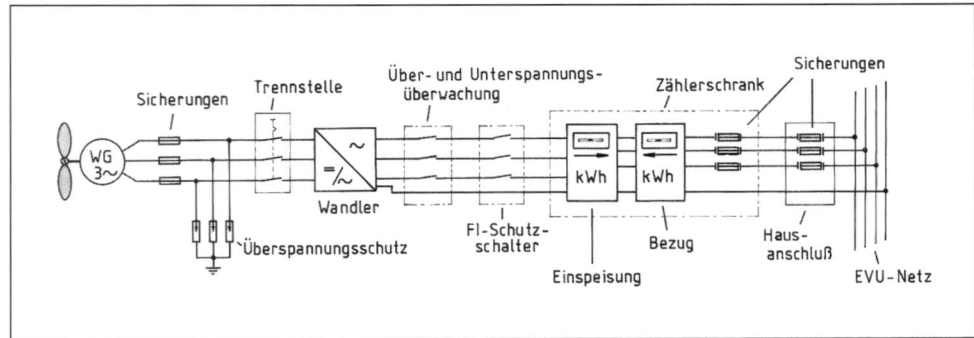

Bild 16.1 Schaltbeispiel eines netzgekoppelten Dreiphasen-Windgenerators, der an das öffentliche (EVU) Netz angeschlossen ist

Recht, zu verlangen, daß die Installation von einem Elektroinstallateur errichtet wird, der – wie es offiziell heißt – im Installateurverzeichnis des Elektrizitätsversorgungsunternehmens eingetragen ist.

Das Wort „errichtet" bedeutet in der Praxis nicht, daß der verantwortliche Installateur auch eigenhändig die Installationen ausführen muß. Ein privater Errichter kann sie unter Aufsicht von einem kompetenten Elektriker in einem vereinbarten Umfang selbst anlegen. Der Elektriker kann sich dabei auf einige Ratschläge und auf eine Endkontrolle beschränken, bzw. einige der komplizierteren Arbeiten durchführen.

Netzgekoppelte Windgeneratorenanlagen werden oft mit solarelektrischen Generatoren (Solarzellenmodulen) nach *Abb. 16.2* kombiniert. Für derartige Anlagen gibt es spezielle Wechselrichter, die über zwei separate Eingänge verfügen: einen für den Windgenerator, den anderen für das Solarzellenmodul (bzw. für eine größere Solarzellenfläche, die aus mehreren Solarzellenmodulen besteht).

Netztaugliche Wechselrichter sind teure Geräte, bei denen der Preis verständlicherweise mit der Leistung steigt. Man sollte daher die Leistung dieses Gerätes mit der Leistung des Windgenerators bzw. auch der des Solarzellenmodules gut abstimmen.

Was die Vergütung für den eingespeisten, umweltfreundlich erzeugten Strom anbelangt, gibt es gegenwärtig immer noch keine festen Tarife. Eine aktuelle Auskunft kann diesbezüglich der Stromlieferant geben, der ja in dem Fall gleichzeitig zum Stromabnehmer wird.

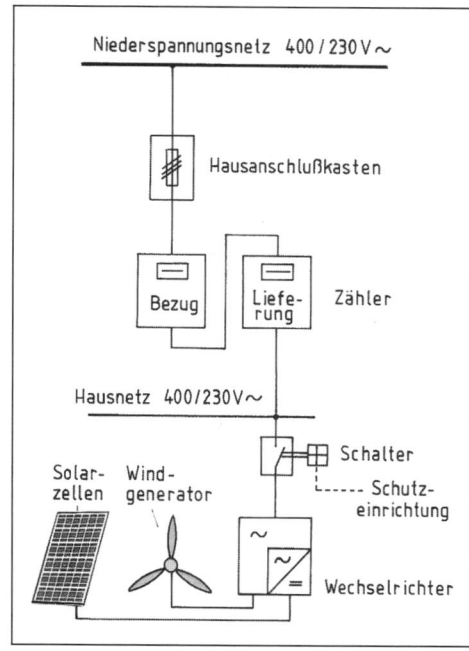

Bild 16.2 Schaltbeispiel einer kombinierten netzgekoppelten Wind/Solaranlage

Momentan ist die ganze Sachlage noch etwas unklar. Einige Politiker setzen sich mit viel Begeisterung aber mit wenig Kompetenz dafür ein, daß die Einkaufstarife für diesen Strom gravierend höher sein sollten, als die gängigen Verkaufstarife der Elektrizitätswerke sind – was teilweise (regional) durchgesetzt wurde.

Die Sache hat jedoch eine große Schwachstelle: Der Besitzer eines netzgekoppelten Windgenerators kann problemlos aus der Steckdose eines Nachbarn den relativ preiswerten Netzstrom beziehen und diesen teuer an den Stromlieferanten als „umweltfreundlichen Strom" zurückverkaufen. Es ist derselbe Trick, wie wenn ein Landwirt im Supermarkt preiswerte Eier aus Legebatterien einkauft

16

und diese dann seinen Kunden als Eier von freilaufenden Hennen teuer zurückverkauft. Nur mit dem Unterschied, daß bei den Eiern ausschließlich der gutgläubige Käufer den Aufpreis zahlt, und nicht die ganze Nation (als Pflichtabgabe oder als Preisaufschlag).

Daher sollte man als Errichter einer netzgekoppelten Anlage nicht unbedingt davon träumen, daß sich hier das investierte Geld zurückverdienen läßt. Wer so ein Vorhaben nicht aus edlen Beweggründen oder einfach aus Spaß an der Sache machen will, dem ist davon ganz einfach abzuraten. Besonders dann, wenn er selber nicht handwerklich derartig begabt ist, daß er die Installation, wie auch die Wartung eigenhändig bewältigen kann.

Wechselrichter und Spannungswandler

Wechselrichter – die auch als Spannungswandler, Wandler oder Inverter bezeichnet werden – sind in sehr unterschiedlichen Ausführungen und Leistungsklassen als Fertigprodukte erhältlich.

Wie bereits an anderen Stellen angesprochen wurde, sind spezielle (teure) Wechselrichter für die Netzeinspeisung unumgänglich. Diese Geräte müssen die ihnen zugeführte Wechseloder Gleichspannung aus dem Windgenerator bzw. auch noch die Gleichspannung aus den Solarzellenmodulen in eine perfekte Netzspannung umwandeln können.

Darunter ist eine „genau netzidentische" Wechselspannung zu verstehen, die zudem auch eine sehr gute 50 Hz-Sinusform aufweist. Der spezielle „netztaugliche" Wechselrichter muß fähig sein, die von ihm „gelieferte" Spannung auch exakt phasengleich an das öffentliche Netz ankoppeln zu können, ohne daß es dabei zu Stromstößen kommt.

Der Wechselrichter bestimmt hier die Qualität des erzeugten Wechselstroms, der ins öffentliche Netz als „Ware" verkauft wird.

„Netztaugliche" Wechselrichter (Inverter), offiziell als „Wechselrichter für Eigenerzeugungsanlagen" bezeichnet, werden nach der Art ihrer „Kommutierung" in zwei Gruppen eingeteilt:

Bild 17.1 Ausführungsbeispiel eines „netztauglichen" Wechselrichters (Inverters), der für die Wandmontage vorgesehen ist.

a) Selbstgeführte (eigenkommutierte) Wechselrichter
b) Netzgeführte (fremdkommutierte) Wechselrichter

Das klingt nun ziemlich kompliziert, ist aber in Wirklichkeit sehr einfach zu erklären:

Selbstgeführte Wechselrichter benötigen keine „fremde" Wechselspannungsquelle zur Kommutierung (also um eine netzidentische Spannung und Frequenz erzeugen zu kön-

17

nen). Für den „Netzparallelbetrieb" (für die Ankopplung an das öffentliche Netz) benötigen sie aber die vom Netz angezapfte Frequenz als Impulsstöße nur für die Synchronisation (Zündimpuls-Steuerung).

Ein „selbstgeführter" Wechselrichter kann also auch bei einer Störung im öffentlichen Netz die Energieversorgung des Objektes voll übernehmen, so weit es genügend Wind (bzw. Sonne) gibt und soweit die Leistung des Wind- oder Solargenerators sozusagen nicht nur einen „Tropfen auf dem heißen Stein" darstellt.

Netzgeführte Wechselrichter benötigen dagegen zur Kommutierung eine fremde, nicht zum Wechselrichter gehörende Wechselspannungsquelle – also die Wechselspannungs-Impulse aus dem öffentlichen Netz. Wenn es da zu einem Spannungsaufall kommt, kann

Bild 17.2 Der „Sunline-Sinus-Wechselrichter" wandelt eine 10,5 bis 16 V-Gleichspannung in eine sehr gute 230-V-Sinus-Wechselspannung um. Er ist für eine Dauerbelastung von 150 Watt und eine kurzzeitige Überlastung bis zu 300 Watt ausgelegt und gegen höhere Überlast gesichert. Der Wirkungsgrad liegt bei 90% (Foto Conrad Electronic)

ein „netzgeführter" Wechselrichter nicht mehr arbeiten (ist nicht „inselbetriebsfähig").

Inwieweit man bei der Anschaffung eines Wechselrichters auf den Aspekt der „Inselbetriebsfähigkeit" achten sollte, ist wieder nur eine reine Ermessensfrage. Eine länger dauernde Störung oder Stromunterbrechung hat bei einem Wohnhaus u.a. zufolge, daß Kühlschrank und Tiefkühltruhe auftauen und daß der Öl- oder Gasheizkessel außer Betrieb sind (die Steuerelektronik, die Umlaufpumpen und bei einem Ölheizkessel die Ölpumpe, der Bläser usw. fallen aus).

Hier kann ein Wechselrichter, der fähig ist auch ohne Netzspannung zu arbeiten, willkommene Dienste leisten. Es handelt sich allerdings um Dienste, die erfahrungsgemäß nur ausnahmsweise in Anspruch genommen werden könnten – wenn überhaupt. Jedenfalls ist es aber gut zu wissen, worin der Unterschied zwischen einem „selbstgeführten" und einem „netzgeführten" Wechselrichter (Inverter) besteht.

Die Qual der Wahl liegt jedoch bei so einem „netztauglichen" Wechselrichter vor allem darin, daß er gut auf den vorgesehenen Windgenerator abgestimmt werden sollte. Da kleinere netzgekoppelte Windgenerator-Anlagen sehr oft auch mit solarelektrischen Generatoren kombiniert werden, ist die Sache noch etwas komplizierter. Der Wechselrichter muß hier zwei Eingänge haben: Einen für den Windgenerator, den anderen für Solarzellenmodule.

Solarzellenmodule sind standardmäßig in allen nur denkbaren Größen und Ausführungen

17

Bild 17.3 Der hier abgebildete kleine „Mobil-Wechselrichter" wandelt eine 12 V-Gleichspannung in eine 230 V-Wechselspannung um. Seine Dauerausgangsleistung beträgt 220 Watt, seine Spitzenleistung stolze 450 Watt und sein Wirkungsgrad liegt oberhalb von 90%. Trotz seiner kleinen Abmessungen von 170 x 105 x 45 mm verfügt er über einen Überast,- Überhitzungs-, Kurzschluß-, Tiefentladungs- und Unterspannungs schutz und eignet sich laut Hersteller für den Betrieb von u.a. Motoren, Elektrowerkzeugen, Fernsehgeräten, Lampen usw. (Foto Conrad Elec tronic)

erhältlich, lassen sich zudem in vielen Kombinationen verschalten und im Prinzip an jeden Wechselrichter auch im nachhinein anpassen. Hier ist nur darauf zu achten, daß der Wechselrichter für die vorgesehene Solarzellenfläche auch optimal dimensioniert ist.

Wenn es sich dagegen um einen einfachen Wechselrichter für eine netzunabhängige „Inselanlage" handelt, können unter Umständen die Ansprüche auf seine technischen Parameter ziemlich bescheiden sein. Inwieweit „bescheiden", hängt vor allem davon ab, welche Geräte der Wechselrichter betreiben soll.

Den meisten Lesern werden wohl die kleinen preiswerten Auto-Wechselrichter (Gleichstrom/Wechselstrom-Spannungswandler) bekannt sein, die man im Auto an den 12-V-Stekker des Zigarettenanzünders anschließt und an

deren Ausgang eine 230-V-Wechselspannung zur Verfügung steht. Es gibt aber auch gehobenere bzw. größere Wechselrichter, die eine Gleichspannung von 12 V oder 24 V in eine 230 V-Wechselspannung umwandeln.

Bei allen diesen unabhängig arbeitenden Wechselrichtern interessieren uns (neben dem Preis) eigentlich nur vier Parameter:

a) Leistung (in Watt)
b) Spannungsform (Spannungsqualität)
c) Wirkungsgrad (in %)
d) Leerlauf-Stromaufnahme

Die benötigte Leistung ergibt sich logischerweise aus dem vorgesehenen Bedarf. Wenn man von einem 12-V- oder 24-V-Gleichspannungs-Hausnetz auch noch irgendwelche Verbraucher betreiben möchte, die für eine 230-V-

Wechselspannung ausgelegt sind, wird die Leistung des Wechselrichters von dem Leistungsbedarf des „größten" Verbrauchers bestimmt.

Grundsätzlich spricht jedoch – bis auf den Energieverlust von ca. 5% oder 6 % – nichts dagegen, daß man das Hausnetz einer Inselanlage gleich für die 230-V-Wechselspannung auslegt. In dem Fall muß die Leistung des Wechselrichters der Summe der Einzelleistungen aller in Frage kommenden Verbraucher gerecht sein, die hypothetisch gleichzeitig betrieben werden. Konkret sollte man z.B. damit rechnen, daß unter Umständen gleichzeitig der Fernseher, der Kühlschrank, der Wasserkocher und evtl. einige Lampen betrieben werden – und das alles müßte der Wechselrichter bewältigen können.

Der Begriff „Spannungsform" dürfte so manchem Leser etwas mysteriös vorkommen. Die Sache ist aber in Wirklichkeit ganz einfach: die Wechselspannung in unserem Netz hat eine saubere Sinusform. Preiswertere Wechselrichter produzieren dagegen nur eine sogenannte Trapezspannung, die man im Vergleich zu der „sauberen Sinusform" vereinfacht als eine „etwas unsaubere Treppenspannung" bezeichnen kann.

Ein elektrischer Wasserkocher, ein Haarfön, eine Leuchte oder eine rein elektromechanische Schreibmaschine nehmen auch mit einer solchen Trapezspannung genügend. Fernseher, Audiogeräte und PCs geben sich mit einer zu „unsauberen" Trapezspannung nicht – bzw. seltener – zufrieden (was jedoch markenabhängig variieren kann). In dem Fall sind Wechselrichter mit einer guten sinusförmigen Ausgangsspannung erwünscht.

Diese Wechselrichter sind zwar etwas teurer, weisen aber oft „automatisch" auch einen höheren Wirkungsgrad auf als die kleinen preiswerten Auto-Wechselrichter.

Es versteht sich von selbst, daß ein möglichst hoher Wirkungsgrad besonders dann wichtig ist, wenn das ganze Hausnetz mit einer 230-V-Wechselspannung arbeiten soll. Gute moderne Wechselrichter haben einen Wirkungsgrad von bis zu etwa 95%. Das heißt also, daß nur etwa 5% der zugeführten Energie (die aus der Anlagenbatterie bezogen wird) im Wechselrichter verloren gehen.

Bei kleineren Auto-Wechselrichtern liegt der Wirkungsgrad oft nur bei ca. 90% bis 92%. In solchen Wechselrichtern gehen also bis zu 10% der ihnen zugeführten Energie verloren.

Soweit der Wechselrichter nur gelegentlich gebraucht wird – oder nur einen kleineren Verbraucher betreiben muß – rechtfertigt ein relativ niedriger Anschaffungspreis die etwas höheren Energieverluste.

Unerwünscht hohe Energieverluste kann bei einem Wechselrichter auch seine Leerlauf-Stromabnahme verursachen. Auf diesen technischen Parameter ist besonders dann zu achten, wenn der Wechselrichter etwas kontinuierlicher betrieben werden soll. Es gibt z.B. Wechselrichter, die beim Leerlauf bereits einen Strom von ca. 0,25 A verbrauchen, aber es gibt auch solche, die einen Standby-Verbrauch von nur 0,025 A aufweisen.

Generell ist zu empfehlen, daß man für eine netzunabhängig arbeitende „Inselanlage" nicht unbedingt nur deshalb eine 230-V-

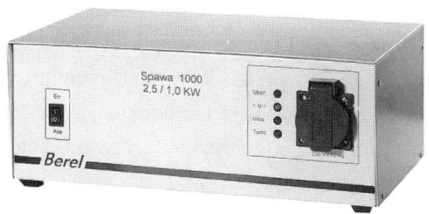

Bild 17.4 Der Spawa-1000 W-Wechselrichter gehobener Preisklasse wandelt eine Gleichspannung von 10 bis 15 V in eine 230 V-trapezförmige Wechselspannung um; Sein Wirkungsgrad liegt bei 95%, sein Standby Ruhestrom beträgt nur 25 mA, sein „aktiver Ruhestrom" 500 mA (Foto Conrad Electronic)

Bild 17.5 Spannungswandler 12 V auf 24 V; der Eingangs-Spannungsbereich ist für 10-12-15 V und einen Ausgangsstrom von 10 A ausgelegt. Abmessungen: 105 x 95 x 70 mm; Gewicht 0,55 kg (Conrad Electronic)

Wechselspannung einplant, um da irgendwelche alte „ausrangierte" Haushaltsgeräte betreiben zu können. Rein rechnerisch rentiert es sich, wenn man sich bevorzugt die passenden 12-V- oder 24-V-Verbraucher neu zulegt. Viele von ihnen arbeiten sowieso energiesparender, als die gängigen Netzverbraucher und kosten unter Umständen alle zusammen sogar weniger, als ein neuer Wechselrichter.

Gleichstrom/Gleichstrom-Spannungswandler

Die gängigsten Gleichstrom/Gleichstrom-Spannungswandler (international als DC/DC-Spannungswandler bezeichnet) sind für die Umwandlung von einer 12-V-Gleichspannung in eine 24-V-Gleichspannung oder umgekehrt von einer 24-V-Gleichspannung in eine 12-V-Gleichspannung ausgelegt.

Bezeichnet werden sie dann z.B. als „Spannungswandler 12V/24V" oder als „Spannungswandler 24V/12V". Die erst angegebene Spannung ist immer die „Eingangsspan-

nung", die darauffolgende Spannungsangabe bezieht sich auf die Ausgangsspannung.

Wozu kann so ein Spannungswandler eigentlich gut sein? Es kann vorkommen, daß man im 12-V- oder 24-V-Hausnetz ausgerechnet ein Gerät betreiben will, daß es ausgerechnet gerade nur für die Spannung gibt, über die das Hausnetz nicht verfügt.

Bild 17.5 zeigt einen Spannungswandler der eine 12-V-Gleichspannung in eine 24-V-Gleichspannung umwandelt. Da sich Gleichstrom bekannterweise nicht transformieren läßt, muß in diesem Fall der Spannungswandler intern erst den Gleichstrom in Wechselstrom umwandeln, danach transformieren (oder auf eine andere Art elektronisch die Spannung verdoppeln), dann wieder gleichrichten und stabilisieren. Das verteuert den ganzen Spaß.

Wesentlich einfacher ist es mit sogenannten „linearen" Spannungswandlern, die eine hö-

17

Bild 17.6 Ausführungsbeispiele einiger kleinerer Spannungswandler: die Gehäuse der oberen drei Geräte sind in „Kühlkörperversion" ausgeführt. Das größte Gerät (oben) wandelt eine 24-V-Spannung in eine 12-V-Spannung um und ist für eine Strombelastung von max. 12 A ausgelegt. Das darunterstehende Gerät funktioniert ähnlich, aber seine max. Stromentnahme beträgt nur 8 A. Das kleinste der Geräte regelt eine Eingangsspannung von 12 V wahlweise auf 4,5 V, 6 V oder 9 V herab (bei einer max. Stromentnahme von 1,5 A). Der unterste Spannungswandler ist als „Aufwärtswandler" von 12 V auf 24 V (max. 10 A) konzipiert. Foto Conrad Electronic

here Gleichspannung in eine niedrigere Gleichspannung einfach herabregeln, denn hier muß nicht „von unten nach oben" trans-

formiert oder kompliziert „verdoppelt" werden. Daher sind diese Spannungsregler oft auch wesentlich preiswerter, als Spannungsregler, die am Ausgang eine höhere Spannung als am Eingang bieten. Es gibt aber auch unter den Spannungsreglern, die „von oben nach unten" regeln, einige aufwendigere Geräte, die einen hohen Wirkungsgrad anstreben und deshalb ziemlich kostspielig konzipiert sind.

Wie aus dem Text zu Bild 17.6 hervorgeht, gibt es auch Spannungswandler für verschiedene andere Spannungen. In diesem Fall können an solch einem Gerät diverse elektronische Batterie-Kleingeräte – wie Notebooks oder Radios – angeschlossen werden.

Wenn es sich jedoch um Kleingeräte handelt, die regelmäßiger betrieben werden, könnte anstelle von einem zusätzlichen Spannungswandler lieber ein zusätzliches kleines Solarzellenmodul eine separate kleinere Batterie nachladen. Diese „Mini-Anlage" dürfte dann nur für den einen speziellen Verbraucher zur Verfügung stehen. Eine solche Lösung ist besonders dann zu empfehlen, wenn die eigentliche Stromversorgung des „Hausnetzes" nicht ausgesprochen überdimensioniert ist.

Schließlich wäre noch darauf hinzuweisen, daß es gegenwärtig kleine integrierte Schaltungen (ICs) gibt, die man ebenfalls als Gleichspannungswandler verwenden kann. Einige davon können sogar eine niedrigere Gleichspannung in eine höhere Gleichspannung umwandeln (allerdings meistens nur bei kleinen Leistungen).

Wesentlich robuster in bezug auf den Ausgangsstrom und gleichzeitig auch relativ einfach zum Nachbau sind die einstellbaren Spannungsregler nach Bild 17.7. Es gibt sie in verschiedenen Ausführungen, wobei das Gehäuse identisch mit dem Gehäuse eines Transistors ist (auch von der Größe her). So ein Spannungsregler benötigt nur 4 zusätzliche Bausteine: zwei Elektrolyt-Kondensatoren (10 µF/35 V und 100 µF/35 V), einen Widerstand (121 Ω) und einen Einstellpotentiometer (5 kΩ), mit dem sich die gewünschte

Ausgangsspannung einstellen läßt – allerdings nur „von oben nach unten" (womit sie also niedriger, als die Eingangsspannung wird).

Bemerkung: Soweit ein Spannungsregler einen höheren Strom, als etwa 1/5 seines zugelassenen Maximums liefern soll, benötigt er einen zusätzlichen Kühlkörper (dieser sollte gleich mitgekauft werden).

17

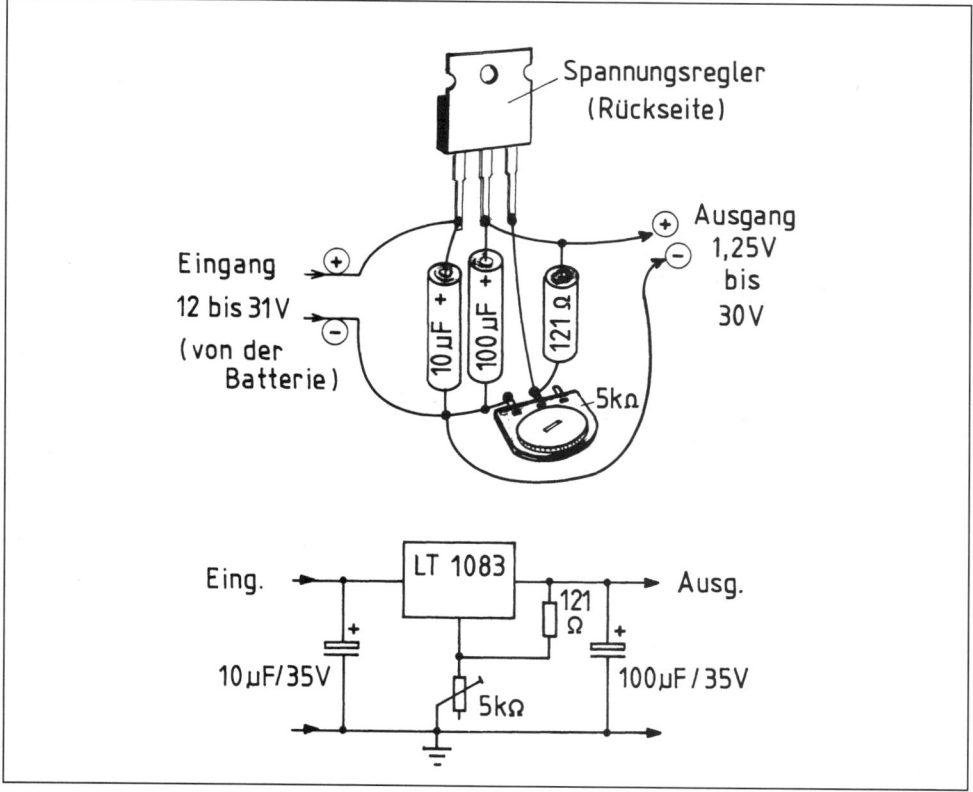

Bild 17.7 Nachbauleichtes Schaltbeispiel eines einstellbaren Spannungsreglers, dessen Ausgangsspannung etwa zwischen 1,25 V und der fast vollen Eingangsspannung regelbar ist (oben im Bild ist die Schaltung „in natura", unten mit gängigen Schaltzeichen aufgeführt); Der Ausgangsstrom hängt hier von der Type des Spannungsreglers ab und beträgt: beim LT 1086 CT max. 1,5 A, beim LT 1085 CT max. 3 A, beim LT 1084 CP max. 5 A und bei der Type LT 1083 CP max. 7,5 A (Anbieter: Conrad Electronic; alternativ in verschiedenen Ausführungen im Elektronik-Fachhandel erhältlich)

Vorschriften und Sicherheitsmaßnahmen

18

Wir haben bereits im Kap. 7 darauf hingewiesen, daß Kleinspannungsanlagen, die nicht netzgekoppelt sind, als solche keinem Vorschriftszwang unterliegen. Nur für das Aufstellen des eigentlichen Windgenerators ist ab einem gewissen Windraddurchmesser eine Baugenehmigung erforderlich. Die baurechtlichen Bestimmungen weisen regional noch ziemliche Unterschiede auf. Daher ist bereits im Planungsstadium eine rechtzeitige Konsultation bei der zuständigen Baubehörde sehr zu empfehlen.

Das Baugenehmigungsverfahren wurde in letzter Zeit bei kleineren Windgeneratoren sehr gelockert. Umso wichtiger ist es, den Nachbarn rechtzeitig darüber zu informieren, was man genau vorhat, wie das Ganze aussehen wird und wo es stehen soll, und zwar bevor man sich überhaupt auf den Weg zum Bauamt macht. Es sei denn, der Windgenerator soll auf dem Grundstück eines alleinstehenden Hauses bzw. Sommerhäuschens aufgestellt werden, in dessen direkter Umgebung es keine Nachbarn gibt.

Andernfalls ist zu berücksichtigen, daß auch ein kleiner Windgenerator einen gewissen Lärm bzw. gewisse Geräusche erzeugen kann, die der Nachbar unter Umständen als unzumutbar einstufen könnte. Hier geht es nicht so sehr um die ermittelbaren Meßwerte einer objektiven Lautstärke, sondern um das subjektive Empfinden (ein tropfender Wasserhahn ist kaum hörbar und kann dennoch so manchen von uns verrückt machen).

Es sind zudem Fälle bekannt, bei denen sogar der Schatten oder die Lichtreflexionen des drehenden Propellers (durch das Flimmern) die Wohnräume oder die Terrasse des Nachbarn zu einer Disco umwandelten. Auch wenn sich die Baubehörde in dieser Hinsicht als aufgeschlossen und unbürokratisch zeigt, sollte der Aufsteller nicht davon ausgehen, daß jedes Mittel den Zweck heiligt.

Wichtig: Wer sich eine größere, kompakte Anlage kauft, die bereits baubehördlich zugelassen wurde, kann von dem Anbieter alle benötigten Unterlagen bekommen. Manchmal handelt es sich hier jedoch nur um typgeprüfte Anlagen, bei denen der Prüfungsumfang nicht unbedingt in allen Bundesländern den jeweiligen Vorgaben gerecht wird – was mit der zuständigen Baubehörde rechtzeitig geklärt werden sollte.

Baurechtlich bietet einen ziemlich großen Spielraum die Frage der Statik einer jeden Windenergie-Anlage. Auch ein kleiner Windgenerator kann eine potentielle Bedrohung für den Fall darstellen, daß ihn ein kräftiger Sturm als eine Art Knüppel zur Vernichtung vom Besitz des Nachbarn anwendet. Wenn dabei der Beschädigte selber nicht gegen

Sturm versichert war, muß er nota bene für so einen Schaden sogar selber aufkommen.

Zu den „gefährdeten Objekten" gehören baurechtlich auch öffentliche Straßen, Wege und Brücken, die ein „vom Sturm verwehter" Windgenerator (mit Mast) blockieren oder beschädigen kann.

Die Baubehörde wird also bei der Beurteilung der Kriterien für eine Baugenehmigung alle derartigen Gegebenheiten mitberücksichtigen.

Im einfachsten Fall wird gar keine Baugenehmigung notwendig sein – vorausgesetzt, der „Bauherr" achtet darauf, daß gewisse Grenzen hinsichtlich der Höhe des Mastes oder des Durchmessers des Windrades nicht überschritten werden. Andernfalls empfiehlt es sich, daß zunächst eine „Bauvoranfrage" über die Gemeinde an die zuständige Bauaufsichtsbehörde eingereicht wird.

Bei kleineren Projekten wird für eine solche Bauvoranfrage (wie auch bei der Antragstellung für eine Baugenehmigung) als „Bauzeichnung" nur eine einfache Skizze genügen. Sie kann auch ohne Lineal – also nur aus der Hand – erstellt werden.

Normale „gehobenere" Bauvorhaben werden grundsätzlich in 4 Ansichten (bezogen auf die Himmelsrichtung) und mit einem Grundriß dargestellt. In der rechten oberen Ecke der Zeichnung wird ein kleiner Lageplan (Abzeichnung der Flurkarte) im Maßstab 1:5000 eingezeichnet.

Der Lageplan sollte möglichst genau der kadastralen Flurkarte entsprechen, die beim Ka-

dasteramt gegen eine kleine Gebühr erhältlich ist.

Auf die eigentliche Bauzeichnung wird in der Regel nur ein kleiner Ausschnitt aus dem Lageplan übernommen, der für eine maßstabsgerechte Einzeichnung des vorgesehenen „Bauobjektes" und seine Lokalisierung erforderlich ist. Aus dieser Zeichnung soll also u.a. ersichtlich sein, wie weit entfernt der Windgenerator von der Grundstücksgrenze zum Nachbarn oder zur Straße stehen wird.

Ein beigelegtes Foto des Windgenerators bzw. eine Schnittzeichnung (die vom Hersteller erhältlich ist) wird von einigen Bauämtern ebenfalls verlangt – oder zumindest begrüßt, wenn es sich um größere Windgeneratoren handelt.

Bei größeren Vorhaben wird möglicherweise das Bauamt verlangen, daß die eingereichten Bauunterlagen von einem zugelassenen Architekten oder Meister unterzeichnet sind (der die Verantwortung für die Ausführung übernimmt). Zudem kann das Bauamt auf weiteren prüffähigen Unterlagen über die Statik und andere bautechnisch erforderliche Eigenheiten des Projektes bestehen.

So ein Bauantrag wird ja nicht nur in Hinsicht auf die reinen bautechnischen Gesetze und Bauordnungen geprüft. Die Straßenbaugesetze, Naturschutzgesetze, Landschaftsgesetze und diverse lokale Verordnungen können bei größeren Windgeneratoren solch ein Vorhaben ganz schön komplizieren.

Manchmal muß das Genehmigungsverfahren noch weitere „Genehmigungsschleifen"

18

durchlaufen, die mit der Gewerbeordnung, mit Maschinenschutzgesetz, Energiewirtschaftsgesetz, Bundesimmissionsschutz und diversen damit verbundenen Verordnungen zusammenhängen.

Die „Technische Anleitung Lärm" aus dem Bundesimmissions-Schutzgesetz gibt beispielsweise folgende Grenzwerte für die erlaubten Schalldruckpegel an, die bezogen auf die jeweiligen Einstufungen der Bebauungsgebiete nicht überschritten werden dürfen:

a) Gewerbegebiet –
   am Tag 65 dB(A); nachts 50 dB(A)
b) Mischgebiet –
   am Tag 60 dB(A); nachts 45 dB(A)
c) allgemeines Wohngebiet –
   am Tag 55 dB(A); nachts 40 dB(A)
d) reines Wohngebiet –
   am Tag 50 dB(A); nachts 35 dB(A)

Das sind Grenzwerte, in deren Nähe man bei kleineren Windgeneratoren normalerweise gar nicht kommt – es sei denn, man erstellt im Eigenbau einen ausgesprochenen Krachmacher.

Spannungs-Höchstgrenzen und Vorschriftszwang

„Kleinspannungs-Installationen", die mit einer Gleichspannung unterhalb von 120 Volt oder einer Wechselspannung von höchstens 50 Volt arbeiten, unterliegen – wie bereits im Kap. 6 erwähnt wurde – keinem Vorschriftszwang. Bei Batterianlagen sind Überschreitungen bis zu 19% der Gleichspannung zulässig.

Dies beinhaltet, daß z.B. die Lade-Gleichspannung, die ein Wind- oder Solargenerator erzeugt, theoretisch bis zu 142,8 V haben darf, ohne daß sie einem Vorschriftszwang unterliegt.

Soweit ein privater Errichter diese Spannungsrenzen nicht überschreitet, braucht er sich in dieser Hinsicht keine Gedanken über irgendwelche Vorschriften zu machen – was allerdings wiederum in Hinsicht auf allgemeine (also auch private) Sicherheitsgründe nicht bedeutet, daß jegliche Vorsichtsmaßnahmen völlig ignoriert werden sollten.

Eine 24-Volt-Gleichspannung ist laut Gesetz jedoch sogar bei Kinderspielzeug als unbedenklich eingestuft. Bei direkter Berührung mit Händen oder Füßen ist diese Spannung nicht einmal im Wasser wahrnehmbar. Nur wenn beide Pole auf die Zunge gelegt werden, kann es wehtun (was von dem Abstand der zwei Pole und von der „Kontaktfläche" abhängt).

Dennoch sollte auch bei dieser Spannung darauf geachtet werden, daß durch einen schlechten Kontakt oder durch einen Kurzschluß in der Installation unter keinen Umständen Brand entstehen kann.

Rein theoretisch gilt – wie bereits erwähnt – eine Gleichspannung von bis zu 120 Volt als „Schutzkleinspannung" (bei der Wechselspannung sind es nur 50 Volt, weil diese wesentlich gefährlicher ist).

Bis zu diesen Spannungsgrenzen unterliegen also die eigentlichen elektrischen Installationen von Windgeneratoren keinem Vorschriftszwang, und weder eine Behörde noch irgendeine andere Institution verfügen über die Kompetenz sich in dieser Hinsicht auf die eine oder andere Weise einzumischen.

Als evtl. potentieller „Gegner" könnten sich hier hypothetisch nur im Falle eines Versicherungsschadens die Versicherungsgesellschaft bzw. ihre treu ergebenen Sachverständigen erweisen. Da es gegenwärtig zu einer Mode geworden ist, daß Versicherungen vieles tun, um sich vor der vertraglichen Zahlungspflicht so weit wie nur möglich zu drücken, sollte ihnen eine zu nonchalant ausgeführte Installation keine unnötige Spielfläche einräumen.

Zu berücksichtigen ist, daß bei der Anwendung eines Wechselrichters (Inverters) mit einer Ausgangs-Wechselspannung von mehr als 50 Volt der Vorschriftszwang wieder da ist. Soweit es sich jedoch nicht um eine netzgekoppelte Anlage handelt, kann einem privaten Errichter kaum jemand auferlegen, daß er seine Installation von einem „anerkannten" Elektromeister oder vom TÜV überprüfen lassen müßte.

Wenn jedoch im Hausnetz ein Wechselrichter verwendet wird, der eine 230-V-Wechselspannung liefert, sollten hier die an sich unkomplizierten Sicherheitsmaßnahmen im eigenen Interesse eingehalten werden. Besonders dann, wenn an dem Wechselrichter eine aufwendigere Installation angeschlossen ist – und nicht nur eine elektrische Schreibmaschine bzw. ein einziges anderes Gerät.

Nur bei Energieerzeugungsanlagen, die an das Netz eines „Elektrizitätsversorgungsunternehmens (EVU)" angeschlossen werden – also bei netzgekoppelten Anlagen – ist die zuständige Elektrizitätsgesellschaft berechtigt, ihre Anforderungen zu bestimmen.

Die Einbindung der „Eigenerzeugungsanlage" in das Netz des EVU ist durch einen eingetragenen Elektroinstallateur vozunehmen.

Für die Anmeldung sind folgende Unterlagen beim EVU einzureichen:

- Lageplan, aus dem die Grundstücksgrenzen und der Aufstellungsort hervorgehen
- Übersichtsschaltplan der gesamten elektrischen Anlage mit den Nenndaten der eingesetzten Betriebsmittel
- Beschreibung der Schutzeinrichtung mit genauen Angaben über Art, Fabrikat, Schaltung und Funktion
- Beschreibung der Art und Betriebsweise vom Generator, Wechselrichter sowie der Art der Zuschaltung zum Netz
- Angaben über die Kurzschlußfestigkeit der Schaltorgane
- Bei Wechselrichtern zusätzlich ein Nachweis über die Erfüllung der vorgeschriebenen Parameter, die eine optimal synchronisierte, netzidentische Einspeisung garantieren – z.B. durch Vorlage einer Konformitätserklärung des Herstellers (soweit der Wechselrichter nicht bereits dem EVU bekannt ist).

Netzanschluß

Eigenerzeugungsanlagen dürfen bis zu einer Leistung von 4,6 kVA (bei Photovoltaik bis zu 5 kW) an einen Außenleiter angeschlossen werden.

Erforderliche EVU-Zähler und Steuergeräte sind in einem Zählerschrank mit den entsprechenden Funktionsflächen (nach DIN 43870) anzuordnen. Die erforderlichen Verdrah-

18

18

tungspläne – die z.B. nach Bild 16.1 oder 16.2 (im 16. Kapitel) ausgeführt sind – stellt das EVU zur Verfügung, soweit es die Verdrahtung nicht selbst vornimmt.

Wie kompliziert so ein Vorhaben in Hinsicht auf die aufgeführten Punkte auch erscheinen mag, in Wirklichkeit ist alles ziemlich einfach und verläuft problemlos.

Brandgefahr

Wo es Spannung gibt, dort können auch Funken entstehen. Wo es Funken gibt, dort kann auch Feuer entflammen. Es wäre ein Fehler, anzunehmen, daß niedrigere Spannungen keinen Brand verursachen können. Ein Wakkelkontakt einer schlecht zugedrehten Verbindungsklemme kann bei einem höheren Strom sehr viel Hitze (bzw. Glut) entwickeln.

Die schlimmsten Schwachstellen einer solchen Installation bilden – wie bereits im Kap. 7 kurz angesprochen – fast ausschließlich alle Schraub- und Klemmverbindungen, an denen die Kabel oder Drähte aneinander oder an Schalter und an Verbraucher angeschraubt werden. Hier sollte man gute Schraubklemmen verwenden, die einen dauerhaften Halt garantieren.

Es ist darauf zu achten, daß diese Klemmen auch derartig mechanisch geschützt bleiben, daß evtl. Funken oder Erhitzung keinen Brand verursachen können. Gängige Installationsdosen bieten dabei einen guten Schutz.

Ein schlechter Kontakt in einer Klemme kommt auch in der Praxis eines gewissenhaf-

ten Elektrikers gelegentlich vor. Nicht immer wird ein schlechter Kontakt gleich bei der Inbetriebnahme entdeckt. Manchmal dauert es einige Jahre (nachdem sich alles etwas gelokkert hat) bevor so ein Kontakt zu funken oder zu glühen anfängt.

Es muß sich dabei um keine ausgesprochene Nachlässigkeit handeln. Die eine oder andere Schraube klemmt manchmal versehentlich nicht alle Drahtenden gut fest, zudem kann sich auch eine gute Verbindung durch zusätzliches Ziehen an den Drähten (bei anschließenden Arbeiten) etwas lockern usw.

Eine weitere Ursache der Funkenbildung sind schlecht abisolierte Drahtenden. Ob man das Drahtende mit einem Messer oder mit einer Spezialzange abisoliert, in den Kupferdraht selbst darf dabei auf keinen Fall eingeschnitten werden. Schon eine haardünne Kerbe in der glatten Oberfläche eines Kupferdrahtes kann leicht dazu führen, daß er früher oder später (worunter durch Material-Ermüdung) an dieser Stelle wie ein Eiszapfen abbricht. Falls sich die Bruchstellen noch zufälligerweise weiterhin berühren, kann es hier zu einer brandverursachenden Funkenentwicklung kommen.

Natürlich handelt es sich bei diesen angesprochenen Gefahrenquellen um selten vorkommende Ausnahmen, von denen man sich nicht einschüchtern lassen braucht, wenn die angesprochenen Vorsorgemaßnahmen in einem vernünftigen Umfang eingehalten werden. Dies ist vor allem dann wichtig, wenn die Leitungen auf Holzwänden oder Holzbalken verlegt werden.

Windräder im Eigenbau

Die meisten kleineren Windgeneratoren sind als Propeller-Schnelläufer ausgelegt und bringen daher bei bescheidenem Windaufkommen nur einen zu geringen Teil ihrer offiziellen Nennleistung auf. Im Kap. 3 konnten wir in Erfahrung bringen, daß sich vor allem die Savonius-Windräder für Standorte mit geringem Windaufkommen gut eignen.

Diese Windräder lassen sich leicht im Eigenbau erstellen. Zumindest dann, wenn es ein erfahrener Tüftler in die Hand nimmt. Es setzt allerdings etwas Geduld und Experimentiergeist voraus, denn eine kochrezeptartige universale Bauanleitung läßt sich bei der in Frage kommenden Variationsvielfalt gar nicht verfassen.

Dies wäre auch nicht der Sinn der Sache, denn jeder Tüftler hat andere technologische Möglichkeiten und zudem eine eigene Vorstellung von der Größe, Form und Aufstellung des Windrades. Dazu kommt auch noch der Spielraum, den die Anwendung eines beliebigen elektrischen Generators erlaubt.

Ein Windgenerator besteht aus drei wichtigen Konstruktionsteilen: Aus dem eigentlichen Windrad, dem elektrischen Generator und einem Getriebe, daß die relativ niedrige Drehzahl des Windrades in eine höhere Drehzahl umsetzt, die der elektrische Generator benötigt.

Der Entwurf einer eigenen Konstruktion wird üblicherweise mit der Frage nach einem passenden elektrischen Generator beginnen. Was

„passend" ist, liegt nur im persönlichen Ermessen. Wie bereits an anderen Stellen erwähnt, kann sogar ein kleiner Fahrraddynamo als Generator verwendet werden.

Ein einziger Dynamo liefert allerdings nur eine 6 V-Spannung (Wechselspannung). Wer mit so einem Windgenerator z.B. eine 12-V-Batterie nachladen möchte, müßte drei bis vier solcher Dynamos nach *Bild 19.1* oder *19.2* gleichzeitig vom Windrad antreiben, und diese sollten nach Bild 19.3 elektrisch in Serie verschaltet werden.

Eine solche Lösung mag zwar etwas zu sehr nach einem Spielzeug aussehen, aber wenn die Windradflügel groß genug ausgelegt werden, wird ein Ladestrom von bis zu 0,5A zur Verfügung stehen. Die Spannung von max. 18 V (3 Dynamos) bis ca. 24 V (4 Dynamos) reicht für ein zuverlässiges Nachladen der Batterie einer kleineren Anlage aus (und kann natürlich auch mit Solarstrom kombiniert werden).

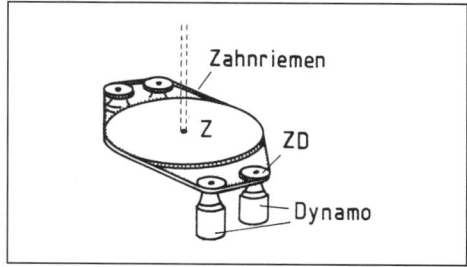

Bild 19.1 Konstruktionsbeispiel eines Antriebes von 4 Fahraddynamos: mit Hilfe eines Zahnriemens

19

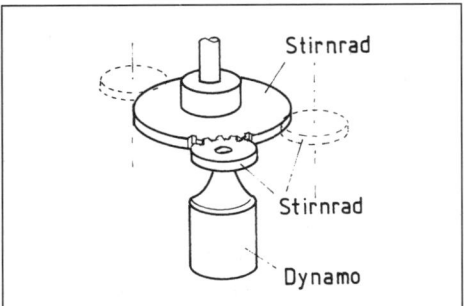

Bild 19.2 Wenn das Eigenbau-Stirnrad exakt rund ist, kann der Zahnriemen wegfallen und die Dynamos können – ähnlich wie bei einem Fahrrad – mit ihren Zahnscheiben (Stirnrädern) direkt an dem großen Stirnrad federnd angedrückt, oder auch fest montiert anliegen; dies hat jedoch etwas mehr Geräuschentwicklung zufolge und setzt zudem höhere Ansprüche an Präzision voraus.

Der Antrieb einer Konstruktion nach Bild 19.1 ist mit einem handelsüblichen „HTD-Zahnriemen" ausgelegt, dessen Teilung 3 bis 5 mm und Breite 9 mm betragen sollte.

Das komplizierteste Bauteil bildet hier das „große Zahnrad" (Z). Es handelt sich aber um kein echtes Zahnrad, sondern um eine runde Scheibe, auf die ein Zahnriemen (Teilung 5 mm) mit 400 Zähnen und einer handelsüblichen Standardlänge von 2000 mm aufgeleimt wurde (mit Patex). Der Scheibendurchmesser beträgt 637 mm.

Für experimentelle Zwecke kann die Scheibe aus wasserfestem Sperrholz oder Kunststoff erstellt (ausgefräst) werden. Am einfachsten läßt es sich mit einer Handfräse bewerkstelligen, die an einem Hilfsarm um die Scheibenmitte, wie der Zeiger einer Uhr geführt wird (bei einem harten Material – wie z.B. Plexiglas oder Makrolon – sollte die Scheibe erst

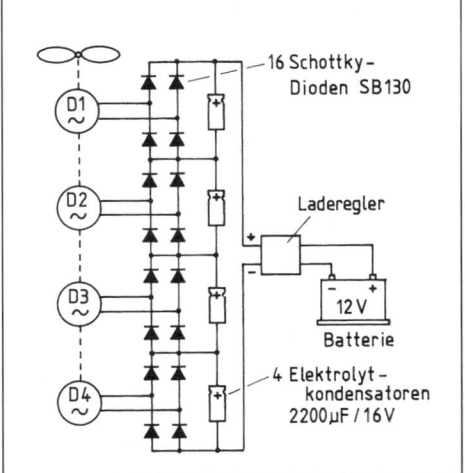

Bild 19.3 Die gängigen Fahrraddynamos (D1 bis D4) sind physikalisch gesehen keine Dynamos, weil sie nicht Gleichstrom, sondern Wechselstrom erzeugen. Die eingezeichneten Schottky-Dioden bilden verlustarme Gleichrichter, die Elektrolytkondensatoren glätten den pulsierenden Gleichstrom, der dann über einen einfachen Laderegler (auch Solar-Laderegler) die Anlagenbatterie nachlädt.

grob mit einer Stichsäge ausgesägt und danach mit einer Handfräse maßgerecht (glatt) nachgearbeitet werden.

Die bestehenden Antriebsrädchen der Dynamo-Rotore müssen durch HTD-Zahnscheiben (ZD) mit je 12 Zähnen ersetzt werden (daraus ergibt sich eine Übersetzung von 1:33,3). Ein ca. 2525 mm langer HTD-Zahnriemen verbindet dann alle Zahnräder mit der Antriebsscheibe (Z) (soweit die Dynamos nicht direkt an diese Zahnscheibe nach Bild 19.2 angelegt werden).

Die Zahnscheibe Z kann evtl. direkt unterhalb des Bodens eines Savonius-Windrades mon-

19

tiert werden – soweit das Windrad nicht „irgendwo" höher oben angebracht und nur mit einer langen Welle (Rundstahl-Stange) mit dem eigentlichen Generator verbunden wird.

Bevor wir den Bau des Windrades ansprechen, wäre noch darauf hinzuweisen, daß man anstelle eines Fahrraddynamos verschiedene andere elektrische Generatoren verwenden kann. Erstens kämen die „Lichtmaschinen" aus Autos oder Motorrädern in Frage, zweitens kann praktisch jeder Gleichstrommotor (auch aus Akku-Handwerkzeugen) als Dynamo verwendet werden. Drittens gibt es auch Generatoren als Fertigprodukte.

Hinweis: Achten Sie bitte immer darauf, daß bei den Generatoren die „Haupt-Drehrichtung" eingehalten wird. Auch die Gleichstrommotoren der Akku-Handwerkzeuge haben ihre Haupt-Drehrichtung (= Bohr- oder Schrauben-Eindrehrichtung).

Was nun das eigentliche Windrad anbelangt: In den meisten Fällen werden wir uns an dem Savonius-Prinzip orientieren. Das Eigenbau-Windrad kann nach *Bild 19.4* ausgeführt werden.

Als Material für kleinere Windradflügel eignet sich am besten ein ca. 0,6 bis 1 mm dickes Aluminiumblech, das an einen tragenden Rahmen aus Alu-Rohren mit Rostfreistahl-Schrauben aufgeschraubt oder (mit Blindnieten) angenietet wird.

Kleinere Windräder können nur unten im Sockel gelagert werden. Größere Windräder (ab einer Flügelhöhe von ca. 500 mm) sollten (nach Bild 19.4) sowohl unten, als auch oben gelagert sein. Bevorzugt in einem Stahl- oder Alu-Rahmen nach *Bild 19.5*.

Wer sich sein Windrad selber baut, der kann sich natürlich den Luxus erlauben ein dekoratives Kunstück zu entwerfen. Physikalisch spricht nichts dagegen, daß aus mehreren ein-

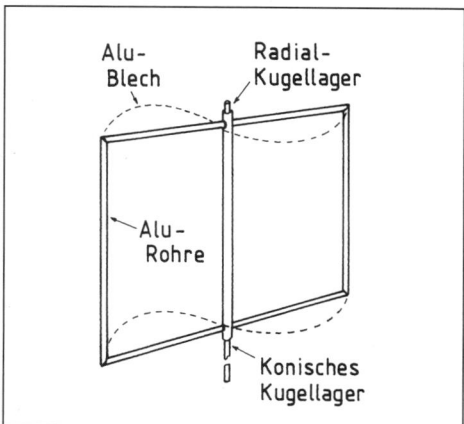

Bild 19.4 Kostruktionsprinzip eines Savonius-Windrad-Rahmens

Bild 19.5 Praktisches Ausführungsbeispiel einer kombinierten Anlage mit einem Savonius-Windrad (W) und darunter Solarzellenmodulen (FÜW AG, Ansbach)

19

zelnen „Savonius-Elemente" von unterschiedlichen Größen eine beliebig gestaltete Windradform erstellt wird – wie z.B. im *Bild 19.6* angedeutet ist. Anstelle der „Savonius-Elemente" könnten natürlich auch schöpflöffelartige Schalen (wie beim Handwindmesser) zu einem „drehenden Weihnachtsbäumchen" oder auf eine andere Weise als dekorative Flügel eines kugelförmigen Windrades einfach auf eine drehende Achse montiert werden.

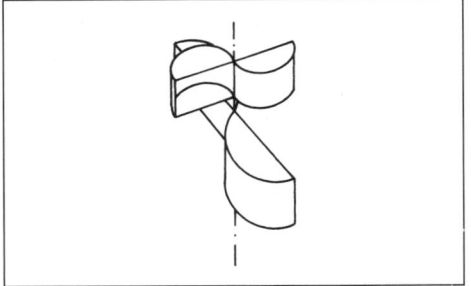

Bild 19.6 Ein Windrad kann auch aus beliebig vielen Savonius-Elementen bestehen, die evtl. an der Achse um 90° gegeneinander „verdreht" sind.

Drehen wird so ein Bauwerk immer; davon darf man ruhig ausgehen. Es fragt sich nur, ob es den vorgesehenen Windgenerator auch richtig auf Trab bringt. Vom Prinzip her ist die Problemlösung einfach: Je größer die Fläche der Windradflügel ist, desto leichter treibt das Windrad den vorgesehenen elektrischen Generator auch bei einem schwächeren Wind an. Dabei spielt natürlich das Eigengewicht des Windrades eine wichtige Rolle.

Einen großen Einfluß auf den Windrad-Wirkungsgrad hat die Ausführung der Übersetzung. Eine Zahnriemen- oder evtl. Rundriemen-Übersetzung eignet sich für den Selbstbau am besten. Sie hat einen relativ ho-

hen Wirkungsgrad und ist zudem geräuscharm. So eine Übersetzung kann z.B. aus zwei oder mehreren Stufen nach *Bild 19.7* bestehen. Die Wellen der Scheiben 1 bis 4 sollten unbedingt kugelgelagert sein.

Jede Übersetzungs-Stufe hat verständlicherweise Verluste im Getriebe zufolge. Daher ist es von Vorteil, wenn der angewendete Generator mit einer möglichst niedrigen Drehzahl

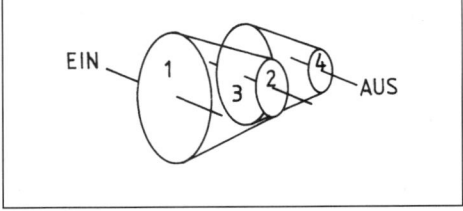

Bild 19.7 Prinzip einer zweistufigen Übersetzung mit Hilfe von Rund- oder Zahnriemen.

zufrieden ist. In der Hinsicht sind die Auto-Lichtmaschinen sehr günstig. Auch deshalb, weil üblicherweise auch eine komplette Laderegelung zur Verfügung steht, die ebenfalls für die vorgesehene Windenergie-Anlage verwendet werden kann (den dazugehörenden Schaltplan kann man sich bei einer Kfz-Werkstatt ausleihen und kopieren).

Alle diese aufgeführten Vorschläge und Beispiele wollen nur darauf hinweisen, daß der Eigenbau eines Windrades vom Prinzip her gar nicht so schwierig ist. Auf einen Aspekt ist dabei jedoch zu achten: Das Windrad muß – einschließlich Antrieb, Generator und der Ladeelektronik – auch einem stürmischen Wind standhalten können.

In vielen Fällen wird eine zusätzliche Vorrichtung unumgänglich, mit der das Windrad beim Sturm – oder bei zu starkem Wind abgebremst, abgestellt, bzw. irgendwo eingefahren wird. Dies ist besonders dann wichtig, wenn es sich um ein größeres Windrad handelt.

Bei den traditionellen Windmühlen wurde dies einfach dadurch gelöst, daß vor einem aufkommenden Sturm die Segel von den Flügeln abgenommen wurden.

Später hat man sich etwas kompliziertere Lösungen einfallen lassen: jalousieähnliche Flügelelemente, die sich bei kräftigem Wind wegdrehten usw. (was sich jedoch nicht so richtig durchgesetzt hat).

Inwieweit man sich beim Selbstbau irgendwelche automatische Vorrichtungen zumutet, die bei kräftigem Wind das Windrad abstellen, hängt natürlich vom persönlichen Knowhow ab. Vom Prinzip her gibt es viele Möglichkeiten: Die Drehzahl kann entweder rein elektronisch oder mit Hilfe eines Exzenters überwacht werden, und beim Überschreiten der vorgegebenen Sicherheitsgrenze wird das Windrad z.B. mit Hilfe eines kleinen Hilfsmotors abgebremst.

Wer sich eine derartige Lösung zutraut, der wird höchstwahrscheinlich zu denjenigen gehören, die sich „auskennen". Wer sich nicht auskennt, müßte erst mit einem kleineren Windrad anfangen, um Erfahrungen zu sammeln. Auch beim Bau eines kleinen Windrades sollte jedoch darauf geachtet werden, daß sich so ein „Kunstwerk" bei einem Gewitter nicht selbstständig macht und wie ein Ufo durch die Gegend fliegt.

19

Lieferantennachweis:

19

Conrad Electronic
Klaus-Conrad-Straße 1
92240 Hirschau
Telefon 01 80/5 31 21 11
Telefax 01 80/5 31 21 10
T-Online *20744#
Internet: www.conrad.de

AeroCraft Energietechnik GmbH
Hoffeldstraße 20
27356 Rotenburg
Telefon 0 42 61/96 00 34
Telefax 0 42 61/96 00 35

Völkner
Marienberger Str. 10
38095 Braunschweig
Telefon 01 80/5 55 51
Fax 01 80/5 55 52
Internet: www.voelkner.de

ELV elektronik
Telefon 04 91/60 08 88
Fax 04 91/70 16

Sachverzeichnis

Sachverzeichnis

Gerät	Versorgungsspannung	Stromverbrauch
Kühlbox 40 W	12 V	3,4 A
Kühlbox 65 W	12 V	5,4 A
Farbfernseher	12 V (24 V)	2,9 bis 3 A
Wasser/Kaffeekocher	12 V	12,5 bis 15 A
Heizkissen	12 V	1,5 bis 3 A
Autostuhl-Heizbezug	12 V	2 bis 5 A
Kühlschrank 75 Liter	12 V (24 V)	25 Ah (12,5 Ah) pro Tag
Kühlschrank 132 Liter	12 V (24 V)	30 Ah (15 Ah) pro Tag

Bemerkung: Alle Daten haben nur einen informativen Charakter und können herstellerabhängig variieren.

Gleichstrom-, Förder- und Springbrunnenpumpen für Dauerbetrieb

Typ	Versorgungs- spannung	max. Strom- aufnahme	max. Förder- leistung	max. Förder- höhe
SXT 500	2,1 – 17 V	0,5 A	500 l/h	2,2 m
SXT 1200	2,1 – 17 V	1,3 A	1200 l/h	3,0 m
Uni-Mot	6 – 17 V	2,5 A	2200 l/h	3,0 m
Shurflo 800*	12 V	7,2 A	396 l/h	41 m
JET TBP 15	5 – 28 V	2,5 A	300 l/h	15 m
JET TBP 70	5 – 38 V	2,0 A	100 l/h	60 m

* Die Shurflo-Pumpe verfügt über einen eingebauten Druckschalter, der bei Druckabfall oder beim Offnen des Wasserhahnes die Pumpe automatisch einschaltet (nach Schließen des Wasserhahnes schaltet er sie wieder ab).

„Low-cost"-Gleichstrompumpen für Betrieb mit 50% Einschaltdauer: max. 30 Minuten Betrieb und dieselbe Pausendauer (Conrad-Electronic)

Typ	Nenn- spannung	Strom- aufnahme	Förder- leistung	Förder- höhe
Minipumpe	3 V	0,25 A	50 l/h	0,2 m
Tauchpumpe BWV 04	12 V	1,7 A	600 l/h	6,0 m
Tauchpumpe BWV 03	12 V	2,0 A	720 l/h	6,0 m
Tauchpumpe BWV 01	12 V	2,9 A	1080 l/h	10,0 m

Dieses Buch wendet sich an Bauherren, Hausbesitzer, Handwerker, Architekten und Berater. Es beschreibt die Planung und Installation einer thermischen Solaranlage für Warmwasser und Heizung in Alt- und Neubauten und zeigt, wie Sie die Sonnenenergie bei solarthermischen Anlagen am effizientesten nutzen.

Aus dem Inhalt

- Solarthermisches Erwärmen des Wassers im Brauchwasserspeicher
- Solarthermische Unterstützung der Zentralheizung
- Solarthermische Systeme mit Pufferspeicher

Thermische Solaranlagen planen und installieren

Hanus, Bo; 2009; 214 Seiten

ISBN 978-3-7723-**4088-8**

€ **29,95**

Besuchen Sie uns im Internet – www.franzis.de

Das wichtigste Anliegen des Autors ist, Sie vor Fehlinvestitionen und über-
höhten Betriebskosten zu bewahren. Nur gut geplante und ausgeführte
Wärmepumpenanlagen erreichen hohe Arbeitszahlen und sparen Primär-
energie ein. Dieses Fachbuch enthält viele Tipps dazu, wann und unter welchen
Bedingungen eine Wärmepumpe effektiv arbeitet. Dazu gehört zum
Beispiel der oft „vergessene" hydraulische Abgleich der Heizanlage.

Heizen mit der Wärmepumpe
in Alt- und Neubauten

Reinhard Hoffmann ; 2010; 250 Seiten

ISBN 978-3-645-**65023-6**

€ **39,95**

Besuchen Sie uns im Internet – www.elo-web.de